"十三五"职业教育国家规划教材

建设工程材料

JIANSHE GONGCHENG CAILIAO

主 编 王四清

副主编 贺安宁 蒋 荣

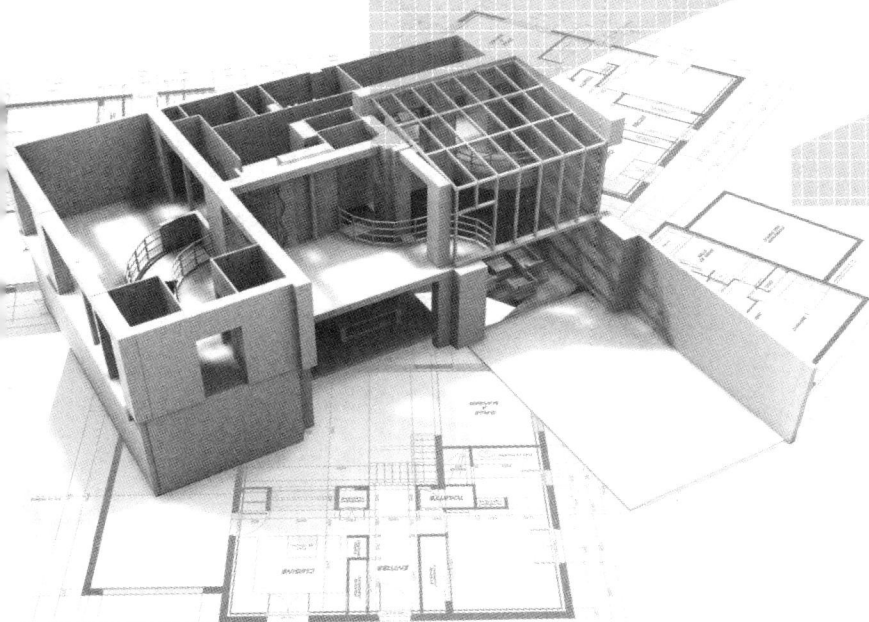

中南大学出版社
www.csupress.com.cn
·长沙·

内容简介

本教材为"十三五"职业教育国家规划教材，依据我国现行的国家、行业标准及规范编写而成，涵盖了建筑、公路、市政及铁道工程建设领域。

本教材共分建设工程材料的基本性质等10个模块，系统地介绍了混凝土结构工程、砌体结构工程、钢结构工程、防水工程、给排水工程、装饰装修工程、路基填筑工程、公路路面工程、铁路轨道工程常用材料的品种、规格、特性、技术要求、应用、验收与施工管理等知识。本教材以"互连网＋"的形式出版，读者通过扫描书中的二维码，即可阅读丰富的拓展知识、材料实物及应用图片、材料检测视频等知识。

本教材具有较强的系统性、实用性和通用性，可作为高职高专建筑、道路、市政及铁道等建设工程技术、工程造价、工程管理等专业的教材，也可作为建筑与土木工程类专业成人教育及行业培训用教材，还可供从事相关工程技术的人员参考。

本教材配有多媒体教学电子课件。

高职高专土建类"十三五"规划"互联网+"创新系列教材编审委员会

主 任

王运政　　胡六星　　郑 伟　　玉小冰　　刘孟良　　陈安生

李建华　　谢建波　　彭 浪　　赵 慧　　赵顺林　　向 曙

副主任

（以姓氏笔画为序）

王超洋　　卢 滔　　刘文利　　刘可定　　刘庆潭　　孙发礼

杨晓珍　　李 娟　　李玲萍　　李清奇　　李精润　　欧阳和平

项 林　　胡云珍　　黄 涛　　黄金波　　龚建红　　颜 昕

委 员

（以姓氏笔画为序）

万小华　　邓 慧　　王四清　　龙卫国　　叶 姝　　包 鼋

邝佳奇　　朱再英　　伍扬波　　庄 运　　刘小聪　　刘天林

刘汉章　　刘旭灵　　许 博　　阮晓玲　　孙光远　　孙湘晖

李为华　　李 龙　　李 冰　　李 奇　　李 侃　　李 鲤

李亚贵　　李进军　　李丽田　　李丽君　　李海霞　　李鸿雁

肖飞剑　　肖恒升　　何 珊　　何立志　　佘 勇　　宋士法

宋国芳　　张小军　　张丽姝　　陈 晖　　陈 翔　　陈贤清

陈淳慧　　陈婷梅　　易红霞　　金红丽　　周 伟　　赵亚敏

徐龙辉　　徐运明　　徐猛勇　　卿利军　　高建平　　唐 文

唐茂华　　黄郎宁　　黄桂芳　　曹世晖　　常爱萍　　梁鸿颉

彭 飞　　彭子茂　　彭秀兰　　蒋 荣　　蒋买勇　　曾维湘

曾福林　　熊宇璟　　樊淳华　　魏丽梅　　魏秀瑛　　瞿 峰

出版说明 INSTRUCTIONS

　　遵照《国务院关于加快发展现代职业教育的决定》(国发〔2014〕19 号)提出的"服务经济社会发展和人的全面发展,推动专业设置与产业需求对接,课程内容与职业标准对接,教学过程与生产过程对接,毕业证书与职业资格证书对接"的基本原则,为全面推进高等职业院校土建类专业教育教学改革,促进高端技术技能型人才的培养,依据国家高职高专教育土建类专业教学指导委员会高等职业教育土建类专业教学基本要求,通过充分的调研,在总结吸收国内优秀高职高专教材建设经验的基础上,我们组织编写和出版了这套高职高专土建类专业"十三五"规划教材。

　　高职高专教学改革不断深入,土建行业工程技术日新月异,相应国家标准、规范,行业、企业标准、规范不断更新,作为课程内容载体的教材也必然要顺应教学改革和新形势的变化,适应行业的发展变化。教材建设应该按照最新的职业教育教学改革理念构建教材体系,探索新的编写思路,编写出版一套全新的、高等职业院校普遍认同的、能引导土建专业教学改革的"十三五"规划系列教材。为此,我们成立了规划教材编审委员会。教材编审委员会由全国 30 多所高职院校的权威教授、专家、院长、教学负责人、专业带头人及企业专家组成。编审委员会通过推荐、遴选,聘请了一批学术水平高、教学经验丰富、工程实践能力强的骨干教师及企业专家组成编写队伍。

　　本套教材具有以下特色:

　　1. 教材依据国家高职高专教育土建类专业教学指导委员会《高职高专土建类专业教学基本要求》编写,体现科学性、创新性、应用性;体现土建类教材的综合性、实践性、区域性、时效性等特点。

　　2. 适应高职高专教学改革的要求,以职业能力为主线,采用行动导向、任务驱动、项目载体,教、学、做一体化模式编写,按实际岗位所需的知识能力来选取教材内容,实现教材与工程实际的零距离"无缝对接"。

　　3. 体现先进性特点。将土建学科的新成果、新技术、新工艺、新材料、新知识纳入教材,结合最新国家标准、行业标准、规范编写。

4. 教材内容与工程实际紧密联系。教材案例选择符合或接近真实工程实际，有利于培养学生的工程实践能力。

5. 以社会需求为基本依据，以就业为导向，融入建筑企业岗位(八大员)职业资格考试、国家职业技能鉴定标准的相关内容，实现学历教育与职业资格认证相衔接。

6. 教材体系立体化。为了方便老师教学和学生学习，本套教材建立了多媒体教学电子课件、电子图集、教学指导、教学大纲、案例素材等教学资源支持服务平台；部分教材采用了"互联网＋"的形式出版，读者扫描书中"二维码"，即可阅读丰富的工程图片、演示动画、操作视频、工程案例、拓展知识。

高职高专土建类专业规划教材

编 审 委 员 会

前　言 PREFACE

本教材紧扣"质量、安全、节能、环保"这一主题，以习近平新时代中国特色社会主义思想为指导，全面贯彻党的教育方针，落实立德树人的根本任务，弘扬大国工匠精神，积极培育和践行社会主义核心价值观。在传授学生专业技能的同时，培养学生养成科学严谨、爱岗敬业、团结协作、吃苦耐劳的良好职业素养与创新意识，并对接建设工程技术相应职业岗位的要求，融入了"1＋X"证书(八大员)的相关知识，突出了我国职业教育的特色。

本教材按最新颁布的国家和行业规范、标准与规程组织编写，并依照《建设工程分类标准》GB/T 50841—2013和有关施工质量验收标准对建设工程的结构类型及分项工程的划分，系统地介绍了混凝土结构工程、砌体结构工程、钢结构工程、防水工程、给排水工程、装饰装修工程、路基填筑工程、公路路面工程及铁路轨道工程常用材料的基本概念、品种、规格、特性、技术要求、质量标准、应用、验收及施工管理等知识。本教材涵盖了建筑、市政、公路及铁道建设工程领域，适应建筑、公路、市政及铁道等建设工程的设计、施工、管理、装饰装修、造价等系列专业的教学使用及从事相关技术工作的技术人员参考。

本教材以"互联网＋"形式出版，增加了拓展阅读知识。教材中配有大量的图片和视频，内容涉及对结构形式的认识、基本原理的应用、材料的认识与鉴别、材料的应用与质量检验等知识。读者只要通过手机的"扫一扫"功能，扫描书中的二维码，便可对书中的重点、难点知识进行详细的阅读，帮助读者进一步的理解。

考虑到便于学生使用和教师批改，本教材未将常用材料的详细检测方法、检测记录与检测报告等内容编入教材中，有需要的可以另行订购由湖南高速铁路职业技术学院王四清主编、中南大学出版社出版的《建设工程材料检测实训指导书与实训报告》单行本，该实训指导书中详细介绍了水泥、混凝土用骨料、普通混凝土、钢筋、砌筑砂浆、砌墙砖、沥青、沥青混合料的物理力学性能检测及回弹法检测结构混凝土抗压强度的检测方法及结果计算与结果评定，并附有"互连网＋"检测视频。

本教材由湖南高速铁路职业技术学院王四清主编和统稿，贺安宁、蒋荣任副主编。书中绪论、模块一、模块二、模块九、模块十由王四清编写，模块三、模块四、模块五由蒋荣编写，模块六、模块七、模块八由贺安宁编写。

本教材在编写过程中选用了百度网（www.baidu.com）的图片及优酷视频网（www.youku.com）的部分视频资料，吸收了许多同行专家的最新研究成果，谨向这些文献的原创者及平台提供网站表示诚挚的谢意。由于科技的发展，建设工程领域的新技术、新材料也在不断涌现，加之编者的水平所限，教材中的疏漏、不妥甚至错误之处恐难避免，编者在此恳请广大教师及读者提出批评与指正，以便今后不断地修改和完善。

所有意见和建议敬请发往：1094292962@qq.com。

编　者
2019 年 10 月

目 录 CONTENTS

绪　论

0.1　课程简介

1. 课程内容

本课程主要介绍混凝土结构工程、砌体结构工程、钢结构工程、防水工程、给排水工程、装饰装修工程、路基填筑工程、公路路面工程及铁路轨道工程用材料的品种、规格、特性、技术要求、质量标准、应用、验收与施工管理等方面知识。

2. 课程的重要性

建设工程材料是工程建设的物质基础，任何建筑都是由各种材料合理组建起来的。

建设工程材料与工程设计、工程结构、工程施工、工程造价等密切相关，相互依存，相互促进。并且，工程材料在很大程度上决定着建设工程的质量。因此，该课程是建筑与土木工程系列专业的一门综合性、实践性都很强的专业基础课，在专业课程中起着承上启下的作用。

3. 课程目标

通过本课程的学习应能达到如下目标：

(1) 知识目标

了解建设工程常用材料的组成、生产加工及质量标准；掌握常用材料的品种、规格、技术性质及影响因素等基本常识。

(2) 能力目标

掌握常用材料的工程应用，具备正确识别材料、查阅材料相关技术标准及正确、合理选用材料的能力；掌握常用材料的质量检测方法，具备对检测结果进行正确分析与判断，并能提出改善方案和措施及质量验收的能力；具备现场施工质量控制与安全管理的能力；具备对新材料的信息收集与应用能力。

(3) 素质目标

养成良好的社会主义核心价值观，具备科学严谨、爱岗敬业、团结协作、吃苦耐劳的良好职业素养与创新意识；具备高度的质量、安全、绿色、环保意识；具备在专业方面可持续发展的能力。

4. 学习方法

本课程涉及知识面广，具有综合性强、系统性差，实践性强、逻辑性差，叙述性和规范性内容多、理论计算少等特点。因此，学习本课程应注意如下几点：

(1) 材料的组成和结构是决定材料性质的内在因素，只有了解材料的性质与组成结构的关系才能掌握材料的性质。

(2) 同类材料存在共性，同类材料的不同品种还存在着特性。学习时应掌握各种材料的共性，再运用对比的方法掌握不同品种材料的特性。

（3）材料的性质会受到外界环境条件的影响，学习时要运用已学过的物理、化学等基础知识加深理解，提高分析和解决问题的能力。

（4）深入建筑工地参观，感性认识各类材料在建设工程上的应用。

（5）材料检测是本课程学习的一个重要环节。掌握主要建设工程材料的质量检测方法、检测报告的处理与检测结果的评定是熟悉材料性质、了解技术标准、鉴定材料质量的重要手段。

（6）借助互联网，了解新型材料的发展趋势，查阅各种材料的相关信息，进一步了解材料的性能与应用。

5. 课程体系

本课程体系由理论教学、检测实训教学和现场参观教学三大体系构成。

理论教学以课堂教学为主，系统地介绍工程材料的品种、规格、性质、质量标准与应用。以材料性能为核心，材料的选择与应用为重点，新材料和新技术为前沿，注重知识的基础性、系统性、先进性、技能性和前沿性。

检测实训教学以学生操作为主，通过对一些常用工程材料的物理力学性能检测实训，让学生掌握常用工程材料物理力学性能检测样品的抽取与处置、检测方法原理、检测仪器设备的使用、检测步骤、检测记录的填写、检测结果的计算与处理、检测报告的要求与检测结果的评定等职业技能。

现场参观教学主要是通过参观一些在建和已建的实体工程，进一步认识工程材料及其应用。

6. 考核方式

为了全面了解学生对本课程所涉及的基本概念、基本理论、应用及质量检测的掌握程度，考核方式将覆盖整个教学过程。通过对学生在学习过程中的平时成绩、实训成绩以及期末考试成绩进行综合考核来系统地评价学生对本课程的掌握情况。

学生总成绩的构成如下：

平时成绩（20%）：从学生上课出勤率、课堂提问、回答问题和作业完成情况综合考核；

检测实训（20%～30%）：从学生实训参与情况、任务完成质量、实训报告完成质量综合考核；

考试成绩（50%～60%）：主要考察学生对本课程的基本概念和基本理论知识的掌握程度及应用能力。

0.2　建设工程材料的定义及分类

1. 定义

用于建筑与土木工程建设的各种材料及其制品，统称为建设工程材料。

国标《建设工程分类标准》GB/T 50841—2013 将建设工程分为建筑工程、土木工程及机电工程三大类。

建筑工程：指供人们进行生产、生活或其他活动的房屋或场所。按其使用性质又分为民用建筑工程、工业建筑工程、构筑物工程及其他建筑工程等。

土木工程：指建造在地上或地下、陆上或水中，直接或间接为人类生活、生产、科研等服务的各类工程。包括道路工程、轨道交通工程、桥涵工程、隧道工程、水工工程、管沟工程等。

机电工程：指按照一定的工艺和方法，将不同规格、型号、性能、材质的设备、管路、线路等有机组合起来，满足使用功能要求的工程。包括机电设备工程、电气工程、自动化控制仪表工程、建筑智能化工程、管道工程、消防工程、通风与空调工程等。

2.分类

建设工程所用材料品种繁多，用途不一，通常按材料的化学成分及使用功能来分类。

1）按化学成分分

按化学成分可分为无机材料、有机材料和复合材料。

（1）无机材料：是指由无机矿物单独或混合物制成的材料。通常指由硅酸盐、铝酸盐、硼酸盐、磷酸盐等原料经一定的工艺制备而成的材料。无机材料又分为无机金属材料和无机非金属材料。

无机非金属材料：如天然石材、砖、瓦、石灰、水泥及制品、玻璃、陶瓷等。

无机金属材料：如钢、铁、铝、铜及合金制品等。

（2）有机材料：通常由 C、H 化合物组成。一般来说，有机材料具有溶解性、热塑性和热固性、电绝缘性，但容易老化。如木材、沥青、塑料、涂料、油漆等。

（3）复合材料：是指由两种或两种以上不同性质的材料，通过物理或化学的方法，在宏观上组成具有新性能的材料。各种材料在性能上互相取长补短，产生协同效应，使复合材料的综合性能优于原组成材料而满足各种不同的要求。复合材料是建设工程材料的主流发展方向。它包括无机材料与有机材料的复合，如沥青混合料、树脂混凝土等；金属与非金属的复合，如钢筋混凝土、金属面绝热夹芯板等；金属与有机材料的复合，如铝塑板、门窗用塑钢型材等。

2）按使用功能分

按使用功能可分为主体结构材料和其他功能材料。

主体结构材料：是指构成建筑物或构筑物受力构件或结构，用于承受建筑物或构筑物自重和外部荷载的材料。如建筑物的基础、梁、板、柱、框架、承重墙体等用材料。

其他功能材料：是指不承受外部荷载，只担负建筑物或构筑物使用过程中所必需的某些功能要求的材料。如起围护作用的墙体、门窗用材料，以及起防水、保温、装饰作用等材料。

0.3 建设工程材料在建设工程中的地位

1.建设工程材料是建设工程中不可缺少的物质基础

任何一项建设工程都是由不同的材料合理组建起来的。例如，修建住宅、办公楼等建筑，每 1000 m^2 面积需 1000 ~ 1500 t 材料，估计用量举例如表 0 - 1 所示。

表 0 - 1 每 1000 m^2 房屋建筑材料参考用量

建筑类型	红砖/千块	砂/m^3	砾石/m^3	水泥/t	钢材/t	木材/m^3	玻璃/m^2	石灰膏/m^3
五层框架办公楼	23	370	40	231	35.0	37	160	5
六层砖混住宅楼	209	370	16	159	15.5	51	140	20

因此，随着工程建设的进展，要及时地提供数量充足、质量良好、品种齐全的各种材料，才能保证工程建设的顺利进行。

2. 建设工程材料的质量直接影响建设工程的质量

材料的质量如何，直接影响着建设工程的质量。材料的品种、组成、构造、规格及使用方法都会对建设工程的结构安全性、耐久性、适用性产生影响。将劣质材料使用到建设工程上去，必然危害建设工程的质量，影响建设工程的使用效果和耐久性能，甚至会造成严重事故。因此，应根据设计要求，选用质量符合要求的材料，从材料的生产、选择、使用和检验以及材料的贮存、保管等各个环节确保材料的质量。并严格按国家相关标准、规范和法律法规的要求，对所用材料及其制品的质量分批次进行抽样检测，确保材料及其制品的质量符合国家有关标准的要求。

3. 建设工程材料决定着建设工程的造价和经济效益

材料费用在建设工程总造价中占有较大的比重，一般占 50% ~ 60%。因此，在保证材料质量的前提下，降低材料费用，对降低工程造价、提高经济效益将起很大的作用。正确选择、就地取材、合理利用、减少浪费、科学管理等，都是降低材料费用的合理途径。

4. 新型材料的研制和发展将促进建设工程结构和施工技术的进步

建设工程材料与建设工程的设计、施工之间存在着相互促进、相互依存的密切关系。建设工程中许多技术问题的突破和创新，往往依赖于材料性能的改进与提高。而新材料的出现又促进了建设工程的设计与施工技术的发展，使建筑物和构筑物的跨度可做得越来越大，高度越来越高，建筑物的功能、适用性、艺术性、坚固性和耐久性等也得到进一步的改善。

0.4 建设工程材料的发展状况及发展方向

1. 建设工程材料的发展状况

建设工程材料的发展是随着人类社会生产力和科学技术的提高而逐步发展起来的。人类最早穴居巢处，几乎没有建设工程材料的概念。随着社会生产力的发展，人类进入能制造简单的石器、铁器工具时代后，开始掘土凿石为洞，伐木搭竹为棚，利用最原始的材料建造最简陋的房屋。在人类历史发展过程中，建设工程材料有过三次重大的突破，带来了建筑技术的三次大飞跃。

公元前3世纪有了烧制的砖瓦、陶瓷、石灰，使建筑冲破了天然材料的局限，得以营造大量的、较大规模的、坚固耐用的各种建筑，这是建筑技术的第一次飞跃。

19世纪有了钢材、水泥，随后便有了钢结构、混凝土结构、钢筋混凝土结构、预应力混凝土结构，使结构的形式和规模都有了巨大的发展，结构的跨度也从几米、几十米发展到上百米乃至几百米。这是建筑技术的第二次大飞跃。

第三次飞跃是从20世纪30年代人工合成材料问世至今，各种高分子材料和有机、无机、金属、非金属的复合材料迅速发展，这些轻质、高强、多功能的材料，大大地减轻了材料的自重，为建筑物向高层、大跨度发展创造了极好的条件。

因此，建设工程材料的发展，是推动建设工程发展的重要因素。

2. 建设工程材料的发展方向

为适应时代发展的需要，必须不断提高建设工程质量和降低工程造价，不断研究新材料，开发新型产品，新型材料的发展具有以下趋势：

(1)高强：研制和发展高强度材料，以减小承重结构构件的截面，降低结构自重。

（2）轻质：发展轻质材料，减轻建筑物的自重，降低运输费用和工人劳动强度。

（3）复合高效多功能：发展高性能的复合材料，使材料具有高耐久性、高防火性、高防水性、高保温性、高吸声性、高装饰性等优异性能，并且使一种材料具有多种功能，除了满足坚固、安全、耐久性的要求之外，还具有良好的保温隔热、吸声、防潮、装饰等功能。

（4）综合利用：充分利用各种地方材料和工业废渣来生产建设工程材料，降低成本，变废为宝，化害为利，做到资源循环利用，节约能源，改善环境。

（5）工业化生产：发展适用于由工厂大规模生产、机械化安装施工的材料制品，加快施工速度，提高经济效益。

0.5　建设工程材料的技术标准

建设工程材料的技术标准是材料的生产、销售、采购、验收和质量检验的法律依据。包括材料、设计、施工、验收及试验检测等技术标准。

1. 标准的分类

根据标准的属性分为国家标准、行业标准、地方标准、企业标准、国际标准等。其中又分为强制性标准和推荐性标准。这些标准均以标准名称、代号、编号和颁布年号组成。如《通用硅酸盐水泥》GB 175—2007。

1）国家标准

国家标准是指在全国范围内统一实施的标准，分为强制性标准和推荐性标准。

强制性标准：代号为"GB"，是指在一定范围内通过法律、行政法规等强制性手段加以实施的标准，具有法律属性。强制性标准一经颁布，必须贯彻执行，否则造成恶劣后果和重大损失的单位和个人，要受到经济制裁或承担法律责任。

强制性标准主要是指涉及安全、卫生方面，保障人体健康、人身财产安全的标准和法律，行政法规规定强制执行的标准。

工程建设领域的质量、安全、卫生、环境保护及国家需要控制的其他工程建设标准，如：《通用硅酸盐水泥》GB 175—2007、《钢筋混凝土用钢　第 1 部分：热轧光圆钢筋》GB 1499.1—2017、《混凝土结构工程施工质量验收规范》GB 50204—2015 等，均属于强制性标准。

推荐性标准：代号为"GB/T"。推荐性标准又称非强制性标准或自愿性标准，是指生产、交换、使用等方面，通过经济手段或市场调节而自愿采用的一类标准。这类标准，不具有强制性，任何单位均有权决定是否采用，违反这类标准，不构成经济或法律方面的责任。但推荐性标准一经接受并采用，或各方商定同意纳入经济合同中，就成为各方必须共同遵守的技术依据，具有法律上的约束性。

如：《建设用卵石、碎石》GB/T 14685—2011、《普通混凝土力学性能试验方法标准》GB/T 50081—2002等。

2）行业标准

由我国各主管部、委（局）批准发布，并报国务院标准化行政主管部门备案，在该行业范围内统一使用的标准。包括部级标准和专业标准。

建筑工程行业建筑工程技术标准——　代号为"JGJ"。

如：《普通混凝土用砂、石质量及检验方法标准》JGJ 52—2006。

建筑材料行业技术标准——代号为"JC"。

如：《喷射混凝土用速凝剂》JC 477—2005。

铁道行业技术标准——代号为"TB"。

如：《铁路混凝土工程施工质量验收标准》TB 10424—2018 J 1155—2018。

交通行业建筑工程技术标准——代号为"JTG"。

如：《公路桥涵施工技术规范》JTG/T F50—2011。

城市建设标准——代号为"CJJ"。

如：《城镇道路工程施工与质量验收规范》CJJ 1—2008。

中国工程建设标准化协会标准——代号为"CECS"。

如：《混凝土结构耐久性评定标准》CECS 220：2007。

3）地方标准

由省、自治区、直辖市标准化行政主管部门制定，并报国务院标准化行政主管部门和国务院有关行政主管部门备案的有关技术指导性文件，适应本地区使用，其技术标准不得低于国家有关标准的要求。其代号为"DB"。如：《水污染物排放标准》DB44/26—2001（广东省地方标准）。

4）企业标准

企业标准由企业制定，由企业法人代表或法人代表授权的主管领导批准、发布，并报当地政府标准化行政主管部门和有关行政主管部门备案，适应本企业内部生产的有关指导性技术文件。企业标准不得低于国家有关标准的要求。其代号为"QB"。

5）国际标准

国际标准是指国际标准化组织（ISO）、国际电工委员会（IEC）和国际电信联盟（ITU）制定的标准，以及国际标准化组织确认并公布的其他国际组织制定的标准。国际标准在世界范围内统一使用。例如，我国加入WTO以来，我国建筑材料工业与国际建材工业实现了对接，促进了建材工业的科技进步，提高了产品质量和标准化水平，扩大了建筑材料的对外贸易，采用和参考了国际通用标准和先进标准。常用的国际标准有以下几类：

美国材料与试验协会标准（ASTM），属于国际团体和公司标准。

联邦德国工业标准（DIN），欧洲标准（EN），属于区域性国家标准。

国际标准组织标准（ISO），属于国际性标准化组织的标准。

2.标准的选用原则

国家标准属于最低要求。一般来讲，行业标准、企业标准等标准的技术要求通常高于国家标准，因此，在选用标准时，除国家强制性标准外，应根据行业的不同选用该行业的有关标准，无行业标准的选用国家推荐性标准或指定的其他标准。

模块一　建设工程材料的基本性质

【内容提要】　本模块主要介绍建设工程材料的密度、孔隙率与空隙率及材料与水、热、声学有关的物理性质，材料与外力有关的力学性质及与各种环境因素有关的耐久性，并从材料的组成、结构出发，阐述了影响材料基本性质的内在因素。

建设工程材料在各种建设工程中起着不同的作用，有的主要承受荷载，有的起围护作用，有的则起保温隔热或表面装饰、防水防潮、防腐、防火等作用。材料在这些外力、阳光、大气、水分及各种介质作用下，会发生受力变形、热胀冷缩、干湿变形、冻融交替、化学侵蚀等现象，这些因素都会使材料产生不同程度的破坏。为了使建筑物和构筑物能够安全、适用、耐久而又经济，必须在工程设计和施工中充分了解和掌握各种材料的性质和特点，以便正确、合理地选择和使用材料，使其性能满足使用要求。

本模块将介绍建设工程材料在物理、力学等方面的各种共同特性，建立起主要概念，论述其内涵和相互关联，以便在后续各模块中理解和应用。

1.1　材料的物理性质

一、密度

密度是指单位体积物质的质量，其单位可用 g/cm^3 或 kg/m^3 表示（$1~g/cm^3 = 1000~kg/m^3$）。由于建设工程材料有密实的、多孔的和颗粒堆积等不同状态，且材料内部的孔隙又有开口和闭口之分，故材料的密度也就有密实密度（密度）、表观密度、毛体积密度、堆积密度和紧密密度等之分。

1.密实密度（密度）

密实密度是指材料在绝对密实状态下单位体积的干质量，按式（1-1）计算：

$$\rho = \frac{m}{V} \tag{1-1}$$

式中：ρ——材料的密度，g/cm^3；

　　　m——材料的干质量，g；

　　　V——材料在绝对密实状态下的体积，cm^3。

绝对密实状态下的体积是指材料的实体矿物质所占的体积，不包括任何孔隙在内的体积。但实际上绝对密实的材料是很少的，绝大多数的材料都是含有孔隙的。对于绝对密实的固体材料的密实体积，可用量尺测量计算（具有规则形状的固体材料）或用排水法（对于具有不规则形状且不溶于水中的固体材料，其浸没于水中后，会排开与其相等体积的水）测定；但对于有孔材料的密实体积，则需将其磨成粒径小于 0.20 mm 的细粉，经干燥后测其粉末的排水体积，并将此体积作为材料的密实体积。材料磨得愈细，测得的密度值愈接近密实密度。

2. 表观密度

表观密度是指材料在自然状态下不含开口孔隙时单位体积的干质量，按式(1-2)计算：

$$\rho_0 = \frac{m}{V_0} \tag{1-2}$$

式中：ρ_0——材料的表观密度，g/cm^3；

      m——材料的干质量，g；

      V_0——材料的表观体积，cm^3。

材料的表观体积中包含了材料的矿物质及其内部闭口孔隙所占的体积，但不包含开口孔隙所占的体积，见图 1-1。

液体比重天平法测定
粗骨料的表观密度

广口瓶法测定
粗骨料的表观密度

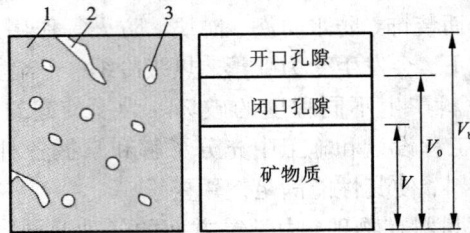

图 1-1　固体材料在自然状态下的体积构成示意图
1—矿物质；2—开口孔隙；3—闭口孔隙

对于不规则且不溶于水的颗粒材料或粉状材料的表观体积可用排水法测得，如砂、卵石、碎石等。

3. 毛体积密度

毛体积密度是指块体或颗粒材料在自然状态下单位体积的干质量，按式(1-3)计算：

$$\rho_b = \frac{m}{V_b} \tag{1-3}$$

式中：ρ_b——材料的毛体积密度，g/cm^3；

      m——材料的干质量，g；

      V_b——材料的毛体积，cm^3。

材料的毛体积是指块体或颗粒材料表面轮廓线所包围的体积。它包含了材料的矿物质及其内部闭口孔隙和开口孔隙在内的体积，见图 1-1。对于规则材料的毛体积可用量尺测量其几何尺寸来计算，如砖、砌块等；对于不规则且不溶于水的颗粒材料的毛体积可用排水法测得，但与表观体积的区别是，毛体积包含了开口孔隙中水的体积，即开口孔隙体积(其值等于材料饱和面干质量与干质量的差值除以水的密度)。

4. 堆积密度

堆积密度是指颗粒材料或粉状材料在堆积状态下单位体积的干质量。按式(1-4)计算：

$$\rho_L = \frac{m}{V_L} \tag{1-4}$$

式中：ρ_L——材料的堆积密度，g/cm^3；

   m——材料的干质量，g；

   V_L——材料的堆积体积，cm^3。

  材料的堆积体积中包括矿物质的体积、材料内部闭口和开口孔隙的体积及颗粒间的空隙所占体积，见图 1-2。堆积体积可用已知容积的容器量得。

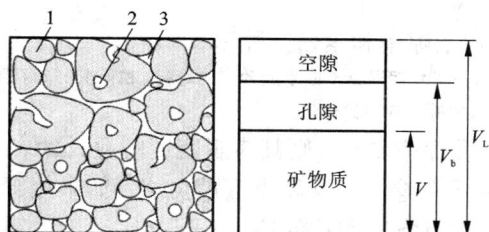

图 1-2　颗粒状材料在堆积状态下的体积构成示意图
1—矿物质；2—闭口孔隙；3—空隙

5. 紧密密度

  紧密密度指颗粒材料或粉状材料按规定方法颠实（或振实）后单位体积的干质量，按式（1-5）计算：

$$\rho_c = \frac{m}{V_c} \tag{1-5}$$

式中：ρ_c——材料的紧密密度，g/cm^3；

   m——材料的干质量，g；

   V_c——材料的紧密堆积体积，cm^3。

  材料的紧密堆积体积中包括矿物质的体积、材料内部闭口和开口孔隙的体积及按规定方法颠实后颗粒间的空隙所占体积。紧密堆积体积可用已知容积的容器量得。

6. 相对密度

  材料的相对密度是材料的密度与同温度时水的密度的比值。材料的表观密度与同温度时水的密度的比值则称为相对表观密度；材料的毛体积密度与同温度时水的密度的比值则称为相对毛体积密度。

  材料的密度、表观密度、毛体积密度、堆积密度和紧密密度，是材料的主要物理性质，可用于材料的孔隙率或空隙率的计算、材料的质量与体积之间的换算。如材料的用量、运输量和堆积空间的计算，配合比的计算，构件自重的计算等。

  同一材料在不同状态下，其不同密度大小关系为：$\rho > \rho_0 > \rho_b > \rho_c > \rho_L$。

二、孔隙率与空隙率

  孔隙率：是指在材料的自然体积中孔隙体积所占的百分率。由图 1-1 可知，材料的孔隙率可用式（1-6）表示和计算：

$$P = \frac{V_b - V}{V_b} \times 100\% = \left(1 - \frac{\rho_b}{\rho}\right) \times 100\% \tag{1-6}$$

式中：P——材料的孔隙率，%。

空隙率：是指散粒状材料在堆积状态下，颗粒间的空隙体积占堆积体积的百分率。由图1-2可知，堆积空隙率可用式(1-7)计算；紧密空隙率可用式(1-8)计算：

$$堆积空隙率：\nu_L = \frac{V_L - V_0}{V_L} \times 100\% = \left(1 - \frac{\rho_L}{\rho_0}\right) \times 100\% \tag{1-7}$$

$$紧密空隙率：\nu_c = \frac{V_c - V_0}{V_c} \times 100\% = \left(1 - \frac{\rho_c}{\rho_0}\right) \times 100\% \tag{1-8}$$

式中：ν_L、ν_c——材料的堆积空隙率和紧密空隙率，%。

注：建设工程所用颗粒材料通常用于水泥混凝土或水泥砂浆的骨料，由于其开口孔隙能被水泥浆填充，故空隙率的计算公式中的空隙体积包含了颗粒材料的开口孔隙的体积。

对于同一类材料而言，孔隙率愈小，则其表观密度就愈大，结构就愈致密，强度就愈高。空隙率愈小，表明其颗粒级配就愈好，堆积密度就愈大；如果用颗粒材料作为回填材料，压实后的空隙率愈小，表明压实就愈密实；在混凝土配合比设计计算中，也可利用粗骨料的实测空隙率来估算合理砂率。

【例】 某混凝土用卵石经洗净烘干后，取 900 g 该卵石浸水饱和，放入事先装有 500 mL 洁净水、容积为 1000 mL 的量筒中，此时量筒中的水位已上升至 840 mL 处；另取该卵石在距离容量筒口 5 cm 高度处，将容积为 20 L 的容量筒灌满后称得其质量为 36.5 kg，容量筒的质量为 5.1 kg，试求该卵石的表观密度、堆积密度及空隙率。如果用堆积密度为 1500 kg/m^3 的砂子来填充 1 m^3 该卵石的空隙并超量 15%，需要多少砂子？

解： ① 卵石的表观密度：$\rho_0 = 900\text{g}/(840-500)\text{cm}^3 = 2.65$ g/cm^3 = 2650 kg/m^3；

② 卵石的堆积密度：$\rho_L = (36.5-5.1)\text{kg}/20\text{ L} = 1570$ kg/m^3；

③ 卵石的空隙率：$\nu_L = (1-\rho_L/\rho_0) \times 100\% = (1-1570/2650) \times 100\% = 41\%$；

④ 填充 1 m^3 该卵石的空隙并超量 15% 需要的砂子：

$$m = 1 \times 0.41 \times (1+15\%) \times 1500 = 707\,(\text{kg})。$$

三、与水有关的性质

1. 亲水性与憎水性

材料与水接触时，根据材料表面对水的吸附程度，有亲水与憎水两种不同情况。

亲水性：材料的表面对水的吸附力较大，水在材料表面呈摊开状[润湿角 $\theta < 90°$，如图 1-3(a)所示]，材料表面能被水润湿，材料中的开口微孔能将水吸入，材料的这种性质称为亲水性，具有这种性质的材料称为亲水性材料，如木材、砖、岩石、混凝土等。

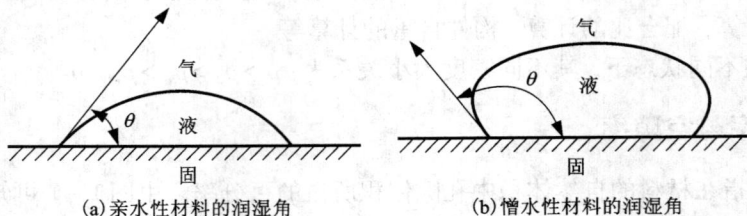

(a)亲水性材料的润湿角　　　　　　　(b)憎水性材料的润湿角

图 1-3　材料的亲水性与憎水性

憎水性：材料的表面对水的吸附力较小，由于水的内聚力作用，水在材料表面收拢成珠状[润湿角 $\theta > 90°$，如图 1-3(b)所示]，材料表面不易被润湿，材料中的微细孔隙不会将水吸入，材料的这种性质称为憎水性，具有这种性质的材料称为憎水性材料。沥青、石蜡等材料属于憎水性材料。憎水性材料常用作防水材料，或可对亲水性材料表面做防水处理。

2. 吸水性与吸湿性

吸水性：是指材料在水中吸收水分的性质。材料的吸水性可用质量吸水率或体积吸水率来表示。对某一材料而言，其吸水率是一固定不变值。

质量吸水率(简称为吸水率)是指材料在吸水饱和状态下，所吸收水分的质量与材料干质量比值的百分率，可按式(1-9)计算：

$$W_{\mathrm{m}} = \frac{m_{\mathrm{w}}}{m} \times 100\% = \frac{m_{\mathrm{b}} - m}{m} \times 100\% \tag{1-9}$$

式中：W_{m}——材料的质量吸水率，%；

m_{w}——材料在饱和状态下所吸水的质量，g；

m_{b}——材料吸水饱和时的质量，g；

m——材料烘干至恒重时的质量，g。

体积吸水率是指材料在吸水饱和状态下，所吸收水分的体积占干燥状态下材料毛体积的百分率，可按式(1-10)计算：

$$W_{\mathrm{V}} = \frac{V_{\mathrm{w}}}{V_{\mathrm{b}}} \times 100\% = \frac{m_{\mathrm{b}} - m}{\rho_{\mathrm{w}} V_{\mathrm{b}}} \times 100\% \tag{1-10}$$

式中：W_{V}——材料的体积吸水率，%；

V_{w}——材料在饱和状态下所吸水的体积，cm^3；

V_{b}——材料在干燥状态时的毛体积，cm^3；

ρ_{w}——水的密度，取 1 g/cm^3。

吸湿性：是指材料在潮湿的空气中吸收水分的性质，用含水率表示。

含水率：是指材料在自然状态下，其内部所含水分的质量占材料干质量的百分率，按式(1-11)计算：

$$W_{\mathrm{h}} = \frac{m_{\mathrm{h}} - m}{m} \times 100\% \tag{1-11}$$

式中：W_{h}——材料的含水率，%；

m_{h}——材料在吸湿状态下的质量，g；

m——材料烘干至恒重时的质量，g。

材料的吸水性、吸湿性与材料的亲水性、孔隙率和孔隙特征[指孔隙结构(闭口孔隙、开口孔隙)和孔隙粗细]有关。由于封闭孔隙不能进水，粗大孔隙虽易进水，却不易存留，所以具有大量开口细微孔隙的亲水性材料(如木材、砖、多孔混凝土等)，其吸水性和吸湿性是很强的。材料的吸湿性还随着周围环境空气湿度而变化，当周围环境空气较为潮湿时，材料将吸入水分，使含水率增大；反之，当周围环境空气较为干燥时，材料中的水分蒸发，使含水率下降，直至与周围环境空气湿度达到平衡，达到平衡时材料的含水率称为平衡含水率。故材料的平衡含水率是一动态变化值。

材料吸水后，其体积膨胀、强度会下降、保温性能降低。如木材，由于吸水或蒸发水分，会造成木材翘曲、开裂等缺陷；石灰、石膏、水泥等由于吸湿性强容易造成其失效；保温材料吸水后，其保温性能会大幅度下降等。

3. 耐水性

耐水性是指材料长期在饱和水作用下保持其原有性质的能力。不同材料的耐水性有不同的含义。结构材料的耐水性主要指材料受水后强度的变化；而装饰材料的耐水性主要指材料受水后的颜色变化、霉变、是否会鼓泡起层等。

结构材料的耐水性用软化系数（K_R）表示，按式（1-12）计算：

$$K_R = \frac{f_w}{f_d} \tag{1-12}$$

式中：f_w——材料吸水饱和状态下的抗压强度，MPa；

f_d——材料在干燥状态下的抗压强度，MPa。

材料在吸水后，由于水分子的浸入，水分被组成材料的微粒表面吸附而形成水膜，削弱了材料微粒间的结合力，同时水分还会溶解其中易溶于水的成分，而使材料的强度有不同程度的下降（软化），严重者会完全丧失其强度（如黏土）。

材料的软化系数，其值在 0 到 1 之间。K_R 越接近于 1，材料的耐水性越好。凡用于受水浸泡或潮湿环境的重要材料，要求 $K_R \geq 0.85$；用于受潮湿较轻或次要部位的材料，要求 $K_R \geq 0.70$。凡 $K_R > 0.85$ 的材料，通常可以认为是耐水材料。

【例】 某烧结砖在自然状态下的质量为 2.6 kg，经烘干后其质量为 2.4 kg，将其浸水饱和后称其质量为 2.9 kg；在干燥状态下测得其抗压强度为 15.6 MPa，浸水饱和后测得其抗压强度为 13.7 MPa，试求该砖的含水率、吸水率及软化系数。

解： 含水率：$W_h = [(2.6-2.4)/2.4] \times 100\% = 8.3\%$

吸水率：$W_m = [(2.9-2.4)/2.4] \times 100\% = 20.8\%$

软化系数：$K_R = 13.7/15.6 = 0.88$

4. 抗渗性与抗冻性

抗渗性：是指材料抵抗压力水（或其他液体）渗透的能力。材料的抗渗性可用抗渗等级或渗透系数来评价。材料的抗渗等级愈高，渗透系数愈小，则抵抗压力水渗透能力就愈强。

材料的抗渗等级可分为 P6、P8、P10、P12、>P12 等。其中的 P 是抗渗等级的代号，其数字代表材料在不发生渗透的前提下所能承受的最大水压力（单位为 0.1 MPa）。如 P6 代表材料按标准方法做抗渗试验时，在 0.6 MPa 的水压作用下，1 组 6 个试件中 4 个试件未出现渗水，此时的水压乘以 10 即为抗渗等级。抗渗等级按式（1-13）计算：

$$P = 10H - 1 \tag{1-13}$$

式中：H——6 个试件中有 3 个试件出现渗水时的水压力值（MPa）。

渗透系数是指一定厚度的材料，在一定水压力作用下，在单位时间内透过单位面积的水量，试验装置见图 1-4，按式（1-14）计算：

$$K_S = \frac{Q \cdot d}{A \cdot t \cdot H} \tag{1-14}$$

式中：K_S——材料的渗透系数，cm/h；

Q——渗透的水量，cm³；

d——材料的厚度，cm；

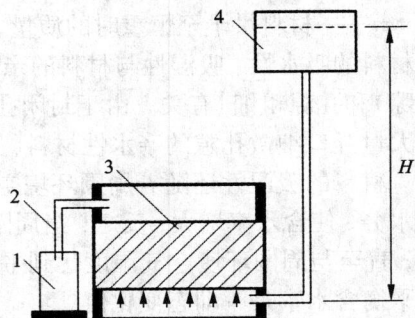

图 1-4　渗透试验装置示意图

1—量筒；2—出水管；3—材料试件；4—水箱

A——渗水面积，cm^2；

t——渗水时间，h；

H——静水压力水头，cm。

抗冻性：是指材料在吸水饱和状态下，能经受多次冻融循环作用而不被破坏，也不严重降低其强度的性质。

由于水结冰时体积膨胀约 9%，材料孔隙内的饱和水结冰膨胀，将对材料的孔壁产生很大的压应力，当此应力超过材料的抗拉强度时，材料将产生内外裂纹、表面剥落、强度下降。随着冻融次数的增加，冻融破坏就越严重。

材料的抗冻性，用抗冻等级 Fn 表示，其中的"F"是抗冻等级的代号，"n"表示材料能经受的最大冻融循环次数，分为 F10、F15、F25、F50、F100、F200 等抗冻等级。如 F25 代表材料在（－18±2）℃下冰冻 3 h 后，再在（5±2）℃下溶化 1 h 的冻融循环试验，其质量损失率不超过 5%、强度损失率不超过 25% 或相对动弹模量不小于 60% 时，所能经受的冻融循环次数最多为 25 次。材料的抗冻等级愈高，则抵抗冻融破坏的能力就愈强。

材料的抗渗性、抗冻性好与差，主要由材料的孔隙率和孔隙特征决定。孔隙率越大，开口连通孔隙越多，连通大孔含量越多，则抗渗性、抗冻性就越差。另外，材料的抗渗性还与材料的憎水性和亲水性有关，憎水性材料的抗渗性优于亲水性材料；材料抗冻性还与材料的强度有关，强度越高抵抗冻融破坏的能力就越强，抗冻性就越好。提高材料的密实性或使材料内部形成一定数量的封闭孔隙，均能提高材料的抗渗性和抗冻性。

四、热工性能

在建筑物中，材料除了要满足必要的强度及其他性能要求外，还应考虑节能和舒适的要求，这就要求材料具有一定的热工性质，以维持室内温度。

1. 导热性

材料能传导热量的性质称为导热性。材料传导热量的能力用导热系数或热阻来评价。

导热系数：在数值上等于厚度为 1 m 的材料，当其相对两侧温差为 1 K 时，在 1 s 时间内通过 1 m^2 面积所传导的热量，见图 1－5，按式（1－15）计算：

$$\lambda = \frac{Q \cdot d}{A \cdot Z \cdot \Delta T} \tag{1-15}$$

式中：λ——材料的导热系数，W/(m·K)；

Q——材料传导的热量，J(焦耳)；

d——材料的厚度，m；

A——材料的传热面积，m^2；

Z——传热时间，s(秒)；

ΔT——材料传热时两侧的温差，K。（1℃＝273 K）

热阻：是指材料层的厚度与该材料层的导热系数之比。单一材料层的热阻按式（1－16）计算：

$$R = \frac{d}{\lambda} \tag{1-16}$$

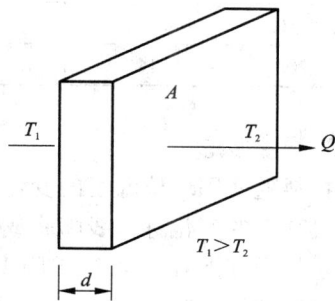

图 1－5　材料传热示意图

式中：R——材料层的热阻，$m^2 \cdot K/W$；

d——材料层的厚度，m。

多层复合材料的热阻等于各单一材料层的热阻之和。

2. 热容量

热容量是指材料受热时吸收热量、冷却时放出热量的性质，即材料能容纳热量的性质。热容量的大小用比热容表示。比热容为 1 g 材料温度升高 1 K 时所吸收的热量，或降低 1 K 时所放出的热量，按式(1-17)计算：

$$c = \frac{Q}{m \cdot \Delta T} \tag{1-17}$$

式中：c——材料的比热容，J/(g·K)；

Q——材料吸收或放出的热量，J(焦耳)；

m——材料的质量，g；

ΔT——材料受热或冷却前后的温差，K。

材料保温性的好与差，取决于材料的成分、孔隙率和孔隙特征。由于密闭空气的导热系数很小，所以，孔隙率较大且为细微封闭孔隙的材料的导热系数也就小，保温性能就好；具有粗大而贯通孔隙的材料，由于有对流作用，其导热系数会增大；材料受潮或吸水受冻后，由于水和冰的导热系数比不流动空气的导热系数大几十倍，会使材料的导热系数增大，保温隔热性能降低。

用于建筑外围的材料，宜采用导热系数小的材料，能在室内外温差较大的情况下缓和室内温度的波动，对于采暖或供冷的建筑，可起到节约能源的效果。一般认为，导热系数 $\lambda <$ 0.23 W/(m·K)的材料，可作为保温隔热材料，这种材料必定是多孔轻质的，且应在干燥环境中使用，以利于发挥其保温隔热的效能。常用材料的导热系数和比热容见表1-1。

表1-1 常用材料的热工性质指标

材　料	导热系数 λ /[W·(m·K)$^{-1}$]	比热容 c /[J·(g·K)$^{-1}$]	材　料	导热系数 λ /[W·(m·K)$^{-1}$]	比热容 c /[J·(g·K)$^{-1}$]
紫铜	407	0.42	石棉、岩棉、玻璃棉板	0.045~0.050	1.22
建筑钢材	58.2	0.48	水泥膨胀珍珠岩	0.16~0.26	1.17
花岗岩	3.49	0.92	聚乙烯泡沫塑料	0.047	1.38
钢筋混凝土	1.74	0.92	冰	2.20	2.05
烧结粘土砖	0.55	0.84	水	0.58	4.19
松木(横纹)	0.14	2.51	密闭空气(10℃时)	0.025	1.00

3. 温度变形

材料随使用环境温度的变化，其体积也随之发生变化，即"热胀冷缩"现象。温度变形在单向尺寸上的变化称为线膨胀或线收缩，通常用线膨胀系数来衡量材料的温度变形。线膨胀系数是指温度上升 1 K(或下降 1 K)所引起的材料在某一方向上的长度相对伸长值(或相对缩短值)，用 a_L 表示，按式(1-18)计算：

$$a_L = \frac{\Delta L}{L \cdot \Delta T} \tag{1-18}$$

式中：a_L——材料在常温下的线膨胀系数，1/K；

14

L——材料的原始长度，mm 或 m；

　　ΔL——材料由于温变而引起的伸长值或缩短值，mm 或 m；

　　ΔT——材料受热（或冷却）前后的温差，K（开氏温度）。

常用材料的线膨胀系数如下：

钢　材　　$a_L = (10 \sim 12) \times 10^{-6}/K$

混凝土　　$a_L = (5.8 \sim 12.6) \times 10^{-6}/K$

岩石、骨料　　$a_L = (6.3 \sim 12.4) \times 10^{-6}/K$

线膨胀系数是一个重要的物理参数，可以用来计算材料在温度变化时所引起的变形，或当温度变形受阻时所产生的温度应力等。如果温度变形受到阻碍，便会在材料内部产生温度应力，当温度应力达到一定极限时，将导致结构破坏。桥梁或过长的建筑物要留有伸缩缝，架空的长管道要设置"Ω"形管节，钢轨接头处要留有适当的轨缝，都是为了适应由于温度变化所引起的材料变形。

【例】　一根长 25 m 的钢轨，在温度升高 60 K 的情况下，其伸长量为：

$$\Delta L = a_L \cdot L \cdot \Delta T = 10 \times 10^{-6} \times 25000 \times 60 = 15 (mm)$$

4. 耐燃性

耐燃性是指材料对火焰和高温的抵抗能力。它是影响建筑物的防火、建筑结构的耐火等级的一项重要因素。建设工程材料按其耐燃性分为不燃、难燃、可燃、易燃四类。

不燃性材料：在空气中遇火或高温高热作用下不起火、不炭化、不燃烧。如砖、石、混凝土、石棉等。

难燃性材料：在空气中遇火或高温高热作用下难起火、难炭化、难燃烧，当火源移走后，已有的燃烧或微燃会立即停止。如经防火处理的木材等。

可燃性材料：在空气中遇火或高温高热作用下立即起火或微燃，且火源移走后仍能继续燃烧。如木材、沥青等。

易燃性材料：在空气中遇火或高温高热作用下立即起火剧烈燃烧，且火源移走后不易扑灭。如泡沫塑料板、化学纤维织物等。

五、声学性能

1. 吸声性能

声音起源于物体的振动，它迫使邻近的空气跟着振动而成为声波，并在空气介质中向四周传播。当声波传到材料表面时，一部分被反射，一部分穿透材料，其余部分则传递给材料，在材料的孔隙中引起空气分子与孔壁的摩擦和粘滞阻力，其间相当一部分声能转化为热能而被吸收掉。这些被吸收的能量（包括部分穿透材料的声能在内）与传递给材料的全部声能之比，是评定材料吸声性能好坏的主要指标，称为吸声系数（α），按式（1-19）计算：

$$\alpha = \frac{E}{E_0} \qquad\qquad (1-19)$$

式中：E——被材料吸收的声能（包括部分穿透材料的声能在内）；

　　　　E_0——传递给材料的全部入射声能。

材料的吸声性能除与材料本身的厚度、内部结构及材料的表面特征有关外，还与声波的频率及入射方向有关。同一材料对高、中、低不同频率的吸声系数是不同的。为了能全面反映材料的吸声性能，通常取 125 Hz、250 Hz、500 Hz、1000 Hz、2000 Hz、4000 Hz 等六个频率的吸声系数来表示材料的吸声频率特性，凡对上述六个频率的平均吸声系数大于 0.2 的材料，称为吸声材料。材料的吸声系数越大，则吸声效果就越好。

材料的吸声性能主要取决于材料的孔隙率与孔隙特征，具有大量内外连通微细孔的多孔材料具有良好的吸声性能，当声波入射到多孔材料的表面时，便很快顺着微细孔进入材料内部，使孔隙内的空气分子受到摩擦和粘滞阻力，或使细小纤维作机械振动，部分声能将转变为热能，从而达到阻止声波传播的目的。如果材料具有大量的封闭孔隙或开口连通孔隙过大，则吸声效果差。

2. 隔声性能

隔声性能是材料阻隔声波的能力。声音按传播的途径不同可分为空气传播声和固体传播声两种。材料的隔声性能可用声波透射系数（τ）来衡量，按式（1-20）计算：

$$\tau = \frac{E_\tau}{E_0} \tag{1-20}$$

式中：E_τ——透过材料的声能；

E_0——传递给材料的全部入射声能。

材料的声波透射系数越小，隔声性能就越好。常用隔声量 R（分贝：dB）来表示材料对空气声的隔绝能力，其与声波透射系数的关系是：$R = -10 \lg\tau$。

要使声波无法传播，最有效的办法就是将其传播介质隔断。

隔绝空气声，隔声效果主要取决于隔声材料的单位面积质量，质量越大，越不易振动，则隔声效果越好。因此须选用密实、沉重的材料，如普通砖、钢板、钢筋混凝土作为隔声材料。

隔绝固体声，最有效的措施是采用不连续的结构处理，即在墙壁和承重梁之间、房屋的框架和隔墙及楼板之间加弹性衬垫，如毛毡、软木、橡皮等材料，或在楼板上加弹性地毯；对于强夯地基施工，为了减少对临近建筑物的振动，可在强夯地基外周挖壕沟，将固体传播声波转换成空气传播声波后，空气传播声波被壕沟的另一侧土方隔断，从而到达隔声的目的。

1.2　材料的力学性质

材料的力学性质又称机械性质，是指材料在外力作用下，抵抗变形和破坏的能力。包括强度、弹性与塑性、韧性与脆性、硬度与耐磨性等。

1. 强度

强度是指材料抵抗外力（荷载）破坏的能力。通常情况下，材料内部的应力多由外力作用而引起，并随着外力的增加而增大，当外力超过材料内部质点所能抵抗的极限时，材料即发生破坏，此极限应力值就是材料的强度。

材料所受的外力有压缩、拉伸、剪切和弯曲等多种形式，根据材料所受外力的形式不同，材料的强度分为抗压强度、抗拉强度、抗剪强度和抗折（弯拉）强度四种，见图 1-6。

材料的抗压强度、抗拉强度和抗剪强度，均可按式（1-21）计算：

$$f = \frac{F}{A} \tag{1-21}$$

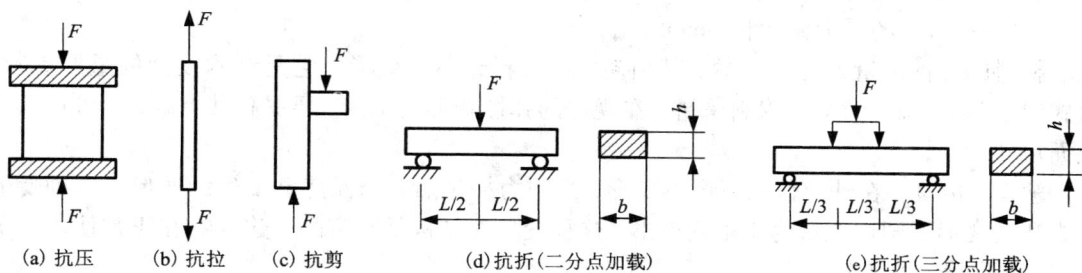

(a) 抗压　(b) 抗拉　(c) 抗剪　(d) 抗折(二分点加载)　(e) 抗折(三分点加载)

图1-6　材料的几种受力状态

式中：f——材料的强度，包括抗压强度f_c、抗拉强度f_t和抗剪强度f_v，MPa(N/mm^2)；

　　　F——材料受压、受拉或受剪破坏时的最大荷载，N；

　　　A——材料的受力面积，mm^2。

材料的抗折强度(又称抗弯拉强度)与材料的截面尺寸和受力情况有关，不同形状大小的试件，不同的受力情况，其计算公式是不同的。一集中荷载二分点加载方式按式(1-22)计算，一集中荷载三分点加载方式按式(1-23)计算：

$$f_f = \frac{3F \cdot L}{2b \cdot h^2} \quad \text{(二分点加载)} \tag{1-22}$$

$$f_f = \frac{F \cdot L}{b \cdot h^2} \quad \text{(三分点加载)} \tag{1-23}$$

式中：f_f——材料的抗折强度，MPa；

　　　F——受弯破坏时的最大荷载，N；

　　　L——跨距，即两支点间的距离，mm；

　　　b——材料截面的宽度，mm；

　　　h——材料截面的高度，mm。

强度是材料的主要技术性质之一。凡是用于承重结构的各种材料，都规定了有关强度的测定方法和计算方法，都以其强度标准值的大小划分为若干个强度等级或标号，以供结构设计和施工时合理选用。

材料的强度与其组成和结构有关，即使材料的组成相同，如内部构造不同，则其强度也不同。材料的孔隙率愈大，则强度愈低。

材料的强度还与其含水率状态和温度有关，含有水分的材料，其强度较干燥状态时要低。某些材料随温度的升高，其强度将降低，如沥青混凝土。

2.弹性与塑性

弹性：指材料在外力作用下产生变形，当外力撤销时，变形会随之消失。这种变形称为弹性变形。弹性变形为可逆变形，其值与外力成正比。按式(1-24)计算：

$$\varepsilon = \frac{F}{E \cdot A} \quad \text{(虎克定律)} \tag{1-24}$$

式中：ε——材料的弹性变形，mm；

　　　F——弹性范围内的作用力，N；

E——材料的弹性模量，MPa；

A——材料的受力截面积，mm^2。

材料的弹性模量 E 是一常数，其值越大，材料越不易变形。它是结构设计的重要参数。由式（1-24）可知，对某一材料来讲，在规定的弹性变形范围内，要提高其承载力，可加大其截面尺寸。

塑性：指材料在外力作用下产生变形，当外力撤销后，仍保持已发生的变形。这种变形称为塑性变形。塑性变形为不可逆变形，这种变形对结构是有害的。建筑物在正常使用情况下，是不允许产生塑性变形的。

单纯的弹性材料是没有的。有的材料（如钢材）在受力不太大时表现为弹性，超过弹性限度之后便出现塑性变形。许多材料（如混凝土等）在受力后，弹性变形和塑性变形同时发生，若撤销外力，其弹性变形将消失，但塑性变形仍残留着（称为残余变形）。这种既有弹性又有塑性的变形称为弹塑性变形。

3. 韧性与脆性

韧性：指材料在外力作用下，发生较大变形尚不断裂的性质。具有这种性质的材料称为韧性材料。如钢材、木材、塑料、橡胶等属于韧性材料。

材料的冲击韧性以冲击吸收功来衡量。用标准试件做冲击试验（见图1-7），在冲断过程中试件所吸收的功，即冲断试件所消耗的功，按式（1-25）计算：

$$A_K = F(H - h) \tag{1-25}$$

式中：A_K——材料的冲击吸收功，J（焦耳，$N \cdot m$）；

F——冲击摆锤的重量，N；

$H，h$——分别为冲击前、后摆锤的高度，m。

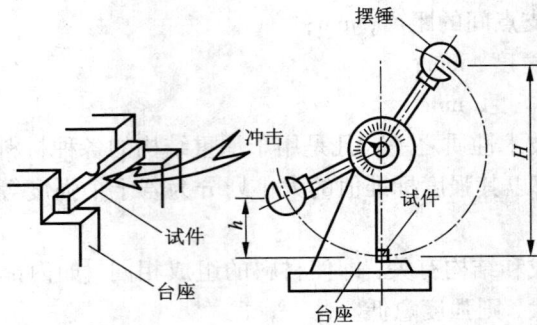

图1-7 冲击试验装置示意图

脆性：指材料在外力作用下，在没有明显塑性变形的情况下突然断裂的性质。具有这种性质的材料称为脆性材料。如铁、混凝土、砂浆、砖、石、玻璃、陶瓷等均属于脆性材料。

一般来说，脆性材料的抗压强度比其抗拉、抗弯强度高很多倍，其抵抗冲击和振动荷载的能力较差，这种材料不宜用于承受振动和冲击的场合。

4. 硬度与耐磨性

硬度：指材料对外物压陷、刻画等作用的局部抵抗能力。对于木材、金属等韧性材料的硬度通常采用压入法来测定。压入法硬度指标主要有布氏硬度（HBW）和洛氏硬度（HRA、HRC），是对一定直径的硬质合金球施加试验力压入试样表面，经规定保持时间后，卸除试验力，测定试样表面压痕的直径（布氏硬度）或残余深度（洛氏硬度），以此来计算试样的硬度。对于岩石、玻璃、陶瓷等非金属脆性材料的硬度，则采用刻划法来测定，称为莫氏硬度，它是用系列标准硬度的矿物（按滑石、石膏、方解石、莹石、磷灰石、正长石、石英、黄玉、刚玉、金刚石的硬度由低到高依次排列）对材料表面进行刻划，根据划痕来确定其硬度等级。

工程上常用材料的硬度来推算其强度，如用回弹法测定混凝土强度，就是用回弹仪测得混凝土的表面硬度来推算其强度的。

耐磨性：指材料表面抵抗外物磨损的能力，可用磨耗率来衡量。以材料在规定的负荷作用下研磨规定的圈数后单位面积上的质量损失来表示，按式（1-26）计算：

$$G_c = \frac{m_1 - m_2}{A} \tag{1-26}$$

式中：G_c——材料的磨耗率，g/cm^2；

　　　m_1——材料研磨前的质量，g；

　　　m_2——材料研磨后的质量，g；

　　　A——材料受磨损的面积，mm^2。

为了保持材料有较好的表面使用性质和外观质量，要求其必须具有足够的硬度和耐磨性。材料的硬度和耐磨性与材料的组成、结构、强度等因素有关，通常硬度高的材料，其结构就越致密，强度也就越高，耐磨性就愈好。铁路的钢轨和用于路面、地面、桥面、阶梯等部位的材料，都要求具有一定的硬度和耐磨性。

1.3　材料的耐久性

材料的耐久性是指材料在使用条件下，受各种内在和外来自然因素及有害介质的侵蚀而能长久地保持其原有性能的性质。耐久性是衡量材料在长期使用条件下的安全性能的一项综合性指标，包括抗渗性、抗冻性、抗裂性、抗风化性、抗老化性、耐化学腐蚀性等。此外，材料的强度、耐磨性也与材料的耐久性有密切关系。

1. 环境对材料的影响

材料在使用过程中，除受各种外力作用（机械作用）外，还要长期地受到各种自然环境因素的破坏作用，这些破坏作用可以概括为物理、化学和生物作用。

物理作用：材料长期在阳光、大气、雨水、冰雪等作用下，不断发生干湿变化、热胀冷缩、冻融循环，从而发生内外裂缝、表面剥落，使材料逐渐破坏。如岩石的风化、沥青和塑料的老化、材料的冻胀破坏、结构的渗漏等。

化学作用：材料在各种化学介质，如酸、碱、盐等物质的水溶液和有害气体的侵蚀作用下，使材料逐渐发生腐蚀、变质而破坏。如钢材生锈、水泥石腐蚀、钢筋混凝土的碳化破坏、混凝土的碱-骨料反应等。

生物作用：材料受菌类、昆虫的侵蚀造成的破坏。如木材腐朽、虫蛀等。

对于使用中的建设工程材料来说，它们所受到的破坏作用往往不是一种，而是上述几种因素共同作用，如果不采取相应的防护措施，材料就会逐渐发生破坏，从而影响到结构的安全使用。

2. 提高材料耐久性的措施

(1)设法减轻大气或周围介质对材料的破坏作用。如降低温湿度、排除侵蚀性物质等。

(2)提高材料本身的密实度，改善材料的孔隙构造。

(3)适当改变材料的组成成分，进行憎水性处理及防腐处理。

(4)表面保护。如采用饰面、抹灰、刷防腐涂料等保护措施。

复习思考题

1. 材料的密度、表观密度、毛体积密度、堆积密度及紧密密度，它们之间有何区别？

2. 材料的孔隙率与空隙率有何区别？

3. 亲水性材料与憎水性材料是根据什么来划分的？

4. 材料的吸水性与吸湿性有什么区别？分别用什么来表示？

5. 软化系数是用来评价结构材料的什么性质？如何计算？

6. 材料的抗渗性与抗冻性有何区别？与哪些因素有关？分别用什么来评价？

7. 材料的导热性与哪些因素有关？用什么指标来评价？

8. 吸声材料应具有什么特点？要想隔绝或减弱声音的传播，最有效的措施是什么？

9. 混凝土路面、桥梁等超长构件每隔一定距离留置一定宽度的缝隙有何目的？

10. 什么是材料的强度？材料的强度分哪几种？

11. 材料的弹性变形与塑性变形有何区别？

12. 韧性材料与脆性材料有何区别？

13. 什么是材料的耐久性？包括哪些方面？

14. 现有甲、乙两相同组成的材料，密度为2.70 g/cm³。甲材料的绝干毛体积密度为1.40 g/cm³，质量吸水率为17%；乙材料吸水饱和后的毛体积密度为1.862 g/cm³，体积吸水率为46.2%。试求：(1)甲材料的孔隙率和体积吸水率；(2)乙材料的绝干毛体积密度和孔隙率；(3)评价甲、乙两种材料，指出哪种材料更宜作为外墙材料，为什么？

15. 一块标准红砖，尺寸为240 mm×115 mm×53 mm，在空气中的质量为2750 g，将其放入水中浸泡24 h后称得其饱和面干状态(表面干燥，内部被水饱和)下的质量为2900 g，再经烘干后称得其质量为2665 g，然后将其一份磨细后取干粉55 g，用排水法测得其密实体积为20.7 cm³，试求此砖的含水率、吸水率、密度、毛体积密度、孔隙率。

模块二　混凝土结构工程材料

【内容提要】　本模块主要介绍混凝土结构工程用通用硅酸盐水泥、砂、卵石、碎石、矿物掺合料、外加剂、普通钢筋、预应力筋及锚具的品种、规格、技术性质、质量要求、应用及验收与施工管理，以及混凝土的技术性能、影响混凝土性能的主要因素与改善措施、配合比的设计等有关知识。

2.1　基本概念

2.1.1　混凝土的定义及分类

1. 混凝土的定义

混凝土[concrete]：用于一般建设工程的混凝土属于普通混凝土，简称混凝土。他是由水泥（胶凝材料）、粗细骨料（石子、砂子）、水、矿物掺合料和外加剂等组分按适当比例配合，经搅拌均匀、浇筑、振实成形及养护等工艺，硬化而成的类似于石材的复合材料，简称"砼"（tóng）。

2. 混凝土的分类

1）按干表观密度分

按干表观密度分为重混凝土、普通混凝土和轻混凝土。

重混凝土：干表观密度 >2800 kg/m³，是采用密度较大的重骨料和重水泥配置而成，具有防辐射性能，故又称为防辐射混凝土，主要用于有防辐射要求的工程。

普通混凝土：干表观密度为 2000 ~ 2800 kg/m³，用于一般建筑和土木工程。

轻混凝土：干表观密度 <1950 kg/m³，其中按其孔隙结构分为轻骨料混凝土和多孔混凝土。轻骨料混凝土是采用多孔轻质的骨料（如陶粒）与水泥等组分配置而成；多孔混凝土中无粗、细骨料，内部充满大量细小封闭的孔，孔隙率高达 60% 以上，多孔混凝土又分为加气混凝土和泡沫混凝土两种。轻混凝土具有良好的保温性，主要用于轻质结构材料和绝热材料，如建筑自承重（非承重）隔墙材料。

2）按强度等级分

按强度等级分为普通混凝土（<C60）、高强混凝土（C60 ~ C100）、超高强混凝土（>C100）。

3）按流动性（稠度）分

按流动性分为干硬性混凝土（坍落度 <10 mm）、塑性混凝土（坍落度为 10 ~ 90 mm）、流动性混凝土（坍落度为 100 ~ 150 mm）、大流动性混凝土（坍落度 >160 mm）。

4）按用途分

按用途分为结构混凝土、防水混凝土、道路混凝土、耐热混凝土、耐酸混凝土、防辐射混凝土、装饰混凝土、补偿收缩混凝土（膨胀混凝土）等。

5）按施工工艺分

按施工工艺分为泵送混凝土、喷射混凝土、水下混凝土、碾压混凝土、离心混凝土、真空混凝土等。

泵送混凝土[pumped concrete]：指可通过泵压作用沿输送管道强制流动到目的地并进行浇筑的混凝土。适用于大体积混凝土、高层建筑、桥梁、隧道、地下工程及施工场地狭小的混凝土工程的施工。

喷射混凝土[sprayed concrete]：是指将水泥、骨料和水按一定比例拌制的混合料装入喷射机，借助压缩空气，从喷嘴喷出至受喷面所形成的致密均质的一种混凝土。主要用于隧道的支护，边坡、坝堤等岩体工程的护面等工程。

水下混凝土[hydraulic concrete]：是将混凝土通过竖立的导管，依靠混凝土的自重在静水中进行灌注的施工方法，也称导管混凝土。适用于处于地下、江河、海洋中的各种混凝土结构的浇注。

碾压混凝土[roller compacted concrete]：是用通用硅酸盐水泥、火山灰质掺和料、水、外加剂、砂和分级控制的粗骨料拌制成的无坍落度的干硬性混凝土，采用与土石坝施工相同的运输及铺筑设备，用振动碾分层压实而成。它具有施工程序简单、快速、经济、可使用大型通用机械的优点。

离心混凝土[centrifugal concrete]：通过离心机的高速转动，使得混凝土成形、密实的施工方法。通常用于混凝土管道、空心混凝土管桩、混凝土电杆等的制作。

真空混凝土[vacuum concrete]：在混凝土浇筑振捣完毕而尚未凝固之前，用真空泵、真空罐等抽真空设备在混凝土拌合物内产生负压，将其中多余的水分抽出来使混凝土密实的施工工艺。该方法不仅能够提高混凝土的早期强度和缩短拆模期限，而且还可以提高混凝土的抗压、抗渗、抗磨、抗冻等物理力学性能，减少混凝土的收缩率。

2.1.2 混凝土结构的定义及分类

混凝土结构[concrete structure]：指以混凝土为主制成的结构，包括素混凝土结构、钢筋混凝土结构和预应力混凝土结构等。

素混凝土结构[plain concrete structure]：指无筋或不配置受力钢筋的混凝土结构。

钢筋混凝土结构[reinforced concrete structure]：指配置受力普通钢筋的混凝土结构。

预应力混凝土结构[prestressed concrete structure]：指配置受力的预应力筋（钢丝、钢胶线等），通过张拉或其他方法建立预加应力的混凝土结构。其中按预应力建立方式不同又分为先张法预应力混凝土结构和后张法预应力混凝土结构。

先张法预应力混凝土结构[pretensioned prestressed concrete structure]：在张拉台座上先张拉预应力筋，然后浇筑混凝土，待混凝土强度达到规定强度后放张预应力筋，通过预应力筋的收缩，由粘结传递在混凝土内建立预应力的混凝土结构。

后张法预应力混凝土结构[post-tensioned prestressed concrete structure]：先浇筑混凝土（在浇筑混凝土过程中应预留安装预应力筋的孔道），待混凝土强度

22

达到规定强度后，通过张拉预应力筋并在结构上锚固而建立预应力的混凝土结构。

现浇混凝土结构[cast-in-situ concrete structure]：在现场原位支模并整体浇筑而成的混凝土结构。

装配式混凝土结构[precast concrete structure]：由预制混凝土构件或部件装配、连接而成的混凝土结构。

2.2　混凝土的组成材料及技术要求

混凝土的基本组成材料为水泥、砂、石子、水，另外根据需要还可掺入适量的矿物掺合料和外加剂。在混凝土中，砂子、石子起骨架作用，称为骨料（或称集料），占混凝土总体积的65%~80%，砂子填充石子的空隙，与石子共同构成坚硬的骨架，起到传递应力、提供耐磨性和抑制由于水泥浆硬化干燥所产生的收缩变形的作用。由水泥、矿物掺合料、外加剂和水形成的水泥浆包裹在骨料表面并填充其剩余空隙，在硬化前水泥浆起润滑作用，赋予拌合物（也称新拌混凝土）一定工作性（也称和易性），便于施工；水泥浆凝结硬化后，则将骨料胶结成一个坚实的整体而形成结构构件。

2.2.1　水泥

水泥呈粉末状，是一种良好的水硬性无机胶凝材料。水泥品种繁多，按主要矿物成分可分为硅酸盐类、铝酸盐类、硫铝酸盐类、铁铝酸盐类等水泥。按用途和性能又可分为通用硅酸水泥（用于一般建设工程的水泥）、专用水泥（具有专门用途的水泥。如道路水泥、白水泥等）、特性水泥（指某种性能比较突出的水泥。如快硬水泥、低热水泥、膨胀水泥等）等。本节主要介绍通用硅酸盐水泥的有关知识。

一、通用硅酸盐水泥的组成

通用硅酸盐水泥[common portland cement]：指以硅酸盐水泥熟料和适量的石膏及规定的混合材料（掺合料）制成的水硬性胶凝材料。

1. 硅酸盐水泥熟料

硅酸盐水泥熟料是主要由含 CaO、SiO_2、Al_2O_3、Fe_2O_3 的原料，按适当比例磨成细粉烧至部分熔融所得以硅酸钙为主要矿物成分的水硬性胶凝物质。其中硅酸钙矿物含量不小于66%，氧化钙和氧化硅质量比不小于2.0。其主要矿物组成如下：

硅酸三钙：$3CaO \cdot SiO_2$，简写为 C_3S，含量为37%~60%。

硅酸二钙：$2CaO \cdot SiO_2$，简写为 C_2S，含量为15%~37%。

铝酸三钙：$3CaO \cdot Al_2O_3$，简写为 C_3A，含量为7%~15%。

铁铝酸四钙：$4CaO \cdot Al_2O_3 \cdot Fe_2O_3$，简写为 C_4AF，含量为10%~18%。

除此之外，还含有少量的游离氧化钙（CaO）、游离氧化镁（MgO）等。

2. 混合材

用于水泥中的混合材料分为活性混合材和非活性混合材。活性混合材主要有磨细粒化高炉矿渣粉、粉煤粉和火山灰质材料，它们均含有一定数量的 SiO_2、Al_2O_3、FeO、Fe_2O_3 等氧化物，这些氧化物同样具有类似于水泥熟料矿物的活性；非活性混合材是指活性指标分别低于矿渣粉、粉煤粉和火山灰质活性材料的矿物质材料，主要有石灰石粉和砂岩粉，其中石灰石粉中的 Al_2O_3 含量应≤2.5%。混合材的主要作用是用来调节水泥的物理、化学性能及强度等级，节约水泥熟料用量，降低生产成本。

矿渣粉：是炼铁高炉排出的熔渣，经水淬冷成粒后，再经干燥、磨细而成的粉末材料，其中的钙、硅、铝和锰多处于非结晶的玻璃体，矿渣粉磨得越细，其活性越高。用于水泥中的矿渣粉的烧失量应≤1.0%、SO_3 含量应≤4.0%、玻璃体含量应≥85%，其他技术要求应符合现行国家标准《用于水泥、砂浆和和混凝土中的粒化高炉矿渣粉》GB/T 18046—2017 的有关规定。

粉煤灰：是电厂煤粉炉烟道气体中收集的粉末，为富含玻璃体的实心或空心球状颗粒，粒径一般为 1~50 μm，具有较强的活性。用于水泥中的粉煤灰的烧失量应≤8.0%、SO_3 含量应≤3.5%、28d 活性指数（掺有粉煤灰的水泥与未掺粉煤灰水泥的胶砂抗压强度比）应≥70%，其他技术要求应符合现行国家标准《用于水泥和混凝土中的粉煤灰》GB/T 1596—2017 的有关规定。

火山灰质活性混合材料：是指具有火山灰性或潜在水硬性、或兼有火山灰性和水硬性的矿物质材料。按其成因分为天然火山灰质混合材料和人工火山灰质混合材料。

天然火山灰质混合材料包括火山灰、凝灰岩、沸石岩、浮石、硅藻土或硅藻石。

人工火山灰质混合材料包括煤矸石、烧页岩、烧粘土、煤渣、硅质渣。

火山灰质混合材料的烧失量应≤10%；SO_3 含量应≤3.5%；28d 活性指数应≥65%；火山灰性应合格。其他技术要求应符合现行国家标准《用于水泥中的火山灰质混合材料》GB/T 2847—2005 的有关规定。

火山灰性是指一种材料磨成细粉后，单独不具有水硬性，但在常温下与石灰和水拌合后生成具有水硬性产物的性能。可通过在规定时间周期后，水化水泥接触的水溶液中存在的 $Ca(OH)_2$ 含量与饱和 $Ca(OH)_2$ 溶液相比较来确定，如果该溶液中 $Ca(OH)_2$ 的浓度低于饱和浓度，则判定该火山灰水泥的火山灰性合格。

3. 石膏

用于水泥中的石膏分为天然石膏和工业副产石膏（以 $CaSO_4$ 为主要成分的工业副产物）。天然石膏按矿物组分分为石膏、硬石膏和混合石膏；按品质分为特、一、二、三、四级五个等级。

石膏（代号为 G）在形式上主要以 $CaSO_4 \cdot 2H_2O$ 存在的石膏。

硬石膏（代号为 A）在形式上主要以 $CaSO_4$ 存在，且 $CaSO_4$ 的质量分数与 $CaSO_4 \cdot 2H_2O$ 和 $CaSO_4$ 的质量分数之和的比≥80%的石膏。

混合石膏（代号为 M）在形式上主要以 $CaSO_4 \cdot 2H_2O$ 和 $CaSO_4$ 存在，且 $CaSO_4$ 的质量分数与 $CaSO_4 \cdot 2H_2O$ 和 $CaSO_4$ 的质量分数之和的比＜80%的石膏。

用于水泥中的石膏应符合《天然石膏》GB/T 5483—2008 中规定的 G 类或 M 类二级及二级以上的石膏或混合石膏。

4. 助磨剂

水泥粉磨时允许加入助磨剂，其加入量应不大于水泥质量的 0.5%。加入助磨剂可以防止水泥粒子团聚，改善水泥物料流动性，从而提高球磨效率，缩短研磨时间。助磨剂按化学结构分为聚合有机盐类、聚合无机盐类和复合化合物类。目前使用的水泥助磨剂产品大都属于有机物表面活性物质。助磨剂应符合《水泥助磨剂》GB/T26748—2011 的有关规定。

二、通用硅酸盐水泥的分类

国标《通用硅酸盐水泥》GB175—2007（2018 修订版，以下同）将通用硅酸盐水泥按混合材料的品种和掺量分为硅酸盐水泥、普通硅酸盐水泥、矿渣硅酸盐水泥、火山灰质硅酸盐水泥、粉煤灰硅酸盐水泥和复合硅酸盐水泥，各品种的组分和代号见表 2-1。

表 2-1　通用硅酸盐水泥的组分

水泥品种	代号	组分	
		（熟料 + 石膏）含量	混合材料种类及掺量
硅酸盐水泥	P·Ⅰ	100%	
	P·Ⅱ	≥95%	粒化高炉矿渣粉或石灰石粉的掺量≤5%
普通硅酸盐水泥（普通水泥）	P·O	≥80% 且 <95%	活性混合材料的总掺量 > 5% 且 ≤20%
粉煤灰硅酸盐水泥（粉煤灰水泥）	P·F	≥60% 且 <80%	粉煤灰的掺量 > 20% 且 ≤40%
火山灰质硅酸盐水泥（火山灰水泥）	P·P	≥60% 且 <80%	火山灰质混合材的掺量 > 20% 且 ≤40%
矿渣硅酸盐水泥（矿渣水泥）	P·S·A	≥50% 且 <80%	粒化高炉矿渣粉的掺量 > 20% 且 ≤50%
	P·S·B	≥30% 且 <50%	粒化高炉矿渣粉的掺量 > 50% 且 ≤70%
复合硅酸盐水泥（复合水泥）	P·C	≥50% 且 <80%	活性和非活性混合材料的总掺量 > 20% 且 ≤50%

三、水泥的凝结硬化与影响因素

1. 硅酸盐水泥的凝结硬化

水泥与水拌合成为具有可塑性的水泥浆，熟料矿物表面立刻与水发生化学反应（水化），同时放出一定热量（水化热），水泥熟料中各矿物成分的水化反应式如下：

$$2(3CaO \cdot SiO_2) + 6H_2O \longrightarrow 3CaO \cdot 2SiO_2 \cdot 3H_2O + 3Ca(OH)_2$$
　硅酸三钙　　　　　　　　　水化硅酸钙凝胶　　　　氢氧化钙晶体

$$2(2CaO \cdot SiO_2) + 4H_2O \longrightarrow 3CaO \cdot 2SiO_2 \cdot 3H_2O + Ca(OH)_2$$
　硅酸二钙　　　　　　　　　水化硅酸钙凝胶　　　　氢氧化钙晶体

$$3CaO \cdot Al_2O_3 + 6H_2O \longrightarrow 3CaO \cdot Al_2O_3 \cdot 6H_2O$$
　铝酸三钙　　　　　　　　水化铝酸钙晶体

$$4CaO \cdot Al_2O_3 \cdot Fe_2O_3 + 7H_2O \longrightarrow 3CaO \cdot Al_2O_3 \cdot 6H_2O + CaO \cdot Fe_2O_3 \cdot H_2O$$
　铁铝酸四钙　　　　　　　　水化铝酸钙晶体　　　　　　水化铁酸钙凝胶

$$3CaO \cdot Al_2O_3 \cdot 6H_2O + 3(CaSO_4 \cdot 2H_2O) + 19H_2O \longrightarrow 3CaO \cdot 2Al_2O_3 \cdot 3CaSO_4 \cdot 31H_2O$$
　水化铝酸钙晶体　　　　　　石膏　　　　　　　高硫型水化硫铝酸钙（钙矾石）

从上述反应式中可以看出，硅酸盐水泥熟料与水作用后，生成的主要水化产物有水化硅酸钙和水化铁酸钙凝胶，氢氧化钙、水化铝酸钙和水化硫铝酸钙（也称钙矾石）晶体。

随着时间的推移，水化反应不断深入，水化产物逐渐增多，水泥浆体逐渐变稠，开始失去可塑性(称为初凝)，随着水化反应的继续进行，水泥浆体最终完全失去可塑性(称为终凝)，并且开始形成一定的强度，往后随着水化反应的持续进行，水化产物不断增加，强度会越来越高，最终变成坚硬的石状固体——水泥石，这一过程称为硬化。水泥的凝结硬化过程是人为划分的，实际上水泥的凝结硬化是一个很复杂的物理化学变化过程。

2.影响硅酸盐水泥凝结硬化的因素

影响水泥凝结硬化的因素主要有水泥熟料矿物组成、石膏掺量、水泥颗粒的细度、拌合用水量、混合材料的掺量、养护条件、储存条件等。

1)水泥熟料的矿物组成

硅酸盐水泥是由具有不同特性的多种硅酸盐水泥熟料矿物组成的混合物。每一种矿物成分单独与水作用时具有不同的水化特性，对水泥的强度、水化速度、水化热、耐腐蚀性、干缩性的影响也不尽相同，具体见表2-2。

表2-2 硅酸盐水泥熟料矿物特性

矿物名称	水化速度	水化热	强度	耐腐蚀性	干缩性
硅酸三钙	快	大	高	差	中
硅酸二钙	慢	小	早期低，后期高	好	小
铝酸三钙	最快	最大	低	最差	大
铁铝酸四钙	快	中	低	中	小

通过改变水泥熟料中各种矿物成分之间的相对含量，水泥的性质也会发生相应改变，从而可以生产出具有不同性质的水泥。如提高硅酸三钙的含量，可制成高强度水泥；提高硅酸三钙和铝酸三钙的含量，可制得快硬早强水泥；降低硅酸三钙和铝酸三钙的含量，可制得低水化热水泥。

2)石膏掺量

加入石膏可延缓水泥的凝结。因为石膏会与水化铝酸钙反应生成难溶的水化硫铝酸钙晶体，覆盖于未水化的铝酸三钙周围，阻止其继续水化。但石膏掺量不能过多，一般不宜超过3.5%，否则会引起硬化后体积安定性不良。

3)水泥颗粒的粗细

水泥颗粒愈细，总表面积就愈大，与水反应时接触面积就越大，水泥的水化反应速度就愈快，凝结硬化也就愈快。

4)拌合用水量

拌合水泥浆时，首先应保证水泥充分水化所需的水分，同时尚应满足施工所需的流动性和可塑性。如果拌合用水量过多，水泥浆过稀，加大了水化产物之间的距离，减弱了分子间的作用力，延缓了水泥的凝结硬化，同时多余的水在水泥石中形成较多的毛细孔，降低水泥石的密实度，从而使水泥石的强度和耐久性下降。

5)养护条件及养护龄期

养护时的温度和湿度是保障水泥水化和凝结硬化的重要外界条件。在保证湿度的前提下，提高养护温度，可以促进水泥水化，加速凝结硬化，有利于水泥强度增长；温度降低时，水化反应减慢，低于 0℃时，水化反应基本停止；当水结冰时，由于体积膨胀，还会使水泥石结构遭受破坏。养护龄期越长，其强度越高。硅酸盐水泥的强度一般在 3~7 d 内增长最快，28 d 以后增长缓慢，但随着时间的推移，强度仍有增长。

6）混合材料掺量

在水泥中掺入活性混合材料后，水泥中的熟料矿物成分含量相对减少，从而使其凝结硬化变慢。因此，活性混合材料可用来调节水泥强度等级、降低生产成本，同时还能取得废物利用和节能环保的功效。

7）储存条件

水泥具有较强的吸湿性，受潮的水泥因部分水化而结块，从而失去胶结能力，硬化后强度严重降低。储存过久的水泥，因过多吸收了空气中的水分和 CO_2 而发生缓慢的水化和碳化现象，影响了水泥的凝结硬化，导致强度下降。

四、通用硅酸盐水泥的技术要求

通用硅酸盐水泥的技术要求包括化学指标和物理力学指标两方面。

1. 化学指标

化学指标包括不溶物含量、烧失量、氧化镁含量、三氧化硫含量、氯离子含量、碱含量（选择性指标）。

不溶物：是指水泥经酸和碱处理后，不能被溶解的残余物。主要由水泥原料、混合材料和石膏中的杂质产生。不溶物含量高会影响水泥的活性及粘结质量。

烧失量：是指水泥在（950±25）℃下灼烧后的质量损失率。一方面，水泥煅烧不理想或者受潮后，会导致烧失量增加；另一方面，水泥中所掺活性混合材料中的杂质太多，也会导致烧失量较大。烧失量大会使水泥标准稠度用水量增加、与外加剂相容性变差、强度降低、凝结时间延长。

氧化镁：是指熟料中的游离氧化镁。由于氧化镁水化缓慢，且水化生成的 $Mg(OH)_2$ 晶体体积膨胀可达 1.5 倍，过量会引起水泥石体积安定性不良，导致结构物破坏。

三氧化硫：主要是在水泥的生产过程中因掺入过量石膏带入的。过量的三氧化硫会与水化铝酸钙发生水化反应，生成较多的硫铝酸钙晶体，产生较大的体积膨胀，也会引起水泥石体积安定性不良，导致结构物破坏。

氯离子含量：水泥中的氯离子含量较高时，容易使钢筋混凝土结构中的钢筋产生锈蚀，降低结构的耐久性。

碱含量：是指水泥中 Na_2O 与 K_2O 的总量，碱含量的大小用 $Na_2O + 0.658K_2O$ 的计算值来表示。当水泥中的碱含量较高，骨料又具有一定的活性时，在潮湿环境中容易产生碱–骨料反应，导致结构损坏，降低结构的耐久性。

水泥化学指标的检验按《水泥化学分析方法》GB/T176—2017 的有关规定进行。

《通用硅酸盐水泥》GB175—2007 对通用硅酸盐水泥中各化学指标的限量见表 2–3。

凡水泥中的不溶物、氧化镁、三氧化硫、氯离子含量及烧失量中的任一项不符合国家标准要求时，即为不合格品。氧化镁、三氧化硫含量不合格的水泥应报废处理，不溶物、氯离子含量和烧失量不合格的水泥可用于不重要的素混凝土垫层。

表 2 – 3　通用硅酸盐水泥的化学指标

水泥品种	代号	技术指标					
		不溶物/%	烧失量/%	MgO/%	SO₃/%	氯离子/%	碱含量/%
硅酸盐水泥	P·Ⅰ	≤0.75	≤3.0	≤5.0	≤3.5	≤0.06(0.03)	≤0.60 或由供需双方商定
	P·Ⅱ	≤1.50	≤3.5				
普通水泥	P·O	—	≤5.0	≤5.0	≤3.5	≤0.06(0.03)	≤0.60 或由供需双方商定
矿渣水泥	P·S·A	—	—	≤6.0	≤4.0		
	P·S·B	—	—	—			
火山灰水泥	P·P	—	—	≤6.0	≤3.5		
粉煤灰水泥	P·F	—	—				
复合水泥	P·C	—	—				

注：表中括号中的数字为《公路桥涵施工技术规范》JTG/T F50—2011 的要求。

2. 物理指标

物理指标包括细度(选择性指标)、凝结时间、安定性、强度。

1)细度

细度是指水泥颗粒的粗细程度。水泥颗粒愈细,其表面积就愈大,与水反应时接触面积就愈大,水化速度就愈快,水化反应愈完全、充分,早期强度增长就愈快。但水泥颗粒过细,硬化后收缩量较大,在储运过程中易受潮而降低活性,同时水泥的生产成本也越高。因此,应合理控制水泥细度。

国标 GB 175—2007 中规定:硅酸盐水泥和普通硅酸盐水泥的比表面积应≥300 m²/kg;矿渣硅酸盐水泥、火山灰质硅酸盐水泥、粉煤灰硅酸盐水泥和复合硅酸盐水泥 80 μm 方孔筛筛余率应≤10% 或 45 μm 方孔筛筛余率应≤30%。

《铁路混凝土》TB/T 3275—2018 及《公路桥涵施工技术规范》JTG/T F50—2011 中规定硅酸盐水泥和普通水泥的比表面积应在 300~350 m²/kg 之间。

2)凝结时间

水泥凝结时间分初凝和终凝。初凝时间是指从水泥加水拌合时起,至水泥浆开始失去可塑性所需要的时间;终凝时间是指从水泥加水拌合时起,至水泥浆完全失去可塑性,并开始产生强度所需要的时间。

国标 GB 175—2007 中规定:硅酸盐水泥的初凝时间应≥45 min,终凝时间应≤390 min;普通硅酸盐水泥、矿渣硅酸盐水泥、火山灰质硅酸盐水泥、粉煤灰硅酸盐水泥和复合硅酸盐水泥的初凝时间应≥45 min,终凝时间应≤600 min。

水泥凝结时间指标的确定,是从方便于施工的角度来考虑的。水泥的初凝不宜过早,以便施工时有足够的时间来完成混凝土或砂浆的搅拌、运输、浇筑、捣实或砌筑等操作;但水泥的终凝不宜过迟,以便使初凝后的混凝土等能尽快地硬化,缩短施工工期,不影响下一步施工的正常进行。

水泥的凝结时间与水泥熟料的矿物组成、拌合用水量、水泥颗粒的细度、周围环境的温度与湿度等因素有关。水泥熟料中铝酸三钙含量增加,水泥凝结硬化愈快;水泥颗粒愈细,水化作用愈快,凝结时间愈短;拌合用水量少、养护时

水泥标准稠度用水量检测

水泥凝结时间检测

28

外界温度和湿度高，可以加快水泥的凝结硬化。

水泥的凝结时间按《水泥标准稠度用水量、凝结时间、安定性检验方法》GB/T1346—2011 规定的方法进行测定。

3）安定性

安定性是指水泥浆在凝结硬化过程中，体积变化是否均匀的性质。通用硅酸盐水泥在凝结硬化过程中体积略有收缩，一般情况下水泥石的体积变化比较均匀，即体积安定性良好。如果水泥浆在凝结硬化过程中体积变化不均匀，会导致水泥石出现翘曲变形、开裂等现象，即体积安定性不良。

引起水泥石体积安定性不良的主要因素是水泥熟料中的游离氧化钙（f-CaO）、游离氧化镁（f-MgO）含量过多或石膏（SO_3）掺量过多等。水泥熟料中所含的游离氧化钙和氧化镁均属过烧状态，水化速度很慢，在水泥凝结硬化后才慢慢开始与水反应，生成体积膨胀性物质——$Ca(OH)_2$ 和 $Mg(OH)_2$ 晶体，在水泥石中产生膨胀应力，引起水泥石翘曲、开裂或崩溃。如果水泥中石膏掺量过多，在水泥硬化以后，多余的石膏还会继续与水泥石中的水化铝酸钙反应，生成水化硫铝酸钙晶体，体积增大 1.5 倍，从而导致水泥石开裂。

《水泥标准稠度用水量、凝结时间、安定性检验方法》GB/T1346—2011 规定，采用沸煮法检验水泥中过量游离氧化钙所引起的安定性不良。检验时可采用雷氏夹法（标准法）或试饼法（代用法），有争议时以雷氏夹法为准。国标 GB 175—2007 中规定，采用沸煮法检验水泥安定性必须合格。

水泥安定性检测

4）强度

水泥的强度是指水泥胶砂试件的抗折、抗压强度。它是划分水泥强度等级的依据。

通用硅酸盐水泥根据其 3 d、28 d 的抗折强度和抗压强度的大小划分为 32.5、32.5R、42.5、42.5R、52.5、52.5R、62.5、62.5R 若干个强度等级，其中带 R 的为早强型水泥。各强度等级水泥在各龄期的强度值不得低于现行国家标准 GB 175—2007 的规定值，见表 2-4。

表 2-4　通用硅酸盐水泥各龄期的强度要求

水泥品种	强度等级	抗压强度/MPa，≥		抗折强度/MPa，≥	
		3 d	28 d	3 d	28 d
硅酸盐水泥 （P·Ⅰ 或 P·Ⅱ）	42.5	17.0	42.5	3.5	6.5
	42.5R	22.0	42.5	4.0	6.5
	52.5	23.0	52.5	4.0	7.0
	52.5R	27.0	52.5	5.0	7.0
	62.5	28.0	62.5	5.0	8.0
	62.5R	32.0	62.5	5.5	8.0

水泥品种	强度等级	抗压强度/MPa，≥		抗折强度/MPa，≥	
		3 d	28 d	3 d	28 d
普通硅酸盐水泥（P·O）	42.5	17.0	42.5	3.5	6.5
	42.5R	22.0	42.5	4.0	6.5
	52.5	23.0	52.5	4.0	7.0
	52.5R	27.0	52.5	5.0	7.0
矿渣硅酸盐水泥（P·S） 火山灰质硅酸盐水泥（P·P） 粉煤灰硅酸盐水泥（P·F） 复合硅酸盐水泥（P·C）	32.5	10.0	32.5	2.5	5.5
	32.5R	15.0	32.5	3.5	5.5
	42.5	15.0	42.5	3.5	6.5
	42.5R	19.0	42.5	4.0	6.5
	52.5	21.0	52.5	4.0	7.0
	52.5R	23.0	52.5	4.5	7.0

注：GB175—2007（2018 修订版）中已取消了 32.5 和 32.5R 的复合硅酸盐水泥。

《水泥胶砂强度检验方法（ISO 法）》GB/T17671—1999 规定水泥胶砂配合比为水泥∶ISO 标准砂∶水 =1∶3∶0.5（质量比），按规定的方法制成 40 mm ×40 mm ×160 mm 的标准试件，在标准条件［温度（20 ±1）℃，相对湿度≥90% ］下或在（20 ±1）℃的静水中进行养护，分别测其 3 d、28 d 的抗折强度和抗压强度，然后根据 3d 和 28 d 的抗折强度与抗压强度来评定水泥的强度等级。

水泥胶砂强度检验用试件的制作及抗折、抗压强度检测

抗折强度值的计算：抗折强度（R_f）按式（2 –1）计算，精确至 0.1 MPa。也可直接从抗折仪上读取。

$$R_f = \frac{3F_f \cdot L}{2b^3} = \frac{3 \times 100F_f}{2 \times 40^3} \qquad (2-1)$$

式中：F_f——破坏荷载，N；

L——支持圆柱之间的距离（100 mm）；

b——试件正方形截面的边长（40mm）。

抗折强度值的确定：以 1 组 3 个棱柱体抗折强度值的平均值作为试验结果。但是，当 3 个强度值中有一个超出其平均值 ±10% 时，应剔除该值后，再取余下 2 个的平均值作为抗折强度试验结果；若有 2 个强度值超出其平均值 ±10% 时，则此组结果作废。

抗压强度的计算：抗压强度（R_c）按式（2 –2）计算，精确至 0.1 MPa：

$$R_c = \frac{F_c}{A} = \frac{F_c}{40 \times 40} \qquad (2-2)$$

式中：F_c——破坏荷载，N；

A——试件受压面积，40×40 mm^2。

抗压强度值的确定：以 1 组 3 个棱柱体上得到的 6 个半截棱柱体的抗压强度测定值的算术平均值作为试验结果。但是，当 6 个测定值中有一个超出其平均值的 ±10% 时，就应剔除该值，而以剩下 5 个测定值的平均值为试验结果；若剩下的 5 个测定值中仍有超过其平均值±10% 的，则此组结果作废。

　　水泥的强度除了与水泥的矿物组成、细度有关外，还与用水量、试件制作方法、养护条件和养护时间等条件有关。水泥熟料中硅酸三钙、硅酸二钙含量愈高，水泥强度就愈高；水泥颗粒愈细，水化反应完全充分，水泥强度就愈高；拌合用水量少，硬化后水泥石密实度增大，水泥强度提高；保证一定的温度和湿度，有利于水泥的水化，水泥强度提高。

　　凡水泥的凝结时间、安定性、强度中的任一项不符合国家标准要求时，即为不合格品。凝结时间、安定性不合格的水泥应报废，强度不合格的水泥可根据其实际强度进行降级使用。

　　【例】 某普通硅酸盐水泥，强度等级为42.5级，经抽样检验测得其 3 d 和 28 d 的抗折和抗压荷载见表 2–5（ISO 强度）。试计算该水泥的抗折、抗压强度值，并评定该水泥的强度是否合格。

表 2–5

试件编号	抗折				抗压			
	3 d		28 d		3 d		28 d	
	荷载/kN	强度/MPa	荷载/kN	强度/MPa	荷载/kN	强度/MPa	荷载/kN	强度/MPa
1	1.62	3.8	3.42	8.0	37.1	23.2	73.7	46.1
					38.6	24.1	71.8	44.9
2	1.66	3.9	3.31	7.8	37.9	23.7	75.2	47.0
					37.6	23.5	74.4	46.5
3	1.54	3.6	2.75	6.4	38.9	24.3	63.5	39.7
					38.2	23.9	72.6	45.4
水泥强度评定值		3.8		7.9		23.8		46.0

　　解： 1. 计算试件的抗折、抗压强度：

　　试件的抗折强度按式（2–1）计算、试件的抗压强度按式（2–2）计算，结果见表 2–5。

　　2. 计算抗折、抗压强度平均值：

　　3 d 抗折强度平均值：$\overline{R_f} = \dfrac{3.8 + 3.9 + 3.6}{3} = 3.8（\text{MPa}）$

　　3 d 抗压强度平均值：$\overline{R_c} = \dfrac{23.2 + 24.1 + 23.7 + 23.5 + 24.3 + 23.9}{6} = 23.8（\text{MPa}）$

　　28 d 抗折强度平均值：$\overline{R_f} = \dfrac{8.0 + 7.8 + 6.4}{3} = 7.4（\text{MPa}）$

　　28 d 抗压强度平均值：$\overline{R_c} = \dfrac{46.1 + 44.9 + 47.0 + 46.5 + 39.7 + 45.4}{6} = 44.9（\text{MPa}）$

　　3. 抗折、抗压强度的确定：

　　1）3 d 抗折强度：经检查 3 个测值均在 $[0.9\overline{R_f}, 1.1\overline{R_f}] = [3.4, 4.2]$ MPa 的范围内，没有超出其平均值 ±10% 的，故取 3 个测值的平均值作为该水泥 3d 的抗折强度值。

　　2）28 d 抗折强度：经检查 3 个测值中的 6.4 MPa 不在 $[0.9\overline{R_f}, 1.1\overline{R_f}] = [6.7, 8.1]$ MPa 的范围内，故应舍去 6.4 MPa，取余下 2 个测值的平均值作为该组试件的抗折强度值，即该水泥 28 d 的抗折强度值为：（8.0＋7.8）/2 ＝ 7.9（MPa）。

3）3d 抗压强度：经检查 6 个测值均在 $[0.9\overline{R_c},1.1\overline{R_c}]=[21.4,26.2]$ MPa 的范围内，没有超出其平均值 $\pm10\%$ 的，故取 6 个测值的平均值作为该水泥 28 d 的抗压强度值。

4）28 d 抗压强度：经检查 6 个测值中的 39.7 MPa 不在 $[0.9\overline{R_c},1.1\overline{R_c}]=[40.4,49.4]$ MPa 范围内，故应舍去该值，重新计算余下的 5 个测值的平均值，经检查，余下的 5 个测值中没有超出余下的 5 个测值的平均值 $\pm10\%$ 的，故取余下的 5 个测值的平均值作为该水泥 28 d 的抗压强度值，即：$(46.1+44.9+47.0+46.5+45.4)/5=46.0$（MPa）。

结论：因该水泥 3 d、28 d 的抗折和抗压强度均大于《通用硅酸盐水泥》GB175—2007 对 P.O42.5 水泥强度的规定值，故该水泥强度合格。

五、通用硅酸盐水泥的特性与应用

由于通用硅酸盐水泥中熟料含量、混合材的种类与掺量不同，故其特性也有所不同。

1. 硅酸盐水泥的特性与应用

由于硅酸盐水泥中熟料多，故其硅酸三钙和铝酸三钙的含量较高，因此硅酸盐水泥具有快硬、早强；抗冻性、耐磨性好；干缩性小；抗碳化性能好等优点。但是，由于其水化速度快，水化热大，故对大体积混凝土工程不利；又由于水化产物中 $Ca(OH)_2$ 和水化铝酸钙的含量较多，不容易被空气中的 CO_2 完全碳化，水泥石能保持一定的碱度，对钢筋提供良好的碱性保护，故其具有良好的抗碳化性和护筋性，但 $Ca(OH)_2$ 和水化铝酸钙易与酸性物质发生中和反应而被腐蚀，故其耐腐蚀性能较差；硅酸盐水泥受热到 $250\sim300\,℃$ 时，水化产物开始脱水，体积收缩，强度开始下降，当温度达 $400\sim600\,℃$ 时，强度明显下降，$700\sim1000\,℃$ 时，强度降低更多，甚至完全破坏，故其耐热性差。因此，硅酸盐水泥适用于早强混凝土、高强混凝土、预应力混凝土、抗冻混凝土、耐磨混凝土、抗碳化混凝土等工程，不适用于大体积混凝土、受化学及海水侵蚀的混凝土、耐热要求较高的混凝土、有流动水及压力水作用的混凝土等工程。

2. 掺活性混合材硅酸盐水泥的特性与应用

掺有活性混合材的矿渣水泥、粉煤灰水泥、火山灰水泥及复合水泥，是由硅酸盐水泥熟料和活性混合材共同组成的硅酸盐水泥，由于分别掺入了磨细矿渣粉、粉煤灰、火山灰质等活性混合材，故水泥中水泥熟料含量相对减少，因此它们具有以下特点：

（1）凝结硬化慢，早期强度低，后期强度发展较快；水化热低；耐腐蚀性能好；抗冻性差；抗碳化能力较差。

由于混合材矿物的活性较熟料矿物活性低，水泥的水化首先是水泥熟料矿物成分的水化，随后是水泥的水化产物氢氧化钙与混合材料中的 SiO_2、Fe_2O_3 发生二次水化反应，生成硅酸钙和铁酸钙凝胶，并且二次水化反应速度在常温下较慢，所以，这些水泥的水化速度慢、水化热低、早期强度较低。但在硬化后期，随着水化产物的不断增多，水泥的后期强度发展较快；另一方面，由于水泥熟料含量少，水泥水化生成的 $Ca(OH)_2$ 含量较少，而且二次水化反应还要进一步消耗 $Ca(OH)_2$，使水泥石结构中 $Ca(OH)_2$ 的含量更低，因此，这些水泥抵抗海水、软水及硫酸盐腐蚀的能力较强，但抗碳化能力较差。因此，掺有磨细矿渣粉、粉煤灰、火山质混合材的水泥适用于大体积混凝土工程、蒸汽养护混凝土构件、抗硫酸盐侵蚀的混凝土工程和一般钢筋混凝土工程，不适用早期强度要求较高的混凝土、有抗碳化要求的混凝土、有抗冻要求的混凝土等工程。

（2）矿渣水泥保水性差、容易泌水、干缩性大、耐热性好、抗渗性差。

由于粒化高炉矿渣是一种耐热材料，故矿渣水泥耐热性好，可耐700℃高温，可用于热工窑炉的基础等工程；又由于磨细的矿渣粉多孔且棱角较多，故拌合用水量较大，且矿渣粉的亲水能力差，泌水性较大，在混凝土施工中由于泌水而形成毛细管通道或粗大孔隙，水分的蒸发又容易引起干缩，致使矿渣水泥的抗渗性、抗冻性较差，收缩量较大，因此，矿渣水泥非常适用于高温车间和有耐热、耐火要求的混凝土工程及砂浆，不适用有抗冻、抗渗要求的混凝土工程。

（3）火山灰水泥保水性好、抗渗性好，耐磨性差。

由于火山灰质混合材含有大量的微细孔，故保水性好，在潮湿的条件下养护，可以形成较多的水化硅酸钙凝胶，使水泥石结构比较致密，因而火山灰质硅酸盐水泥具有较高的抗渗性和耐水性，可以优先选用于抗渗工程；但因其水化产物中含有大量胶体，长期在干燥环境中胶体就会脱水产生严重收缩，导致干缩裂纹，且表面容易产生起粉现象，耐磨性能差。因此，火山灰水泥不适用长期处于干燥环境的混凝土和有耐磨要求的混凝土等工程

（4）粉煤灰水泥保水性好、干缩性小、抗裂性能好。

由于粉煤灰为玻璃体的球形颗粒，结构比较致密，比表面积小，对水的吸附能力较弱，拌合时需水量较少，所以粉煤灰水泥保水性好、干缩性比较小、抗裂性能好，非常适用于有抗裂性能要求的混凝土工程；但不适用于有耐磨要求、长期处于干燥环境、有抗冻要求和有抗碳化要求的混凝土工程。

（5）复合水泥的特性取决于所掺混合材料的种类、掺量及其相对比例。

由于在复合硅酸盐水泥中掺用了两种以上混合材，可以相互补充、取长补短，克服了掺入单一混合材水泥的一些弊病。如在矿渣硅酸盐水泥中掺入石灰石粉不仅能够改善矿渣硅酸盐水泥的泌水性，提高早期强度，而且还能保证水泥石后期强度的增长。在需水性大的火山灰质硅酸盐水泥中掺入矿渣粉等，能有效减少水泥的需水量。复合水泥的使用，应根据掺入的混合材种类，参照掺有混合材的硅酸盐水泥的适用范围和工程经验合理选用。

3.水泥强度等级的选用

水泥强度等级应与混凝土的设计强度等级相适应。原则上配制高强度等级的混凝土，选用高强度等级的水泥；配制低强度等级的混凝土，选用低强度等级的水泥。如用高强度等级的水泥来配制低强度等级的混凝土，会使水泥用量偏少，影响混凝土的工作性、密实度和耐久性；如用低强度等级水泥来配制高强度等级的混凝土，会使水泥用量过多，不经济，且混凝土的干缩大，容易出现干缩裂纹，从而影响混凝土结构的耐久性。根据经验，水泥与混凝土强度等级之比，对于C30及以下的混凝土，宜为1.1~2.2；对于C35及以上的混凝土宜为0.9~1.5。

六、水泥的验收与施工现场管理

1.水泥的验收

水泥验收的主要内容包括：

1）检查、核对水泥出厂的质量检验报告

水泥出厂的质量检验报告，不仅是验收水泥的技术保证依据，也是施工单位长期保存的技术资料，还可以作为工程质量验收时的技术凭证。要核对试验报告的编号与实收水泥的编号是否一致，试验项目是否齐全，试验测值是否达到国家标准要求。

2）核对包装及标志是否相符

水泥的包装及标志必须符合标准规定。水泥的包装可以采用袋装，也可以散装。袋装水泥每袋净含量 50 kg，且不得少于标志质量的 99%，随机抽取 20 袋总质量不得少于 1000 kg。

水泥包装袋上应清楚标明产品名称、代号、净含量、强度等级、生产许可证编号、生产者名称和地址、出厂编号、执行标准号、包装日期和主要混合材料名称。掺火山灰质混合材料的普通硅酸盐水泥与矿渣硅酸盐水泥还应标上"掺火山灰"的字样。包装袋两侧应印有水泥名称和强度等级。硅酸盐水泥和普通硅酸盐水泥的印刷采用红色；矿渣硅酸盐水泥的印刷采用绿色；火山灰质硅酸盐水泥和粉煤灰硅酸盐水泥采用黑色。散装水泥运输时应提交与袋装标志相同内容的卡片。

通过对水泥包装及标志的核对，不仅可以发现包装的完好程度，盘点和检验数量是否给足，还能核对所购水泥与到货的产品是否完全一致，及时发现和纠正可能出现的产品混杂现象。

3）抽样检验

检验批的划分：以同一生产单位生产的同品种、同强度等级的水泥为一批。散装水泥以 500 t/批；袋装水泥以 200 t/批，当不足上述数量时，也按一批计。

抽样方法：对于袋装水泥，从检验批中随机抽取不少于 20 袋水泥，用专用取样管，沿水泥包装袋对角线插入抽取等量的水泥样品，总量至少 12 kg；对于散装水泥，则从散装水泥卸料处或输送水泥运输机具的出料处，在流动的水泥流中随机抽取水泥样品，总量至少 12 kg。

检验项目：水泥物理指标检测项目主要有水泥的凝结时间、体积安定性、胶砂强度；化学指标根据具体的工程项目需要而定。经检验合格的水泥可以验收。

2. 水泥的施工现场管理

水泥在施工现场储存保管中应注意如下几方面：

（1）应分类储存。不同品种、强度等级、生产厂家、出厂日期的水泥，应分别储存，并加以标识，不得混杂。

（2）应防水防潮，做到"上盖下垫"。水泥在存放过程中很容易吸收空气中的水分产生水化作用，凝结成块，降低水泥强度，影响水泥的正常使用。所以，水泥应在干燥环境条件下存放。袋装水泥在存放时，应用木料垫高约 30 cm，四周离墙不少于 30 cm，堆置高度一般不超过 10 袋。存放散装水泥时，应将水泥储存于专用的水泥罐中。对于受潮水泥可以根据受潮程度，通过试验后的具体情况进行使用。受潮水泥可参照表 2 - 6 进行处理。

表 2 - 6　受潮水泥的处理

水泥受潮程度	处理方法	使用场合
有粉块，用手可以捏成粉末，无硬块	压碎粉块	经检验按实际强度等级使用
部分结成硬块	筛除硬块，压碎粉块	经检验按实际强度等级使用。用于不重要、受力小的部位或配制砂浆
大部分结成硬块	将硬块粉碎磨细	不能作为水泥使用，可作为混凝土的掺合料使用

（3）储存期不宜过长。水泥储存时间过长，水泥会吸收空气中的水分缓慢水化而降低强度。袋装水泥储存 3 个月后，强度降低 10% ~ 20%；6 个月后，降低 15% ~ 30%；1 年后降低

25% ～40%。因此，水泥储存期不宜超过 3 个月，使用时应做到先存先用，不可储存过久。超过 3 个月的水泥需重新进行质量检验，根据检验结果酌情使用。

七、水泥石的腐蚀与防治措施

1. 水泥石的腐蚀

引起水泥石腐蚀的根本原因：一是水泥石中存在易被腐蚀的氢氧化钙和水化铝酸钙；其次是水泥石本身不密实，腐蚀性介质易于深入到水泥石内部，加速腐蚀的进程；三是环境中有无侵蚀性介质及介质的浓度等。硅酸盐水泥石的腐蚀主要表现在如下四个方面：

1）软水侵蚀（溶出性侵蚀）

软水是指重碳酸盐（含 HCO_3^- 的盐）含量较小或不含重碳酸盐的水。如雨水、雪水、蒸馏水、工厂冷凝水以及含重碳酸盐很少的河水与湖水等均属于软水。

水泥石长期处于软水环境中，水化产物氢氧化钙会不断溶解，引起水泥石中其他水化产物发生分解，导致水泥石结构孔隙增大，强度降低，甚至破坏，故软水侵蚀又称为溶出性侵蚀。在静水及无压力水的情况下，由于周围的软水容易被溶出的 $Ca(OH)_2$ 所饱和，使溶出作用停止，故对水泥石的影响不大；但在流动的水及压力水的作用下，这种溶出作用将会不断地持续下去，水泥石结构的破坏将由表及里不断地进行下去。当水泥石与环境中的硬水接触时，水泥石中的 $Ca(OH)_2$ 与重碳酸盐发生反应生成的几乎不溶于水的碳酸钙积聚在水泥石的孔隙内，形成致密的保护层，可以阻止外界水的继续侵入，从而可阻止水化产物的溶出。

2）酸类腐蚀

由于水泥石中氢氧化钙和水化铝酸钙的存在，使得水泥石呈弱碱性，他们能与大多的无机酸和有机酸发生中和反应，生成的化合物或者易溶于水，或者在水泥石孔隙内结晶膨胀，产生较大的膨胀应力，导致水泥石结构破坏。

例如盐酸与水泥石中的氢氧化钙反应，生成的氯化钙易溶于水中。

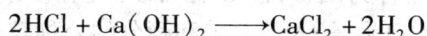

$$2HCl + Ca(OH)_2 \longrightarrow CaCl_2 + 2H_2O$$

硫酸与水泥石中的氢氧化钙发生反应，生成体积膨胀性物质二水石膏，二水石膏再与水泥石中的水化铝酸钙作用，生成高硫型的水化硫铝酸钙，在水泥石内产生较大的膨胀应力。

在工业污水、地下水中，常溶解有较多的二氧化碳，它对水泥石的腐蚀作用是二氧化碳溶于水后形成碳酸，再与水泥石中的氢氧化钙反应生成碳酸钙，碳酸钙再与含碳酸的水进一步作用，生成更易溶于水中的碳酸氢钙，从而导致水泥石中其他水化产物的分解，引起水泥石结构破坏。

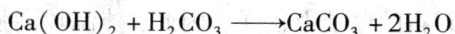

$$CO_2 + H_2O \longrightarrow H_2CO_3$$
$$Ca(OH)_2 + H_2CO_3 \longrightarrow CaCO_3 + 2H_2O$$
$$CaCO_3 + CO_2 + H_2O \longrightarrow Ca(HCO_3)_2$$

3）盐类腐蚀

在一些海水、沼泽水以及工业污水中，常含有钠、钾、铵等硫酸盐。它们能与水泥石中的氢氧化钙发生化学反应，生成硫酸钙。硫酸钙进一步再与水泥石中的水化产物水化铝酸钙作用，生成具有针状晶体的高硫型水化硫铝酸钙。高硫型水化硫铝酸钙晶体中含有大量的结晶水，体积膨胀可达 1.5 倍，致使水泥石产生开裂甚至毁坏。

在海水及地下水中，还常常含有大量的镁盐，主要是硫酸镁和氯化镁。它们与水泥石中的氢氧化钙作用，生成的氢氧化镁松软而无胶凝能力。氯化钙易溶于水，且对钢筋有腐蚀作用；硫酸钙则会引起硫酸盐的破坏作用。

4）强碱腐蚀

在一般情况下水泥石能够抵抗碱的腐蚀。但如果水泥石结构长期处于较高浓度的碱溶液（如氢氧化钠溶液）中，也会产生腐蚀破坏。

水泥石的腐蚀是一个极为复杂的物理化学变化过程，水泥石受到腐蚀介质作用时，往往是几种类型的腐蚀同时存在，相互影响。

2. 水泥石腐蚀的防治措施

1）合理选用水泥品种

根据工程所处的环境特点，合理选用水泥品种。在有腐蚀性介质存在的工程环境中，应选用水化产物氢氧化钙和铝酸钙含量比较低的水泥，选择混合材掺量较大的水泥，以提高水泥石的耐腐蚀性能。

2）提高水泥石的密实度，改善孔隙结构

通过掺入外加剂减少用水量，改进施工工艺等技术措施，降低水胶比，提高水泥石的密实度、改善孔隙结构，以提高水泥石的抗腐蚀能力。

3）敷设保护层

在水泥石表面敷设耐腐蚀的材料，如防腐涂料，耐酸陶瓷、塑料、沥青等，阻止侵蚀性介质与水泥石的直接接触，以达到抗侵蚀的目的。

2.2.2 骨料

一、分类

用于混凝土中的骨料分为细骨料（砂子）和粗骨料（卵石、碎石）两种。

公称粒径≤5.0 mm 的骨料称为细骨料，常称为砂。包括天然砂和机制砂两大类。

天然砂：是指自然条件形成的，经人工开采和筛分的公称粒径≤5.0 mm 的岩石颗粒。

机制砂：是指经除土开采、机械破碎、筛分而成的公称粒径≤5.0 mm 的岩石颗粒。

公称粒径＞5 mm 的岩石颗粒称为粗骨料，常称为石子。包括天然卵石和机制碎石两种。

卵石：也称砾石，是指由自然风化、水流搬运和分选、堆积形成的公称粒径＞5.0 mm 的岩石颗粒。其表面圆滑，空隙率和总表面积均较小，拌制混凝土时水泥浆需用量较少，和易性较好，但与水泥浆的粘结力不如碎石。

碎石：是指由天然岩石、卵石或矿山废石经机械破碎、筛分制成的公称粒径＞5.0 mm 的岩石颗粒。颗粒多棱角，表面粗糙，空隙率和总表面积均较大，用碎石拌制的混凝土，所需的水泥浆较多，但水泥浆与碎石的粘结力较强。因此，拌制较高强度混凝土时，宜用碎石或碎卵石。

二、技术要求

混凝土用粗细骨料的技术要求主要包括：颗粒级配、粗细程度、针片状颗粒含量（粗骨料）、有害物质含量、压碎指标、抗压强度、坚固性、吸水率、密度、碱活性等。

1. 颗粒级配

颗粒级配是指不同粒径的颗粒搭配比例。骨料的级配良好，则其空隙率较小，堆积密度较大。这样不仅用来填充骨料空隙的浆料少，多余的浆料可形成较厚的包裹层，有利于水泥浆的润滑与胶结作用，而且可得到较高的密实度，从而使混凝土的强度和耐久性得以提高。

1）颗粒级配的划分

混凝土用砂根据其在筛孔边长为 0.60 mm 的方孔（对应于公称直径为 0.63 mm）筛上的累计筛余百分率（β_4）划分为三个级配区。Ⅰ 区 $\beta_4 = 71\% \sim 85\%$（粗砂）、Ⅱ 区 $\beta_4 = 41\% \sim 70\%$（中砂）、Ⅲ 区 $\beta_4 = 16\% \sim 40\%$（细砂）。《普通混凝土用砂、石质量及检验方法标准》JGJ 52—2006、《建设用砂》GB/T 14684—2011 及《铁路混凝土》TB/T 3275—2018 对砂的级配区的划分见表 2-7。

表 2-7 砂的颗粒级配区

方孔筛筛孔边长/mm	累计筛余率/%	Ⅰ 区	Ⅱ 区	Ⅲ 区
4.75		10 ~ 0	10 ~ 0	10 ~ 0
2.36		35 ~ 5	25 ~ 0	15 ~ 0
1.18		65 ~ 35	50 ~ 10	25 ~ 0
0.60		85 ~ 71	70 ~ 41	40 ~ 16
0.30		95 ~ 80	92 ~ 70	85 ~ 55
0.15	天然砂	100 ~ 90	100 ~ 90	100 ~ 90
	机制砂	97 ~ 85	94 ~ 80	94 ~ 75

注：砂的实际颗粒级配与表 2-7 中所列数字相比，除 4.75 mm 和 0.60 mm 筛档外，可以略有超出，但各级累计筛余超出值总和应≤5%。

标准 JGJ 52—2006、TB/T 3275—2018 和 GB/T 14684—2011 中将混凝土用卵、碎石的颗粒级配分为连续粒级（5 ~ 10、5 ~ 16、5 ~ 20、5 ~ 25、5 ~ 31.5、5 ~ 40 mm 六种）和单粒粒级（10 ~ 20、16 ~ 31.5、20 ~ 40、31.5 ~ 63、40 ~ 80 mm 五种），具体见表 2-8。

表 2-8 卵石、碎石的颗粒级配

级配情况	公称粒级/mm	方筛孔筛孔边长/mm 累计筛余/%								
		2.36	4.75	9.50	16.0	19.0	26.5	31.5	37.5	53.0
连续粒级	5 ~ 10	95 ~ 100	80 ~ 100	0 ~ 15	0					
	5 ~ 16	95 ~ 100	85 ~ 100	30 ~ 60	0 ~ 10	0				
	5 ~ 20	95 ~ 100	90 ~ 100	40 ~ 80	—	0 ~ 10	0			
	5 ~ 25	95 ~ 100	90 ~ 100	—	30 ~ 70	—	0 ~ 5	0		
	5 ~ 31.5	95 ~ 100	90 ~ 100	70 ~ 90	—	15 ~ 45	—	0 ~ 5	0	
	5 ~ 40	—	95 ~ 100	70 ~ 90	—	30 ~ 65	—	—	0 ~ 5	0
单粒粒级	10 ~ 20	—	95 ~ 100	85 ~ 100	—	0 ~ 15	0			
	16 ~ 31.5	—	95 ~ 100	—	85 ~ 100	—	—	0 ~ 10		0
	20 ~ 40	—	—	95 ~ 100	—	80 ~ 100	—	—	0 ~ 10	0

2）颗粒级配的检验

颗粒级配的检验采用筛析法。通过筛分析，测得各孔径筛面上的筛余颗粒质量，然后分别计算各个筛上的分计筛余百分率和累计筛余百分率。以砂的颗粒级配为例，具体计算方法见表 2－9。

表 2－9　砂子分计筛余和累计筛余百分率计算表

砂的公称粒径/mm	圆孔筛的孔径/mm	方孔筛筛孔边长/mm	分计筛余质量 m_i/g	分计筛余百分率 α_i/%	累计计筛余百分率 β_i/%	通过率/%
5.0	5.0	4.75	m_1	$\alpha_1 = 100m_1/m_s$	$\beta_1 = \alpha_1$	$100 - \beta_1$
2.5	2.5	2.36	m_2	$\alpha_2 = 100m_2/m_s$	$\beta_2 = \alpha_1 + \alpha_2$	$100 - \beta_2$
1.25	1.25	1.18	m_3	$\alpha_3 = 100m_3/m_s$	$\beta_3 = \alpha_1 + \alpha_2 + \alpha_3$	$100 - \beta_3$
0.63	0.63	0.60	m_4	$\alpha_4 = 100m_4/m_s$	$\beta_4 = \alpha_1 + \alpha_2 + \alpha_3 + \alpha_4$	$100 - \beta_4$
0.315	0.315	0.30	m_5	$\alpha_5 = 100m_5/m_s$	$\beta_5 = \alpha_1 + \alpha_2 + \alpha_3 + \alpha_4 + \alpha_5$	$100 - \beta_5$
0.16	0.16	0.15	m_6	$\alpha_6 = 100m_6/m_s$	$\beta_6 = \alpha_1 + \alpha_2 + \alpha_3 + \alpha_4 + \alpha_5 + \alpha_6$	$100 - \beta_6$
≤0.16	筛底	筛底	m_7	—	—	—

注：①m_s——筛前所称取的试样（砂）总量；②分级筛余率和累计筛余率精确至 0.1%。

3）级配曲线的绘制

由实测的各粒径累积筛余百分率和标准规定的各粒径累积筛余百分率的上下界限（级配范围），以筛孔尺寸为横坐标，累计筛余百分率为纵坐标绘制而成的粒径与累计筛余百分率的关系曲线称为级配曲线。砂的级配曲线图的绘制见图 2－1。石子的级配曲线图的绘制可参照此图。

4）级配情况的评定

砂子颗粒级配的评定：通过筛析得到的各筛上的累计筛余百分率均在标准规定的相应级配区内时，表明

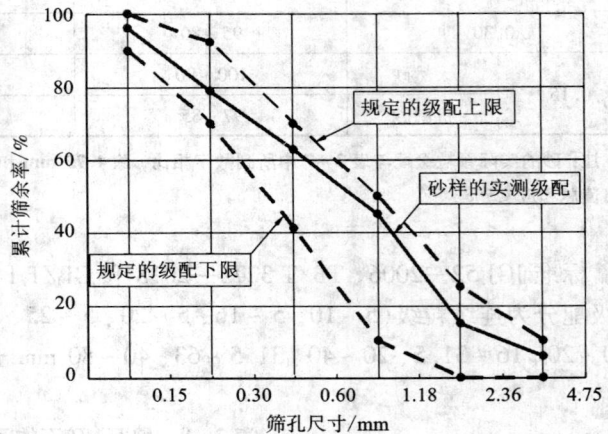

图 2－1　砂的级配曲线

该砂的颗粒级配良好。但是，砂的实际颗粒级配不一定完全符合规范要求，规范规定，除 4.75 mm 和 0.60 mm 筛档外，可以略有超出，但各级累计筛余超出值总和应≤5%，此时砂的颗粒级配可评定为合格；若超出值总和 >5%，则该砂的颗粒级配可评定为不合格或级配不良。

石子颗粒级配的评定：首先根据石子的最大粒径和各筛的累计筛余百分率与标准规定的连续粒级级配范围进行比较，若在标准规定的范围内，则判为符合该连续粒级；若不满足连续粒级要求，则与标准规定的单粒粒级的级配范围进行比较，若符合要求，则判为符合该单粒粒级；若既不满足连续粒级要求，也不满足单粒粒级要求，则判为级配不合格。

5）骨料级配对混凝土性能的影响

级配良好的骨料，其空隙率较小，用于填充骨料空隙所需水泥浆量也就少，在水泥浆量相同的条件下，包裹和润滑骨料颗粒的水泥浆层就厚，故拌制的混凝土的和易性好、强度高、耐久性好。

6)改善级配的措施

当砂子(或石子)的实际颗粒级配不符合要求时,可采用不同粒径大小的单粒级的砂子(或石子)或采用几个不同级配的砂子(或石子)按一定比例进行掺配,使其满足规定的级配要求。合成级配计算方法原理见表 2 - 10,也可利用 Microsoft Offices Excel 进行自动计算(扫右边二维码见视频)。

视频:粗骨料合成级配
电子表格计算编制方法

表 2 - 10　石子合成级配计算表

		粒径/mm							筛前试样质量/g	掺配比例/%
		31.5	26.5	19.0	16.0	9.5	4.75	2.36		
碎石 A (19～31.5)	筛余质量/g	460	4510	30	0	0	0	0	5000	39
	累计筛余 β_i^A/%	9.2	99.4	100.0	100.0	100.0	100.0	100.0	—	
碎石 B (9.5～19)	筛余质量/g	0	0	740	2240	1980	540	0	5500	30
	累计筛余 β_i^B/%	0.0	0.0	13.5	54.2	90.2	100.0	100.0		
碎石 C (4.75～9.5)	筛余质量/g	0	0	0	920	1820	2420	210	5410	31
	累计筛余 β_i^C/%	0.0	0.0	0.0	17.0	50.6	95.4	99.3		
合成级配 (5～31.5)	累计筛余 β_i/%	3.6	38.8	43.0	60.5	81.8	98.6	99.8		
		β_1	β_2	β_3	β_4	β_5	β_6	β_7		
	标准规定累计筛余/%	0～5		15～45		70～90	90～100	95～100		

表中 P_A、P_B、P_C 分别为碎石 A、B、C 在合成级配中的含量,且 $P_A + P_B + P_C = 100\%$;

$\beta_1 = (\beta_1^A \cdot P_A + \beta_1^B \cdot P_B + \beta_1^C \cdot P_C)/100 = (9.2 \times 39 + 0 \times 30 + 0 \times 31)/100 = 3.6\%$;

$\beta_2 = (\beta_2^A \cdot P_A + \beta_2^B \cdot P_B + \beta_2^C \cdot P_C)/100 = (99.4 \times 39 + 0 \times 30 + 0 \times 31)/100 = 38.8\%$;

$\beta_3 = (\beta_3^A \cdot P_A + \beta_3^B \cdot P_B + \beta_3^C \cdot P_C)/100 = (100.0 \times 39 + 13.5 \times 30 + 0 \times 31)/100 = 43.0\%$

依此类推计算出各筛的累计筛余率。

2. 粗细程度

砂子的粗细程度:砂的粗细程度是指不同粒径的砂粒混合在一起的总体粗细程度,不是指其平均粒径,用细度模数(μ_f)来衡量,按式(2 - 3)计算:

$$\mu_f = \frac{\beta_2 + \beta_3 + \beta_4 + \beta_5 + \beta_6 - 5\beta_1}{100 - \beta_1} \qquad (2 - 3)$$

式中:β_1、β_2、β_3、β_4、β_5、β_6——4.75 mm、2.36 mm、1.18 mm、0.60 mm、0.30 mm、0.15 mm 筛上的累计筛余百分率,%。

$\mu_f = 3.1 \sim 3.7$ 为粗砂;$\mu_f = 2.3 \sim 3.0$ 为中砂;$\mu_f = 1.6 \sim 2.2$ 为细砂;$\mu_f = 0.7 \sim 1.5$ 为特细砂。细度模数愈大,表示砂就愈粗,单位质量总表面积就愈小。

石子的粗细程度:用最大粒径来衡量。最大粒径是指石子公称粒级的上限,如 5～40 mm

粒级的石子,其最大粒径即为 40 mm。

粗细对混凝土质量的影响:骨料粒径愈粗,总表面积就愈小,在水泥浆量相同的条件下,水泥浆包裹层就愈厚,有利于润滑和粘结。但粒径受构件尺寸、钢筋疏密程度和施工工艺所限,且粒径越大,其内部存在缺陷的可能性也大,影响混凝土的强度及耐久性。

3. 针、片状颗粒

石子颗粒粒形以接近球形为好。但石子中常含有针状颗粒(长度大于所属粒级平均粒径的 2.4 倍)和片状颗粒(厚度小于所属粒级平均粒径的 0.4 倍),见图 2-2。

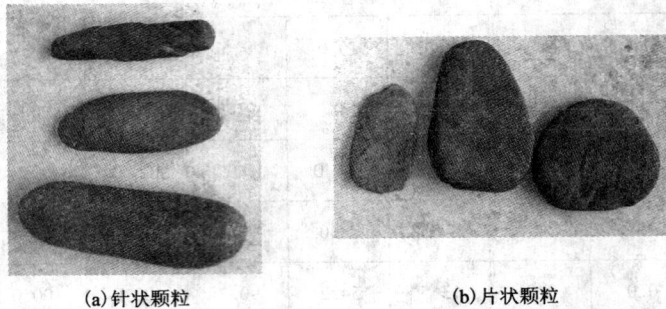

(a)针状颗粒　　　　　　　　　　(b)片状颗粒

图 2-2　针片状颗粒

针、片状颗粒对混凝土性能的影响:一方面针、片颗粒的表面积比球形和立方体颗粒大,且流动阻力大,导致混凝土拌合物的流动性降低;另一方面在硬化混凝土受力时容易被折断,影响混凝土的强度。JGJ 52—2006 和《铁路混凝土》TB/T 3275—2018 对混凝土用石子中的针、片状颗粒的含量的规定见表 2-11。

表 2-11　粗骨料中针、片状颗粒含量限量

规范	JGJ 52—2006			TB/T 3275—2018		
混凝土强度等级	≥C60	C30 ~ C55	≤C25	< C30	C30 ~ C45	≥C50
针、片状颗粒总含量（按质量计）/%，≤	8	15	25	10	8	5

注:JTG/T F50—2011 规定高性能混凝土用粗骨料的针、片状颗粒含量应≤7%。

4. 有害物质

骨料中的有害物质包括:泥(粒径≤0.075 mm 黏土颗粒)、石粉(机制砂、碎石中粒径≤0.075 mm 颗粒)、泥块(砂子中粒径>1.18 mm,经水洗、手捏后变成<0.6 mm 的颗粒;石子中粒径>4.75 mm,经水洗、手捏后变成<2.36 mm 的颗粒)、云母(钾、铝、镁、铁等层状结构的铝硅酸盐物质)、轻物质(表观密度<2000 kg/m³ 的物质)、有机物、硫化物、硫酸盐、氯化物、草根、树叶、贝壳、炉渣及活性矿物(骨料中含有蛋白石、方英石、磷英石、粒径<30 μm 的微晶石英、玉髓、火山玻璃、人工硅质玻璃、燧石等硅酸盐类矿物,或含有粒径<50 μm 的细小菱形白云石晶体、不溶黏土基质等碳酸盐类矿物)等。

对混凝土质量的影响:泥土成浆,包裹在骨料表面,影响了水泥浆与骨料的粘结;云母和轻物质自身低强易碎;硫化物、硫酸盐会造成水泥石的腐蚀;有机物会影响混凝土的凝结硬化；氯盐对钢筋有锈蚀作用；在潮湿环境中，骨料中的活性矿物易与混凝土中的碱（Na_2O、K_2O）产生碱–硅酸盐反应或碱–碳酸盐反应，造成混凝土腐蚀。总之，这些有害物质均会影响混凝土的强度及耐久性，从而影响到结构的安全性。因此，对这些有害物质应加以限量。

标准 JGJ 52—2006、GB/T 14684—2011、《建设用卵石、碎石》GB/T 14685—2011、TB/T 3275—2018 及 JTG/T F50—2011 中对混凝土用砂、石子中的有害物质均作出了限量，具体见表 2–12、表 2–13。

表 2–12　砂中有害物质限量

有害物质名称	JGJ52—2006			TB/T3275—2018、JTG/T F50—2011		
	≥C60	C30～C55	≤C25	< C30	C30～C45	≥C50
含泥量（按质量计）/%，≤	2.0	3.0	5.0	3.0	2.5	2.0
泥块含量（按质量计）/%，≤	0.5	1.0	2.0	0.5		
云母含量（按质量计）/%，≤	2.0；抗渗、抗冻要求的为1.0			0.5		
轻物质含量（按质量计）/%，≤				0.5		
有机物含量（比色法）	颜色不深于标准色。如深于标准色，则应配制成水泥砂浆进行强度对比试验，其抗压强度比应≥0.95					
硫化物及硫酸盐含量（按 SO_3 质量计）/%，≤	1.0			0.5		
氯化物含量（以 Cl^- 质量计）/%，≤	钢筋混凝土 0.06；预应力混凝土 0.02			0.02		
机制砂石粉含量（按质量计）/%，≤ MB 值 < 1.40（合格）	5.0	7.0	10.0	10.0	7.0	5.0
MB 值 ≥ 1.40（不合格）	2.0	3.0	5.0	5.0	3.0	2.0

注：①MB 值为亚甲蓝试验测得的亚甲蓝值；②表中 JTG/T F50—2011 栏指标为高性能混凝土用砂要求。

表 2–13　卵石、碎石中有害物质含量限量

有害物质名称	JGJ52—2006			TB/T 3275—2018、JTG/T F50—2011		
	≥C60	C30～C55	≤C25	< C30	C30～C45	≥C50
含泥量（按质量计）/%，≤	0.5	1.0	2.0	1.0	1.0	0.5
泥块含量（按质量计）/%，≤	0.2	0.5	0.7	0.2（0.25）		
卵石中有机物含量（比色法）	颜色不深于标准色。如深于标准色，则应配制成水泥砂浆进行强度对比试验，其抗压强度比应≥0.95					
硫化物及硫酸盐含量（按 SO_3 质量计）/%，≤	1.0			0.5		
氯化物含量（以 Cl^- 质量计）/%，≤	钢筋砼 0.06；预应力砼 0.02			0.02		

注：①表中 JTG/T F50—2011 栏指标为高性能混凝土用粗骨料要求；②括号中的数据为公路工程要求。

5. 压碎指标

压碎指标是指砂、石子抵抗外力压碎的能力。他也能间接反映砂、石子的抗压强度。对于同一种类的骨料，压碎指标值愈小，表示其抵抗压碎的能力就愈强，强度就愈高。

砂子压碎指标的检验：将机制砂先筛分成 4.75～2.36 mm、2.36～1.18 mm、1.18～0.60 mm、0.60～0.30 mm 四个粒级，并计算其分计筛余百分率（α_i），然后分别取各粒级砂

约300 g(m_0)装入专用压碎指标仪中,振实后装上压头,放入压力试验机中,以 0.5 kN/s 的加荷速率加压到 25 kN,并持压 5 s 后,以同样速率卸荷,取出用该粒级的下限筛进行过筛,称取筛余质量(m_i),按式(2-4)计算该粒级的压碎指标值(δ_i),精确至 0.1%,并按式(2-5)计算该砂总的压碎指标值(δ_{sa}),精确至 1%:

$$\delta_i = \frac{m_0 - m_i}{m_0} \times 100\% \tag{2-4}$$

$$\delta_{sa} = \frac{\alpha_1 \delta_1 + \alpha_2 \delta_2 + \alpha_3 \delta_3 + \alpha_4 \delta_4}{\alpha_1 + \alpha_2 + \alpha_3 + \alpha_4} \times 100\% \tag{2-5}$$

JGJ 52—2006 规定机制砂的总压碎指标值应 <30%。

TB/T 3275—2018 规定机制砂的总压碎指标值应 ≤25%。

GB/T 14684—2011 和 JTG/T F50—2011 规定机制砂单级最大压碎指标值:Ⅰ类砂应 ≤20%;Ⅱ类砂应 ≤25%;Ⅲ类砂应 ≤30%。

石子压碎指标的检验:取粒径 9.5~19.0 mm 的气干状态的石子约 3000 g(m_1),分两层装入压碎指标测定仪的圆模内并颠实,放上压头后,放入压力机的压板上,在 160~300 s 内(或以 1 kN/s 的加荷速率)均匀加荷至 200 kN,并稳荷 5 s,然后卸荷,再倒出模中试样,用筛网孔径为 2.36 mm 的方孔筛筛除压碎了的细粒,称取筛余质量(m_2),按式(2-6)计算压碎指标值(δ_a),精确至 0.1%:

$$\delta_a = \frac{m_1 - m_2}{m_1} \times 100\% \tag{2-6}$$

混凝土用粗骨料的压碎指标值不得超过表 2-14 的规定。

表 2-14　粗骨料的压碎指标值

规范		JGJ 52—2006		TB/T 3275—2018		JTG/T F50—2011		
岩石品种		混凝土强度等级		混凝土强度等级		Ⅰ类	Ⅱ类	Ⅲ类
		C60~C40	≤C35	<C30	≥C30			
碎石压碎指标值/%,≤	沉积岩	10	16	16	10			
	变质岩或深成的火成岩	12	20	20	12	10	20	30
	喷出的火成岩	13	30	30	13			
卵石压碎指标值/%,≤		12	16	16	12	12	16	16

注:JTG/T F50—2011 规定高性能混凝土用粗骨料的压碎指标应 ≤10%。

6. 抗压强度

骨料的抗压强度是指用来生产机制砂或碎石的岩石的强度。

岩石强度检验方法:取生产碎石的母岩加工成边长为 50 mm 的立方体或 ϕ50 mm × 50 mm 的圆柱体试件,1 组 6 个,饱水 48 h 后进行抗压强度试验,以 6 个试件强度的平均值来表示。对有明显层理结构的岩石,应分别取垂直层理和平行层理方向的试件各一组进行强度试验。

TB/T 3275—2018 和 JTG/T F50—2011 规定粗骨料母岩的抗压强度应 ≥1.5 倍混凝土的强度等级,且深成岩和喷出岩的抗压强度应 ≥80 MPa,变质岩的抗压强度应 ≥60 MPa,沉积岩的抗压强度应≥30 MPa。

7. 坚固性

坚固性是指砂、石子在自然风化和其他外界物理化学因素作用下抵抗破裂的能力。混凝土用砂、石子应满足一定的坚固性要求，以保证混凝土的耐久性。采用硫酸钠饱和溶液浸泡法检验。即砂或石子在硫酸钠饱和溶液中经 5 次浸渍与烘干的循环之后，其质量损失率应符合表 2 – 15 的规定。

表 2 – 15　骨料坚固性

规　范	混凝土所处环境条件及性能要求	5 次循环后的质量损失率/%，≤	
		细骨料	粗骨料
JGJ 52—2006	在严寒及寒冷地区室外使用并经常处于潮湿或干湿交替状态下的混凝土；对于有抗疲劳、耐磨、抗冲击要求的混凝土；有腐蚀介质作用或经常处于水位变化区的地下结构混凝土	8	8
	其他条件下使用的混凝土	10	12
JTG/T F50—2011	严寒地区，经常处于干湿交替状态下的混凝土		5
	寒冷地区，经常处于干湿交替状态下的混凝土	8（Ⅰ、Ⅱ类砂） 10（Ⅲ类砂）	3
	干燥环境，但粗集料风化或软弱颗粒过多时		12
	干燥环境，但有抗疲劳、耐磨、抗冲击要求或强度等级大于 C40 的混凝土		5
TB/T 3275—2018	钢筋混凝土结构	8	8
	预应力混凝土结构		5

注：JTG/T F50—2011 规定，高性能混凝土用粗骨料的坚固性要求同 TB/T 3275—2018。

8. 吸水率

骨料的吸水率愈大，表明其内部开口微细孔较多，故混凝土的抗压和抗折强度就愈低，其抗渗性、抗冻性、抗盐冻剥蚀、抗碳化性能就愈差。

TB/T 3275—2018 规定干燥环境混凝土用粗、细骨料的吸水率均应≤2%；当用于干湿循环、冻融循环环境时，骨料的吸水率均应≤1%。

JTG/T F50—2011 规定混凝土用粗骨料的吸水率：Ⅰ类应 <1.0%；Ⅱ类应 <2.0%；Ⅲ类应 <2.5%；对于干燥环境的高性能混凝土应 <2%，当用于干湿循环、冻融循环环境时，骨料的吸水率应 <1%。

9. 表观密度、堆积密度、空隙率

一般来讲，骨料的表观密度愈大，表明其内部孔隙就愈少，强度就愈高；堆积密度愈大，表明其空隙率就愈小，颗粒级配就愈好。

GB/T 14684—2011 中规定：砂的表观密度应≥2500 kg/m^3、堆积密度应≥1400 kg/m^3、空隙率应≤44%。

GB/T 14685—2011 规定：卵石、碎石的表观密度应≥2600 kg/m^3、堆积密度应≥1350 kg/m^3、空隙率应≤47%。

TB/T 3275—2018 规定：粗骨料的表观密度应≥2600 kg/m^3、紧密空隙率应≤40%。

10. 碱活性

当骨料中含有活性矿物时，对于长期处于潮湿环境中的混凝土结构，这些活性矿物能与混凝土中的碱（Na_2O、K_2O）发生化学反应（也称碱骨料反应），生成膨胀性凝胶物质，从而导

致混凝土产生膨胀、开裂甚至破坏。故长期处于潮湿环境中的混凝土结构用骨料，应进行碱活性鉴定。

1）鉴定方法

先用岩相法鉴定骨料中活性矿物质的品种和含量。当鉴定出含有活性硅酸盐类矿物质时，应采用快速砂浆棒法或砂浆长度法进行进一步鉴定；当鉴定出含有活性碳酸盐矿物质时，应采用岩石柱法进行进一步鉴定。

岩相法：将每类岩石制成若干薄片，在偏光显微镜下观测鉴定矿物质成分的品种、类型和含量，特别是隐晶质、玻璃质成分的含量。

快速砂浆棒法：由该骨料制备的标准砂浆棒试件，在 1 mol/L 的氢氧化钠溶液中浸泡养护至规定龄期后进行长度测定。

砂浆长度法：由该骨料制备的标准砂浆棒试件，在 (40 ± 2)℃ 的水中浸泡养护至规定龄期后进行长度测定。

岩石柱法：在骨料上或母岩上钻取直径为 (9 ± 1) mm，高度为 (35 ± 5) mm 的圆柱体试件，然后在 1 mol/L 的 NaOH 溶液中浸泡 84 d，测定试件的膨胀率。

2）判定方法

（1）由骨料制备的砂浆试件养护至规定龄期后，如果试件出现裂缝、酥裂、胶体外溢等现象，则有危害。

（2）采用快速砂浆棒法鉴定时，砂浆棒 14 d 膨胀率 $\varepsilon_{14} < 0.10\%$ 时，可判定无潜在危害；$\varepsilon_{14} > 0.10\%$ 时，可判定有潜在危害；$\varepsilon_{14} = 0.10\% \sim 0.20\%$ 时，需用砂浆长度法再进行鉴定，当 6 个月砂浆膨胀率 $\varepsilon_{180} < 0.10\%$ 或 3 个月膨胀率 $\varepsilon_{90} < 0.05\%$ 时，可判定无潜在危害；否则，应判定有潜在危害。

（3）采用岩石柱法鉴定时，当其 84 d 膨胀率 $\varepsilon_{84} > 0.10\%$ 时，应判定为有潜在危害。

3）处理方法

当鉴定出骨料中存在潜在碱－碳酸盐反应危害时，该骨料不宜用作混凝土骨料。

当鉴定出骨料中存在潜在碱－硅酸盐反应危害时，应采用含碱量 ≤ 0.6% 的低碱水泥或采取抑制措施，如掺入适量的粉煤灰、矿渣粉或硅灰等掺合料，减少水泥用量，控制混凝土中的总碱含量 ≤ 3 kg/m³。

三、应用

混凝土用粗、细骨料，应尽量选用空隙率和总表面积均较小、级配良好、含杂质少、坚固性好、强度高、不含活性矿物质的优质骨料。

细骨料宜优先选用Ⅱ区砂（中砂），因该区砂的粗细程度适中、级配最好。当采用Ⅰ区砂时，因该区砂粗颗粒较多，易泌水，不易密实成形，故应适当提高砂率，增加胶凝材料用量，以满足混凝土的工作性和耐久性的要求；当采用Ⅲ区砂时，因该区砂颗粒偏细，相同质量的砂，其总表面积大，要保证混凝土的工作性和强度，水泥用量要多，且混凝土硬化后，干缩性较大，容易产生干缩裂纹，故宜适当降低砂率。

粗骨料应选用针片状颗粒含量少的连续粒级的碎石、碎卵石或卵石，当不能满足连续粒级要求时，宜采用两级配或多级配掺配使用，尽量使其空隙率达到较小，堆积密度达到较大，且堆积密度应 > 1500 kg/m³，紧密空隙率宜 < 40%；吸水率应 < 2%，当用于干湿循环、冻融

循环环境时，吸水率应＜1%；当混凝土强度等级＞C30时，宜选用强度高的碎石或碎卵石；最大粒径的选用应符合下列规定：

《混凝土结构工程施工规范》GB 50666—2011规定：粗骨料最大颗粒粒径不得超过构件截面最小尺寸的1/4，且不得超过钢筋最小净间距的3/4；对混凝土实心板，粗骨料的最大粒径不宜超过板厚的1/3，且不得超过40 mm；对于泵送混凝土，粗骨料的最大粒径应与输送泵管内径相匹配，当粗骨料的最大粒径不大于25 mm时，可采用内径不小于125 mm的输送泵管，当粗骨料的最大粒径不大于40 mm时，可采用内径不小于150 mm的输送泵管。

TB/T 3275—2018规定：混凝土用粗骨料最大公称粒径不宜超过钢筋的混凝土保护层厚度的2/3，在严重腐蚀环境条件下不宜超过1/2，且不应超过钢筋最小间距的3/4；配制C50及以上混凝土时，最大公称粒径不应大于25 mm。

JTG/T F50—2011规定：混凝土用粗骨料的最大粒径，除大体积混凝土外，不宜超过25 mm，且不得超过钢筋保护层厚度的2/3。

在允许条件下，石子的粒径宜尽量选大一些，以达到节约水泥和提高耐久性的目的。

四、进场验收与施工管理

1. 进场验收

砂、石子作为混凝土的主要组成材料，其质量好坏直接影响到混凝土结构的质量和安全。因此，每购进一批均应对其质量进行随机抽样检验，经检验符合要求后，方可验收使用。

1）验收批的划分

混凝土用砂、石子应按同产地、同规格分别分批验收。采用大型工具（如火车、货船或汽车）运输的，应以400 m³或600 t为一验收批；采用小型工具（如拖拉机）运输的，应以200 m³或300 t为一验收批；不足上述数量的，也应按一验收批进行验收。

2）抽样方法

（1）每一验收批至少应进行一次抽样检验。

（2）在料堆上取样时，取样部位应均匀分布。取样前先将取样部位表层铲除，然后从不同部位（料堆的上、中、下；前、后；左、右）抽取大致等量的砂8份，石子16份，组成各自一组样品。

（3）从皮带运输机上取样时，应用接料器在皮带运输机机尾的出料处定时抽取大致等量的砂4份，石子8份，组成各自一组样品。

（4）从火车、汽车、货船上取样时，应从不同部位和深度抽取大致等量的砂8份，石子16份，组成各自一组样品。

（5）样品数量应能满足各单项检验的最少数量的规定。做几项检验时，如能确保试样经一项检验后不致影响另一项检验的结果，可用同一试样进行几项不同的检验。

3）检验项目

混凝土用砂的出厂检验项目：包括颗粒级配、含泥量、泥块含量、有机质含量、云母含量、松散堆积密度及人工砂的石粉含量和压碎指标值。

混凝土用卵石、碎石的出厂检验项目：包括颗粒级配、含泥量、泥块含量、针片状颗粒含量、压碎指标值、松散堆积密度及吸水率。

其他项目根据工程项目的特点和有关施工验收标准的要求进行。

2. 施工管理

混凝土用砂、卵石、碎石等骨料应按不同类别和不同规格，分别堆放和运输，防止人为碾压、混合及污染，并应设分类堆放标识牌，标明其规格、类别与适应范围，便于施工人员使用。

2.2.3 矿物掺合料与外加剂

一、矿物掺合料

矿物掺合料又称矿物外加剂。是指在混凝土搅拌过程中加入的、具有一定细度和活性的、用于改善新拌和硬化混凝土性能（特别是混凝土耐久性）的某些矿物类的产品。目前混凝土用矿物掺合料主要有粉煤灰、磨细矿渣粉、硅灰等，这些矿物类产品中均含有一定数量的 SiO_2、Al_2O_3、CaO、Fe_2O_3 等活性氧化物，具有较高的活性，他们与水发生水化反应后能形成硅酸钙和铁酸钙凝胶物质。

当今，矿物掺合料已成为混凝土的重要组分，具体在使用过程中应经试验确定。

1. 粉煤灰

在混凝土中掺入粉煤灰后，可节约水泥和细骨料，减少用水量；可改善混凝土拌合物的和易性，增强混凝土的可泵性；使混凝土的凝结硬化放缓，水化热降低，温升降低，早期强度在常温下有所降低，但后期强度得到较大增长，养护温度越高，强度增长越显著；可提高硬化混凝土的弹性模量，减少混凝土的收缩和徐变；可提高混凝土抗渗、抗裂能力，改善混凝土的抗蚀性能和抑制碱－骨料反应的作用。但是，由于粉煤灰的火山灰反应，消耗了一部分 $Ca(OH)_2$，使混凝土的碱性降低，从而在一定程度上会影响到混凝土的抗碳化性。

用于混凝土中的粉煤灰的技术要求应符合《用于水泥和混凝土中的粉煤灰》GB/T 1596—2017、《高强高性能混凝土用矿物外加剂》GB/T 18736—2017、《铁路混凝》TB/T 3275—2018及《公路桥涵施工技术规范》JTG/T F50—2011 的有关规定，见表 2－16。

表 2－16　用于混凝土中的粉煤灰的技术要求

项目	GB/T 1596—2017、TB/T 3275—2018			JTG/T F50—2011	
	Ⅰ级	Ⅱ级	Ⅲ级	< C50	≥C50
细度(45 μm 方孔筛筛余)/%，≤	12.0	30.0	45.0	20.0	12.0
需水量比/%，≤	95	105	115	105	100
含水率/%，≤	1.0			1.0	
烧失量/%，≤	5.0	8.0	10.0	5.0	3.0
SO_3 含量/%，≤	3.0			3.0	
CaO 含量/%，≤	－(10)			10	
游离 CaO 含量/%，≤	1.0（F 类）；4.0（C 类）			1.0（F 类）；4.0（C 类）	
氯离子含量/%，≤	－(0.02)			0.02	
$(SiO_2 + Al_2O_3 + Fe_2O_3)$ 总含量/%，≥	70			—	
密度/$(g \cdot cm^{-3})$，≤	2.6			2.6	
活性指数(28 d 抗压强度比)/%，≥	70			70	
安定性(雷氏法)	雷氏夹沸煮后增加距离≤5.0 mm（C 类）				

注：①表中括号中的数字为 TB/T 3275—2018 的要求。②F 类是指由无烟煤或烟煤煅烧收集的粉煤灰；C 类是指由褐煤或次烟煤煅烧收集的粉煤灰，其 CaO 含量一般大于 10%。

粉煤灰适用于配制泵送混凝土及大流动性混凝土；适用于地上、地下和水中大体积混凝土结构；适用于蒸汽养护混凝土构件；适用于抗硫酸盐侵蚀的混凝土工程及有抗裂要求的混凝土工程。

2. 矿渣粉

在混凝土中掺入超细矿渣粉，可节约水泥用量；能够显著降低混凝土的水化热，减少大体积混凝土的温升及内应力，抑制大体积混凝土因内外温差过高而产生裂纹；能有效提高混凝土抗海水、淡水及硫酸盐的侵蚀；能够抑制碱－骨料反应，显著提高混凝土抗碱－骨料反应的能力；能提高混凝土耐高温性能。矿渣粉磨得越细，其活性越高，与粉煤灰相比，其早期活性明显较高，7 d 强度可赶超对比混凝土，而后期强度继续增加。

用于混凝土中的矿渣粉的技术要求应符合《用于水泥、砂浆和混凝土中的粒化高炉矿渣粉》GB/T 18046—2017 及 TB/T 3275—2018 和 JTG/T F50—2011 的有关规定，见表 2－17。

表 2－17　用于混凝土中的矿渣粉的技术要求

项目		GB/T 18046—2017、TB/T 3275—2018			JTG/T F50—2011
		S105	S95	S75	
密度/(g·cm^{-3})，≥		2.8			2.8
比表面积/(m^2·kg^{-1})，≥		500	400	300	350～450
流动度比/%，≥		95			95
含水率/%，≤		1.0			1.0
烧失量/%，≤		3.0			3.0
SO$_3$ 含量/%，≤		4.0			4.0
MgO 含量/%，≤		14			14.0
氯离子含量/%，≤		0.06			0.02
活性指数/%，≥	7 d	95	75	55	75
	28 d	105	95	75	95

矿渣粉适用于配制泵送混凝土及大流动性混凝土；适用于大体积混凝土工程、抗海水混凝土工程、抗硫酸盐混凝土工程、地下混凝土工程、高强度混凝土和预应力混凝土工程、高温车间和有耐热耐火要求的混凝土工程及蒸汽养护混凝土构件。由于矿粉多棱角，拌合需水量大、保水性差、易泌水，使用时应按照有关设计、施工等标准的有关规定经试验确定。

3. 硅灰

硅灰是冶炼硅铁合金或工业硅时，通过烟道排出的粉尘，经收集得到的以无定形 SiO$_2$ 为主要成分的粉体材料。外观为灰色或灰白色粉末，颗粒呈非结晶相的无定形圆球状，平均粒径为 0.1～0.3 μm，其细度和比表面积约为水泥的 80～100 倍，粉煤灰的 50～70 倍，是一种具有很高活性的火山灰质物质，其耐火温度 >1600℃。

硅灰最主要的品质指标是 SiO$_2$ 含量和细度，SiO$_2$ 含量越高、颗粒愈细其活性就愈高，以 10% 的硅灰等量取代水泥，混凝土强度可提高 25% 以上，硅灰掺量越高，需水量越大，自收缩也增大。研究发现，在混凝土中掺入 1 kg 硅灰后，为保持其流动度不变，一般需增加 1 kg

用水量，因此一般将硅灰的掺量控制在 5%～10% 之间，并用高效减水剂来调节需水量。用于混凝土中的硅灰的技术要求应符合《砂浆和混凝土用硅灰》GB/T 27690—2011、TB/T3275—2018 及 JTG/T F50—2011 的有关规定，具体见表 2-18。

表 2-18　用于混凝土和砂浆中的硅灰的技术要求

项目	GB/T 27690—2011	TB/T 3275—2018、JTG/T F50—2011
比表面积(BET 法)/(m²·g⁻¹)，≥	15000	18000
需水量比/%，≤	125	125
含水率/%，≤	3.0	3.0
烧失量/%，≤	4.0	6.0(4.0)
SiO₂ 含量/%，≥	85.0	85.0
氯离子含量/%，≤	—	0.02
碱含量/%，≤	—	—(1.5)
28d 活性指数/%，≥	105(7d 快速法)	85

注：表中括号中的数字为 TB/T 3275—2018 的要求。

硅灰常常与粉煤灰、磨细矿渣粉或其他掺合料共掺，以发挥它们的叠加效应，是目前配制高性能混凝土、高强混凝土常用的方法。

硅灰能够填充水泥颗粒间的孔隙，同时与水化产物生成凝胶体，与碱性材料氧化镁反应生成凝胶体。在混凝土中掺入适量的硅灰可起到如下作用：

（1）可显著提高抗压、抗折强度，是高强混凝土的必要成分。

（2）可显著提高抗渗、防腐、抗冲击及耐磨性能。

（3）具有保水、防止离析、泌水、大幅降低混凝土泵送阻力的作用。

（4）可显著延长混凝土的使用寿命，特别是在氯盐、硫酸盐侵蚀及高湿度等恶劣环境下，可使混凝土的耐久性提高一倍甚至数倍。

（5）可大幅度降低喷射混凝土的回弹率，提高单次喷层厚度。

（6）具有约 5 倍水泥的功效，在普通混凝土和低水泥浇注料中应用，可降低成本，提高耐久性。

（7）可有效防止发生混凝土碱-骨料反应。

硅灰适用于商品混凝土、高强度混凝土、自密实混凝土（具有高流动度、不离析、均匀性和稳定性好，浇筑时依靠其自重流动，无需振捣而达到密实的混凝土）、干混（预拌）砂浆、耐磨地坪、修补砂浆、聚合物砂浆、保温砂浆、抗渗混凝土等工程。

二、外加剂

在混凝土拌合过程中掺入的能按要求改善新拌混凝土和（或）硬化混凝土性能的物质称为外加剂。当今，外加剂已成为混凝土中的重要组分。混凝土外加剂按其主要功能可分为下列四大类：

（1）改善混凝土拌合物流动性的外加剂，包括各种减水剂和泵送剂等。

（2）调节混凝土凝结时间、硬化性能的外加剂，包括缓凝剂、速凝剂和早强剂等。

（3）改善混凝土耐久性的外加剂，包括引气剂、防水剂和阻锈剂等。

（4）改善混凝土其他性能的外加剂，包括膨胀剂、防冻剂、着色剂等。

目前使用的外加剂绝大多数都是具有多功能的复合型外加剂。

1. 减水剂

1）定义

减水剂是指掺入混凝土中，在混凝土坍落度基本相同的条件下，能减少拌合用水量的外加剂。按其使用效能分为普通型、高效型、高性能型和引气型。其中，普通型和高性能型减水剂又分为早强型、标准型和缓凝型；高效型减水剂又分为标准型和缓凝型。

普通减水剂（WR）：是指在混凝土坍落度基本相同的条件下，能减少拌合用水量的外加剂。

高效减水剂（HWR）：是指在混凝土坍落度基本相同的条件下，能大幅度减少拌合用水量的外加剂。

高性能减水剂（HPWR）：是指比高效减水剂具有更高减水率、更好坍落度保持性能、较小干燥收缩，且具有一定引气性能的减水剂。

引气减水剂（AEWR）：是指既能在混凝土搅拌过程中引入大量均匀分布、稳定而封闭的微小气泡，并能保留在硬化混凝土中，也能减水的外加剂。

标准型减水剂（S）：是指既不改变混凝土的凝结时间和早期硬化速度，也能减水的外加剂。

早强型减水剂（A）：是指既能加速混凝土早期强度的发展，也能减水的外加剂。

缓凝型减水剂（R）：是指既能延长混凝土的凝结时间，也能减水的外加剂。

2）特性

在混凝土拌合物中掺入适量的减水剂可起到如下作用：

（1）增大流动性。在水泥用量和用水量不变时，坍落度可增大 100 ~ 200 mm，且不影响混凝土强度。

（2）提高强度。在保持流动性和水泥用量不变时，可减水 10% ~ 30%，从而降低水胶比，使混凝土强度提高 15% ~ 30%，早期强度提高更为显著。

（3）改善耐久性。由于水泥颗粒被充分分散，与水的接触面增大，水化较完全，混凝土的密实性增强，从而可提高抗渗、抗冻性能。

（4）节约水泥。当保持流动性和强度不变时，可在减水的同时节约水泥 10% ~ 15%。

3）技术要求

减水剂的技术要求应符合《混凝土外加剂》GB 8076—2008、《聚羧系高性能减水剂》JG/T 223—2017、《铁路混凝土》TB/T 3275—2018、《公路桥涵施工技术规范》JTG/T F50—2011 的有关规定。高性能减水剂的技术要求见表 2 – 19。

表 2 – 19　用于混凝土和砂浆中的高性能减水剂的技术要求

项目	GB8076—2008、JG/T 223—2017		TB/T 3275—2018、JTG/T F50—2011	
	标准型	缓凝型	标准型	缓凝型
水泥净浆流动度/mm，≥	—		—（240）	
硫酸钠含量（折固后）/%，≤	不超过生产厂控制值		5.0	
氯离子含量（折固后）/%，≤	不超过生产厂控制值		0.6（0.02 未折固）	
碱含量（折固后）/%，≤	不超过生产厂控制值		10.0	

续上表

项目		GB8076—2008、JG/T 223—2017		TB/T 3275—2018、JTG/T F50—2011	
		标准型	缓凝型	标准型	缓凝型
减水率/%，≥		25		25（20）	
含气量/%		≤6.0		≤3.0（非抗冻≥3.0；抗冻≥4.5）	
1 h 坍落度变化量/mm，≤		80	60（—）	80	60
常压泌水率比/%，≤		60	70	20	
压力泌水率比/%，≤		—		90	
凝结时间差/min	初凝	−90～+120	＞+90（+120）	−90～+120	＞+90
	终凝		—		—
抗压强度比/%，≥	1d	170		170	
	3d	160	—（160）	160（130）	—
	7d	150	140（150）	150（125）	140
	28d	140	130（140）	140（120）	130
收缩率比/%，≤		110		110（135）	

注：表中括号中的数字分别为 JG/T 223—2017 和 JTG/T F50—2011 的要求。

4）应用

普通减水剂：标准型适用于日最低气温在5℃以上，强度等级为C40以下的混凝土工程，不适用蒸汽养护混凝土及有早强要求的混凝土工程；早强型适用于常温或最低气温不低于−5℃环境中施工的有早强要求的混凝土工程，不适用炎热环境下施工的混凝土工程；缓凝型适用于日最低气温在5℃以上的大体积混凝土、碾压混凝土、炎热环境下施工的混凝土、大面积浇筑的混凝土、需长时间停放或长距离运输的混凝土、滑模或拉模施工的混凝土工程，不适用有早强要求的混凝土工程。

高效减水剂：标准型适用于日最低气温在0℃以上施工的素混凝土、钢筋混凝土、预应力混凝土、高强混凝土及蒸汽养护混凝土；缓凝型适用于日最低气温在5℃以上的大体积混凝土、碾压混凝土、炎热环境下施工的混凝土、大面积浇筑的混凝土、需长时间停放或长距离运输的混凝土、滑模或拉模施工的混凝土及自密实混凝土工程，不适用有早强要求的混凝土工程。

聚羧酸系高性能减水剂：标准型适用于日最低气温在0℃以上施工的素混凝土、钢筋混凝土、预应力混凝土、高强混凝土、自密实混凝土、泵送混凝土、预制构件混凝土、钢管混凝土、高性能混凝土及蒸汽养护混凝土（非引气型），不适用有早强要求的混凝土工程；早强型适用于有早强要求及低温季节施工的混凝土，不适用−5℃以下施工的混凝土及大体积混凝土工程；缓凝型适用于大体积混凝土工程，不适用日最低气温在5℃以下施工的混凝土及有早强要求的混凝土工程。

引气剂及引气减水剂：适用于有抗冻、抗渗、抗硫酸盐要求的混凝土、泵送混凝土及易产生泌水的混凝土，不适用于蒸汽养护混凝土及预应力混凝土工程。

其他有关规定参照《混凝土外加剂应用技术规范》GB50119—2013 进行。

2.泵送剂

泵送剂是指能改善混凝土拌合物泵送性能的外加剂。泵送性是指混凝土拌合物能顺利通过输送管道，不阻塞，在压力作用下不泌水、不离析，黏塑性良好。

泵送剂不但能大大提高新拌混凝土的流动性，还能使新拌混凝土在 60～180 min 内保持其流动性，剩余坍落度不低于初始值的 55%。因此，泵送剂兼具减水剂和缓凝剂的性能，具有高流化、黏聚、润滑、缓凝之功效，适合制作高强或流态型的混凝土。其技术要求应符合《混凝土外加剂》GB 8076—2008 的有关规定。

泵送剂宜用于日平均气温在 5℃ 以上的施工环境、泵送施工的混凝土、大体积混凝土、高层建筑混凝土、水下灌注混凝土、滑模施工混凝土等工程。不宜用于蒸汽养护混凝土和蒸压养护的预制混凝土。

3.速凝剂

速凝剂是指能使混凝土迅速凝结硬化的外加剂。速凝剂与水泥加水拌合后，立即与水泥中的石膏发生反应，使水泥中的石膏变成硫酸钠，失去其缓凝作用，从而让铝酸三钙（C_3A）迅速水化并很快析出其水化物，导致水泥浆迅速凝固。

掺用速凝剂的混凝土能在 5 min 内初凝，12 min 内终凝，1 d 的抗压强度可达 7 MPa 以上。但后期强度有所下降，28 d 强度为不掺者的 90% 左右，且掺量愈大，强度降低愈严重。其技术要求应符合《喷射混凝土用速凝剂》GB/T 35159—2017 的有关规定。

速凝剂主要用于喷射混凝土或砂浆、紧急抢修工程、军事工程、防洪堵水工程等。如矿井、隧道、引水涵洞、地下工程岩壁衬砌、边坡和基坑支护等工程。

4.膨胀剂

膨胀剂是指与水泥、水拌合后，经水化反应生成钙矾石、氢氧化钙或钙矾石和氢氧化钙，使混凝土产生体积膨胀的外加剂。按水化产物分为硫铝酸钙类（代号 A）、氧化钙类（代号 C）、硫铝酸钙 - 氧化钙类（代号 AC）；按限制膨胀率分为 I 型和 II 型。其细度、凝聚时间、限制膨胀率、抗压强度等技术要求应符合《混凝土膨胀剂》GB 23439—2017 的有关规定。

在混凝土中掺入适量的膨胀剂能补偿混凝土自身收缩、干缩和温度变形，防止混凝土开裂，并提高混凝土的密实性和防水性能。

膨胀剂宜用于防水混凝土（如地下室底板和侧墙混凝土）、补偿收缩混凝土、工程接缝、填充灌浆、自应力混凝土、钢管混凝土、连续施工的超长结构混凝土等工程。但含硫铝酸钙类、硫铝酸钙 - 氧化钙类膨胀剂不得用于长期环境温度为 80℃ 以上的混凝土工程。

5.防冻剂

防冻剂是指能使混凝土在负温下硬化，并在规定养护条件下达到预期性能的外加剂。防冻剂能降低水的冰点，使水泥在负温条件下仍能继续水化，提高混凝土的早期强度，防止混凝土早期受冻破坏。

绝大部分防冻剂由防冻组分、早强组分、减水组分或引气剂复合而成。常用的防冻剂有亚硝酸盐、硝酸盐、碳酸盐等无机盐类和醇类、尿素等有机化合物类。目前工程上使用的都是复合防冻剂，其技术要求应符合《混凝土防冻剂》JC 475—2004 的有关规定。

防冻剂主要适用于冬季负温条件下的施工，在我国北方地区冬期施工非常需要。

6.防水剂

防水剂是指能提高水泥砂浆、混凝土抗渗性能的外加剂。分为有机化合物类、无机化合物类和复合类。复合类有无机化合物类复合、有机化合物类复合、无机与有机化合物类复合，也可与引气剂、减水剂、调凝剂等外加剂复合。

复合型防水剂具有高效的减水、增强功能；能有效改善混凝土毛细孔结构，同时析出凝胶，堵塞混凝土内部毛细孔通道，与未加防水剂相比，其抗渗性能可提高 5~8 倍，具有高效抗渗功能；能改善新拌砂浆或混凝土的工作性，沁水率小，显著改善其工作性；可延缓水泥水化放热速率，能有效防止混凝土开裂；在保持与基准混凝土等强度、等坍落度的前提下，可节省水泥。其技术要求应符合《砂浆、混凝土防水剂》JC 474—2008 的有关规定。

适用于有防水抗渗要求的混凝土工程。如平房房顶用防水混凝土、混凝土大坝、水工混凝土、防水砂浆等领域。对有抗冻要求的混凝土工程宜选用复合引气组分的防水剂。

7. 防腐阻锈剂

混凝土防腐阻锈剂是指掺入混凝土中，用于抵抗硫酸盐对混凝土的侵蚀、抑制氯离子对钢筋或其他金属预埋件锈蚀的外加剂。按其性能与用途分为 A 型、B 型和 AB 型。其技术要求应符合《混凝土防腐阻锈剂》GB/T 31296—2014 的有关规定。

A 型适用于硫酸盐环境作用等级为中等（Ⅴ-C）、严重（Ⅴ-D）、非常严重（Ⅴ-E）或氯化物环境作用等级为中等（Ⅲ-C、Ⅳ-C）的素混凝土、钢筋混凝土、预应力混凝土及钢纤维混凝土等工程。

B 型适用于硫酸盐环境作用等级为中等（Ⅴ-C）或氯化物环境作用等级为严重（Ⅲ-D、Ⅳ-D）、非常严重（Ⅲ-E、Ⅳ-E）、极端严重（Ⅲ-F）的素混凝土、钢筋混凝土、预应力混凝土及钢纤维混凝土等工程。

AB 型适用于硫酸盐环境作用等级为严重（Ⅴ-D）、非常严重（Ⅴ-E）或氯化物环境作用等级为严重（Ⅲ-D、Ⅳ-D）、非常严重（Ⅲ-E、Ⅳ-E）、极端严重（Ⅲ-F）的素混凝土、钢筋混凝土、预应力混凝土及钢纤维混凝土等工程。

注：Ⅲ、Ⅳ、Ⅴ为环境类别代号，Ⅲ类代表海洋氯化物环境，Ⅳ类代表除冰盐等其他氯化物环境，Ⅴ类代表化学腐蚀环境；C、D、E、F 为环境作用等级代号。

8. 外加剂的选用注意事项

外加剂的种类应根据设计和施工要求及外加剂的主要作用合理选用。当不同供货方、不同品种的外加剂同时使用时，应经试验验证，并应确保混凝土的性能满足设计和施工要求后再使用。外加剂的选用应注意如下几方面：

（1）含有六价铬盐、亚硝酸盐和硫氰酸盐成分的混凝土外加剂，严禁用于饮水工程中建成后与饮用水直接接触的混凝土。

（2）含有强电解质无机盐的早强型普通减水剂、早强剂、防水剂和防冻剂，严禁用于与镀锌钢材或铝铁相接触部位的混凝土结构、有外露钢筋预埋铁件而无防护措施的混凝土结构、使用直流电源的混凝土结构及距高压直流电源 100 m 以内的混凝土结构。

（3）含有氯盐的早强型普通减水剂、早强剂、防水剂和氯盐类防冻剂，严禁用于预应力混凝土、钢筋混凝土和钢纤维混凝土结构。

（4）含有硝酸铵、碳酸铵的早强型普通减水剂、早强剂和含有硝酸铵、碳酸铵、尿素的防冻剂，严禁用于办公、居住等有人员活动的建筑工程。

（5）含有亚硝酸盐、碳酸盐的早强型普通减水剂、早强剂、防冻剂和含亚硝酸盐的阻锈剂，严禁用于预应力混凝土结构。

三、矿物掺合料、外加剂的验收与施工管理

1. 进场验收

矿物掺合料可以袋装或散装。袋装每袋净质量不得少于标志质量的 99%，随机抽取 20

袋，其总质量不得少于标志质量的20倍；散装由供需双方商量确定。所有包装容器均应在明显位置注明执行的国家标准号、产品名称、等级、净质量或体积、生产厂名，生产日期及出厂编号应于产品合格证上予以注明。外加剂进场时，供方应向需方提供型式检验报告、出厂检验报告与合格证、产品说明书等质量证明文件。需方应按有关标准规定的检验批量、检验项目、抽样方法，进行抽样检验与验收，经检验合格并满足设计和施工要求后再使用。

混凝土用矿物掺合料、外加剂验收批的划分与检测样品的抽取见表2-20。

表2-20　矿物掺合料与外加剂检测样品的抽取

产品名称		组批规则	抽样方法与抽样数量
掺合料	粉煤灰	同一厂家连续供应的200 t相同等级、相同种类为一批；不足200 t亦按一批计	取样时，可连续取，也可从10个以上不同部位取等量样品，混合均匀后用四分法缩分至不少于5 kg，装入密封容器内作为检测样品
	矿渣粉		
	硅灰	同一厂家生产的同种类30 t为一批；不足30 t亦按一批计	
外加剂		同一厂家生产的相同种类组成一批。掺量≥1%同品种的每一批为100 t，掺量<1%的每一批为50 t；不足100 t或50 t的也应按一批计，同一批号的产品必须混合均匀	从每批产品3个以上的部位取等量试样，总量不少于0.2 t水泥所需用量，混合均匀后装入密封容器内作为检测样品

2. 施工管理

矿物掺合料在运输过程中，应防止淋湿、包装破损及混入其他杂物。储存时应分类、分等级贮存在专用仓库或储仓中，不得受潮，不得露天堆放，并应有清晰的标识，以易于识别，便于检查和提货，同时应防止污染环境。储存期从产品生产之日起计算为6个月，储存时间超过储存期的应复验，检验合格的才能出库使用。

外加剂在贮存、运输和使用过程中应根据不同种类和品种分别采取安全防护措施。经进场检验合格的外加剂应按不同供方、不同品种和不同牌号分别存放，并应有清晰的标识。

粉状外加剂应防止受潮结块，有结块时应进行检验，检验合格者应经粉碎至全部通过公称直径为630 μm方孔筛后再使用；液体外加剂应贮存在密闭容器内，并应防晒和防冻，有沉淀、异味、漂浮等现象时，应经检验合格后再使用。

2.2.4　拌合用水

混凝土拌合用水和养护用水均应使用清洁水，不应含有对混凝土的工作性、凝结、强度、耐久性和钢筋产生不利影响的物质。《混凝土用水标准》JGJ 63—2006及《铁路混凝土》TB/T 3275—2018对混凝土用水的pH、不溶物、可溶物、Cl^-、SO_4^-、碱含量均作出了限量。见表2-21。

表2-21　混凝土用水技术要求

项目	JGJ 63—2006、JTG/T F50—2011			TB/T 3275—2018		
	预应力混凝土	钢筋混凝土	素混凝土	预应力混凝土	钢筋混凝土	素混凝土
pH 值	≥5.0	≥4.5	≥4.5	>6.5	>6.5	>6.5
不溶物含量/(mg·L⁻¹)	≤2000	≤2000	≤5000	<2000	<2000	<5000

续上表

项目	JGJ 63—2006、JTG/T F50—2011			TB/T 3275—2018		
	预应力混凝土	钢筋混凝土	素混凝土	预应力混凝土	钢筋混凝土	素混凝土
可溶物含量 /(mg·L⁻¹)	≤2000	≤5000	≤10000	<2000	<5000	<10000
Cl⁻ 含量 /(mg·L⁻¹)	≤500	≤1000	≤3500	<500；<350（用钢丝或热处理钢筋）	<1000	<3500
	<500（设计寿命100年） <350（用钢丝或热处理钢筋）			<200（氯盐环境）		
SO₄⁻ 含量 /(mg·L⁻¹)	≤600	≤2000	≤2700	<600	<2000	<2700
碱含量 /(mg·L⁻¹)	≤1500	≤1500	≤1500	<1500	<1500	<1500
胶砂抗压强度比/%	≥90					
净浆凝结时间差/min	≤30					

混凝土拌合用水按水源可分为饮用水、地表水、地下水、再生水、混凝土生产企业的设备洗刷水和海水等。符合国家标准的生活饮用水可直接用于各种混凝土；地表水（江河、淡水湖的水）和地下水（含井水）首次使用前，应进行检验；处理后的工业废水经检验合格后方能使用；海水含有较多的氯盐，会锈蚀钢筋，且会引起混凝土表面潮湿和盐霜，因此海水可用于拌制素混凝土，未经处理的海水不得用于拌制和养护钢筋混凝土、预应力混凝土和有饰面要求的混凝土。

2.3　混凝土的技术性质及影响因素与改善措施

2.3.1　混凝土拌合物的性质及影响因素与改善措施

混凝土拌合物是指混凝土各组成材料按一定比例配合，加水拌制而成的尚未凝结硬化的塑性状态的混凝土，也称预拌混凝土或新拌混凝土。和易性是新拌混凝土的主要技术性质，其次，对于需要长时间连续浇筑的大体积混凝土、超长结构的混凝土及长距离运输的混凝土，混凝土的凝结时间也是需要考虑的重要指标。

一、混凝土拌合物的和易性

1. 和易性的概念

混凝土拌合物的和易性又称工作性。是指混凝土拌合物的施工操作难易程度和抵抗离析的程度。混凝土拌合物和易性的好与差，是通过测定其流动性（稠度），同时观察其黏聚性和保水性来综合评价的。和易性好的混凝土拌合物，应该具有符合施工要求的流动性、良好的黏聚性和保水性。

1）流动性

流动性是指混凝土拌合物在自重或机械振动作用下能产生流动，并能均匀密实地充满模板的性能。流动性的大小，反映拌合物的稀稠情况，故亦称稠度，可用坍落度、扩展度或维勃稠度来表示。

坍落度是指混凝土拌合物在自重作用下坍落的高度；扩展度是混凝土拌合物坍落后扩展的直径。

《普通混凝土拌合物性能试验方法标准》GB/T 50080—2016 规定：坍落度适用于粗骨料粒径≤40 mm，坍落度≥10 mm 的塑性混凝土和流动性混凝土；扩展度适用于粗骨料粒径≤40 mm，坍落度>160 mm 的大流动性混凝土；维勃稠度适用于粗骨料粒径≤40 mm，维勃稠度在 5～30 s 之间的干硬性混凝土。

2）黏聚性

黏聚性是指混凝土拌合物在施工过程中，各组成材料之间有一定的黏聚力，不致产生分层离析的性能。

3）保水性

保水性是指混凝土拌合物在施工过程中，具有一定的保水能力（吸附水分的能力），不致产生严重的泌水现象。发生泌水的混凝土，由于水分上浮泌出，在混凝土内形成容易渗水的孔隙和通道，在混凝土表面形成疏松的表层；上浮的水分还会聚积在石子或钢筋的下方形成较大的水囊，削弱了水泥浆与石子、钢筋间的黏结力，影响混凝土结构的质量。

由此可见，混凝土拌合物的工作性是关系到是否既方便于施工，又能获得均匀密实混凝土的一个重要性质。

2. 和易性的测定与评价

混凝土坍落度检测

1）坍落度与扩展度的测定及评价

坍落度的测定：将混凝土拌合物按规定方法，分 3 层均匀地装入坍落度筒内，每层用捣棒由边缘向中心按螺旋形均匀插捣 25 次，捣实后的每层厚度约为筒高的 1/3；插捣底层时，捣棒应贯穿整个深度，插捣第二和顶层时，捣棒应插透本层至下一层的表面。装满捣实刮平后，清除筒边底板周围的混凝土，在 3～7 s 内，垂直平稳地向上将筒提起，当试样不再坍落或坍落时间>30 s 时，测量出筒顶与坍落后拌合物试体最高点的高差，即为坍落度，精确至 1 mm，测定方法见图 2-3。从开始装料到提起坍落度筒的整个过程应不间断进行，且应在 150 s 内完成。坍落度愈大，混凝土拌合物的流动性就愈大。

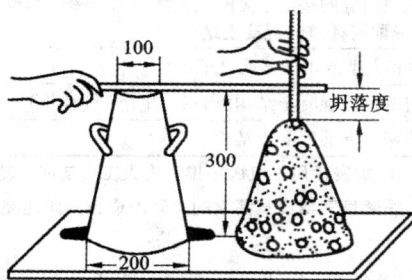

图 2-3　坍落度的测定

扩展度的测定：当拌合物的坍落度>160 mm 时，按测定坍落度的方法装料试验，当混凝土拌合物不再扩散或扩散持续时间>30 s 时，用钢尺测量混凝土扩展面最终的最大直径和垂直方向的直径，精确至 1 mm，在二者之差小于 50 mm 的条件下，用其算术平均值作为扩展度值，结果修约至 5 mm。否则，此次试验无效。扩展度愈大，混凝土拌合物的流动性就愈大。

混凝土扩展度检测

2）黏聚性与保水性的评价

黏聚性的评价：将测完坍落度的拌合物锥体，用捣棒轻敲其一侧，若锥体逐渐下沉，则拌合物黏聚性良好；若锥体倒塌、部分崩裂或出现离析现象，则黏聚性差；扩展后，粗骨料在中央集堆，则黏聚性差。

保水性的评价：在坍落度筒提起后无稀浆或仅有少量稀浆自底部析出，则保水性良好；如有较多稀浆自底部析出，锥体部分的混凝土因失浆而骨料外露，则保水性差；扩展后，边缘有水泥浆析出，则保水性差，抗离析性不好。

3）维勃稠度的测定及评价

混凝土维勃稠度检测

在维勃稠度仪的容量筒中放置坍落度筒，按坍落度的测定方法装入拌合物，然后提起坍落度筒，把透明圆盘转至试样顶面与之接触，启动维勃稠度仪并计时，当透明圆盘底面刚被水泥浆布满时停止计时，从启振到振平所经历的时间(s)即为维勃稠度(又称工作度)，用 V(s)表示，测定方法见图2-4。维勃稠度愈大，混凝土拌合物就愈干，流动性就愈差。

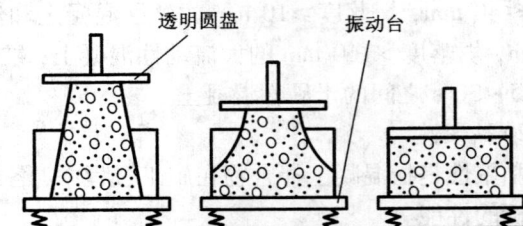
图2-4　维勃稠度的测定

3. 流动性的选用

选用原则：在满足施工操作及混凝土成形均匀密实的条件下，尽量选用较小的坍落度，这样能达到经济合理的目的。

选用依据：应根据不同的结构形式、构件尺寸、配筋疏密、运输方式和距离、浇筑和振捣方式以及工程所处环境条件等因素确定。非泵送混凝土浇筑时的坍落度可参照表2-22选用。

表2-22　非泵送混凝土浇筑时坍落度的选用/mm

基础或地面等的垫层、无配筋的大体积结构(基础、挡土墙等)或配筋稀疏的混凝土结构	10~30
板、梁和大型或中型截面柱子等	30~50
配筋密的钢筋混凝土结构(薄壁、筒仓、细柱等)	50~70
配筋特密的钢筋混凝土结构	70~90

注：① 本表适用于机械振捣。当人工捣实时，表中数值应酌情增大20~30 mm；② 连续浇筑较高的墩台或其他高大结构时，坍落度宜随浇筑高度的上升而适当分段递减。

泵送混凝土的入泵坍落度可参照《混凝土泵送施工技术规程》JGJ/T 10—2011 的规定选用，见表2-23。

表2-23　泵送混凝土浇筑时入泵坍落度的选用

最大泵送高度/m	50	100	200	400	>400
入泵坍落度/mm	100~140	150~180	190~220	230~260	—
入泵扩展度/mm	—	—	—	450~590	600~740

4. 影响和易性的主要因素

1）水泥浆的稀稠

水泥浆的稀稠是由水胶比决定的。水胶比是混凝土拌合物中的拌合用水量与胶凝材料

56

（水泥＋矿物掺合料）用量的比值（W/B）。在胶凝材料用量不变的情况下，水胶比较大时，水泥浆较稀，拌合物的流动性较大，但水胶比过大时，黏聚性和保水性变差，易离析、分层、泌水。反之，水胶比较小时，水泥浆较稠，拌合物的流动性较小，黏聚性和保水性好，但水胶比过小时，浇捣成形会比较困难。水胶比必须根据混凝土的强度和耐久性的设计要求来合理选择，在满足施工要求的流动性和设计要求的强度与耐久性的前提下，尽量采用较小的水胶比。

《普通混凝土配合比设计规程》JGJ55—2011 规定，水胶比宜选在 0.4~0.6 这个合理范围内，以便使混凝土拌合物既方便施工，又能保证浇筑成形的质量。

2）水泥浆的数量

在水胶比不变的情况下，水泥浆多，骨料表面的水泥浆包裹层较厚，润滑性好，流动性加大，但过多，将容易出现流浆，使混凝土黏聚性变差，且不经济。因此，应以满足施工要求的工作性及设计要求的强度与耐久性的前提下，尽量减少水泥浆量。合适的水泥浆量应根据施工要求的工作性经试验确定。

水泥浆的稀稠和水泥浆的多少，都与拌合用水量有关。一旦水胶比确定后，在试拌过程中为了调整拌合物的流动性，不能只单独调整用水量，而应在保证水胶比不变的前提下，同时调整用水量和胶凝材料用量。因为，在其他材料用量不变的情况下，混凝土的强度主要取决于水胶比，改变用水量就改变了水胶比，故混凝土的强度因此就发生改变。

3）原材料的影响

水泥品种与特性：不同品种的水泥，其矿物组成、细度、所掺混合材种类的不同都会影响到拌合用水量。在用水量相同的情况下，用硅酸盐水泥和普通硅酸盐水泥拌合的混凝土，其流动性较大、保水较好；用矿渣硅酸盐水泥拌合的混凝土流动性较小、保水性较差；用粉煤灰硅酸盐水泥拌合的混凝土流动性、黏聚性、保水性都较好。水泥的颗粒越细，在相同用水量的情况下，混凝土的流动性就愈小，但黏聚性和保水性较好。

骨料的品种与特性：骨料对拌合物和易性的影响主要有骨料的种类、级配、颗粒形状、表面特征及粒径。卵石表面光滑，流动阻力小，所拌制的混凝土拌合物流动性较大；碎石表面粗糙，流动阻力大，故拌合物的流动性较小。使用级配良好的砂、石时，由于骨料间空隙率小，在水泥浆量不变的情况下，用来填充空隙所需水泥浆量少，包裹在骨料表面的余浆就厚，故拌合物的流动性较大。在水泥浆和骨料用量不变的情况下，骨料颗粒愈粗，骨料总表面积就愈小，故骨料表面的水泥浆包裹层就愈厚，流动性就大。骨料颗粒愈接近球形，针、片状颗粒含量愈小，流动阻力就愈小，故拌合物的流动性就愈好。

外加剂和矿物掺合料的品种与掺量：在混凝土拌合物中加入适量的外加剂，如减水剂、引气剂，可以在不增加水泥浆量的情况下，增大拌合物的流动性，改善黏聚性，降低泌水性，提高混凝土的耐久性；在保证流动性不变的情况下，还可减少用水量和胶凝材料用量。在混凝土拌合物中掺入适量的粉煤灰或磨细矿渣粉时，在用水量、水泥用量不变的情况下，混凝土拌合物的流动性会有明显改善。

4）砂率的影响

砂率是指混凝土中砂的质量占砂、石总量的百分率。砂率的变动会使骨料的空隙率和骨料的总表面积有显著改变，因而对混凝土拌合物的和易性会产生显著影响。在水泥浆量一定的情况下，若砂率过大，则骨料的总表面积也过大，使水泥浆包裹层过薄，拌合物显得干涩，流动性小；若砂率过小，砂浆量不足，就不能在粗骨料的周围形成足够的砂浆层而起不到润滑作用，也将降低拌合物的流动性，而且会严重影响拌合物的黏聚性和保水性，容易造成离析、流浆等现象。合适的砂率应该是使砂浆的数量能填满石子的空隙并稍有多余，以便将石子拨开，即在水泥浆量一定的情况下，能使混凝土拌合物获得最大的流动性，且能保持良好的黏聚性和保水性，这样的砂率称为合理砂率。也就是说，当采用合理砂率时，能在混凝土拌合物获得所要求的流动性及良好的黏聚性与保水性的条件下，可使胶凝材料用量最少。合理砂率可以通过试验确定，也可通过粗骨料的实测空隙率估算所需砂率，还可根据计算的水胶比、粗骨料的种类和最大粒径参照《普通混凝土配合比设计规程》JGJ 55—2011 确定。

砂率的确定原则是在满足施工要求的和易性的前提下，应尽可能小些。采用粒径较大的粗骨料比粒径较小的砂率要小；级配良好的粗骨料比级配不良的砂率要小；采用卵石比采用碎石的砂率要小；砂较细时，砂率应小些；W/B 较小时，水泥浆稠，砂率应小些；流动性小比流动性大的砂率要小；非泵送比泵送混凝土的砂率要小；有抗渗要求时，砂率应大些；掺用外加剂和矿物掺合料比不掺的砂率要小。

5）施工方法和环境的影响

用机械搅拌和捣实时，水泥浆在振动中变稀，可使混凝土拌合物容易流动。施工温度较高时，由于水泥水化速度加快和水分蒸发较多，将使混凝土拌合物的流动性很快变小。搅拌好的混凝土在长距离运输或放置较长时间以后，其流动性也会明显变小。

5. 改善和易性的措施

（1）采用粒形接近球形、针片状颗粒含量少、级配良好的骨料。

（2）采用合理的砂率。

（3）在水胶比不变的情况下调整水泥浆量（可以小幅度调整拌合物的流动性）。

（4）掺入外加剂（如：减水剂、引气剂等，可以大幅度增大拌合物的流动性）。

二、混凝土拌合物的凝结时间

混凝土拌合物的凝结时间分为初凝和终凝，其概念与水泥凝结时间相同。

混凝土拌合物的凝结时间采用贯入阻力法测定。原理是将新拌混凝土中的砂浆（用孔径为 4.75 mm 的方孔筛过筛）置于砂浆试样筒中，在（20 ± 2）℃标准温度下，经过一定时间后，将测针以规定的速度[（10 ± 2）s 内]贯入砂浆中规定的深度[（25 ± 2）mm]时，测针上所受到的贯入压力 $P(N)$ 来判定混凝土的凝结时间。随着混凝土逐步凝结，测针上所受到的贯入压力也逐步增大，当贯入阻力 $f_{PR} = 3.5$ MPa 时（测针截面积 $A = 100$ mm^2），认为已达到初凝（t_s）；当贯入阻力 $f_{PR} = 28$ MPa 时（测针截面积 $A = 20$ mm^2），认为混凝土已达到终凝（t_e）。通过计算不同时间所测得的测针的贯入阻力，求得两者的对数线性回归方程 $\ln(t) = a + b\ln(f_{PR})$，然后按式（2-7）计算初凝时间，按式（2-8）计算终凝时间：

$$t_s = e^{(a + b\ln3.5)} \qquad (2-7)$$

$$t_e = e^{(a + b\ln28)} \qquad (2-8)$$

式中：t——经历时间，min；

　　　a、b——线性回归系数；

　　　$e = 2.718\cdots$（自然对数的底）。

为了满足混凝土结构的施工要求，混凝土在浇筑完成之前不允许出现初凝，而浇筑完成之后又能尽快地凝结。混凝土的凝结时间与水泥品种、水胶比的大小、流动性的大小、所掺外加剂的品种及环境温度等因素有关。水胶比越大、流动性越大的混凝土拌合物，其凝结时间就愈长；掺用缓凝型减水剂时，其凝结时间就长；环境温度愈低，其凝结时间也愈长。

混凝土拌合物的工作性和凝结时间的测定，具体可参照国标《普通混凝土拌合物性能试验方法标准》GB/T 50080—2016 的有关规定进行。

2.3.2　硬化混凝土的性质及影响因素与改善措施

硬化混凝土的性质包括强度、变形及耐久性。

一、强度

混凝土的强度包括立方体抗压强度、轴心抗压强度、圆柱体抗压强度、劈裂抗拉强度和抗折（抗弯拉）强度等。由于立方体抗压强度最容易测定，其他强度与立方体抗压强度之间又有一定的相互关系可以换算，所以选定以立方体抗压强度作为混凝土强度设计和施工质量控制的基准。

1. 抗压强度及强度等级

1）立方体抗压强度、抗压强度标准值及强度等级

混凝土的立方体抗压强度：是按《普通混凝土力学性能试验方法标准》GB/T 50081—2019 规定的方法制成的 150 mm × 150 mm × 150 mm 的立方体标准试件，1 组 3 块，在标准养护条件[温度（20 ± 2）℃，相对湿度 > 95% 或在温度为（20 ± 2）℃的不流动的饱和 Ca（OH）$_2$ 溶液中]下养护 28 d，按标准的测定方法所测得的抗压强度值称为混凝土立方体抗压强度，简称抗压强度。

混凝土立方体抗压强度按式（2 - 9）计算，精确至 0.1 MPa：

$$f_{cu} = \frac{F}{A} \tag{2 - 9}$$

式中：f_{cu}——混凝土抗压强度，MPa；

　　　F——试件破坏荷载，N；

　　　A——试件承压面积，mm^2。

立方体抗压强度值按下列方法确定：

1 组 3 块试件的强度测定值必有最大值（$f_{cu, max}$）、中间值（$f_{cu, m}$）和最小值（$f_{cu, min}$）。

当 3 个测值中的最大值和最小值与中间值的差值均未超过中间值的 ±15% 时，即 3 个测值均在[$0.85f_{cu, m}$，$1.15f_{cu, m}$]范围内时，则取 3 个测值的算术平均值作为该组试件的强度值。

当 3 个测值中有一个不在[$0.85f_{cu, m}$，$1.15f_{cu, m}$]范围时，则取中间值作为该组试件的抗压强度值。

当 3 个测值中有二个不在[$0.85f_{cu, m}$，$1.15f_{cu, m}$]范围时，则该组试件的试验结果作废。

立方体抗压强度标准值：是指具有 95% 保证率的立方体抗压强度值，以 $f_{cu, k}$ 表示。即在混凝土立方体抗压强度测定值的总体分布中，低于该值的百分率不超过 5%。

研究表明，同一强度等级的混凝土，在龄期、生产工艺和配合比基本一致的条件下，其强度的分布呈正态分布，见图 2 - 5。强度平均值（f_{cu}）是曲线的位置参数，决定曲线最高点的

横坐标；强度标准偏差(σ)是曲线的形状参数，他的大小反映了曲线的宽窄程度，σ愈大，曲线低而宽，接近强度平均值出现的概率就愈小；σ愈小，曲线高而窄，接近平均值的强度出现的概率就愈大。

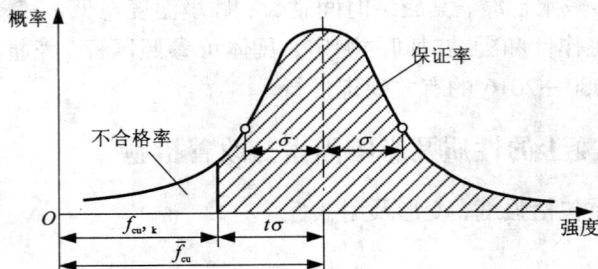

图 2-5 混凝土强度正态分布曲线

由混凝土强度正态分布曲线可知，要使混凝土的强度具有 95% 的保证率（即强度保证率系数 $t = -1.645$ 时），则应符合式（2-10）的要求：

$$\overline{f_{cu}} \geqslant f_{cu,k} + 1.645\sigma \tag{2-10}$$

混凝土强度等级：混凝土的强度等级采用符号 C 与立方体抗压强度标准值来表示。《混凝土结构设计规范》GB 50010—2010，将混凝土强度划分为 C15、C20、C25、C30、C35、C40、C45、C50、C55、C60、C65、C70、C75、C80 共十四个等级。如 C20 表示混凝土立方体抗压强度标准值 $f_{cu,k} = 20$ MPa，即强度低于 20 MPa 的概率不超过 5%。

2）轴心抗压强度

实际建筑结构的形状和受压状态极少有立方体的，绝大部分是棱柱体和圆柱体形。为了使测得的混凝土强度接近于混凝土结构的实际情况，在钢筋混凝土结构计算中计算轴心受压构件时，均采用混凝土的轴心抗压强度作为设计依据。

按国标 GB/T 50081—2019 规定的方法制作 150 mm×150 mm×300 mm 的棱柱体标准试件，1 组 3 个，在标准养护条件下养护 28 d，按标准的测定方法所测得的抗压强度值称为混凝土的轴心抗压强度（也称棱柱体抗压强度），用代号 f_{cp} 表示。轴心抗压强度的计算与确定方法同立方体抗压强度。研究表明，混凝土的轴心抗压强度约为立方体抗压强度的 70% ~80%。

2. 劈裂抗拉强度

混凝土在受拉时，变形很小就会开裂，并很快发生脆断。混凝土的抗拉强度很低，一般只有其立方体抗压强度的 1/20 ~1/10，因此，在结构中不依靠混凝土的抗拉强度，而只是用来作为确定混凝土抗裂能力的指标。我国采用混凝土的劈裂抗拉强度（f_{ts}）来替代其抗拉强度。

按国标 GB/T 50081—2019 规定的方法制作 150 mm ×150 mm×150 mm 的立方体或 Φ150 mm×300 mm 圆柱体标准试件，1 组 3 个，在标准条件下养护 28 d，按标准的测定方法进行劈裂试验，试验装置见图 2-6。

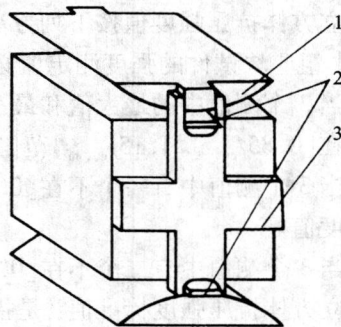

图 2-6 劈裂试验装置
1—垫块；2—垫条；3—支架

混凝土劈裂抗拉强度按式(2-11)计算,精确至0.1 MPa:

$$f_{ts} = \frac{2F}{\pi \cdot A}$$
(2-11)

式中:f_{ts}——混凝土劈裂抗拉强度,MPa;

　　　F——试件破坏荷载,N;

　　　A——试件劈裂面面积,mm^2。

劈裂抗拉强度的确定方法同立方体抗压强度的确定。

研究表明:$f_{ts} = 0.35(f_{cu})^{3/4}$。

3.抗折强度(抗弯拉强度)

按国标 GB/T 50081—2019 规定的方法制作边长为 150 mm × 150 mm × 550 mm 的棱柱体标准试件,1 组 3 个,在标准条件下养护 28 d,按三分点加荷方式测定其抗折强度,抗折试验装置见图 2-7。

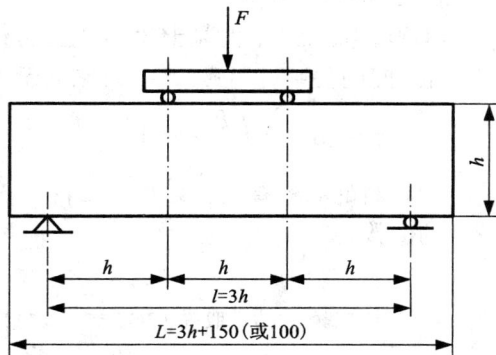

图 2-7　抗折试验装置

若试件下边缘断裂位置处于两个集中荷载作用线之间,则试件的抗折强度按式(2-12)计算,精确至 0.1 MPa:

$$f_f = \frac{F \cdot l}{b \cdot h^2}$$
(2-12)

式中:f_f——混凝土抗折强度,MPa;

　　　F——试件破坏荷载,N;

　　　l——支座间跨度,mm;

　　　b——试件截面宽度,mm;

　　　h——试件截面高度,mm。

抗折强度值按下列方法确定:

(1)3 个试件的折断面均位于两个集中荷载作用线之内时,确定方法同抗压强度。

(2)当 3 个试件中有一个折断面位于两个集中荷载作用线之外时,则按另 2 个试件的试验结果计算。若这 2 个测值的差值不大于这 2 个测值中较小值的 15%时,则以这 2 个测值的平均值作为该组试件的抗折强度值,否则该组试件的试验结果无效。

(3)当 3 个试件中有两个折断面位于两个集中荷载作用线之外时,则该组试件的试验结果无效。

4. 影响混凝土强度的主要因素

影响混凝土强度的主要因素有水泥强度、水胶比、骨料的性质、养护温度与湿度、养护龄期、施工质量、测试条件等方面。

1）水泥强度

混凝土的强度主要取决于水泥石与骨料界面的粘结强度，而粘结强度主要是由水泥浆凝结硬化而产生的。在其他条件相同时，水泥强度愈高，混凝土的强度也就愈高。

2）水胶比（W/B）

水胶比的大小决定水泥浆的稀稠，水泥浆的稀稠影响其与砂、石的粘结力及硬化混凝土的密实度，从而影响混凝土的强度。在一定范围内，水胶比愈小，混凝土的强度就愈高。在胶凝材料不变时，水胶比增大，用水量增多，水泥浆变稀，硬化后干缩大，导致水泥石与骨料界面处容易出现干缩裂纹，粘结力变差，且多余的水占有较多的体积，使硬化后的混凝土内留有较多微细孔隙，这都会使混凝土的强度降低。

实践证明，对于强度等级 < C60 的混凝土，混凝土 28 d 的立方体抗压强度（f_{cu}）与胶凝材料的强度（f_b）、水胶比 W/B 三者之间的关系可用式（2-13）来表示，即强度回归公式：

$$f_{cu} = \alpha_a \cdot f_b \left(\frac{B}{W} - \alpha_b \right) \tag{2-13}$$

式中：α_a、α_b——回归系数，与粗骨料的品种有关，见表 2-24；

B/W——胶水比（水胶比的倒数）。

表 2-24 回归系数 α_a、α_b 取值（JGJ 55—2011）

回归系数	粗骨料品种	
	碎石	卵石
α_a	0.53	0.49
α_b	0.20	0.13

由上式可知，当胶凝材料强度和水胶比确定后，可估算出混凝土的强度；当胶凝材料强度和所需混凝土强度确定后，可计算出应采用的水胶比。

由配合比试验确定的水胶比，施工过程中不得随意变动。若因其他原因导致混凝土的流动性损失较大而使施工困难时，不得随意加水，如果多加了水，混凝土的强度就会达不到预定的要求，应在保证水胶比不变的情况下调整水泥浆的用量，或掺入适量的减水剂来改善混凝土的工作性。

3）骨料性质

使用级配良好、质地坚硬、杂质含量少的砂、石配制的混凝土，其密实度和强度高；碎石表面粗糙，与水泥石的粘结力较强，在相同条件下，碎石混凝土的强度比卵石混凝土稍高一些。

4）养护温度与湿度

混凝土的硬化关键在于水泥的水化作用，而水泥的水化需要在一定的温度和湿度下进行。在湿度充足的条件下，温度较高时，水泥水化速度加快，因而混凝土强度发展也就加快；

反之，温度较低时，混凝土强度发展较为迟缓；当温度在冰点以下时，不但水泥水化基本停止，而且水分结冰，体积膨胀约9%，会使早期强度还不太高的混凝土发生冻胀破坏。因此，夏季高温季节施工时应注意保湿，而当日平均气温低于5℃时，则不得浇水，而应采取保温措施。

如果混凝土表面不便浇水或使用塑料膜时，宜涂刷养护剂；采用塑料膜覆盖养护的混凝土，其敞露的全部表面应覆盖严密，并应保持塑料膜内有凝结水。

对大体积混凝土的养护，应根据气候条件按施工技术方案采取控温措施，使混凝土内外温差不超过25℃，避免因养护不当造成混凝土结构出现开裂现象。

5）养护龄期

养护龄期是指混凝土在正常养护条件下所经历的时间。浇筑后的混凝土在正常养护下，其强度随龄期的增长而不断发展，早期（3～14 d）发展较快，以后渐慢，在标准养护条件下，28 d可达到设计强度，以后显著减慢，但只要有水供给，强度仍有所增长，且延续很长时间。

当不掺外加剂、矿物掺合料时，用硅酸盐水泥拌制的混凝土，在标准养护条件下，其强度发展大致与龄期的对数成正比。

当需要较准确地了解结构混凝土在某一龄期的强度时，可在浇筑混凝土的同时制作同条件养护的混凝土强度试件，通过测定同条件养护试件的强度便可知道结构实体混凝土的强度。同条件养护是指养护条件与混凝土结构或构件相同，同条件养护试件的强度可用于结构或构件的拆模、吊装、预应力张拉参考及混凝土强度无损检测结果的修正等。

《混凝土结构工程施工质量验收规范》GB 50204—2015规定了同条件养护的等效龄期是按日平均温度逐日累计达到600℃时所对应的龄期（d），0℃及以下的龄期不计，等效养护龄期应≥14 d，且宜≤60 d。等效龄期试件的强度值应根据强度试验结果，按现行国家标准《混凝土强度检验评定标准》GB 50107—2010的规定确定后，乘1.10的折算系数取用，也可根据当地的试验统计结果确定。

6）施工质量

混凝土的搅拌、运输、浇筑、振捣、养护等环节，对混凝土的质量有着重要影响。配料是否准确、振捣密实程度、拌合物的离析、现场养护控制、施工单位的技术和管理水平都会造成混凝土强度的变化。因此，必须采取严格有效的控制措施和手段，以保证混凝土的施工质量。

7）测试条件

试件尺寸大小的影响：进行混凝土抗压强度测定时，混凝土试件上下端面与试验机上下压板之间的摩阻力对试件的横向鼓胀起着约束作用，越是接近试件的端面，这种约束作用就越大，试件破坏时，其上下部分各成一个较完整的棱锥体，如图2－8所示，这种作用称为环箍效应。

图2－8 环箍效应

实践证明，环箍效应的作用范围大约是在试件端面边长的$\sqrt{3}/2$倍高度处，故试件的大小不同，其环箍效应也不同，对混凝土强度的测值影响也不同。

小立方体试件环箍效应相对作用较大，测得的强度值偏高；大立方体试件环箍效应相对作用较小，测得的强度值偏低；棱柱体试件环箍效应几乎为零。因此，当采用非标准尺寸的立方体试件检验混凝土强度时，对所测强度需要乘以一个换算系数，将其换算为标准试件的强度。混凝土抗压强度试件尺寸的选用与强度换算系数见表2-25。

表2-25 混凝土抗压强度试件尺寸与换算系数

骨料最大粒径/mm	立方体抗压强度	轴心抗压强度	换算系数
31.5	100×100×100（非标准试件）	100×100×300（非标准试件）	0.95
40	150×150×150（标准试件）	150×150×300（标准试件）	1.0
60	200×200×200（非标准试件）	200×200×400（非标准试件）	1.05

加荷速率的影响：由于试件的侧向鼓胀变形总是滞后于相应的荷载，如果加荷速率过快，到试件鼓胀破坏时，荷载已超过了其实际所能承受的最大荷载，因而使测值偏高。

国标GB/T 50081—2019规定：当混凝土的强度等级<C30时，加荷速率为0.3~0.5 MPa/s；≥C30且<C60时，为0.5~0.8 MPa/s；≥C60时，为0.8~1.0 MPa/s。

其他影响因素：试件各边不相互垂直、表面不平整；试件与压板的接触面有碎片、砂粒；荷载没有施加于轴线上等因素，均会导致混凝土的强度测定值偏低。

5. 提高混凝土强度的措施

（1）采用高强度的水泥，掺用硅灰或超细矿渣粉等；

（2）采用坚实、洁净、级配良好的骨料；

（3）采用较小的水胶比、减少单位用水量；

（4）采用二次投料搅拌工艺（先将水与砂、水泥进行搅拌，然后加入石子再搅拌），可改善骨料与水泥砂浆的界面缺陷，有效提高混凝土的强度；

（5）掺入高性能或高效减水剂，降低水胶比，减少用水量，以提高混凝土的密实度；

（6）保证成形均匀密实，加强养护。如采用加压成形，压蒸养护等增强措施。

二、变形性能

混凝土的变形对混凝土结构的尺寸、受力状态、应力分布、裂缝开展等有明显影响。

混凝土的变形分为非荷载作用下的变形和荷载作用下的变形。

1. 非荷载作用下的变形

非荷载作用下的变形包括化学收缩、干湿变形和温度变形。

1）化学收缩

化学收缩是指胶凝材料硬化后的体积收缩，这种收缩是不能恢复的，且随龄期延长而增加，但这种收缩一般不大。水泥品种、水泥用量、单位用水量对混凝土的化学收缩有明显影响。减少水泥用量和单位用水量，采用较小的水胶比可有效减少混凝土的化学收缩。混凝土在收缩过程中会产生微细裂缝，可能会影响混凝土结构的承载状态（裂缝处易产生应力集中）和耐久性。

2）干湿变形

混凝土随着环境湿度的变化而发生的变形，表现为"湿胀干缩"。在水中硬化的混凝土，体积不变或有微小膨胀；在空气中硬化的混凝土，随着水分的蒸发，凝胶体紧缩而发生收缩，其收缩量可达 0.3 ~ 0.5 mm/m。

混凝土的干缩量与水泥品种、细度、水泥用量及环境湿度等因素有关。采用矿渣水泥或复合水泥比普通水泥的收缩大；采用高强度水泥时，由于颗粒较细，混凝土的收缩较大；水泥用量较多时，收缩也较大。相反，砂、石在混凝土中形成骨架，对收缩有一定的抑制作用。在水中或潮湿条件下，可以大大减小混凝土的收缩。蒸汽养护的混凝土收缩很小。

混凝土的干燥收缩对工程结构有不利影响。干缩使混凝土结构可能产生干缩裂纹；若干缩受阻将使钢筋混凝土构件产生收缩应力；干缩会使预应力混凝土结构中的预加应力受到损失等。

3）温度变形

混凝土与其他固体材料一样，具有热胀冷缩现象。当温度变形受到约束时，可能会导致结构的胀裂或拉裂，从而导致结构的破坏。因此，对于超长的混凝土结构和大体积混凝土结构，应根据有关标准的要求设置温度变形缝，避免因温度变形受阻而导致结构开裂或破坏。

2. 荷载作用下的变形

荷载作用下的变形又分为短期荷载作用下的变形和长期荷载作用下的变形。

1）短期荷载作用下的变形

混凝土结构在短期荷载（临时性的移动外荷载）作用下所产生的变形属弹塑性变形。

混凝土是一种由水泥石、砂、石子组成的不均匀的复合材料，他既不是完全的弹性体，也不是完全的塑性体，而是一个弹塑性体。混凝土在外力作用下，既会产生可以恢复的弹性变形，又会产生不可恢复的塑性变形，这就是随荷载发生的弹塑性变形。

混凝土抵抗变形的能力可用静压弹性模量（割线模量 E）来衡量，E 值愈大，表明其抵抗变形的能力就愈强。在混凝土硬化过程中，由于水泥石的干缩受到骨料的限制，在水泥石与骨料的界面上就存在一些细微的裂缝，当混凝土受压时，其内部应力在裂缝端部形成应力集中，而使裂缝不断扩展，以致延伸汇合成较大的裂缝；当荷载增大到一定程度之后，这些裂缝不断扩大并形成贯通裂缝，导致混凝土结构破坏。

2）长期荷载作用下的变形

混凝土在长期荷载（如：结构自重荷载、永久性固定的设施设备荷重）作用下，除了会发生随荷载而产生的瞬时变形外，还会发生随时间变化的徐变。

徐变是在长期荷载作用下，混凝土结构在沿作用力方向随时间不断增加的塑性变形，开始时较快，延续 2 ~ 3 年才会逐渐稳定。当荷载卸除后，一部分变形瞬时恢复，还有一部分要过一断时间才能恢复（称为徐变恢复），剩余不可恢复的变形为残余变形。混凝土徐变的数量可达 0.3 ~ 1.5 mm/m。

徐变发生的原因一般认为是水泥凝胶体发生缓慢的黏性流动并沿毛细孔迁移的结果。环境湿度减少会使徐变增大；混凝土强度愈低，水泥用量愈大，徐变愈大。因骨料的徐变很少，故增加骨料含量可使徐变减少。

混凝土的徐变能缓和钢筋混凝土内由于温度、干缩等引起的应力集中，使应力较为均匀地重新分布，防止裂缝的产生，这是有利的。但在预应力混凝土中，混凝土的徐变，将产生应力松弛，使预加应力受到部分损失，影响预应力混凝土结构的承载能力和使用安全。

三、耐久性

混凝土结构经常会遭受环境温湿度变化、冻融循环、压力水或其他液体的渗透、环境水和土壤中有害介质以及有害气体的侵蚀等各种物理和化学因素的破坏作用。混凝土抵抗环境介质作用，并能长期保持其良好的使用性能和外观完整性，从而维持混凝土结构的安全、正常使用的能力称为混凝土的耐久性。

1. 混凝土耐久性的评价指标

混凝土耐久性可通过其抗渗性、抗冻性、抗硫酸盐侵蚀性、抗氯离子渗透性、抗碳化性、早期抗裂性等指标来综合评价。

1) 抗渗性

抗渗性是指混凝土抵抗压力水渗透的能力。混凝土的抗渗性主要取决于混凝土的密实程度和孔隙构造。若密实性差，且开口连通孔隙多，则混凝土的抗渗性就差；但如果均为封闭孔隙，则混凝土的抗渗性较强。根据混凝土抵抗水压力渗透的能力分为 P6、8、P10、P12、> P12 若干等

图 2 - 9　混凝土抗渗仪

级（抗渗等级），其中 P 为抗渗等级代号，数字表示不渗漏时能抵抗的最大水压力（单位为 0.1 MPa）。抗渗等级愈高的混凝土，其耐久性就愈好。混凝土的抗水渗透性可通过抗渗试验来测定，试验装置见图 2 - 9。

2) 抗冻性

抗冻性是指混凝土在水饱和状态下，经受多次冻融循环作用，能保持其强度和外观完整性的能力。混凝土抗冻性取决于混凝土的密实程度、孔隙构造和强度。在寒冷地区和严寒地区与水接触又容易受冻的环境下的混凝土，要求具有较强的抗冻性能。

混凝土的抗冻性用 28 d 龄期的标准试件，按标准方法进行冻融循环试验来确定。冻融试验方法可采用快冻法或慢冻法。

快冻法：按标准方法制作 100 mm × 100 mm × 400 mm 的棱柱体试件，1 组 3 个，在标准条件下养护至规定龄期（28 d 或 56 d）后，按规定的方法进行冻融循环试验，以试件相对动弹模量（冻融后与冻融前试件横向振动时的基频振动频率的百分数）下降至不低于 60% 或质量损失率不超过 5% 时的最大冻融循环次数来确定其抗冻等级。混凝土抗冻等级分为 F50、F100、F150、F200、F250、F300、F350、F400、> F400 九个等级，其中 F 为抗冻等级代号，数字为最大冻融循环次数。

慢冻法：将按标准方法制作的 100 mm × 100 mm × 100 mm 的立方体试件，1 组 3 个，在标准条件下养护至规定龄期（28 d 或 56 d）后，按规定的方法进行冻融循环试验，以抗压强度损失率不超过 25% 或质量损失率不超过 5% 时的最大冻融循环次数来确定其抗冻标号。混凝土的抗冻标号分为 D50、D100、D150、D200、> D200 五个标号。

3) 抗硫酸盐侵蚀性

抗硫酸盐侵蚀性是指混凝土抵抗硫酸盐侵蚀的能力。将按标准方法制作的 100 mm × 100 mm × 100 mm 的立方体试件，1 组 3 块；在标准条件下养护至规定龄期（28 d 或 56 d）后，再

在 5% 的 Na_2SO_4 溶液中进行反复浸泡和烘干循环，并以其抗压强度损失率(耐蚀系数 K_f) 不超过 75% 时的最大循环次数来衡量其抗硫酸盐等级。混凝土抗硫酸盐等级分为 KS30、KS60、KS90、KS120、KS150、>KS150 六个等级。

4)抗氯离子渗透性

抗氯离子渗透性是指混凝土抵抗氯离子渗透的能力。混凝土抵抗氯离子渗透性愈强，其护筋性就愈强。可用快速氯离子迁移系数法(简称 RCM 法)和电通量法来检验评定。

快速氯离子迁移系数法：将按标准方法制作的直径为 (100 ± 1) mm、高度为 (50 ± 2) mm 的圆柱体试件，1 组 3 个，在标准条件下养护至规定龄期(28 d 或 56 d)后，将试件安装在 RCM 试验装置上，见图 2-10(a)，在阴阳两极上施加规定的直流电压至规定的时间。试验结束后，切断电源，取出试件并用清水冲洗干净，在压力试验机上将试件沿轴向劈开后，立即在劈开的试件断面上喷涂 0.1 mol/L 的 $AgNO_3$ 溶液显色剂，15 min 后沿试件直径断面将其分成 10 等分，并用防水笔描出渗透轮廓线，同时测量显色分界线距试件底面的距离，见图 2-10(b)。

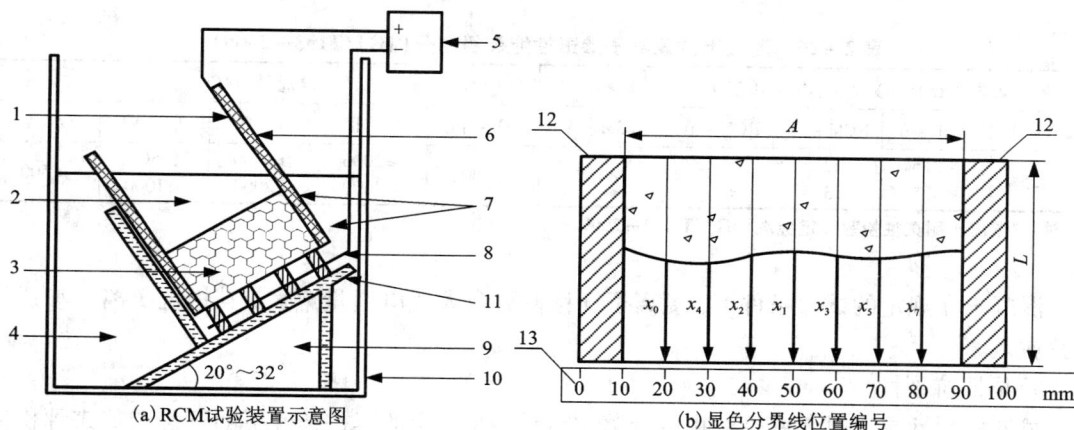

图 2-10　RCM 试验装置示意图及显色分界线位置编号

1—阳极板；2—阳极溶液(0.3 mol/L NaOH 溶液)；3—试件；4—阴极溶液(10% NaCl 溶液)；5—直流稳压电源；6—有机硅橡胶套；7—环箍；8—阴极板；9—支架；10—阴极试验槽；11—支撑头；12—试件边缘部分；13—直尺；A—测量范围；L—试件厚度。

混凝土的非稳态氯离子迁移系数(D_{RCM})按式(2-14)计算，精确至 0.1×10^{-12} m²/s：

$$D_{RCM} = \frac{0.0239 \times (273 + T)L}{(U-2)t}\left(X_d - 0.0238\sqrt{\frac{(273+T)L \cdot X_d}{U-2}}\right) \quad (2-14)$$

式中：U——试验时所用电压的绝对值，V；
T——阳极溶液的初始温度和结束温度的平均值，℃；
L——试件的厚度，精确至 0.1 mm；
X_d——氯离子渗透深度的平均值，精确至 0.1 mm；
t——试验持续时间，h。

电通量法：在直径为 (100 ± 1) mm、高度为 (50 ± 2) mm 的混凝土圆柱体试件的两端，施加 60 V 直流电压，以 6 h 通过混凝土试件的电量来评价混凝土抵抗氯离子渗透性能的试验方法，该方法原理与 RCM 法类似。试验装置示意图见图 2–11。

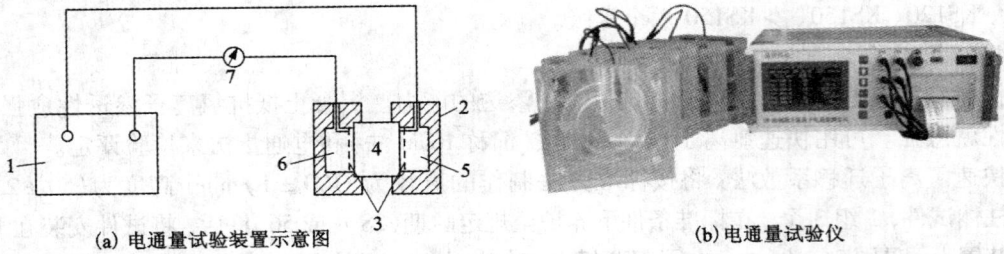

(a) 电通量试验装置示意图　　　　　　　　　　(b) 电通量试验仪

图 2–11　电通量试验示意图

1—直流稳压电源；2—试验槽；3—铜电极；4—圆柱体砼试件；5、6—电解液室

混凝土抗氯离子渗透性能等级划分见表 2–26。

表 2–26　混凝土抗氯离子渗透性能等级划分（JGJ/T193—2009）

氯离子迁移系数 D_{RCM}/（$\times 10^{-12} \mathrm{m^2 \cdot s^{-1}}$）					电通量 Q/C				
RCM–Ⅰ	RCM–Ⅱ	RCM–Ⅲ	RCM–Ⅳ	RCM–Ⅴ	Q–Ⅰ	Q–Ⅱ	Q–Ⅲ	Q–Ⅳ	Q–Ⅴ
≥4.5	≥3.5 <4.5	≥2.5 <3.5	≥1.5 <2.5	<1.5	≥4000	≥2000 <4000	≥1000 <2000	≥500 <1000	<500

注：《混凝土耐久性检验评定标准》JGJ/T 193—2009

混凝土在规定的试验条件下，氯离子迁移系数愈大或电通量愈大，其抵抗氯离子渗透能力就愈差。

5）早期抗裂性

早期抗裂性是通过考察受约束的混凝土试件，在规定的养护条件下的开裂趋势来评价混凝土的抗裂性。如果混凝土的抗裂性差，混凝土在干燥收缩时，由于受到约束条件的限制，在混凝土内部将产生拉应力，一旦拉应力超过混凝土的抗拉强度，混凝土表面就会出现开裂现象。

混凝土试件抗裂试验的养护条件，一般宜在温度为（20±2）℃，相对湿度为（60±5）% 的条件下进行；有特殊要求的，按要求执行。试验模具见图 2–12 所示。

图 2–12　混凝土抗裂试验模具

1—约束环；2—混凝土

混凝土试件开裂性能的评价准则：以试件侧面的开裂程度进行判定。试件侧面开裂面积愈小，开裂出现的时间愈晚，混凝土的抗裂性能就愈强。混凝土早期抗裂性能的等级划分见表 2 - 27。

表 2 - 27　混凝土早期抗裂性能的等级划分（JGJ/T193—2009）

等级	L - Ⅰ	L - Ⅱ	L - Ⅲ	L - Ⅳ	L - Ⅴ
单位面积上的总开裂面积 $c/(mm^2 \cdot m^{-2})$	$c \geqslant 1000$	$700 \leqslant c < 1000$	$400 \leqslant c < 700$	$100 \leqslant c < 400$	$c < 100$

6）抗碳化性

硬化后的混凝土中含有水泥水化产生的 $Ca(OH)_2$，能使钢筋表面形成一种阻锈的钝化膜，对钢筋提供了碱性保护。但是，长期处于潮湿环境，又受到空气中 CO_2 作用的混凝土，其所含 $Ca(OH)_2$ 与 CO_2 和 H_2O 反应生成 $CaCO_3$，使混凝土碱度降低，这就是碳化。严重的碳化不仅会使混凝土发生收缩裂纹，而且当碳化深度超过混凝土保护层时，钢筋便在 CO_2 和水的作用下发生锈蚀，不但失去了与混凝土的粘结，而且铁锈的膨胀会使已有裂纹的混凝土保护层发生剥落，这种剥落又将引起更严重的锈蚀和崩裂，最后导致结构破坏。因此，对于长期处于潮湿且有较浓 CO_2 环境中的混凝土要重视碳化的危害。

长期处于水中的混凝土不会与 CO_2 接触，干燥环境中的混凝土没有支持碳化的水，均不存在碳化问题。混凝土抗碳化性能的等级划分见表 2 - 28。

表 2 - 28　混凝土抗碳化性能的等级划分（JGJ/T193—2009）

等级	T - Ⅰ	T - Ⅱ	T - Ⅲ	T - Ⅳ	T - Ⅴ
碳化深度 d_m/mm	$d_m \geqslant 30$	$20 \leqslant d_m < 30$	$10 \leqslant d_m < 20$	$0.1 \leqslant d_m < 10$	$d_m < 0.1$

2. 提高混凝土耐久性的措施

（1）根据工程所处环境及要求，合理选用水泥品种，以适应抗蚀、抗渗或抗冻的要求。

《混凝土结构耐久性设计规范》GB/T 50476—2019 对环境类别与作用等级进行了划分，见表 2 - 29。

表 2 - 29　环境类别与作用等级划分表（GB/T 50476—2019）

环境类别	名称	环境作用等级					
		A（轻微）	B（轻度）	C（中度）	D（严重）	E（非常严重）	F（极度严重）
Ⅰ	一般环境	Ⅰ - A	Ⅰ - B	Ⅰ - C	—	—	—
Ⅱ	冻融环境	—	—	Ⅱ - C	Ⅱ - D	Ⅱ - E	—
Ⅲ	海洋氯化物环境	—	—	Ⅲ - C	Ⅲ - D	Ⅲ - E	Ⅲ - F
Ⅳ	除冰盐等其他氯化物环境	—	—	Ⅳ - C	Ⅳ - D	Ⅳ - E	—
Ⅴ	化学腐蚀环境	—	—	Ⅴ - C	Ⅴ - D	Ⅴ - E	—

注：一般环境系指无冻融、氯化物和其他化学腐蚀物质作用。

（2）选用较好的骨料，改善骨料级配，从严控制骨料中的有害杂质含量，注意是否含有活性骨料，保证水泥石和骨料不被腐蚀。

（3）控制水胶比和胶凝材料用量。水胶比不得过大，并保证合适的胶凝材料用量，以保证混凝土的耐久性。《普通混凝土配合比设计规程》JGJ 55—2011对混凝土的"最大水胶比"和"最少胶凝材料用量"的具体规定见表2-30。

表2-30　混凝土的最少胶凝材料用量（JGJ 55—2011）

最大水胶比	最少胶凝材料用量/（kg·m⁻³）		
	素混凝土	钢筋混凝土	预应力混凝土
0.60	250	280	300
0.55	280	300	300
0.50	320		
≤0.45	330		

《公路桥涵施工技术规范》JTG/T F50—2011对混凝土和高性能混凝土的"最大水胶比"和"最少胶凝材料用量"的具体规定分别见表2-31、表2-32。

表2-31　混凝土的最大水胶比和最少水泥用量及氯离子含量（JTG/T F50—2011）

环境类别	环境条件	最大水胶比	最少水泥用量/（kg·m⁻³）	最低混凝土强度等级	最大氯离子含量/%
I	温暖地区或寒冷地区的大气环境、与无侵蚀性的水或土接触的环境	0.55	275	C25	0.30
II	严寒地区的大气环境、使用除冰盐环境、滨海环境	0.50	300	C30	0.15
III	海水环境	0.45	300	C35	0.10
IV	受侵蚀性物质影响的环境	0.40	325	C35	0.10

注：① 氯离子含量系指其与胶凝材料用量的百分比；② 最少水泥用量包括掺合料。当掺用外加剂且能有效地改善混凝土和易性时，水泥用量可减少 25 kg/m³；③ 严寒地区系指最冷月份平均气温 ≤ −10℃且日平均温度 ≤5℃的天数 ≥145 d 的地区；④ 预应力混凝土结构中的最大氯离子含量为 0.06%，最少水泥用量为 350 kg/m³；⑤ 封底、垫层及其他临时工程的混凝土，可不受本表限制。

表2-32　高性能混凝土的最大水胶比和最少胶凝材料用量（JTG/T F50—2011）/（kg·m⁻³）

环境作用等级	设计使用年限为100年			设计使用年限为50年		
	强度等级	最大水胶比	最少胶凝材料用量	强度等级	最大水胶比	最少胶凝材料用量
A	C30	0.55	280	C30	0.60	260
B	C35	0.50	300	C35	0.50	280
C	C40	0.45	320	C40	0.45	300
D	C45	0.40	340	C45	0.40	320
E	C50	0.36	360	C50	0.36	340
F	C50	0.32	380	C50	0.50	360

注：① 大掺量矿物掺合料混凝土的最大水胶比应不大于 0.42；② 对环境作用等级为 E 或 F 的重要工程，其混凝土拌合用水量不宜高于 150 kg/m³；③ 对冻融和化学腐蚀环境下的薄壁结构或构件，其水胶比宜适当低于表中的数值。

《铁路混凝土》TB/T 3275—2018 对混凝土的"最大水胶比"和"最少胶凝材料用量"的具体规定见表 2 – 33。

表 2 – 33 铁路混凝土的最大水胶比和最少胶凝材料用量(TB/T 3275—2018)/(kg · m⁻³)

| 环境类别 | 环境作用等级 | 设计使用年限级别 | | | | | |
| | | 100 年 | | 60 年 | | 30 年 | |
		最大水胶比	最少胶凝材料用量	最大水胶比	最少胶凝材料用量	最大水胶比	最少胶凝材料用量
碳化环境	T1	0.55	280	0.60	260	0.60	260
	T2	0.50	300	0.55	280	0.55	280
	T3	0.45	320	0.50	300	0.50	300
氯盐环境	L1	0.45	320	0.50	300	0.50	260
	L2	0.40	340	0.45	320	0.45	320
	L3	0.36	360	0.40	340	0.40	340
化学侵蚀环境	H1	0.50	300	0.55	280	0.55	280
	H2	0.45	320	0.50	300	0.50	300
	H3	0.40	340	0.45	320	0.45	320
	H4	0.36	360	0.40	340	0.40	340
盐类结晶破坏环境	Y1	0.50	300	0.55		0.55	
	Y2	0.45	320	0.50	300	0.50	300
	Y3	0.40	340	0.45	320	0.45	320
	Y4	0.36	360	0.40	340	0.40	340
冻融破坏环境	D1	0.50	300	0.55		0.55	
	D2	0.45	320	0.50	300	0.50	300
	D3	0.40	340	0.45	320	0.45	320
	D4	0.36	360	0.40	340	0.40	340
磨蚀环境	M1	0.50	300	0.55	280	0.55	280
	M2	0.45	320	0.50	300	0.50	300
	M3	0.40	340	0.45	320	0.45	320

注:碳化环境下,素混凝土的最大水胶比应≤0.60,最少胶凝材料用量应≥260 kg/m³;氯盐环境下,素混凝土的最大水胶比应≤0.55,最少胶凝材料用量应≥280 kg/m³。

《公路桥涵施工技术规范》JTG/T F50—2011 和《铁路混凝土》TB/T 3275—2018 对高性能混凝土中的最大胶凝材料限量见表 2 – 34。

表 2 – 34 混凝土中最大胶凝材料用量

| 混凝土强度等级 | TB/T3275—2018 | | | | | JTG/T F50—2011 | | |
	< C30	C30 ~ C35	C40 ~ C45	C50	C55 ~ C60	< C40	C40 ~ C45	> C60
最大胶凝材料用量/(kg · m⁻³)	360	400 550(自密实)	450 600(自密实)	480	500	400	450	500(非泵送) 530(泵送)

(4)掺用外加剂。掺入减水剂,减少用水量,提高混凝土的密实性;掺入引气剂,改善混凝土的孔隙构造,提高其抗渗、抗冻能力。

(5)确保施工质量。严格按配合比进行配料，拌合均匀、不离析、不泌水，浇捣均匀密实，并加强养护。

(6)表面防护。用涂料、防水砂浆、瓷砖、沥青等进行表面防护，防止混凝土的腐蚀和碳化。

2.4 混凝土的配合比设计

混凝土配合比设计就是根据所选原材料的技术性能和施工条件，设计出能满足所需混凝土技术要求和经济合理的 1 m³ 混凝土各组成材料的用量(单位用量)或质量比(相对用量)。

配合比设计是保证混凝土质量一个很重要的环节，配合比设计的合理与否，直接影响着混凝土结构的质量和建设成本。

2.4.1 配合比设计的基本要求

(1)首先应满足施工所要求的混凝土拌合物的和易性。

(2)满足结构设计所要求的混凝土的强度及抗渗、抗冻、抗腐蚀等耐久性。

(3)在满足上述要求的前提下，尽量节省胶凝材料、降低成本，达到经济合理的目的。

2.4.2 配合比设计资料的准备

(1)了解设计要求的混凝土强度等级和混凝土生产单位的生产质量控制水平，以便确定强度标准差和配制强度。

(2)了解工程所处环境条件和混凝土耐久性要求，以便确定所配制混凝土的水胶比和胶凝材料用量是否满足有关标准对最大水胶比和最少胶凝材料用量的规定。

(3)了解结构构件断面尺寸、钢筋配置情况及施工工艺，以便确定混凝土用骨料的最大粒径及混凝土拌合物的稠度。

(4)了解混凝土所需各种原材料的情况。

2.4.3 配合比设计中的三个重要参数

(1)水胶比(W/B)：是指水与胶凝材料(水泥＋掺合料)的比值。他对混凝土的和易性、强度、耐久性、经济性有明显影响。在满足和易性、强度和耐久性的前提下，应尽量取较小值。

(2)单位用水量(m_{w0})：是指在满足混凝土和易性的前提下，1 m³ 混凝土所需拌合用水的质量。他决定混凝土的和易性及经济与否。在满足和易性的前提下，应尽量取较小值。

(3)砂率(β_s)：是指 1 m³ 混凝土中，砂子占砂子和石子总量的百分率。他主要影响混凝土的和易性。在满足和易性的前提下，应尽量取较小值。

2.4.4 配合比的设计步骤

混凝土配合比设计应按现行行业标准《普通混凝土配合比设计规程》JGJ55—2011 的有关规定进行。混凝土配合比设计可分为如下几个步骤：

(1)根据混凝土的技术要求和所选用的原材料技术要求，进行初步配合比的计算。

(2)按计算所得初步配合比进行试拌、调整，使其拌合物的和易性满足施工要求，并测定拌合物的表观密度，然后修正初步配合比，提出试拌配合比。

（3）在试拌配合比的基础上进行混凝土强度和耐久性验证，根据验证结果确定略大于配制强度所对应的水胶比，并保持单位用水量不变，砂率在试拌配合比砂率的基础上作适当调整，然后计算出胶凝材料用量和其他材料用量，并进行试拌和验证，符合设计要求后可确定为试验室配合比。

（4）施工时，再根据施工现场砂、石含水率情况随时进行调整，将试验室配合比换算成施工配合比。

一、初步配合比的计算

1. 混凝土配制强度的确定

（1）当混凝土的设计强度等级＜C60时，配制强度应根据混凝土设计强度标准值和强度标准差（施工单位施工质量控制水平）按式（2－15）计算，精确至 0.1 MPa：

$$f_{cu,0} \geqslant f_{cu,k} + 1.645\sigma \qquad (2-15)$$

式中：$f_{cu,0}$——混凝土配制强度，MPa；

$f_{cu,k}$——混凝土立方体抗压强度标准值（设计强度标准值），MPa；

σ——混凝土强度标准差，MPa；

1.645——95% 保证率系数。

混凝土强度标准差可按下列规定确定：

① 当具有近 1~3 个月的同一品种、同一强度等级混凝土的强度资料，且试件组数 $n \geqslant 30$ 组时，其混凝土强度标准差（σ）按式（2－16）计算：

$$\sigma = \sqrt{\frac{1}{n-1}\left(\sum_{i=1}^{n} f_{cu,i}^2 - n \cdot m_{f_{cu}}^2\right)} \qquad (2-16)$$

式中：$f_{cu,i}$——第 i 组试件实测抗压强度值，MPa；

$m_{f_{cu}}$——n 组试件抗压强度平均值，MPa。

对于强度等级 ≤ C30 的混凝土，当计算出的 $\sigma <$ 3.0 MPa 时，应取 3.0 MPa；对于强度等级 > C30，且 < C60 的混凝土，当计算出的 $\sigma <$ 4.0 MPa 时，应取 4.0 MPa。

② 当无近期的同一品种、同一强度等级混凝土的强度资料时，其强度标准差可按表 2－35 取值。

表 2－35　混凝土强度标准差 σ 值的选用（JGJ 55—2011）

混凝土强度等级	≤C20	C25~C45	C50~C55
σ/MPa	4.0	5.0	6.0

（2）当混凝土的设计强度等级 ≥ C60 时，配制强度应按式（2－17）计算：

$$f_{cu,0} \geqslant 1.15 f_{cu,k} \qquad (2-17)$$

2. 水胶比（W/B）的确定

当混凝土的设计强度等级 < C60 时，混凝土水胶比可根据混凝土的配制强度、胶凝材料强度和粗骨料种类按式（2－18）计算：

$$\frac{W}{B} = \frac{\alpha_a \cdot f_b}{f_{cu,0} + \alpha_a \cdot \alpha_b \cdot f_b} \qquad (2-18)$$

式中：$f_{cu,0}$——混凝土配制强度，MPa；

f_b——实测胶凝材料28 d胶砂抗压强度,MPa。按水泥胶砂强度检验方法进行测定;当无实测值时,可按式$f_b = \gamma_f \cdot \gamma_s \cdot f_{ce}$计算确定;

γ_f、γ_s——粉煤灰和矿渣粉的影响系数。可按表2-36确定,粉煤灰和矿渣粉的最大掺量参照表2-37取用;

f_{ce}——实测水泥28 d胶砂抗压强度,MPa。无实测结果时,可按式$f_{ce} = \gamma_c \cdot f_{ce, g}$计算确定;

γ_c——水泥强度富余系数。可参照表2-38取用;

$f_{ce, g}$——水泥强度等级值,MPa;

α_a、α_b——回归系数。按表2-24取用,也可通过试验确定。

表2-36 粉煤灰影响系数和粒化高炉矿渣粉影响系数(JGJ55—2011)

掺量/%	粉煤灰影响系数(γ_f)	粒化高炉矿渣粉影响系数(γ_s)
0	1.00	1.00
10	0.85~0.95	1.00
20	0.75~0.85	0.95~1.00
30	0.65~0.75	0.90~1.00
40	0.55~0.65	0.80~0.90
50	—	0.70~0.85

注:① 采用Ⅰ、Ⅱ级粉煤灰宜取上限值;② 采用S75级矿渣粉宜取下限值,S95级矿渣粉宜取上限值,S105级矿渣粉可取上限值加0.05;③ 当超出表中的掺量时,影响系数应经试验确定。

表2-37 混凝土中矿物掺合料的最大掺量(JGJ55—2011)

矿物掺合料种类	水胶比(W/B)	最大掺量/%			
		采用硅酸盐水泥(P.Ⅰ、P.Ⅱ)		采用普通硅酸盐水泥(P.O)	
		钢筋混凝土	预应力混凝土	钢筋混凝土	预应力混凝土
粉煤灰	≤0.4	45	35	35	30
	>0.4	40	30	30	20
粒化高炉矿渣粉	≤0.4	65	55	55	45
	>0.4	55	45	45	35
钢渣粉	—	30	20	20	10
磷渣粉	—	30	20	20	10
硅 灰	—	10	10	10	10
复合掺合料	≤0.4	65	55	55	45
	>0.4	55	45	45	35

注:① 采用其他通用硅酸盐水泥时,宜将水泥混合材掺量20%以上的混合材量计入矿物掺合料;② 复合掺合料各组分的掺量不宜超过单掺时的最大掺量;③ 在混合使用两种或两种以上矿物掺合料时,矿物掺合料总掺量应符合表2-37中复合掺合料的规定。

表2-38 水泥强度的富余系数(JGJ55—2011)

水泥强度等级	32.5	42.5	52.5
富余系数γ_c	1.12	1.16	1.10

为了满足混凝土有关耐久性要求,计算所得水胶比(W/B)不得大于相关标准规定的最大水胶比,否则,应取规定的最大水胶比作为设计水胶比。各行业规定的最大水胶比,分别见表2-30、表2-31、表2-32及表2-33。

3. 单位用水量、胶凝材料用量及外加剂用量的确定

(1)每立方米塑性混凝土用水量(m_{w0})应符合下列规定:

①当W/B在0.40~0.80范围时,塑性混凝土可根据粗骨料的种类、最大粒径及施工要求的混凝土拌合物稠度,按表2-39确定混凝土的单位用水量。

表2-39　塑性混凝土的用水量(JGJ55—2011)/(kg·m⁻³)

拌合物稠度		卵石最大粒径/mm				碎石最大粒径/mm			
项目	指标	10	20	31.5	40	16	20	31.5	40
坍落度/mm	10~30	190	170	160	150	200	185	175	165
	35~50	200	180	170	160	210	195	185	175
	55~70	210	190	180	170	220	205	195	185
	75~90	215	195	185	175	230	215	205	195

注:① 本表用水量系采用中砂时的平均取值。采用细砂时,每立方米混凝土用水量可增加5~10 kg;采用粗砂时,则可减少5~10 kg;② 掺用各种外加剂或掺合料时,用水量应相应调整。

②当W/B<0.40时,其用水量可通过试验确定。

(2)掺用外加剂时,每立方米流动性和大流动性混凝土的用水量(m_{w0})可按式(2-19)计算,精确至1 kg:

$$m_{w0} = m'_{w0}(1-\beta) \tag{2-19}$$

式中:m'_{w0}——未掺外加剂时推算的满足实际坍落度要求的1 m³混凝土的用水量,kg。当坍落度>90 mm时,可以表2-39中90 mm坍落度的用水量为基础,按每增大20 mm坍落度,1 m³混凝土相应增加5 kg用水量来推算;当坍落度增大到180 mm以上时,随坍落度相应增加的用水量可减少。

β——外加剂的减水率,%。应经混凝土试验确定。

(3)每立方米混凝土中胶凝材料用量(m_{b0})按式(2-20)计算,精确至1 kg:

$$m_{b0} = \frac{m_{w0}}{W/B} \tag{2-20}$$

(4)每立方米混凝土中外加剂用量(m_{a0})按式(2-21)计算,精确至0.01 kg:

$$m_{a0} = m_{b0} \cdot \beta_a \tag{2-21}$$

式中:β_a——外加剂的掺量(占胶凝材料用量的百分率),%。应经混凝土试验确定。

4. 矿物掺合料和水泥用量的确定

(1)每立方米混凝土中矿物掺合料的用量(m_{f0})按式(2-22)计算,精确至1 kg:

$$m_{f0} = m_{b0} \cdot \beta_f \tag{2-22}$$

式中:β_f——矿物掺合料的掺量(占胶凝材料用量的百分率),%。可按表2-37确定或经试验确定。

(2)每立方米混凝土中水泥的用量(m_{c0})按式(2-23)计算:

$$m_{c0} = m_{b0} - m_{f0} \tag{2-23}$$

为了满足混凝土有关耐久性要求，计算所得 1 m³ 混凝土的胶凝材料用量不得少于相关标准规定的最少胶凝材料用量，也不得超过最大用量。当计算所得胶凝材料用量少于有关标准规定的最少用量或超过最大用量时，应取规定的最少用量或最大用量作为设计用量。各行业规定的最少胶凝材料用量，分别见表 2-30、表 2-31、表 2-32 及表 2-33，最大胶凝材料用量见表 2-34。

5. 砂率（β_s）的确定

砂率应根据骨料的技术指标、混凝土拌合物性能和施工要求，参考既有历史资料确定。当无历史资料可参考时，混凝土砂率的确定应符合下列规定：

（1）坍落度 < 10 mm 的混凝土，其砂率应经试验确定。

（2）坍落度为 10~60 mm 的混凝土，其砂率可根据粗骨料品种、最大公称粒径及水胶比按表 2-40 确定。

表 2-40　混凝土的砂率 β_s（JGJ55—2011）/%

水胶比 (W/B)	卵石最大公称粒径/mm			碎石最大公称粒径/mm		
	10	20	40	16	20	40
0.40	26~32	25~31	24~30	30~35	29~34	27~32
0.50	30~35	29~34	28~33	33~38	32~37	30~35
0.60	33~38	32~37	31~36	36~41	35~40	33~38
0.70	36~41	35~40	34~39	39~44	38~43	36~41

注：① 本表数值系中砂的选用砂率，对细砂或粗砂，可相应地减少或增大砂率；② 只用一个单粒级粗骨料配制混凝土时，砂率应适当增大；③ 采用机制砂配制混凝土时，砂率可适当增大。

（3）坍落度大于 60 mm 的混凝土，其砂率可经试验确定，也可在表 2-40 的基础上，按坍落度每增大 20 mm，砂率增大 1% 的幅度予以调整。

（4）泵送混凝土的砂率宜为 35~45%，具体应根据骨料的品种、粗细、级配情况来确定。

6. 粗、细骨料用量（m_{go}、m_{so}）的计算

（1）采用质量法计算时，粗、细骨料用量按式（2-24）计算，精确至 1 kg：

$$m_{c0} + m_{f0} + m_{s0} + m_{g0} + m_{w0} = m_{cp}$$

$$\beta_s = \frac{m_{s0}}{m_{s0} + m_{g0}} \times 100\% \tag{2-24}$$

式中：m_{cp}——1 m³ 混凝土拌合物的假定质量，kg。可取 2350~2450 kg。

（2）采用体积法计算时，粗、细骨料用量按式（2-25）计算，精确至 1 kg：

$$\frac{m_{c0}}{\rho_c} + \frac{m_{f0}}{\rho_f} + \frac{m_{s0}}{\rho_s} + \frac{m_{g0}}{\rho_g} + \frac{m_{w0}}{\rho_w} + 0.01\alpha = 1 \tag{2-25}$$

$$\beta_s = \frac{m_{s0}}{m_{s0} + m_{go}} \times 100\%$$

式中：ρ_c、ρ_f、ρ_s、ρ_g、ρ_w——水泥、矿物掺合料、细骨料、粗骨料及水的表观密度实测值，kg/m³。水的表观密度可取 1000 kg/m³。

α——混凝土拌合物中的含气量，%。在不使用引气剂或引气型外加剂时，可取 1。

配合比的表示方法：

水泥：掺合料：砂：石：外加剂：水 $= m_{co} : m_{fo} : m_{so} : m_{go} : m_{ao} : m_{wo} = 1 : \dfrac{m_{f0}}{m_{c0}} : \dfrac{m_{s0}}{m_{c0}} : \dfrac{m_{g0}}{m_{c0}} : \dfrac{m_{a0}}{m_{c0}} : \dfrac{m_{w0}}{m_{c0}}$。

二、试拌配合比的确定

初步配合比是借助于一些经验公式和数据计算出来的或是利用经验资料查得的，因而不一定能符合设计要求，必须经过试拌和调整，直到其和易性满足设计要求。试拌时，按计算所得的初步配合比，称取不少于 20 L 混凝土各组成材料的用量，经搅拌均匀后，进行坍落度或扩展度的测定，同时观察拌合物的保水性和黏聚性情况，当坍落度或扩展度满足设计要求，且拌合物的保水性和黏聚性均良好时，则该初步配合比可确定为试拌配合比；当坍落度或扩展度不满足设计要求时，则按下列方法进行调整：

（1）若坍落度或扩展度过大，则保持水胶比不变，适当减少水泥浆的用量，同时根据拌合物的保水性和黏聚性的情况，在砂、石总量不变的情况下，适当增大砂率；或减少减水剂的用量。

（2）若坍落度或扩展度过小，则保持水胶比不变，适当增加水泥浆的用量，同时根据拌合物的保水性和黏聚性的情况，在砂、石总量不变的情况下，适当减小砂率；或增加减水剂的用量。

经试拌和调整，拌合物的坍落度或扩展度满足设计要求后，测定拌合物的表观密度，重新修正初步配合比，即得试拌配合比。配合比的修正按下列方法进行：

当调整后的拌合物的表观密度实测值与表观密度的计算值之差的绝对值不超过计算值的 2% 时，试拌配合比可不进行修正；当二者之差超过 2% 时，应将确定的试拌配合比中的各材料用量均乘以校正系数（δ），校正系数按式（2-26）计算，精确至 0.01：

$$\delta = \frac{\rho_{c,t}}{\rho_{c,c}} \tag{2-26}$$

式中：$\rho_{c,t}$——经调整后的混凝土拌合物表观密度的实测值，kg/m^3；

$\rho_{c,c}$——混凝土拌合物表观密度的计算值，$\rho_{c,c} = m_c + m_f + m_s + m_g + m_w$，kg/m^3；

m_c、m_f、m_s、m_g、m_w——调整后的 1 m^3 混凝土拌合物中水泥、矿物掺合料、细骨料、粗骨料及水的用量，kg/m^3。

三、试验室配合比的确定

经试拌调整确定的试拌配合比的强度和耐久性有可能低于配制强度，也可能比配制强度高很多，因此，尚应对确定的试拌配合比进行强度和耐久性验证。验证时，应采用三个不同的配合比，其中一个为经试配、调整和修正后所得的试拌配合比，另外两个配合比的水胶比以试拌配合比的水胶比为基准，分别增加和减少 0.05，用水量与试拌配合比相同，砂率分别增加和减少 1%，并分别计算出另外两个配合比的各材料用量，然后分别按三个配合比进行配料，经搅拌均匀后，检验其和易性是否满足设计和施工要求，符合要求后制作强度和耐久性试验用试件各 1～3 组，在标准养护条件下养护 28 d 后进行强度试验，然后根据所测 28 d 的强度和水胶比（W/B）绘制曲线图（见图 2-13），最后从曲线图上求得 28 d 强度略大于配置强度（$f_{cu,0}$）所对应的水胶比（W'/B'），即为经济合理的水胶比，也可采用内插法求得经济合理的水胶比。再用此水胶比，用水量与试拌配合比相同，砂率在试拌配合比的基础上作适当调整后，重新计算其他材料用量，即确定为试验室配合比。

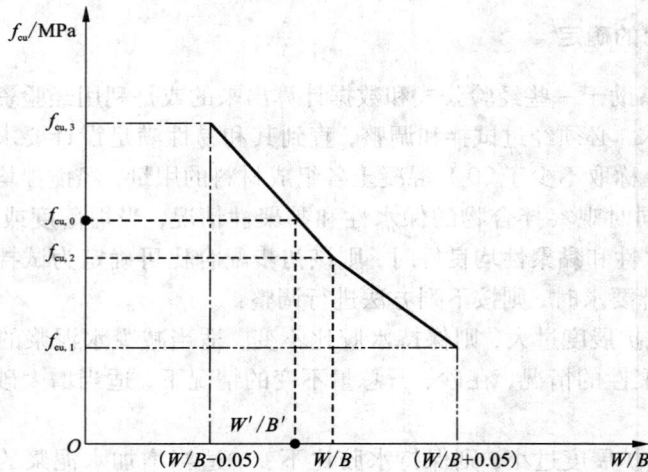

图 2-13 $f_{cu}-W/B$ 关系图

四、施工配合比的换算

试验室得出的配合比，砂、石材料均为风干状态，其含水率均 <0.5%，而施工现场所用砂、石一般都是露天堆放，其含水率随季节的变化较大，故施工配合比应根据现场砂、石的实测含水率值按下述方法进行换算：

设现场使用的砂、石子的含水率分别为 $a\%$ 和 $b\%$，则，施工配合比中的砂、石和水的用量分别按式（2-27）、式（2-28）及式（2-29）计算：

$$砂子用量：m'_s = m_s(1 + a\%) \tag{2-27}$$
$$石子用量：m'_g = m_g(1 + b\%) \tag{2-28}$$
$$拌合用水量：m'_w = m_w - (m_s \times a\% + m_g \times b\%) \tag{2-29}$$

其他材料用量不变。

五、混凝土配合比设计计算实例

设计资料：某高速铁路桥梁工程的钢筋混凝土桩基础，混凝土设计强度等级为 C30，设计使用寿命为 100 年，所处环境类别为化学侵蚀环境 H1 级。混凝土浇筑方式采用混凝土输送泵泵送，坍落度为 180～220 mm。

所用材料：水泥为 P. O42.5，表观密度 ρ_c = 3.1 g/cm³；粉煤灰为 I 级，表观密度 ρ_{f1} = 2.2 g/cm³，掺量为 10%；粒化高炉矿渣粉为 S95 级，表观密度 ρ_{f2} = 2.9 g/cm³，掺量为 10%；天然河砂为中砂，表观密度 ρ_s = 2.65 g/cm³；碎石最大公称粒径 25 mm，连续级配，表观密度 ρ_g = 2.7 g/cm³；外加剂为聚羧酸系高性能减水剂，掺量为胶凝材料用量的 1%，减水率为 25%；拌合用水为无腐蚀性的洁净水。试确定该混凝土的试验室配合比？假设现场使用的砂、石子的含水率实测值分别为 5% 和 1%，试确定其施工配合比？

设计步骤如下：

1. 确定混凝土配制强度 $f_{cu,0}$

查表 2-35，取标准差 $\sigma = 5.0$ MPa。

计算混凝土配制强度：$f_{cu,0} = f_{cu,k} + 1.645\sigma = 30 + 1.645 \times 5 = 38.2(\text{MPa})$

2. 确定胶凝材料强度 f_b

因该混凝土分别掺加了粉煤灰、矿渣粉各 10%，且无胶凝材料 28 d 实测强度，故查表 2-36、表 2-38 得 $\gamma_f = 0.95$、$\gamma_s = 1.0$、$\gamma_c = 1.16$，并估算出胶凝材料 28 d 强度。

$$f_b = \gamma_f \gamma_s f_{ce} = \gamma_f \cdot \gamma_s \gamma_c f_{ce,g} = 0.95 \times 1.0 \times 1.16 \times 42.5 = 46.8(\text{MPa})$$

3. 计算水胶比 W/B

因采用的粗骨料为碎石，故

$$\frac{W}{B} = \frac{\alpha_a f_b}{f_{cu,0} + \alpha_a \alpha_b f_b} = \frac{0.53 \times 46.8}{38.2 + 0.53 \times 0.20 \times 46.8} = 0.57$$

计算出的 W/B 已大于 TB/T 3275—2018 规定的最大水胶比 0.50（见表 2-33），不满足耐久性要求，故应取规定的最大水胶比 0.50 作为设计水胶比。

4. 确定单位用水量 m_{w0}

由于该混凝土采用最大公称粒径为 25 mm 的碎石作为粗骨料，设计要求的混凝土拌合物坍落度为 180~220 mm，根据本模块 2.4.4 第一项第 3 条的规定，求得未掺减水剂时的最小用水量为 $210 + (180 - 90) \times 5/20 = 232(\text{kg/m}^3)$；最大用水量为 $210 + (220 - 90) \times 5/20 = 242(\text{kg/m}^3)$。暂取 $m'_{w0} = 240$ kg/m³。又由于该混凝土中掺用了高性能减水剂，且已知其减水率为 25%，即 $\beta = 25\%$，故实际用水量为：$m_{w0} = m'_{w0}(1 - \beta) = 240(1 - 0.25) = 180(\text{kg/m}^3)$。

5. 计算 1 m³ 混凝土中胶凝材料的用量 m_{b0}

$$m_{b0} = \frac{m_{w0}}{W/B} = \frac{180}{0.5} = 360(\text{kg/m}^3)$$

计算所得胶凝材料用量大于 TB/T 3275—2018 规定的最少胶凝材料用量 300 kg（见表 2-33），小于最大用量 400 kg（见表 2-34），满足耐久性要求。

6. 计算 1 m³ 混凝土中外加剂的用量 m_{a0}

因高性能外加剂掺量为胶凝材料质量的 1.0%，即 $\beta_a = 1.0\%$，故

$$m_{a0} = m_{b0}\beta_a = 360 \times 1\% = 3.6(\text{kg/m}^3)$$

7. 计算 1 m³ 混凝土中粉煤灰的用量 m_{f1}

因粉煤灰的掺量为胶凝材料总量的 10%，即 $\beta_{f1} = 10\%$，故

$$m_{f1} = m_{b0}\beta_{f1} = 360 \times 10\% = 36(\text{kg/m}^3)$$

8. 计算 1 m³ 混凝土中矿渣粉的用量 m_{f2}

因矿渣粉的掺量为胶凝材料总量的 10%，即 $\beta_{f2} = 10\%$，故

$$m_{f2} = m_{b0}\beta_{f2} = 360 \times 10\% = 36(\text{kg/m}^3)$$

9. 计算 1 m³ 混凝土中水泥的用量 m_{c0}

$$m_{c0} = m_{b0} - m_{f1} - m_{f2} = 360 - 36 - 36 = 288(\text{kg/m}^3)$$

10. 确定砂率 β_s

根据本模块 2.4.4 第一项第 5 条的第（4）项的规定，泵送混凝土砂率宜为 35% ~ 45%，暂取 $\beta_s = 40\%$。

11. 计算砂、石用量 m_{s0}、m_{g0}

（1）按质量法计算：假定 1 m³ 混凝土拌合物的质量为 2400 kg，由下列公式计算：

$$288 + 36 + 36 + m_{s0} + m_{g0} + 180 = 2400$$

$$\frac{m_{s0}}{m_{s0} + m_{g0}} = 0.4$$

解联立方程，得 $m_{s0} = 744$ kg/m³，$m_{g0} = 1116$ kg/m³。

计算配合比（初步配合比）归纳如下：

$$m_{c0} : m_{f1} : m_{f2} : m_{s0} : m_{g0} : m_{a0} : m_{w0} = 288 : 36 : 36 : 744 : 1116 : 3.6 : 180$$
$$= 1 : 0.125 : 0.125 : 2.58 : 3.88 : 0.0125 : 0.62$$

（2）按体积法计算：由下列公式计算砂、石用量：

$$\frac{288}{3100} + \frac{36}{2200} + \frac{36}{2900} + \frac{m_{g0}}{2700} + \frac{m_{s0}}{2650} + \frac{180}{1000} + 0.01 \times 1 = 1$$

$$\frac{m_{s0}}{m_{s0} + m_{g0}} = 0.4$$

解方程组得 $m_{s0} = 738$ kg/m³，$m_{g0} = 1107$ kg/m³。

计算配合比（初步配合比）归纳如下：

$$m_{c0} : m_{f1} : m_{f2} : m_{s0} : m_{g0} : m_{a0} : m_{w0} = 288 : 36 : 36 : 738 : 1107 : 3.6 : 180$$
$$= 1 : 0.125 : 0.125 : 2.56 : 3.84 : 0.0125 : 0.62$$

12. 试拌配合比的确定

1）计算试拌 20 L 混凝土各材料用量

以质量法计算的初步配合比为例。将 1 m³ 混凝土各材料用量分别乘以 0.02 便得 20 L 混凝土拌合物各材料用量。见表 2 - 41。

表 2 - 41　试拌 20 L 混凝土各材料用量

材料名称	水泥	粉煤灰	矿渣粉	砂子	碎石	减水剂	水
材料用量/kg	5.76	0.72	0.72	14.88	22.32	0.072	3.6

2）试拌与调整

称取表 2 - 41 中各材料用量，拌合均匀后测得拌合物的坍落度为 160 mm，小于要求的坍落度 180 ~ 220 mm。为此，保持水胶比不变，增加 5% 的水泥浆，同时保持砂、石总量不变，将砂率减少 1%，即调整后的砂率为 39%，重新计算 20L 混凝土拌合物所需各材料用量如下：

用水量：$m'_w = 180 \times 0.02(1 + 5\%) = 3.78$（kg）

水泥用量：$m'_c = 288 \times 0.02(1 + 5\%) = 6.05$（kg）

粉煤灰用量：$m'_{f1} = 36 \times 0.02(1 + 5\%) = 0.76$（kg）

矿粉用量：$m'_{f2} = 36 \times 0.02(1 + 5\%) = 0.76$（kg）

砂子用量：$m_s' = (744 + 1116) \times 0.39 \times 0.02 = 14.51 (kg)$

碎石用量：$m_g' = (744 + 1116) \times 0.61 \times 0.02 = 22.69 (kg)$

减水剂用量：$m_a' = (6.05 + 0.76 + 0.76) \times 0.01 = 0.076 (kg)$

重新称取新计算的各材料拌合均匀后，测得拌合物的坍落度为 210 mm，且保水性和黏聚性均良好，符合要求。同时测得拌合物的表观密度 $\rho_{c, t} = 2420$ kg/m³。

3）试拌配合比的确定

计算调整后的混凝土拌合物表观密度的计算值：

$$\rho_{c, c} = (6.05 + 0.76 + 0.76 + 14.51 + 22.69 + 3.78)/0.02 = 2428 (kg/m^3)$$

修正系数：$\delta = \rho_{c, t}/\rho_{c, c} = 2420/2428 = 0.997$

因为 $0.98 < \delta < 1.02$，故调整后的配合比无需修正。

故最终确定的试拌配合比为：

$$m_{c0}' : m_{f1}' : m_{f2}' : m_{s0}' : m_{g0}' : m_{a0}' : m_{w0}' = \frac{6.05}{0.02} : \frac{0.76}{0.02} : \frac{0.76}{0.02} : \frac{14.51}{0.02} : \frac{22.69}{0.02} : \frac{0.076}{0.02} : \frac{3.78}{0.02}$$

$$= 302 : 38 : 38 : 726 : 1134 : 3.8 : 189$$

$$= 1 : 0.126 : 0.126 : 2.40 : 3.75 : 0.0126 : 0.63$$

13. 强度验证和试验室配合比的确定

强度验证采用三个不同的配合比，其中一个为试拌配合比，另外两个配合比的水胶比以试拌配合比的水胶比为基准，分别增加和减少 0.05，用水量与试拌配合比相同，砂率分别增加和减少 1%。另外两个配合比的计算结果如下：

1）另外两个配合比的计算

（1）配合比 1：$W_1/B_1 = 0.50 - 0.05 = 0.45$，单位用水量与试拌配合比相同，即 189 kg，砂率 $\beta_{s1} = 39\% - 1\% = 38\%$。则胶凝材料用量 $m_{b1} = 189/0.45 = 420 (kg)$。

其中：粉煤灰和矿渣粉的用量为 $m_{f11} = m_{f21} = 420 \times 10\% = 42 (kg)$；

水泥用量为 $m_{c1} = m_{b1} - m_{f11} - m_{f21} = 420 - 42 - 42 = 336 (kg)$；

外加剂用量为 $m_{a1} = 420 \times 1\% = 4.2 (kg)$。

按质量法计算砂和碎石用量。混凝土拌合物的表观密度按实测的试拌配合比的表观密度 2420 kg/m³ 计算。由下列公式计算砂和碎石用量：

$$420 + m_{g1} + m_{s1} + 189 = 2420$$

$$\frac{m_{s1}}{m_{s1} + m_{g1}} = 0.38$$

解方程组得：$m_{s1} = 688$ kg；$m_{g1} = 1123$ kg。

配合比 1：$m_{c1} : m_{f11} : m_{f21} : m_{s1} : m_{g1} : m_{a1} : m_{w1} = 336 : 42 : 42 : 688 : 1123 : 4.2 : 189$

（2）配合比 2：$W_2/B_2 = 0.5 + 0.05 = 0.55$，单位用水量与试拌配合比相同，即 189 kg，砂率 $\beta_{s2} = 39\% + 1\% = 40\%$。则胶凝材料用量 $m_{b2} = 189/0.55 = 344 (kg)$。

其中：粉煤灰和矿渣粉的用量为 $m_{f12} = m_{f22} = 344 \times 10\% = 34 (kg)$；

水泥用量为 $m_{c2} = m_{b2} - m_{f12} - m_{f22} = 344 - 34 - 34 = 276 (kg)$；

外加剂用量为 $m_{a2} = 344 \times 1\% = 3.44 (kg)$。

按质量法计算砂和碎石用量。混凝土拌合物的表观密度按实测的试拌配合比的表观密度 2420 kg/m³ 计算。由下列公式计算砂和碎石用量：

$$344 + m_{g2} + m_{s2} + 189 = 2420$$

$$\frac{m_{s2}}{m_{s2} + m_{g2}} = 0.40$$

解方程组得：$m_{s2} = 755 \text{ kg/m}^3$；$m_{g2} = 1132 \text{ kg/m}^3$。

配合比 2：$m_{c2} : m_{f12} : m_{f22} : m_{s2} : m_{g2} : m_{a2} : m_{w2} = 276 : 34 : 34 : 755 : 1132 : 3.44 : 189$

2）试拌、调整与强度验证

（1）试拌与调整：参照试拌配合比试拌与调整方法进行试拌。经试拌，配合比 1 和配合比 2 的坍落度分别为 205 mm 和 215 mm，拌合物的保水性和粘聚性均良好，故不需要调整。

（2）强度验证：分别以试拌配合比、配合比 1 和配合比 2 的拌合物制作强度验证试件各 3 组，在标准养护条件下养护 28 d 后测得其平均抗压强度分别为：36.5 MPa、42.3 MPa 和 32.9 MPa。

由内插法求得 $f_{cu} = 39$ MPa 时，其对应的水胶比为 $W'/B' = 0.48 < 0.5$，满足耐久性要求。

（3）试验室配合比的确定：以水胶比为 0.48，单位用水量为试拌配合比的用水量 189 kg。计算所需胶凝材料用量为 $m_b' = 189/0.48 = 394（\text{kg}）$；

其中，粉煤灰和矿渣粉的用量为 $m_{f1}' = m_{f2}' = 394 \times 10\% = 39（\text{kg}）$；

水泥用量为 $m_c' = m_b' - m_{f1}' - m_{f2}' = 394 - 39 - 39 = 316（\text{kg}）$；

外加剂用量为 $m_a' = 394 \times 1\% = 3.94（\text{kg}）$；

砂率暂定为 $\beta_s' = \beta_s = 0.39$（与试拌配合比的砂率相同），利用质量法计算砂和碎石用量，计算时，假定 1 m³ 混凝土的质量取试拌配合比拌合物的实测表观密度值。计算结果如下：

$$394 + m_g' + m_s' + 189 = 2420$$

$$\frac{m_s'}{m_s' + m_g'} = 0.39$$

解方程组得：$m_s' = 716$ kg；$m_g' = 1121$ kg。

即 $m_c' : m_{f1}' : m_{f2}' : m_s' : m_g' : m_a' : m_w' = 316 : 39 : 39 : 716 : 1121 : 3.94 : 189$

$$= 1 : 0.12 : 0.12 : 2.27 : 3.55 : 0.012 : 0.60$$

14. 施工配合比的确定

砂的用量：$m_s'' = m_s'(1 + a\%) = 716(1 + 0.05) = 752$ kg；

碎石的用量：$m_g'' = m_g'(1 + b\%) = 1121(1 + 0.01) = 1132$ kg；

用水量：$m_w'' = m_w' - (m_s' \times a\% + m_g' \times b\%) = 189 - (716 \times 0.05 + 1121 \times 0.01) = 142$ kg；

水泥、粉煤灰、矿渣粉和减水剂用量不变。

施工配合比：$m_c'' : m_{f1}'' : m_{f2}'' : m_s'' : m_g'' : m_a'' : m_w'' = 316 : 39 : 39 : 752 : 1132 : 3.94 : 142$

$$= 1 : 0.12 : 0.12 : 2.38 : 3.58 : 0.012 : 0.45$$

2.5　混凝土结构用钢筋

混凝土结构用钢筋主要有钢筋混凝土结构用普通钢筋和预应力混凝土结构用预应力筋。

2.5.1　钢筋的主要技术性质

普通钢筋和预应力钢筋作为钢筋混凝土结构和预应力混凝土结构的主要受力结构材料，

不仅需要具有一定的力学性能,同时还需要具有容易加工的性能。拉伸性能是其主要力学性能,冷弯性能和焊接性能是其重要的工艺性能。

1. 拉伸性能

拉伸性能是建设工程用钢材最重要的力学性能。通过拉伸试验所测得的屈服强度、抗拉强度和伸长率等指标是建设工程用钢材的重要技术指标。不同含碳量的钢材在拉伸过程中会表现出不同的特性,而应用最广泛的低碳钢(常称之为软钢),在拉伸过程中所表现的应力与变形的关系最具有代表性,其"应力-应变"曲线图如图2-14(a);中、高碳钢(常称之为硬钢)其"应力-应变"曲线图如图2-14(b)。

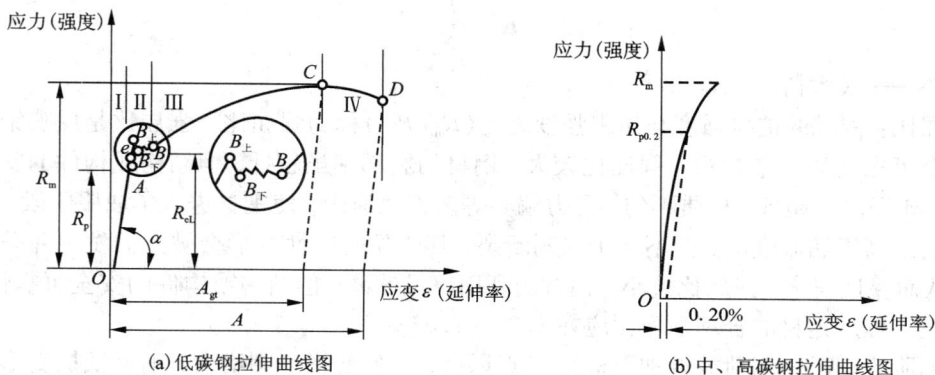

(a)低碳钢拉伸曲线图　　(b)中、高碳钢拉伸曲线图

图2-14　钢材拉伸试验应力-应变曲线图

低碳钢在拉伸过程中,其应力与变形的变化可分为弹性、屈服、强化和颈缩四个阶段。

弹性阶段(I):该阶段的应力与应变成正比,见图2-14(a)中直线OA段,在此过程中卸去荷载,试件将恢复到原来的形状和尺寸,无塑性变形,此阶段产生的变形称为弹性变形。曲线A点对应的应力叫做弹性极限(比例极限),以R_p表示。在弹性阶段,应力与变形的比值称为弹性模量(E),即$E = R_p/\varepsilon = \mathrm{tg}\alpha$。钢材的弹性模量大约为$E = 2 \times 10^5\,\mathrm{MPa}$。弹性模量的大小可体现钢材抵抗变形能力的大小。$E$值愈大,使其产生同样弹性变形的应力值也愈大。

屈服阶段(II):当应力超过弹性极限A点后,应力与变形不再成正比关系。由于钢材内部晶粒滑移,使荷载在一个较小的范围内波动,而变形却急剧增加,这一波动阶段叫做屈服阶段。此时卸除外力,试件的变形不能完全恢复,已产生了一定的残余变形,即塑性变形。AB段的最高点($B_{上}$)所对应的应力称为上屈服点(上屈服强度),用R_{eH}表示;最低点($B_{下}$)所对应的应力称为下屈服点(屈服强度),用R_{eL}表示,按式(2-30)计算,单位为MPa:

$$R_{eL} = \frac{F_{eL}}{S_0} \qquad (2-30)$$

式中:F_{eL}——屈服阶段的最小荷载,N;

S_0——试件的初始横截面面积,mm^2。

当钢材受力达到屈服点后,变形即迅速发展,虽然尚未破坏,但已不能满足正常使用要求。故钢材在结构中受力不得进入屈服阶段(即必须在弹性阶段内工作),否则将产生较大的塑性变形而使结构不能正常工作,并可能导致结构的破坏。因此,在结构设计中,都是以屈服强度(下屈服强度)标准值作为钢材强度设计取值的依据。

对于中、高碳钢（硬钢），因其含碳量高、变形小，"应力－应变"图显得高而窄，如图 2－14(b)所示，他没有明显的屈服现象，其屈服强度是以试件在拉伸过程中产生 0.2% 塑性变形（残余变形）时的非比例延伸强度 $R_{p0.2}$ 代替，称为条件屈服点。

强化阶段（Ⅲ）：钢材从弹性阶段到屈服阶段，其变形从弹性转化为塑性，钢材内部组织产生晶格滑移。当应力超过屈服强度后，由于钢材内部组织产生晶格畸变，钢材得到强化，使其抵抗外力的能力又重新提高，此时的变形发展速度虽然也较快，但却是随着应力的增加而增加，故称为强化阶段，见图 2－14(a)曲线 BC 段。对应于最高点 C 的应力称为抗拉强度（极限强度），以 R_m 表示，按式(2－31)计算，单位为 MPa：

$$R_m = \frac{F_m}{S_0} \tag{2-31}$$

式中：F_m——最大荷载，N。

强屈比：钢材的抗拉强度与屈服强度之比(R_m/R_{eL})称为强屈比。强屈比是反映钢材利用率和安全可靠度的一个指标。强屈比较大，钢材的利用率虽较低，但结构或构件的安全可靠性较高，如果由于超载、材质不匀、受力偏心等多方面原因，使钢材进入了屈服阶段，但因其抗拉强度远高于屈服强度，而不至于立刻断裂，其明显的塑性变形会被人们发现并采取补救措施，从而保证安全；强屈比过小，钢材的利用率虽然高，但结构或构件的安全可靠性较低。一般建设工程用钢材的合理强屈比应在 1.25 ~ 1.67 之间。

颈缩阶段（Ⅳ）：当荷载增加至极限 C 点以后，试件变形急剧增大，钢材抵抗变形能力明显下降，在试件最薄弱处的横断面开始迅速缩小，出现"颈缩"现象，如图 2－15 所示，直至断裂，最后在曲线的 D 点处断裂[见图 2－14(a)]，这一阶段（曲线 CD 段）称为颈缩阶段。

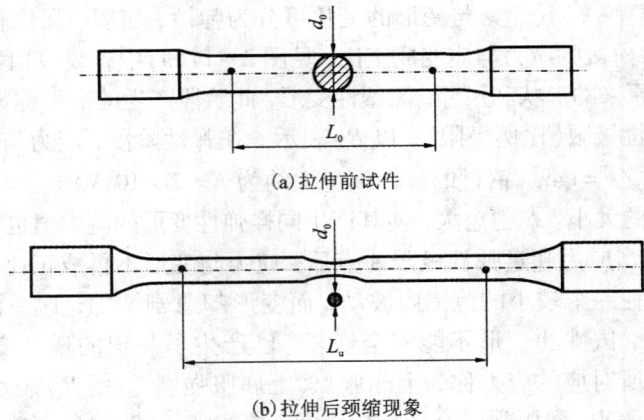

(a)拉伸前试件

(b)拉伸后颈缩现象

图 2－15　低碳钢拉伸试件颈缩现象

钢材的塑性表示钢材在外力作用下产生塑性变形而不断裂的能力，用断后伸长率(A)或最大力总延伸率(A_{gt}：拉伸试验荷载达到试件所能承受的最大荷载时所对应的试件总延伸率)来衡量，断后伸长率按式(2－32)计算：

$$A = \frac{L_u - L_0}{L_0} \times 100\% \tag{2-32}$$

式中：A——钢材的断后伸长率，%；

L_0——试件的原始标距(比例试样：$L_0 = 5.65 \sqrt{S_0}$，且应≥15 mm；当试样横截面较小

时，可采用$L_0 = 11.3 \sqrt{S_0}$或100 mm)，mm；

L_u——试件的断后标距，mm。

断面收缩率是指试件拉断后，其颈缩处最小横截面面积减缩量占原横截面面积的百分率，按式(2-33)计算：

$$Z = \frac{S_0 - S_u}{S_0} \times 100\% \tag{2-33}$$

式中：S_0——试件拉伸前的横截面面积，mm²；

S_u——试件拉断后断裂处的最小横截面面积，mm²。

伸长率或断面收缩率的值愈大，说明钢材断裂时产生的塑性变形就愈大，其塑性就愈好。尽管结构在弹性范围内使用，但在应力集中处，其应力可能超过屈服点，有一定的塑性变形，可保证应力重新分布，从而避免了结构的破坏。因此，凡用于结构的钢材，必须满足规范规定的屈服强度、抗拉强度和伸长率指标的要求。

2. 冷弯性能

冷弯性能是指钢材在常温下承受弯曲塑性变形而不断裂的能力。在工程中，常常需要将钢板、钢筋等钢材弯成所要求的形状，冷弯试验就是模拟钢材弯曲加工而确定的。衡量钢材弯曲能力的指标有两个：一是弯芯直径D，用试件的厚度或直径d的倍数表示($D = nd$，$n = 0$，1，2…)；二是弯转角度，如图2-16所示。若指定的弯芯直径越小，弯转角度越大，说明对钢材弯曲性能的要求就越高。钢材试件绕着指定弯径、弯曲至指定角度后，无肉眼可见的裂纹为冷弯性能合格。

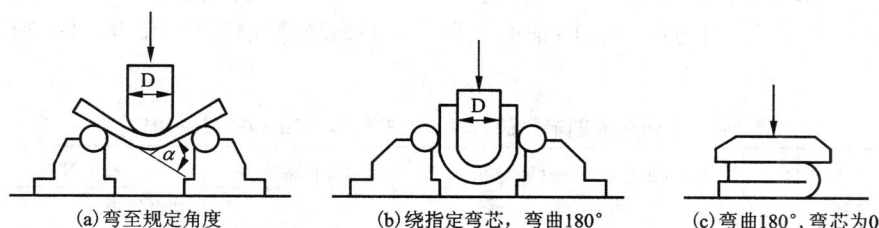

(a) 弯至规定角度　　　　　(b) 绕指定弯芯，弯曲180°　　　　(c) 弯曲180°，弯芯为0

图2-16　钢材的冷弯试验

通过冷弯试验可以检查钢材内部存在的缺陷，如钢材因冶炼、轧制过程所产生的气孔、杂质、裂纹、严重偏析(各组成元素在结晶时分布不均匀的现象)等。所以，钢材的冷弯指标不仅是工艺性能的要求，也是衡量钢材质量的重要指标。

3. 焊接性能

焊接是连接钢筋和钢构件的主要形式，无论是钢结构，还是钢筋骨架、接头及预埋件的连接等，大多数是采用焊接的，这就要求钢材具有良好的可焊性。

钢材在焊接过程中，由于受局部高温的作用，焊缝及其附近的过热区(热影响区)将发生晶体结构的变化，使焊缝周围产生硬脆倾向，降低焊件的使用质量。钢材的可焊性就是指钢材在焊接后，其焊接接头连结的牢固程度和硬脆倾向大小的一种性能。可焊性良好的钢材，焊接时不易形成裂纹、气孔、夹渣等缺陷，焊接后的焊接头牢固可靠，硬脆倾向小，焊缝处及

附近仍能保持与母材基本相同的性能。

钢的化学成分、冶炼质量及冷加工(在常温下对钢筋进行强力拉、拔或轧,使其产生一定的塑性变形的加工方法。经冷加工的钢筋,其强度和硬度有所提高,可节约钢材的用量,但塑性、韧性和可焊性会变差,在使用中应引起重视)等,对钢材的可焊性影响很大。试验表明,含碳量小于0.25%的碳素钢具有良好的可焊性,随着含碳量的增加,可焊性下降;硫(产生热脆)、磷(产生冷脆)以及气体杂质均会显著降低可焊性;加入过多的合金元素,也将在不同程度上降低可焊性。对于高碳钢和合金钢,需采用焊前预热和焊后热处理等措施来改善焊后的硬脆性。

2.5.2　钢筋混凝土结构用普通钢筋

钢筋混凝土结构用钢筋主要有热轧钢筋、余热处理钢筋和冷轧带肋钢筋。

1. 热轧光圆钢筋

定义:经热轧成形,横截面通常为圆形,外表光滑的钢筋为热轧光圆钢筋。见图2-17。

品种规格:钢筋的公称直径为6~22 mm,分为盘卷(直径在12 mm以下)和直条(直径在12 mm以上)两种。钢筋的牌号为HPB300,其中HPB为热轧光圆钢筋的英文(Hot rolled Plain Bars)缩写,数字为钢筋屈服强度特征值。

技术要求:热轧光圆钢筋的力学与工艺性

图2-17　热轧光圆钢筋

能应符合表2-42的规定。钢筋的化学成分、尺寸、重量及允许偏差、表面质量等技术要求应符合现行国家标准《钢筋混凝土用钢第1部分:热轧光圆钢筋》GB1499.1—2017的有关规定。

表2-42　热轧光圆钢筋的力学与工艺性能(GB 1499.1—2017)

牌号	屈服强度 R_{eL}/MPa,≥	抗拉强度 R_m/MPa,≥	断后伸长率 A/%,≥	最大力总伸长率 A_{gt}/%,≥	弯曲性能	
					弯芯直径 D	弯曲角度
HPB300	300	420	25	10.0	d(钢筋公称直径)	180°

注:伸长率检验结果可采用 A 或 A_{gt} 作为合格评定依据,但仲裁检验应采用 A_{gt},以下同。

特点与应用:热轧光圆钢筋的强度较低,但塑性、焊接性能好,便于冷加工。因其表面光滑,与混凝土之间的握裹摩阻力小,用于钢筋混凝土结构配筋时,常需要在钢筋端部进行弯钩,以提高其锚固性能。适应于中、小型钢筋混凝土结构的主要受力筋及构造筋。

2. 热轧圆盘条钢筋

定义:经热轧成形,钢筋的横截面通常为圆形,外表光滑的盘条钢筋。

品种规格:钢筋的公称直径为6~12 mm。按屈服强度特征值分为Q195、Q215、Q235和Q275,钢筋的牌号由代表屈服强度的汉语拼音字母Q和屈服强度特征值组成。

技术要求:热轧圆盘条钢筋的力学与工艺性能应符合表2-43的规定,其他技术要求应符合现行国家标准《低碳钢热轧圆盘条》GB/T701—2008的有关规定。

表 2-43 热轧圆盘条钢筋的力学与工艺性能（GB/1 701—2008）

牌号	抗拉强度 R_m/MPa，≥	断后伸长率 $A_{11.3}$/%，≥	弯曲性能	
			弯芯直径 D	弯曲角度
Q195	410	30	0	
Q215	435	28	0	180°
Q235	500	23	0.5d	
Q275	540	21	1.5d	

特点与应用：热轧圆盘条钢筋的特点与热轧光圆钢筋相似。主要用作箍筋、现浇楼板钢筋及用于制作冷拉钢筋。

3. 热轧带肋钢筋

定义：经热轧成形，横截面通常为圆形，其表面有两条对称的纵肋和沿长度方向均匀分布的横肋的钢筋为热轧带肋钢筋。钢筋表面横肋的纵横面呈月牙形且与纵肋不相交的钢筋称为月牙肋钢筋，见图 2-18。横肋的纵横面高度相等且与纵肋相交的钢筋称为等高肋钢筋。

图 2-18 月牙肋钢筋

品种规格：热轧带肋钢筋分为普通型（HRB）、细晶粒型（HRBF）和抗震型（在普通型、细晶粒型牌号后加 E），公称直径为 6~50 mm，按钢筋屈服强度特征值分为 400、500 和 600 三个牌号。

技术要求：钢筋的力学与工艺性能应符合表 2-44 的规定，其他技术要求应符合现行国家标准《钢筋混凝土用钢第 2 部分：热轧带肋钢筋》GB1499.2—2018 的有关规定。

表 2-44 热轧带肋钢筋的力学与工艺性能（GB 1499.2—2018）

牌号	屈服强度 R_{eL}/MPa≥	抗拉强度 R_m/MPa ≥	断后伸长率 A/% ≥	最大力总伸长率 A_{gt}/% ≥	弯曲性能			弯曲角度
					弯芯直径 D			
					6~25	28~40	>40~50	
HRB400、HRB400E HRBF400、HRBF400E	400	540	16		4d	5d	6d	
HRB500、HRB500E HRBF500、HRBF500E	500	630	15	7.5	5d	6d	7d	180°
HRB600	600	730	14		6d	7d	8d	

注：①对于没有明显屈服现象的钢筋，R_{eL} 应采用规定塑性延伸强度 $R_{P0.2}$。②公称直径为 28~40 mm 各牌号钢筋的断后伸长率 A 可降低 1%；公称直径大于 40 mm 各牌号钢筋的断后伸长率 A 可降低 2%。

抗震型钢筋除了应满足普通型或细晶粒型所有要求外，尚应满足下列要求：

①钢筋实测抗拉强度与实测屈服强度之比（实测强屈比）应≥1.25；
②钢筋实测屈服强度与屈服强度特征值之比应≤1.30；
③钢筋最大力总伸长率 A_{gt} 应≥9.0%。

④钢筋的反向弯曲试验应合格（经反向弯曲试验后，钢筋受弯曲部位表面不得产生裂纹）。

产品标识：钢筋产品的表面分别轧有"牌号（普通型分别以 4、5、6 表示；细晶粒型分别以 C4、C5 表示；普通型抗震钢筋分别以 4E、5E 表示，细晶粒型抗震钢筋分别以 C4E、C5E 表示）、厂名（以拼音字头表示）或商标及公称直径（以阿拉伯数字表示）"标识，以示区别。

特点与应用：热轧带肋钢筋具有较高的强度，塑性和焊接性能较好，因其表面具有横肋和纵肋，与混凝土之间的握裹摩阻力大，用于钢筋混凝土结构配筋时，通常情况下，无需对其端部进行弯钩。适应于大、中型钢筋混凝土结构的主要受力筋和预应力混凝土结构配筋。抗震型钢筋适应于抗震要求较高的结构。

4. 余热处理钢筋

定义：经热轧后利用热处理原理进行表面控制冷却，并利用芯部余热自身完成回火处理，在其基圆上形成环状的淬火自回火组织的成品钢筋。外形与热轧带肋钢筋相同。

品种规格：公称直径为 8 ~ 50 mm，按钢筋屈服强度标准值分为 RRB400 和 RRB500 两种牌号，按用途分为可焊（W）和非可焊两种。

技术要求：钢筋的力学与工艺性能应符合表 2 - 45 的规定，其他技术要求应符合现行国家标准《钢筋混凝土用余热处理钢》GB 13014—2013 的有关规定。

表 2 - 45　余热处理钢筋的力学与工艺性能（GB 13014—2013）

牌号	屈服强度 R_{eL}/MPa ≥	抗拉强度 R_m/MPa ≥	断后伸长率 A/% ≥	最大力总伸长率 A_{gt}/% ≥	弯曲性能		弯曲角度	反向弯曲
					弯芯直径 D			
					8 ~ 25	28 ~ 40		
RRB400	400	540	14		$4d$	$5d$		经正向弯曲90°再反向弯曲20°后，钢筋受弯曲部位表面不得产生裂纹
				5.0			180°	
RRB500	500	630	13		$6d$	—		
RRB400W	430	570	16	7.5	$4d$	$5d$		

注：直径 28 mm ~ 40 mm 的各牌号钢筋的断后伸长率可降低 1%，直径大于 40 mm 的各牌号钢筋的断后伸长率可降低 2%。

特点与应用：余热处理钢筋具有强度高，可节约钢材用量，但塑性和可焊性差。适应于大、中型钢筋混凝土结构的主要受力筋和预应力混凝土结构配筋。

5. 冷轧带肋钢筋

定义：将热轧圆盘条经冷轧后，在其表面带有沿长度方向均匀分布的二面或三面横肋的钢筋。见图 2 - 19。

品种规格：根据钢筋抗拉强度特征值分为 CRB550、CRB650、CRB800、CRB600H、CRB680H、CRB800H 六个牌号，其中带 H 的为高延性钢筋；CRB550、CRB600H、CRB680H 钢筋的公称直径为 4

图 2 - 19　冷轧带肋钢筋

~ 12 mm，CRB650、CRB800、CRB800H 的公称直径为 4 mm、5 mm 和 6 mm。

技术要求：冷轧带肋钢筋的力学与工艺性能应符合表 2 - 46 的规定，钢筋的公称强屈比应 ≥ 1.05，其他技术要求应符合现行国家标准《冷轧带肋钢筋》GB13788—2017 的有关规定。

表 2-46 冷轧带肋钢筋的力学与工艺性能(GB 13788—2017)

分类	牌号	非比例延伸强度 $R_{p0.2}$/MPa, ≥	抗拉强度 R_m/MPa, ≥	伸长率/%, ≥			反复弯曲次数/次, ≥	冷弯试验(180°)	1000 h 松弛率 r/%,(初始应力 $R_{con}=0.7R_m$)
				A	$A_{100 mm}$	A_{gt}			
普通型	CRB550	500	550	11.0		2.5	—	$D=3d$	—
	CRB650	585	650		4.0	2.5	3	—	—
	CRB800	720	800						≤8
高延性型	CRB600H	540	600	14.0		5.0	—	$D=3d$	—
	CRB680H	600	680				4	$D=3d$	≤5
	CRB800H	720	800	—	7.0	4.0	4		≤5

特点与应用:冷轧带肋钢筋具有强度高,节约钢材用量、降低工程造价、与混凝土之间的握裹摩阻力大等优点。CRB550、CRB600H 可用作普通钢筋混凝土结构用钢筋,其他牌号用于预应力混凝土结构用钢筋(如房屋建筑的预应力空心楼板);CRB680H 也可用作普通钢筋混凝土结构用钢筋。

2.5.3 预应力混凝土结构用预应力筋

预应力混凝土结构除了配有普通钢筋外,其主要受力钢筋为钢丝、钢绞线或螺纹钢筋。

1. 钢丝

品种规格:按加工状态分为冷拉钢丝(WCD)和消除应力钢丝两类。消除应力钢丝按松弛(指在恒定长度下应力随时间而减少的现象)性能又分为低松弛级钢丝(WLR)和普通松弛级钢丝(WNR)。按外形分为光圆钢丝(P)、刻痕钢丝(I)和螺旋肋钢丝(H)三种,见图 2-20。钢丝的公称直径为 4 ~ 12 mm。根据其抗拉强度标准值分为 1470、1570、1670、1770 及 1860(MPa)五个强度级别。

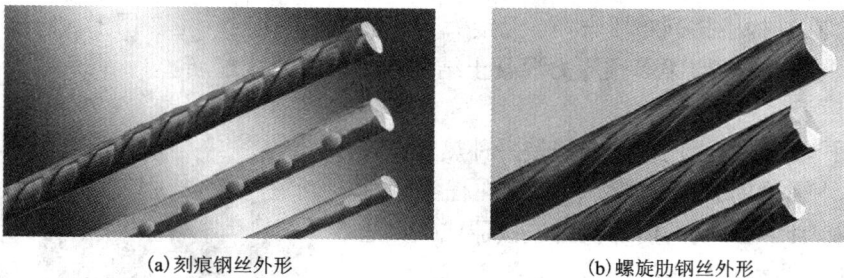

(a)刻痕钢丝外形　　　　　　　(b)螺旋肋钢丝外形

图 2-20 预应力混凝土用钢丝外形

技术要求:产品的力学性能、表面质量、伸直性、耐疲劳性等技术要求应符合现行国家标准《预应力混凝土用钢丝》GB/T 5223—2014 的有关规定。

特点与应用:预应力混凝土用钢丝具有强度高、节约钢材用量,无接头,与混凝土之间的握裹力强等特点。冷拉钢丝仅用于压力管道,其他钢丝可用于先张法和后张法制造的高效能预应力混凝土结构,如桥梁、屋架、吊车梁、轨枕、预制板、墙板、管桩、电杆等。

2. 钢绞线

预应力混凝土用钢绞线是由多根高强度钢丝捻制而成的绞合钢缆，并经消除应力处理（稳定化处理）制成。其外形见图 2-21。

品种规格：按其表面形态可以分为光面钢绞线（标准型）、刻痕钢绞线（I）、镀锌钢绞线、涂环氧树脂钢绞线、外包塑料套钢绞线等；按结构分为 1×2、1×3、1×3I、1×7、1×7I、1×7C（模拔型）、1×19S（西鲁式）、1×19W（瓦林吞式）。建筑与土木工程常用的钢绞线结构为 1×7，公称直径为 φ15.2 mm 或 φ12.7 mm。

图 2-21　钢绞线外形

技术要求：建筑与土木工程常用钢绞线的力学性能见表 2-47。其他技术要求应符合《预应力混凝土用钢绞线》GB/T 5224—2014、《镀锌钢绞线》YB/T 5004—2012、《高强度低松弛预应力热镀锌钢绞线》YB/T 152—1999、《无粘结预应力钢绞线》JG161—2016 等有关规定。

表 2-47　预应力混凝土用钢绞线的力学性能（GB/T 5224—2014）

钢绞线结构	公称直径/mm	公称抗拉强度 R_m/MPa ≥	整根钢绞线的最大力 F_m/kN ≥	0.2%屈服力 $F_{p0.2}$/kN ≥	最大力总伸长率 A_{gt}（L_0≥400 mm）≥	1000 h 松弛率 r/%
1×7	15.20 (15.24)	1720	241	212	≥3.5%	初始负荷为钢绞线实际最大力70%时：r≤2.5% 初始负荷为钢绞线实际最大力80%时：r≤4.5% （允许用120 h 松弛率推算1000 h 松弛率）
		1860	260	229		
		1960	274	241		
1×7C	15.20 (15.24)	1820	300	264		

特点与应用：钢绞线具有强度高、松弛率小、与混凝土粘结好、断面面积大、使用根数少、柔性好、在结构中排列布置方便、无接头、易于锚固等优点。主要用于大跨度、大荷载的预应力桥梁、屋架、薄腹梁等预应力混凝土结构或构件的曲线配筋。

3. 螺纹钢筋

定义：预应力混凝土用螺纹钢筋是一种热轧成带有不连续的外螺纹的直条钢筋，该钢筋在任意截面处，均可用带有匹配形状的内螺纹的连接器或锚具进行连接或锚固，也称精轧螺纹钢筋。见图 2-22。

品种规格：钢筋的公称直径为 15～75 mm，常用的有 φ25 mm 和 φ32 mm；根据其屈服强度最小值分为 PSB785、PSB830、PSB930、PSB1080、PSB1200 五个牌号。

技术要求：螺纹钢筋各牌号的力学性能要求见表 2-48，其他技术要求应符合现行国家标准《预应力混凝土用螺纹钢筋》GB/T 20065—2016 的有关规定。

图 2-22　螺纹钢筋及锚固螺母

表 2 - 48 预应力混凝土用螺纹钢筋的力学性能（GB/T 20065—2016）

牌号	屈服强度 R_{eL}/MPa ≥	抗拉强度 R_m/MPa ≥	断后伸长率 A/% , ≥	最大力总伸长率 A_{gt}/% , ≥	1000 h 应力松弛率 r/% , ≤ （初始应力 $R_{con} = 0.7R_m$）
PSB785	785	980	8		
PSB830	830	1030	7	3.5	4.0
PSB930	930	1080			
PSB1080	1080	1230	6		
PSB1200	1200	1330			

注：①钢筋无明显屈服时，用规定非比例延伸强度 $R_{p0.2}$ 代替；②无特殊要求时，允许用 120 h 应力松弛率推算 1000 h 松弛率。

2.5.4 钢筋的连接

建设工程中常用的钢筋连接方式有机械连接和焊接两种。

1. 机械连接

钢筋机械连接是通过钢筋与连接件或其他介入材料的机械咬合作用或钢筋端面的承压作用，将一根钢筋中的力传递至另一根钢筋的连接方法。

钢筋机械连接分为螺纹套筒连接和套筒挤压连接。其中螺纹套筒连接又分为直螺纹套筒连接和锥螺纹套筒连接；直螺纹套筒连接又分为镦粗直螺纹、剥肋滚轧直螺纹和直接滚轧直螺纹套筒连接。

镦粗直螺纹套筒连接：将钢筋的连接端先行镦粗，再加工出圆柱螺纹，并用相应的螺纹套筒将两根钢筋连接起来。见图 2 - 23（a）。

(a)镦粗直螺纹连接 (b)滚轧直螺纹连接 (c)套筒挤压连接

图 2 - 23 钢筋机械连接接头

滚轧直螺纹套筒连接：将钢筋的连接端用滚轧工艺加工成直螺纹，并用相应的螺纹套筒将两根钢筋连接起来。见图 2 - 23（b）。

套筒挤压连接：将专用套筒套在二根钢筋的接头处，在常温下用专用液压机进行挤压，在套筒和钢筋之间形成刻痕，利用刻痕的机械咬合作用来传力的一种连接方式。见图 2 - 23（c）。

钢筋机械连接接头根据其极限抗拉强度、残余变形、最大力下总伸长率及高应力和大变形条件下反复拉压性能分为 Ⅰ、Ⅱ、Ⅲ 级三个等级。各等级接头的极限抗拉强度及变形性能应符合《钢筋机械连接技术规程》JGJ 107—2016 的有关规定，见表 2 - 49、表 2 - 50。

表 2 - 49 接头极限抗拉强度（JGJ107—2016）

接头等级	Ⅰ 级	Ⅱ 级	Ⅲ 级
抗拉强度	$f_{mst}^0 \geq f_{stk}$，断于母材 或 $f_{mst}^0 \geq 1.10 f_{stk}$，断于连接件	$f_{mst}^0 \geq f_{stk}$	$f_{mst}^0 \geq 1.25 f_{yk}$

注：f_{mst}^0——接头试件实测抗拉强度；f_{stk}——被连接钢筋抗拉强度标准值；f_{yk}——被连接钢筋屈服强度标准值。

表 2-50 接头的变形性能（JGJ107—2016）

接头等级		Ⅰ级	Ⅱ级	Ⅲ级
单向拉伸	残余变形/mm	$u_0 \leq 0.10(d \leq 32)$ $u_0 \leq 0.14(d > 32)$	$u_0 \leq 0.14(d \leq 32)$ $u_0 \leq 0.16(d > 32)$	
	最大力总伸长率/%	$A_{sgt} \geq 6.0$	$A_{sgt} \geq 6.0$	$A_{sgt} \geq 3.0$
高应力反复拉压	残余变形/mm	$u_{20} \leq 0.3$	$u_{20} \leq 0.3$	
大变形反复拉压	残余变形/mm	$u_4 \leq 0.3$ 且 $u_8 \leq 0.6$	$u_4 \leq 0.3$ 且 $u_8 \leq 0.6$	$u_4 \leq 0.6$

注：u_0——接头试件加载至 $0.6f_{yk}$ 并卸载后，在规定标距内的残余变形；u_{20}、u_4、u_8——分别表示接头试件按规定加载程序，经反复拉压 20 次、4 次、8 次后的残余变形。d——钢筋的公称直径。

机械连接能达到节约钢筋的目的，且占用钢筋间距较少，适用于布筋较密集的钢筋混凝土结构或构件。具体使用过程中，应符合下列要求：

（1）混凝土结构中要求充分发挥钢筋强度或对延性要求高的部位应选用Ⅱ级接头或Ⅰ级接头。当在同一连接区段内必须实施 100% 钢筋接头的连接时应采用Ⅰ级接头。

（2）混凝土结构中钢筋应力较高但对延性要求不高的部位可采用Ⅲ级接头。

（3）钢筋连接件的混凝土保护层厚度应不小于 0.75 倍钢筋最小保护层厚度设计值和 15 mm 的较大值。必要时可对连接件采取防锈措施。

（4）结构构件中纵向受力钢筋的接头宜相互错开。钢筋机械连接的连接区段长度按 $35d$ 计算，当直径不同的钢筋连接时，按直径较小的钢筋计算。位于同一连接区段内的钢筋机械连接接头的面积百分率应符合下列规定：

①接头宜设置在结构构件受拉钢筋应力较小部位，当需要在高应力部位设置接头时，在同一连接区段内Ⅲ级接头的接头百分率应≤25%，Ⅱ级接头的接头百分率应≤50%。Ⅰ级接头在无抗震设防要求的结构中不受限制。

②接头宜避开有抗震设防要求的框架的梁端、柱端箍筋加密区；当无法避开时，应采用Ⅱ级接头或Ⅰ级接头，且接头百分率应≤50%。

③受拉钢筋应力较小部位或纵向受压钢筋，接头百分率不受限制。

④对直接承受动力荷载的结构构件，接头百分率应≤50%。

2. 焊接连接

焊接是利用热能或机械压力，或者两者并用，使用填充材料，将两个或两个以上的工件连接在一起成为不可分的牢固接头的方法。

钢筋的焊接分为电阻点焊、电弧焊、闪光对焊、电渣压力焊等形式。

电阻点焊：是将两钢筋安放成交叉叠接形式，压紧于两电极之间，利用电阻热熔化母材金属，加压形成焊点的一种压焊方法。应用于混凝土结构中钢筋焊接骨架和钢筋焊接网的焊接。

电弧焊：是以焊条作为一极，钢筋为另一极，利用焊接电流通过上传产生的电弧热进行焊接的一种熔焊方法。分为帮条双面焊、帮条单面焊、搭接双面焊、搭接单面焊等形式。电弧焊所用焊条应符合现行国家标准《非合金钢及细晶粒钢焊条》GB/T 5117—2012 或《热强钢焊条》GB/T 5118—2012 的规定，且所选焊条的型号应与被焊接的钢筋的品种相匹配。钢筋搭接长度和帮条钢筋的长度（l）要求，对于热轧光圆钢筋双面焊 $l \geq 4d$、单面焊 $l \geq 8d$；对于热轧带肋钢筋和余热处理钢筋双面焊 $l \geq 5d$、单面焊 $l \geq 10d$。其他技术要求应符合现行行业标准《钢筋焊接及验收规程》JGJ18—2012 的规定。钢筋电弧焊接头示意图见图 2 – 24。

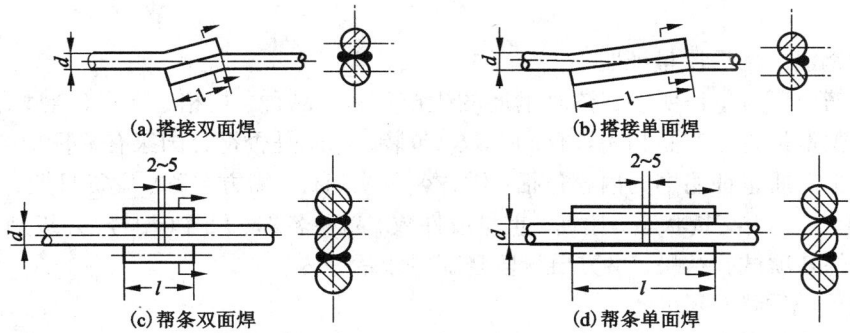

图 2 – 24 钢筋电弧焊接头

钢筋电弧焊焊接工艺简单，但是耗费钢材，且占用钢筋间距较多，不适用布筋较密的混凝土结构或构件。

闪光对焊：是将两钢筋安放成对接形式，利用电阻热使接触点金属熔化，产生强烈飞溅，形成闪光，迅速施加顶锻力完成的一种压焊方法。钢筋闪光对焊接头处四周有凸起的毛刺，其外形见图 2 – 25(a)。适用于水平和竖向受力钢筋的连接。

电渣压力焊：是将两钢筋安放成竖向或斜向对接形式，利用焊接电流通过两钢筋间隙，在焊剂层下形成电弧和电渣过程，产生电弧热和电阻热熔化钢筋，加压完成的一种压焊方法，其外形见图 2 – 25(b)。电渣压力焊应用于柱、墙等构筑物现浇混凝土结构中竖向受力钢筋的连接；不得用于梁、板等构件中水平钢筋的连接。

(a)闪光对焊　　　　　　　　　(b)电渣压力焊

图 2 – 25 钢筋闪光对焊与电渣压力焊接头

钢筋焊接接头的验收应依据现行行业标准《钢筋焊接及验收规程》JGJ18—2012 或其他施工验收标准的有关规定进行。验收内容包括接头的外观质量、抗拉强度，闪光对焊接头尚应进行弯曲性能检验。经检验合格的可以验收，检验不合格的需进行复检，复检合格的可以验收，否则，不予验收。

检验时，同一焊接形式的接头以 300 个接头作为一个验收批，不足也按一批计，每批随机切取 3 个接头进行抗拉强度检验，需要做弯曲检验的尚应再切取 3 个接头进行冷弯性能检验。

2.5.5 钢筋的验收与施工管理

1. 验收

1）核对钢筋的出厂质量证明书

根据钢筋出厂质量证明书，核对钢筋的生产厂家、品种、规格、标识（金属挂牌标识）、执行标准及数量是否与产品和购置合同一致，包装、标志是否符合国家有关标准的规定。

钢筋的出厂质量证明书的内容包括：供方名称或商标、需方名称、发货日期、标准号、钢材牌号、炉（批）号、交货状态、用途、重量或件数、品种名称、尺寸（型号）和级别、标准和合同中所规定的各项试验结果、供方质量监督部门印章等内容。

2）检查外观质量与尺寸

检查钢筋的外观是否符合相应标准的要求，并抽查钢筋的尺寸、质量偏差是否在标准规定范围内。

3）抽样检验

在外观质量符合要求的前提下，按相应标准规定，随机抽取规定数量的样品进行力学与工艺等性能检验。抽样要求和检验项目见表 2-51。

表 2-51　钢筋质量出厂检验项目及检验样品的抽取

钢材品种	组批规则	出厂检验项目及试样数量
热轧光圆钢筋	同一牌号、同一炉罐号、同一规格的钢筋为 60 t/批，不足 60 t 亦为一批。超过 60 t 的部分，每增加 40 t（或不足 40 t 的余数），增加一个拉伸试验试样	拉伸试验、冷弯试验每批各 2 根；重量偏差每批不少于 5 根
热轧带肋钢筋		
余热处理钢筋		
热轧圆盘条钢筋		拉伸试验每批 1 根；冷弯试验每批 2 根
冷轧带肋钢筋	同一牌号、同一外形、同一规格、同一生产工艺和同一交货状态的钢筋为 60 t/批，不足 60 t 亦为一批。	拉伸试验每盘 1 根；弯曲试验每批 2 根；反复弯曲试验每批 2 根；应力松弛试验定期 1 根
钢丝	同一牌号、同一规格、同一生产工艺生产的钢丝为 60 t/批，不足 60 t 亦为一批	拉伸试验每盘 1 根；规定非比例延伸强度 $R_{p0.2}$ 和最大力总伸长率每批 3 根；应力松弛每合同批不少于 1 根。
钢绞线	同一牌号、同一规格、同一生产工艺捻制的钢绞线为 60 t/批，不足 60 t 亦为一批	拉伸试验每批 3 根；应力松弛每合同批不小于 1 根；伸直性每批 3 根
螺纹钢筋	同一炉罐号、同一规格、同一交货状态的钢筋为 60 t/批，不足 60 t 亦为一批。超过 60 t 的部分，每增加 40 t（或不足 40 t 的余数），增加一个拉伸试验试样	拉伸试验每批 2 根；应力松弛试验每 1000 t 取 1 根；重量偏差每批不少于 5 根

注：钢筋的拉伸、弯曲、重量偏差试验用试样长度不少于 500 mm；预应力筋的拉伸、弯曲、重量偏差、应力松弛试验用试样长度不少于 1 m。

经按规定方法抽样检验，检验结果均符合国家现行有关标准要求时，判为合格批，可以验收。若有一项或多项技术指标不符合标准规定时，则应重新从该批未检验过的钢筋中随机抽取双倍数量的试样进行复验，复验全部符合标准规定的则可判为合格批，可以验收；如仍有不符合标准规定项，则该检验批判为不合格批，应不予验收。

2. 施工管理

钢筋在储存过程中应加强管理，避免混淆、锈蚀和污染。若管理不当，造成钢筋锈蚀或污染，将会导致钢筋的性能受损，从而影响到建设工程的质量、安全与造价。国家有关标准规定：当钢筋表面出现带有颗粒状或片状老锈时，不得使用；当钢筋经除锈后出现严重的表面缺陷时，应重新抽样进行性能检验，检验合格的可以继续使用；当钢筋表面有油污、漆污时，应将污渍清洗干净后再使用。因此，钢筋的施工现场管理工作是一项十分重要的工作，保管不当，将直接造成经济损失，增加建筑造价。钢筋的施工现场管理应注意如下几方面：

（1）堆放场地应坚实平整、干燥、不积水、并应有防雨淋措施。

（2）堆放时，在钢筋的下面应用方木或其他方料进行垫高，以防钢筋受潮锈蚀。

（3）应按品种、规格、批次不同分别堆放，并应有明显的标识，不至混淆。

（4）应防止钢筋被油、油漆等污染。

2.6 预应力筋用锚具、夹具

1. 锚具

锚具是指在后张法结构构件中，用于保持预应力筋的拉力并将其传递到结构上所用的永久性锚固装置。按其外形分为圆柱体锚具和长方体扁锚；按锚孔数量分为单孔和多孔；按锚固形式分为夹片式和挤压式（握裹式）；按使用功能分为工作锚（用于预应力筋永久锚固）和工具锚（用于预应力筋张拉和放张）。

圆锚：由锚板、夹片和锚垫板组成，锚板为圆柱体。锚板和夹片用于固定钢绞线，其型号表示为 YM15 – N，其中 Y 表示预应力，M 为锚具代号，15 表示用于 ϕ15.2 钢绞线的锚固，N 表示锚孔孔数。锚垫板用于承受锚具传来的预加力，并传递给混凝土的部件，分为普通型和铸造型。此锚具具有良好的锚固性能和放张自锚性能，张拉一般采用穿心式千斤顶。使用装配见图 2 – 26。

(a) 圆锚及夹片　　　　　　(b) 圆锚用锚垫板　　　　　　(c) 使用装配图

图 2 – 26　圆锚及使用装配图

扁锚：其组成与圆锚相同，只是锚板为长方体形。其型号表示为 YBM15 – N，其中 B 代表扁形锚具，其他符号和数字表示的意思与圆锚相同。主要用于桥面横向预应力、空心板、低高度箱梁，使应力分布更加均匀合理，进一步减薄结构厚度。使用装配见图 2 – 27。

(a)扁锚及夹片   (b)扁锚用锚垫板   (c)使用装配图

图2－27　扁锚及使用装配图

挤压锚：挤压式锚具也称握裹式锚具，由挤压套筒和装插在其中空腔内配套的挤压簧组成。使用时，用专用挤压设备将挤压套压结在钢绞线上，使挤压簧碎片牢固地刻入钢绞线和锚具内将钢绞线锚固。其型号表示为YM15P，其中P表示挤压式锚具。适用于构件端部设计应力大或端部空间受到限制的固定端锚具。挤压锚及使用装配见图2－28(a)、图2－28(b)。

锚固螺母：是用于锚固预应力混凝土用螺纹钢筋的锚具。锚固螺母及锚垫板见图2－28(c)。

(a)挤压锚   (b)挤压锚使用装配图   (c)锚固螺母及使用装配

图2－28　挤压锚与锚固螺母

2. 夹具

夹具是在先张法预应力混凝土构件生产过程中，用于保持预应力筋的拉力，并将其固定在生产台座(或设备)上的工具性锚固装置，其外形见图2－29。

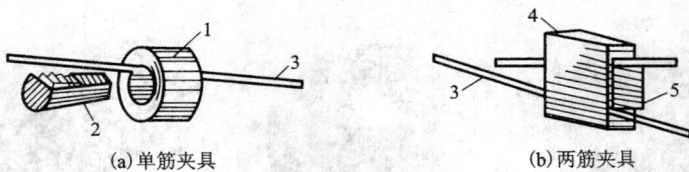

(a)单筋夹具   (b)两筋夹具

图2－29　夹具

1、4—套筒；2、5—锥形夹片；3—钢丝

3. 技术要求

预应力筋用锚具和夹具的技术要求应符合《预应力筋用锚具、夹具和连接器应用技术规程》JGJ 85—2010、《铁路工程预应力筋用夹片式锚具、夹具和连接器》TB/T 3193—2016或《公路桥梁预应力钢绞线用锚具、夹具和连接器》JT/T 329—2010的有关规定。

4. 验收

验收时，锚具、夹具以同一规格产品、同一批原材料、同一生产工艺生产的产品为一验收批。锚具每批不超过 2000 套(件)，夹具和连接器每批不超过 500 套(件)，不足亦为一批。外形外观检验为每批量的 5% ~ 10%；硬度检验为每批量的 3% ~ 5%，且不少于 5 套；锚板强度检验为每批 3 个；静载锚固性能检验为每批 3 套组装件。

2.7　预应力混凝土用波纹管

预应力混凝土用波纹管是用于后张法预应力混凝土结构构件中安装预应力筋用的预留孔道。按生产材料分为金属和塑料波纹管；按截面形状分为圆形和扁形。波纹管的外形见图 2 - 30。

(a)金属波纹管　　　　　　　　　　　(b)塑料波纹管

图 2 - 30　预应力混凝土结构用波纹管

预应力混凝土用波纹管的外观、尺寸、环刚度(管材在均布荷载作用下，垂直方向管内径变形量为原内径的 3% 时，管壁单位面积所能承受的压力)、柔韧性(塑料管材按规定方法反复弯曲 5 次后，专用塞规应能顺利地从管内通过)、抗冲击性等技术要求应符合《预应力混凝土用金属波纹管》JG 225—2007 和《预应力混凝土桥梁用塑料波纹管》JT/T 529—2016 的有关规定。

验收时，金属波纹管应以同一钢带生产厂生产的同一批钢带所制造的不超过 5 万米的波纹管为一验收批，不足 5 万米亦为一批，在每批中随机抽取 3 根波纹管进行尺寸偏差、径向刚度、抗渗漏、弯曲性能检验。塑料波纹管应以同一配方、同一生产工艺、同设备稳定连续生产的不超过 1 万米的波纹管为一验收批，不足 1 万米亦为一批，在每批中随机抽取 5 根波纹管进行尺寸偏差、环刚度、柔韧性检验。检验合格的可以验收。

复习思考题

1. 什么是混凝土结构？

2. 混凝土的组成材料有哪些？在混凝土中各自起何作用？

3. 硅酸盐水泥熟料的主要矿物组成有哪些？

4. 通用硅酸盐水泥有些品种？其中有哪些水泥具有较强的抗硫酸盐腐蚀性？

5. 水泥的水化产物主要有哪些？

6. 影响硅酸盐水泥凝结硬化的主要因素有哪些？

7. 通用硅酸盐水泥的化学指标和物理指标分别包括哪些？

8. 为什么要规定水泥的凝结时间？

9. 什么是水泥的安定性？影响水泥安定性的主要因素有哪些？

10. 水泥的强度等级是依据什么来划分的？

11. 什么水泥为不合格水泥？对不合格水泥应如何处理？

12. 选用水泥时应注意哪些因素？

13. 水泥石会被腐蚀的主要原因是什么？

14. 水泥在储运管理过程中应注意哪些方面？

15. 什么是骨料的级配？粗、细骨料的级配是如何划分的？其对混凝土的性能有何影响？

16. 骨料的粗细程度是如何划分的？其对混凝土的性能有何影响？

17. 骨料中的有害物质包括哪些？其对混凝土的性能有何影响？

18. 骨料的强度可用哪些指标来评价？

19. 什么是针、片状颗粒？其对混凝土的性能有何影响？

20. 混凝土用矿物掺合料主要有哪些？其对混凝土的性能有何影响？

21. 混凝土用外加剂按其主要功能分为哪几类？

22. 什么是混凝土拌合物的和易性？和易性的好坏可用什么指标来评价？

23. 混凝土拌合物的流动性应根据什么来合理确定？

24. 影响混凝土拌合物和易性的主要因素有哪些？如何改善？

25. 混凝土的强度分哪几种？混凝土的强度等级如何划分？

26. 影响混凝土强度的主要因素有哪些？提高混凝土强度的主要措施有哪些？

27. 混凝土的变形有哪些？其对混凝土结构有何影响？

28. 混凝土的耐久性的评价指标有哪些？如何提高混凝土的耐久性？

29. 混凝土配合比设计的基本要求是什么？

30. 混凝土的配制强度是依据什么来确定的？

31. 混凝土的水胶比是根据什么来确定的？经试验确定的水胶比为什么不能随意改变？

32. 什么是砂率？合理砂率是如何确定的？

33. 有关规范对混凝土的最大水胶比和最少胶凝材料用量进行限制的目的是什么？

34. 钢筋的拉伸试验可检验钢筋的那些性能指标？

35. 什么是强屈比？强屈比的大小对结构的安全可靠性有何影响？

36. 热轧光圆钢筋与热轧带肋钢筋有何区别？各自有何优缺点？

37. 用于抗震结构的钢筋有何特殊要求？

38. 钢筋连接形式有哪些？各自的适用范围是什么？

39. 预应力混凝土结构用预应力筋常用品种有哪些？

40. 预应力筋用锚具的常用品种有哪些？各自的适用范围是什么？

41. 对一强度等级为42.5级的普通硅酸盐水泥试样进行了胶砂强度检测，检测结果见下表，试确定其强度等级，并评定其实测强度是否满足国家标准要求。

抗折				抗压			
3d		28d		3d		28d	
荷载/kN	强度/MPa	荷载/kN	强度/MPa	荷载/kN	强度/MPa	荷载/kN	强度/MPa
1.45	2.90			23.1		75.2	
				28.9		71.6	
1.60	3.05			29.1		70.3	
				28.3		68.4	
1.50	2.75			26.5		69.2	
				27.2		70.3	

42.某工地用砂的筛分析结果见下表(风干砂样总质量为 500 g)，试确定该砂的粗细，并评定其级配如何？

筛孔尺寸尺寸/mm	4.75	2.36	1.18	0.60	0.30	0.15	筛底
分计筛余质量/g	14.5	89.3	97.2	98.8	101.4	83.8	14.8

43.某混凝土试样经试拌调整后，各种材料用量分别为水泥 3.1 kg、水 1.86 kg、砂 6.24 kg、碎石 12.8 kg，并测得混凝土拌合物的表观密度 $\rho_{c,t}=2400$ kg/m³，试计算 1 m³ 混凝土各项材料用量为多少？假定上述配合比，可以作为试验室配合比，若施工现场砂子含水率为4%，石子含水率为 1%，试求其施工配合比。

44.测得下列两组混凝土试块的破坏荷载如下表，试计算每个试块的强度和每组试块强度的代表值。

组别	试块尺寸/cm	破坏荷载/kN		
		1	2	3
第 1 组	15×15×15	640	540	692
第 2 组	10×10×10	202	226	193

45.从新进的一批 Φ18HRB400 钢筋中抽取两根钢筋进行拉伸试验，测得如下结果：达到屈服下限的荷载分别为 108.6 kN 和 107.5 kN，拉断时荷载分别为 144.5 kN 和 147.6 kN，试件断后标距分别为 107 mm 和 109 mm。试计算此钢筋的屈服强度、抗拉强度(精确到 1 MPa)和伸长率(精确到 0.5%)，并判定该钢筋的拉伸性能是否合格？

模块三　砌体结构工程材料

【内容提要】　本模块主要介绍砌体结构工程中常用的砖、砌块和砌筑石材的品种、规格、技术要求、应用、验收与施工管理，以及砌筑砂浆的组成材料要求、技术性质及配合比设计等有关知识。

砌体结构是指由块体材料和砂浆砌筑而成的墙、柱等建筑物或构筑物的主要受力构件的结构。是砖砌体、砌块砌体和石砌体结构的统称。用于砌体结构工程的材料主要包括砖、砌块、石材和砌筑砂浆。

3.1　砖

砖是以煤矸石、页岩、粉煤灰、黏土或其他工业废料为主要原料，用不同工艺制作而成的，用于砌筑承重墙和非承重墙及其他构筑物的小型块状材料。

按外观形态不同，砖分为普通砖（无孔洞）、多孔砖（孔洞率≥15%）和空心砖（孔洞率≥35%）。孔洞率是指砖中各孔洞体积之和占按外轮廓尺寸计算的砖体积的百分率。

按制造工艺不同，砖又分为烧结砖和非烧结砖两大类。烧结砖是经焙烧而成的砖；非烧结砖是不经过焙烧而制成的砖。非烧结砖由于能够利用工业废料，因而具有节能环保，资源循环利用的经济效益和社会效益，其主要品种有蒸压（蒸养）砖和混凝土砖。

3.1.1　烧结砖

烧结砖是指以煤矸石、页岩、粉煤灰或黏土为主要原料，经焙烧而成的直角六面体块体材料。按主要原料分为黏土砖（N）、页岩砖（Y）、煤矸石砖（M）、粉煤灰砖（F）、建筑渣土砖（Z）、淤泥砖（U）、污泥砖（W）、固体废弃物砖（G）。常用的品种有烧结普通砖（实心砖）和烧结多孔砖。其中，多孔砖具有质量轻、强度高、隔热保温性能好、节能等特点，是目前应用最广泛的品种。

1. 烧结砖的技术要求

烧结砖的主要技术要求包括：尺寸偏差、外观质量、强度、抗风化性能、泛霜、石灰爆裂、吸水率与饱和系数、放射性。此外，对于烧结多孔砖和烧结空心砖，其毛体积密度、孔型结构和孔洞率尚应符合国家有关标准的规定。

1）尺寸偏差

尺寸偏差是指烧结砖的实际尺寸与标准规定的公称尺寸之间的偏差。尺寸偏差过大，将影响砌体结构的外观和强度，故其偏差应符合国家有关标准的要求。

2）外观质量

外观质量是指砖的厚度不匀、缺棱掉角、裂纹、弯曲的程度等。其外观质量的优劣直接影响砌体结构的外观和强度，故外观质量应符合国家有关标准的要求。

3）抗风化性能

抗风化性能是指砖对于温度、干湿、冻融等气候因素引起风化破坏的抵抗能力。砖的抗风化性能可用抗冻性、吸水率及饱和系数三项指标来衡量。抗冻性是经15次冻融循环后，砖样不允许出现分层、掉皮、缺棱、掉角等冻坏现象，裂纹长度不得超过标准规定值。对于处于严重风化区的地区，砌墙砖必须进行冻融试验，经试验符合国家有关标准规定的才允许使用。

4）泛霜

泛霜是指在新砌筑的砌体表面有时会出现一层白色的粉状物。出现泛霜是由于砖内含有较多可溶性盐类矿物，这些盐类矿物在砌筑时溶解于进入砖内的水中，当水分蒸发时，在砖的表面结晶析出成霜状（盐析）。根据泛霜程度，分为无泛霜（几乎看不到盐析）、轻微泛霜（出现一层细小霜膜）、中等泛霜（部分表面出现明显霜层）和严重泛霜（表面起砖粉、掉屑、脱皮现象）四种情况。严重泛霜的砖对砌体结构起破坏作用，不能使用。

烧结砖的泛霜与石灰爆裂

5）石灰爆裂

烧结砖的原料或燃料中夹杂着石灰石等成分，烧结时被烧成生石灰，吸水后缓慢熟化产生体积膨胀，使砖发生爆裂的现象称之为石灰爆裂。石灰爆裂不但影响砖的外观，而且会降低砌体结构的强度。

6）吸水率与饱和系数

将烘干的砖样先浸泡24 h，再沸煮5 h后，测定其总的吸水率称为5 h沸煮吸水率；其浸泡24 h的吸水量与沸煮后的总吸水量的比值称为饱和系数。通过测定砖的5 h沸煮吸水率和饱和系数来衡量其抗风化性能。吸水率和饱和系数愈小，则砖的抗风化性能愈强。

7）强度等级

根据砖的平均抗压强度不同分为若干个等级，强度等级由代号"MU"与抗压强度平均值来表示。如MU15表示该砖的平均抗压强度值不低于15 MPa。砖的强度等级直接影响砌体结构的承载能力，故应根据砌体结构的设计要求，选用强度等级与之相适应的砖。

8）放射性

放射性是指砖中含有镭－226、钍－232、钾－40等放射性物质。这些放射性物质如果含量超过规定要求，他们所释放的γ射线将对人体产生危害，故对其含量必须加以限量。

9）毛体积密度

毛体积密度是衡量砖自重的一个指标。毛体积密度愈大，表明其孔隙率就愈小，保温性能就愈差，强度就愈高。

10）孔型结构和孔洞率

孔型结构是指多孔砖和空心砖的孔洞排列情况；孔洞率是指孔洞的体积占砖的总体积的百分率。孔型结构和孔洞率对砖的强度及保温性有直接影响。

2. 常用烧结砖

1）烧结普通砖

烧结普通砖的外观形状为实心的长方体，毛体积密度为1400～1900 kg/m³。其外形见图3－1。

规格品种：砖的公称尺寸为长×宽×高＝240 mm×115 mm×53 mm。按砖的抗压强度分

(a)实物图   (b)示意图

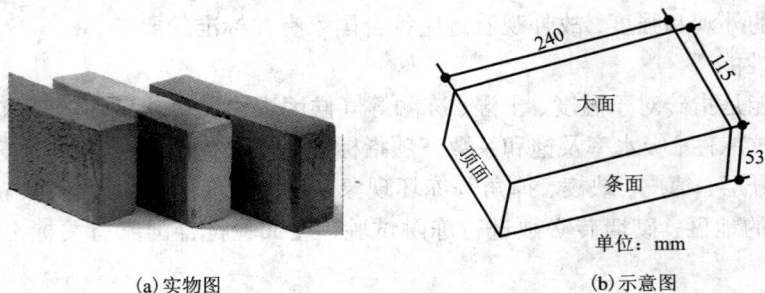

图 3 – 1   烧结普通砖外形

为 MU30、MU25、MU20、MU15 和 MU10 五个强度等级,各等级的强度要求见表 3 – 1。

表 3 – 1   烧结普通砖的强度等级(GB/T5101—2017)

强度等级	10 块砖的抗压强度平均值 $\bar{f}$/MPa,≥	抗压强度标准值 f_k/MPa,≥
MU30	30.0	22.0
MU25	25.0	18.0
MU20	20.0	14.0
MU15	15.0	10.0
MU10	10.0	6.5

注:$f_k = \bar{f} - 1.83\,s$(s 为 10 块砖的抗压强度标准差)。

技术要求:烧结普通砖产品中不允许有欠火砖、酥砖、螺旋纹砖。砖的尺寸偏差、外观质量等技术要求应符合现行国家标准《烧结普通砖》GB/T5101—2017 的有关规定。

欠火砖是指未达到烧结温度或保持烧结温度时间不够的砖。色浅、敲击时音哑、孔隙率大、强度低、吸水率大、耐久性差。

酥砖是指因返潮、雨淋形成的分层等内部缺陷致成品砖被敲击时发出的声音混浊、沉闷、哑音或根本发不出声音或表面片状脱落的砖。易破碎、起壳、掉角,用手拿起碎块用力一捏,立刻呈粉末状,内芯有发黄、蜂窝现象,强度低、耐久性差。

螺旋纹砖是指以螺旋挤出机成型砖坯时,因泥料在出口处愈合不良而形成砖坯内部螺旋状的分层。螺旋纹砖受力后容易破碎,影响砌体结构的整体性和强度。

特点与应用:烧结普通砖具有较高的强度和耐久性、良好的保温隔热和隔声性能,但其自重大、块体小、施工效率低、能耗高、抗震性能差。适用于一般建筑物的承重和非承重墙体的砌筑,也可用于砌筑柱、拱、窑炉、烟囱、台阶、沟道及基础等,亦可砌成薄壳,修建跨度较大的屋盖。在砖砌体中配置适当的钢筋或钢筋网成为配筋砖砌体,可代替钢筋混凝土过梁。在现代建筑中,还可与轻骨料混凝土、加气混凝土、岩棉等复合,砌筑成各种轻体墙,以增强其保温隔热性能。中等泛霜的砖不能用于潮湿部位。

清水墙与混水墙的区别

2) 烧结多孔砖

烧结多孔砖的外形为直角六面体。其外形见图 3 – 2。

(a) P 型砖　　　　　　　　　　　(b) M 型砖

图 3 – 2　烧结多孔砖外形

规格品种：砖的长、宽、高尺寸由 290、240、190、180、140、115、90 mm 中的三个组合而成。按砖的毛体积密度的大小分为 1000、1100、1200、1300 kg/m³ 四个等级；按整块砖的抗压强度分为 MU30、MU25、MU20、MU15、MU10 五个强度等级，各等级的强度要求同烧结普通砖，见表 3 – 1。

技术要求：烧结多孔砖产品中不允许有欠火砖、酥砖；砖的尺寸允许偏差、外观质量、孔型结构及孔洞率、泛霜、石灰爆裂、抗风化性、放射性等技术要求应符合现行国家标准《烧结多孔砖和多孔砌块》GB 13544—2011 的有关规定。

特点与应用：烧结多孔砖与烧结普通砖相比，除具有相当的强度外，尚具有毛体积密度较小，自重较轻（墙体自重可减轻 1/5 左右），保温隔热、隔声、吸潮、耐久性能好的特点。适用于一般建筑物的承重和非承重墙体的砌筑。

3.1.2　非烧结砖

不经过焙烧而制成的砖，都属于非烧结砖。与烧结砖相比，它具有耗能低的优点。按外形分为普通砖（实心砖）和多孔砖两种。

1. 非烧结砖的技术要求

非烧结砖的主要技术要求包括：尺寸偏差、外观质量、强度、抗冻性、干燥收缩率、吸水率、碳化性能、软化性能（软化系数）、放射性。此外，非烧结多孔砖的孔型结构和孔洞率尚应符合国家有关标准的规定。

2. 常用非烧结砖

1) 蒸压灰砂砖与多孔砖

蒸压灰砂砖与多孔砖是以石灰、砂子为主要原料，允许掺入颜料和外加剂，经坯料制备、压制成形、蒸压养护而成的直角六面体实心或多孔砖。其外形与烧结普通砖和多孔砖相同，无烧缩现象，尺寸偏差较小，外形光洁整齐。

规格品种：蒸压灰砂砖的公称尺寸为长 × 宽 × 高 = 240 mm × 115 mm × 53 mm；蒸压灰砂多孔砖的公称尺寸为长 × 宽 × 高 = 240 mm × 115 mm × 90(115)mm。蒸压灰砂砖根据其抗压强度和抗折强度分为：MU25、MU20、MUl5 和 MUl0 四个强度等级；蒸压灰砂多孔砖按整砖的抗压强度分为 MU30、MU25、MU20、MU15 四个等级。各等级的强度要求见表 3 – 2。

质量等级：蒸压灰砂砖根据其尺寸偏差、外观质量、强度及抗冻性划分为优等品（A）、一等品（B）、合格品（C）三个等级；蒸压灰砂多孔砖按其尺寸偏差和外观质量分为优等品（A）和合格品（C）二个等级。

表 3－2　蒸压灰砂砖与多孔砖的强度等级

强度等级	蒸压灰砂砖（GB 11945—1999）				蒸压灰砂多孔砖（JC/T 637—2009）	
	抗压强度/MPa，≥		抗折强度/MPa，≥		10 块抗压强度平均值 $\bar{f}$/MPa，≥	单块最小抗压强度值 f_{min}/MPa，≥
	5 块平均值	单块值	5 块平均值	单块值		
MU30	—	—	—	—	30.0	24.0
MU25	25.0	20.0	5.0	4.0	25.0	20.0
MU20	20.0	16.0	4.0	3.2	20.0	16.0
MU15	15.0	12.0	3.3	2.6	15.0	12.0
MU10	10.0	8.0	2.5	2.0	—	—

注：优等品的强度级别不得低于 MU15。

技术要求：蒸压灰砂砖的尺寸偏差、外观质量、强度等级、抗冻性、放射性等技术要求应符合现行国家标准《蒸压灰砂砖》GB 11945—1999 的有关规定。

蒸压灰砂多孔砖的孔洞应垂直于砖的大面，孔洞排列上下左右应对称，分布均匀，圆孔直径应≤22 mm，非圆孔内切圆直径应≤15 mm，孔洞外壁厚度应≥10 mm，肋厚应≥7 mm，孔洞率应≥25%；线性干燥收缩率应≤0.050%；碳化系数和软化系数应≥0.85；砖的尺寸允许偏差、外观质量、强度等级、抗冻性、放射性等技术要求应符合现行行业标准《蒸压灰砂多孔砖》JC/T 637—2009 的有关规定。

特点与应用：蒸压灰砂砖强度高，无烧缩现象，尺寸偏差较小，外形光洁整齐；蒸压灰砂多孔砖除了具有蒸压灰砂砖的优点外，尚具有质轻、保温隔热、隔音等优点。适用于承重和非承重墙体，MU15 及以上的砖可用于基础及其他建筑部位，MU10 的砖仅可用于防潮层以上的建筑部位。但是，由于蒸压灰砂砖的耐热性和耐腐蚀性较差，故不得用于长期受热 200℃以上、受急冷急热和有酸性介质侵蚀的建筑部位。

2）蒸压粉煤灰多孔砖

蒸压粉煤灰多孔砖是以粉煤灰、生石灰（或电石渣）为主要原料，可掺加适量石膏等外加剂和其他集料，经坯料制备、压制成形、蒸压养护而成的直角六面体多孔砖，代号为 AFPB。

规格品种：砖的长度可为 360、330、290、240、190、140（mm）；宽度可为 240、190、115、90（mm）；高度可为 115 mm 或 90 mm。按整块砖的抗压强度和抗折强度分为 MU25、MU20、MU15 三个等级。

技术要求：砖的孔洞应与砌筑承受压力的方向一致，铺浆面应为盲孔或半盲孔，孔洞率为 25%～35%；线性干燥收缩值应≤0.5 mm/m；碳化系数应≥0.85；吸水率应≤20%；砖的尺寸允许偏差、外观质量、强度等级、抗冻性和放射性等技术要求应符合现行国家标准《蒸压粉煤灰多孔砖》GB 26541—2011 的有关规定。

特点与应用：蒸压粉煤灰多孔砖具有原材料丰富，生产技术简单，质量轻，强度高，保温隔热、隔声性能好，节能环保等优点。适用于工业与民用建筑的承重和非承重结构。

3）承重混凝土多孔砖

承重混凝土多孔砖是以水泥、砂、石等为主要原料，经配料、搅拌、成形、养护制成的直角六面体多排孔混凝土砖。简称混凝土多孔砖，代号为 LPB。其外形见图 3-3。

规格品种：砖的长度可为 360、290、240、190、140（mm）；宽度可为 240、190、115、90（mm）；高度可为 115 mm、90 mm。按整块砖的抗压强度分为 MU25、MU20、MU15 三个强度等级。

图 3-3 承重混凝土多孔砖外形

技术要求：砖的孔洞应与砌筑承受压力的方向一致，铺浆面应为盲孔或半盲孔，最小外壁厚应≥18 mm，最小肋厚应≥18 mm，孔洞率为 25%~35%；线性干燥收缩率应≤0.045%；碳化系数和软化系数应≥0.85；吸水率应≤12%。砖的尺寸允许偏差、外观质量、相对含水率、强度等级、抗冻性和放射性等技术要求应符合现行国家标准《承重混凝土多孔砖》GB 25779—2010 的有关规定。

特点与应用：承重混凝土多孔砖具有强度高，耐久性好，保温隔热、隔声性能好等优点。适用于工业与民用建筑的承重结构的砌筑。

4）炉渣砖

炉渣砖是以炉渣为主要原料，掺入适量水泥、电石渣、石灰、石膏，混合均匀压制成形后，经蒸汽或蒸压养护而成的直角六面体实心砖，代号为 LZ。其外形与烧结普通砖相同。

规格品种：砖的公称尺寸为长×宽×高=240 mm×115 mm×53 mm。按砖的抗压强度划分为 MU25、MU20、MU15 三个等级，各等级的强度要求见表 3-3。

表 3-3 炉渣砖的强度等级（JC/T 525—2007）

强度等级	10 块砖的抗压强度平均值 $\bar{f}$/MPa，≥	变异系数 $\delta \leqslant 0.21$	变异系数 $\delta > 0.21$
		抗压强度标准值 f_k/MPa，≥	单块最小抗压强度值 f_{min}/MPa，≥
MU25	25.0	19.0	20.0
MU20	20.0	14.0	16.0
MU15	15.0	10.0	12.0

注：变异系数=10 块砖的抗压强度标准差/抗压强度平均值。

技术要求：砖的线性干燥收缩率应≤0.06%，耐火极限应≥2.0 h；砖的尺寸允许偏差、外观质量、强度等级、抗冻性、抗碳化性、抗渗性、放射性等技术要求应符合现行行业标准《炉渣砖》JC/T 525—2007 的有关规定。

特点与应用：由于炉渣具有大量微孔和良好的抗侵蚀性，故炉渣砖具有质量轻，保温隔热和抗侵蚀性能好，且具有利废、节能等优点。主要用于一般建筑物的承重和非承重墙体及基础部位。对于经常受干湿交替及冻融作用的建筑部位，最好使用高强度等级的炉渣砖或采用水泥砂浆抹面保护。防潮层以下的建筑部位应采用 MU15 以上的炉渣砖。

3.1.3 砖的验收与施工管理

1. 验收

1）核对产品出厂合格证

核对出厂合格证的有关产品名称、型号、规格、数量是否与产品和合同要求相符。

砖产品出厂时，生产厂家必须提供产品质量合格证。产品质量合格证主要内容包括：生产单位、产品标记、批量及编号、证书编号、本批产品实测技术性能和生产日期等，并有检验员和承检单位签章。

2）质量检验

尽管砖产品在出厂时均附有生产厂家提供的产品出厂合格证，但是，为了确保建设工程的质量和安全，国家有关法律法规和施工质量验收标准规定，砖在使用前，应按有关产品标准和施工质量验收标准的规定，在监理人员的见证下，分批次、按批量随机抽取规定数量的样品送至具有相应资质的检验机构进行检验，以验证该批产品的技术参数是否符合有关产品标准、设计文件和合同约定的要求。

检验时，首先对产品的外观质量进行检验，外观质量不合格的应不予验收，在外观质量符合要求的前提下，再按有关产品标准和施工质量验收标准的规定，随机抽取规定数量的样品进行强度和其他物理力学性能检验，检验结果符合要求的，该批产品可以验收。烧结砖中有欠火砖、酥砖和螺旋纹砖时，则判该批砖为不合格品，应不予验收。

2. 施工管理

砖在装卸时要轻拿轻放，避免碰撞摔打，禁止翻斗倾卸；储存时，不同技术参数的产品应分别码放，不得混杂，并应有明显的标识，以便施工人员正确选用；堆放场地应坚实平整；对于蒸压粉煤灰多孔砖、承重混凝土多孔砖尚应有防雨淋措施。

由于砖具有较强的吸水性，特别是烧结砖，如果直接用干砖砌筑，则砌筑砂浆中的水分容易被干砖所吸收，使砂浆的流动性降低，导致砌筑灰缝不饱满，灰缝厚度和砌筑平整度难以控制，且还会影响水泥的水化，导致砂浆强度及砂浆与砖的粘接强度降低，砂浆与砖会出现不牢的现象，对砌体质量产生不利影响。因此，在砌筑前，应将干砖用洁净水润湿，但又不能过湿，过湿将使砂浆流动性增大、砂浆与砖的界面层水灰比增大、砂浆强度降低，妨碍了水泥浆向砖体内渗透，出现流浆、离析等现象，也将导致砌体质量下降。

实践证明，适宜的含水率不仅可以提高砖与砂浆直接的粘接力，提高砌体的抗剪强度，还可以使砌筑砂浆在操作面上保持一定的摊铺流动性，便于施工操作，有利于保证砂浆的饱满度，这些对保证砌体施工质量和力学性能都是十分有利的。

适宜的含水率因砖的种类不同而不同。对于烧结砖，宜为 10% ~ 15%；对于灰砂砖、粉煤灰砖，宜为 8% ~ 12%。现场检验砖含水率的简易方法为断砖法，即将砖砍断，当砖截面四周渗水深度为 15 mm ~ 20 mm 时，视为符合要求的适宜含水率。

3.2 砌块

砌块是建筑工程中常用的新型墙体材料之一。它可以利用工业废料，化害为利，其块体较大，可提高砌筑效率，提高机械化程度。可以制成实心或空心，分别满足承重或轻质的要求；若在砂浆层中设置钢筋网片或在墙体内安插钢筋，容易满足牢固抗震的要求。因此，发展砌块建筑，是我国墙体材料改革的重要途径之一，尤其是空心砌块，其空心率可达 35% ~ 50%，墙体自重可减轻 30% 以上，建筑功能也得到改善。

在砌筑块材中，凡长、宽、高有一项或一项以上分别大于 365 mm、240 mm、115 mm，且高度不超过长或宽的 6 倍、长度不超过高度的 3 倍者，均称为砌块。

砌块按其用途分为承重砌块和非承重砌块；按其结构分为实心砌块和空心砌块；按其生产工艺分为非烧结砌块和烧结砌块；按产品规格分为小型砌块（主规格：高为 115 ~ 380 mm）、中型砌块（主规格：高为 380 ~ 980 mm）和大型砌块（主规格：高大于 980 mm）。

由于砌块可以采用各种工业废料和地方资源，因此，若按所用原料来分，便有许多的品种，如硅酸盐混凝土砌块（粉煤灰砌块、加气混凝土砌块等）、轻骨料混凝土砌块（陶粒混凝土砌块、浮石混凝土砌块、火山渣混凝土砌块等）、水泥混凝土砌块、煤矸石砌块、石膏砌块、烧结黏土（煤矸石、页岩、粉煤灰）砌块等。常用的砌块有蒸压加气混凝土砌块、普通混凝土小型砌块、粉煤灰混凝土小型空心砌块和轻集料混凝土小型空心砌块。

1. 蒸压加气混凝土砌块

蒸压加气混凝土砌块是以钙质材料（如水泥、石灰等）和硅质材料（如砂子、粉煤灰、矿渣等）为基本原料，以铝粉为发气剂，经过切割、蒸压养护等工艺制成的多孔、直角六面体块状墙体材料，代号为 ACB。其外形见图 3 - 4。

图 3 - 4 蒸压加气混凝土砌块

规格品种：砌块主规格尺寸为：长 600 mm；宽 100、120、125、150、180、200、240、250 或 300（mm）；高 200、240、250 或 300（mm）。根据砌块的 100 mm 边长立方体抗压强度划分为 A1.0、A2.0、A2.5、A3.5、A5.0、A7.5、A10 七个强度等级。根据砌块的干密度划分为 B03、B04、B05、B06、B07、B08 六个级别。

质量等级：砌块按其尺寸偏差、外观质量、干密度、抗压强度和抗冻性分为优等品（A）和合格品（B）二个质量等级。

技术要求：砌块的干密度、导热系数、干燥收缩值及强度级别应符合表 3 - 4 的规定。

表 3 - 4 砌块的干密度、导热系数、干燥收缩值及强度级别（GB 11968—2006）

干密度级别		B03	B04	B05	B06	B07	B08
干密度 /(kg·m⁻³)	优等品 (A)，≤	300	400	500	600	700	800
	合格品 (B)，≤	325	425	525	625	725	825
强度级别	优等品（A）	A1.0	A2.0	A3.5	A5.0	A7.5	A10.0
	合格品（B）			A2.5	A3.5	A5.0	A7.5
导热系数（干态） /(W·m⁻²·K⁻¹)，≤		0.10	0.12	0.14	0.16	0.18	0.20
干燥收缩值 /(mm·m⁻¹)	标准法，≤	0.50					
	快速法，≤	0.80					

砌块的尺寸允许偏差、外观质量、导热系数、抗冻性等技术要求应符合现行国家标准《蒸压加气混凝土砌块》GB 11968—2006 的有关规定。

特点与应用：蒸压加气混凝土砌块是一种轻质多孔、吸音隔热性能良好的墙体材料。主要用于建筑物的外填充墙和非承重内隔墙，也可与其他材料组合成为具有保温隔热功能的复合墙体，但不宜用于最外层。另外，蒸压加气混凝土砌块如无有效措施，不得用于建筑物标高 ±0.000 以下；不得用于长期浸水、经常受干湿交替或经常受冻融循环的部位；不得用于受酸碱化学物质侵蚀的部位以及制品表面温度高于 80℃的部位。

2. 普通混凝土小型砌块

普通混凝土小型砌块是以水泥、砂、石、水等为原料，经搅拌、振动成形、养护等工艺制成的直角六面体小型砌块。

规格品种：按使用要求分为主块型砌块（见图 3-5）和辅助型砌块；按空心率分为实心砌块（空心率＜25%，代号为 H）和空心砌块（空心率≥25%，代号为 S）；按砌筑结构和受力情况分为承重砌块（代号为 L）和非承重砌块（代号为 N）；主块型砌块的长度尺寸为 390 mm，宽度尺寸可为 90 mm、120 mm、140 mm、190 mm、240 mm 或 290 mm，高度尺寸可为 90 mm、140 mm 或 190 mm；按整块砌块的抗压强度分为 MU5.0、MU7.5、MU10、MU15、MU20、MU25、MU30、MU35、MU40 九个强度等级。

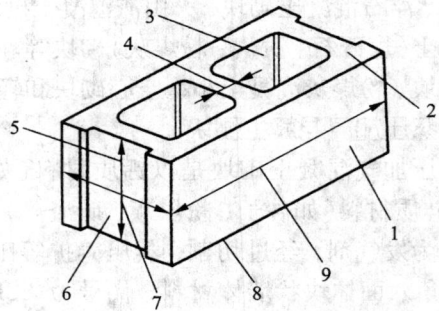

图 3-5 主块型砌块外形

1—条面；2—坐浆面（肋厚较小的面）；3—壁；4—肋；5—高度；6—顶面；7—宽度；8—铺浆面；9—长度

技术要求：承重砌块的最小外壁厚应≥30 mm，最小肋厚应≥25 mm，非承重砌块的最小外壁厚和最小肋厚应≥20 mm；碳化系数和软化系数应≥0.85；砌块的尺寸允许偏差、外观质量、强度等级、吸水率、抗冻性、抗渗性等技术要求应符合现行国家标准《普通混凝土小型砌块》GB/T 8239—2014 的有关规定。

特点与应用：普通混凝土小型砌块具有块体大，质量轻，保温隔热、隔声性能好，施工效率高等优点。适用于工业与民用建筑的承重和非承重墙体的砌筑。由于他的温度变形和干湿变形值都比普通烧结砖大，为了防止墙体开裂，应根据规定设置伸缩缝，并在必要部位增加圈梁或构造钢筋。

3. 粉煤灰混凝土小型空心砌块

粉煤灰混凝土小型空心砌块是以粉煤灰、水泥、集料为主要组分（也可加入外加剂等），加水搅拌、振动成形、蒸汽养护而制成的直角六面体墙体材料，代号为 FHB。其外形同普通混凝土小型砌块。

规格品种：砌块的主规格尺寸为长×宽×高＝390 mm×190 mm×190 mm。按砌块孔的排数分为单排孔（1）、双排孔（2）和多排孔（D）三类。按砌块的密度等级分为：600、700、800、900、1000、1200 和 1400（kg/m³）七个等级。按整块砌块的抗压强度分为：MU3.5、MU5.0、MU7.5、MU10、MU15、MU20 六个等级。

技术要求：砌块的最小外壁厚，用于承重墙时应≥30 mm，用于非承重墙时应≥25 mm；

最小肋厚，用于承重墙时应≥25 mm，用于非承重墙时应≥15 mm；线性干燥收缩率应≤0.060%；碳化系数和软化系数应≥0.80；相对含水率，潮湿地区应≤40%、中等地区应≤35%、干燥地区应≤30%；砌块的尺寸允许偏差、外观质量、强度等级、密度等级、抗冻性、放射性等技术要求应符合现行行业标准《粉煤灰混凝土小型空心砌块》JC/T862—2008 的有关规定。

特点与应用：砌块具有较好的后期强度储备，较好的抗震性、良好的保温性能和抗渗性，利废节能，块体大，施工效率高等优点。适用于民用和工业建筑的墙体。但不宜用于有酸性侵蚀的、经常处于受高温或潮湿的部位以及有较大震动影响的建筑。

4.轻集料混凝土小型空心砌块

轻集料混凝土小型空心砌块是指用轻粗骨料(如陶粒、浮石等)、轻砂(或普通砂)、水泥和水等原料配制而成的直角六面体墙体材料，代号为 LB。其外形与普通混凝土小型砌块相同。

规格品种：砌块的主规格尺寸为长×宽×高＝390 mm×190 mm×190 mm；按砌块孔的排数分为单排孔、双排孔、三排孔和四排孔等；按砌块密度等级分为 700、800、900、1000、1100、1200、1300 和 1400(kg/m³) 八个等级(除自然煤矸石掺量不小于砌块质量 35% 的砌块外，其他砌块的最大干密度等级为 1200 kg/m³)；按整块砌块的抗压强度分为 MU2.5、MU3.5、MU5、MU7.5、MU10 五个等级。

技术要求：砌块的线性干燥收缩率应≤0.065%；碳化系数和软化系数应≥0.80；吸水率应≤18%；砌块各强度等级的强度和干密度要求应符合表 3-5 的规定。其他技术要求应符合现行国家标准《轻集料混凝土小型空心砌块》GB/T 15229—2011 的有关规定。

表 3-5　轻集料混凝土小型空心砌块的强度等级(GB/T 15229—2011)

强度等级	抗压强度/MPa，≥		密度等级/(kg·m⁻³)，≤	强度等级	抗压强度/MPa，≥		密度等级/(kg·m⁻³)，≤
	5块平均值	单块最小值			5块平均值	单块最小值	
MU2.5	3.5	2.0	800	MU7.5	7.5	6.0	1300(1200)
MU3.5	3.5	2.8	1000	MU10	10.0	8.0	1400(1200)
MU5	5.0	4.0	1200				

注：① 当砌块的抗压强度同时满足 2 个或 2 个以上强度等级要求时，应以满足要求的最高强度等级为准。

② 括号中的数字为除自然煤矸石掺量不小于砌块质量 35% 以外的其他砌块的要求。

特性与应用：轻集料混凝土小型空心砌块与普通混凝土小型砌块相比，具有质量轻(密度小)、热工性能较好、节能环保等特点。由于其强度低，故主要用于工业与民用建筑的框架结构的填充墙体和非承重墙体的砌筑。

3.3　砌筑石材

砌筑石材是由天然岩石经人工开采、加工而成。天然岩石具有很高的抗压强度、良好的耐磨性和耐久性，经加工后，表面美观富于装饰性，资源分布广，蕴藏量丰富，便于就地取材，价格低廉，大大降低工程费用等优点，所以至今仍然在砌筑和装饰工程中被广泛使用。

3.3.1 岩石的形成与分类

1. 岩石的形成

天然岩石是由各种不同的地质作用形成的，具有一种或多种矿物组成和一定结构构造的固态矿物的集合体。

岩石的结构是指矿物的结晶程度、结晶大小、形态及相互排列关系。如玻璃状（非结晶体）、细晶状、粗晶状、斑状、纤维状等。

岩石的构造是指矿物在岩石中的排列及相互配置关系。如致密状、层状、片状、多孔状、流纹状等。

2. 岩石的分类

1）按矿物组成分

岩石按其矿物组成分为单矿岩和复矿岩。

单矿岩：是由单一矿物组成的岩石。如石灰岩就是由 95% 以上的方解石（结晶 $CaCO_3$）组成的单矿岩。

复矿岩：是由两种或两种以上矿物组成的岩石。如花岗岩是由长石（铝硅酸盐）、石英（结晶 SiO_2）、云母（钾、镁、锂、铝等的铝硅酸盐）等矿物组成的多矿岩。

2）按地质成因分

天然岩石按地质成因分为岩浆岩（火成岩）、沉积岩（水成岩）和变质岩。

岩浆岩：又称火成岩，是由岩浆喷出地表或侵入地壳冷却凝固所形成的岩石，有明显的矿物晶体颗粒或气孔。根据其冷却条件不同又可分为深成岩（在地壳深处冷凝）、浅成岩（在地壳浅处冷凝）、火山岩（在地表冷凝）。深成岩结晶完全、晶粒粗大、结构致密、表观密度大、抗压强度高、孔隙率及吸水率小、抗冻性和耐磨性好；浅成岩具有结晶体与玻璃体混合在一起的半晶质结构，岩石性能比深成岩稍差；火山岩具有细晶粒、隐晶质或玻璃质结构，常含有碎屑、斑晶和很小的气孔，吸水性强、耐高温、抗风化性强。

沉积岩：又称水成岩，是在地表不太深的地方，将其他岩石的风化产物和一些火山喷发物，经过水流或冰川的搬运、沉积、成岩作用而形成的岩石。根据其造岩组分和结构不同又可分为碎屑沉积岩、化学沉积岩和生物沉积岩。沉积岩的主要特征是呈层状构造，孔隙率和吸水率较大，强度较低，耐久性较差。

变质岩：是由于原来的岩石受到强烈的地质活动，在高温和高压条件下矿物再结晶或生成新矿物，使原来岩石的矿物成分及构造发生显著变化而形成的一种新岩石。变质岩具有片理或块状结构，由岩浆岩变质而成的变质岩性能一般比原岩浆岩差，由沉积岩变质而成的变质岩性能一般比原沉积岩好。

岩石在整个地表的分布情况为：沉积岩约占 75%，岩浆岩和变质岩约占 25%。

3）按抗压强度分

《建筑地基基础设计规范》GB 50007—2011 中，根据岩石饱水单轴抗压强度标准值将岩石划分为坚硬岩、较硬岩、较软岩、软岩和极软岩，见表 3-6。

表 3－6　岩石坚硬程度划分(GB50007—2011)

坚硬程度类别	坚硬岩	较硬岩	较软岩	软岩	极软岩
饱水单轴抗压强度标准值(f_{rk})/MPa	$f_{rk}>60$	$30<f_{rk}\leqslant60$	$15<f_{rk}\leqslant30$	$5<f_{rk}\leqslant15$	$f_{rk}\leqslant5$

《砌体结构设计规范》GB 50003—2011 规定,石材的强度等级采用边长为 70 mm 的立方体试件饱水抗压强度来表示。也可采用边长为 50 mm 的立方体试件,但应对其试验结果乘以 0.86 的换算系数。1 组不少于 3 个试件,当 3 个试件强度值中最大与最小值之差值未超过 3 个试件强度平均值的 20% 时,则取 3 个试件强度的平均值作为该岩石的抗压强度值。否则,应另取第 4 个试件试验,并在 4 个强度中取最接近的 3 个强度值的平均值作为该岩石的抗压强度值,同时在报告中将 4 个强度值全部给出。

根据岩石饱水抗压强度标准值分为 MU20、MU30、MU40、MU50、MU60、MU70、MU80、MU90、MU100、MU120 等强度等级。

3.3.2　砌体结构工程常用岩石与石材

1. 砌体结构工程常用岩石

砌体结构工程常用岩石有花岗岩、石灰岩、砂岩、玄武岩等。

1) 花岗岩

花岗岩是一种由火山爆发的熔岩在受到相当的压力作用下,在地表深处慢慢冷却凝固后隆起至地壳表层而形成的一种具有全晶质结构、块状构造、呈花点状的深成酸性火成岩。

花岗岩的主要矿物成分为石英(SiO_2)、长石($CaCO_3$)和云母。其中长石含量为 40% ~60%,石英含量为 20% ~40%。其颜色决定于所含矿物成分的种类和数量,有灰白、微黄、淡红、暗红、黑色、绿色等颜色。岩质坚硬密实、不易风化,表观密度为 2500 ~2700 kg/m³,抗压强度为 120 ~250 MPa,吸水率小于 1%,磨光性、耐磨性、抗冻性、耐水性、耐酸性、抗风化能力均好。

2) 石灰岩

石灰岩根据其成分、结构构造、形成机理、所含杂质的不同,可分为化学石灰岩(即常称的石灰岩)、生物石灰岩、鲕(ér)状石灰岩、碎屑石灰岩等。

化学石灰岩是湖海中所沉积的碳酸钙,在失去水分以后,紧压胶结起来而形成的岩石。如普通石灰岩、硅质石灰岩等。

生物石灰岩是生物遗体堆积而成的岩石。如珊瑚石灰岩、介壳石灰岩,藻类石灰岩等。

石灰岩的矿物成分主要是碳酸钙(占 50% 以上),还有一些黏土、粉砂等杂质。纯净的石灰岩呈浅灰、灰白色,而含有机质多的石灰岩呈深灰、灰黑、浅黄、淡红等色。除含硅质的石灰岩外,石灰岩的硬度不大,有明显的层理,质脆,遇稀盐酸会激烈起泡,易溶蚀。表观密度为 2600 ~2800 kg/m³,吸水率为 2 ~10%,抗压强度为 20 ~160 MPa。

3) 砂岩

砂岩又称砂粒岩,是由于地球的地壳运动,砂粒(岩石碎屑)与胶结物(硅质物、碳酸钙、黏土、氧化铁、硫酸钙等)经长期巨大压力压缩粘结而形成的一种沉积岩。其中砂粒含量大

常用岩石的鉴别

于50%。绝大部分砂岩是由石英或长石组成的。砂岩的颜色和砂子一样，可以是任何颜色，最常见的是棕色、黄色、红色、灰色和白色。

砂岩的性质因其胶结物的种类不同，性能差别很大。致密的硅质砂岩的性质接近于花岗岩；钙质砂岩的性质类似石灰岩；铁质砂岩的性质比钙质砂岩差。砂岩的主要类型有石英砂岩、长石砂岩、岩屑砂岩和杂砂岩等。

4）玄武岩

玄武岩是由火山喷发出的岩浆在地表冷却后凝固而成的一种致密状或泡沫状结构的喷出岩。具有细粒致密结构或斑状结构，呈气孔状或杏仁状构造。

玄武岩的主要矿物为斜长石和辉石。SiO_2 含量在 45~52% 之间。呈深灰色、黑色、棕黑色。表观密度为 2800~3300 kg/m^3，吸水率大于 3%，抗压强度为 100~500 MPa，耐酸、耐热、抗风化能力强。

2. 砌体结构工程用石材及技术要求

砌体工程也称圬（wū）工。砌体工程用石材主要有片石和料石，它们均为天然岩石经开采和加工而成。砌体工程用石材的类别和强度应符合设计要求，石材的质地应均匀、不易风化、无裂纹，外观质量和尺寸大小应符合有关行业的施工或验收标准的规定。

1）建筑工程对砌体结构工程用石材外观质量与尺寸规格的要求

《砌体结构设计规范》GB 50003—2011 对砌体工程中用石材的外观质量与尺寸规格的具体要求见表 3-7。

表 3-7 砌体工程用石材（GB 50003—2011）

石材名称	毛石	细料石	粗料石	毛料石
外观要求	形状不规则，中部厚度应≥20 cm	通过加工，外表规则，叠砌面凹入深度应≤1 cm，截面的宽度、高度宜≥20 cm，且不宜小于长度的1/4	规格尺寸同细料石要求，但叠砌面凹入深度应≤2 cm。	外形大致方正，一般不加工或仅稍加修整，高度应≥20 cm，叠砌面凹入深度应≤2.5 cm
用途	基础、勒脚、墙身、堤坝、挡土墙、片石混凝土的骨料等	柱头、墙身、踏步、栏杆、地坪、纪念碑和其他装饰等	基础、勒脚、墙身、地坪、堤坝、挡土墙及外观要求不高的装饰等	

2）铁路工程对砌体结构工程用石材外观质量与尺寸规格的要求

《铁路混凝土工程施工质量验收标准》TB 10424—2018 对砌体工程中用石材的外观质量与尺寸规格的具体要求见表 3-8。

表 3-8 铁路砌体工程用石材（TB 10424—2018）

石材名称	片石	块石	料石
外观要求	形状不规则，石块中部厚度应≥15 cm，且长度和宽度不小于厚度	形状规则、大致方正。稍加修整，厚度应≥20 cm，长度和宽度不小于厚度；丁石的长度应比相邻顺石宽度大15 cm	形状规则的六面体。经粗加工，表面不允许凸出，凹入深度应≤2 cm，厚度应≥20 cm，宽度不小于厚度，长度不小于厚度的1.5倍，外露面四周向内修凿的进深应≥10 cm，且修凿面应与外露面垂直，每10 cm应凿切4~5条纹，丁石的长度应比相邻顺石宽度大15 cm
用途	基础、排水沟、锥坡、护坡、片石混凝土骨料等	基础、排水沟、涵洞、桥梁的墩台及挡土墙等	外观要求较高的涵洞、桥梁的墩台及挡土墙等

3）公路工程对砌体结构工程用石材外观质量与尺寸规格的要求

《公路桥涵施工技术规范》JTG/T F50—2011 对砌体工程中用石材的外观质量与尺寸规格的具体要求见表 3-9。

岩石的工程应用

表 3-9 公路砌体工程用石材（JTG/T F50—2011）

石材名称	片石	块石	粗料石
外观要求	形状不规则，片石厚度应≥15 cm。用作镶面的片石，应选择表面较平整、尺寸较大者，并应稍作修整	外形应大致方正，上下面应大致方正、平整，厚度应为 20~30 cm，宽度应为厚度的 1.0~1.5 倍，长度应为厚度的 1.5~3.0 倍。如有锋棱锐角，应敲除。用作镶面时，应从外露面四周向内稍加修凿，后部可不修凿，但应略小于修凿部分	外形应方正，呈六面体，厚度应为 20~30 cm，宽度应为厚度的 1.0~1.5 倍，长度应为厚度的 2.5~4.0 倍，表面凹陷应 ≤2 cm。用作镶面时，丁石的长度应比相邻顺石宽度大 15 cm，修凿面每 10 cm 应有錾（zán）路 4~5 条，侧面修凿面应与外露面垂直，正面凹陷应 ≤1.5 cm；外露面带细凿边缘时，细凿边缘的宽度应为 3~5 cm
用途	基础、排水沟、锥坡、护坡、片石混凝土骨料等	基础、排水沟、涵洞、桥梁的墩台及挡土墙等	外观要求较高的涵洞、桥梁的墩台、拱石及挡土墙等

3.4 砌筑砂浆

砌筑砂浆是指由水泥、砂、水以及根据性能要求掺入掺合料和外加剂等组分，按一定比例配合、拌制而成，在砌筑过程中将砖、石、砌块等块材砌筑成为砌体的工程材料。砌筑砂浆在砌体中起衬垫、粘结和传力作用。常用的砌筑砂浆有水泥砂浆和水泥石灰混合砂浆。

3.4.1 砌筑砂浆的组成材料及技术要求

1. 水泥

砌筑砂浆宜采用通用硅酸盐水泥或砌筑水泥，主要起胶结和改善工作性（和易性）的作用。M15 以下的砂浆宜选用 32.5 级的水泥；M15 以上的砂浆宜选用 42.5 级的水泥。其技术要求应符合国标《通用硅酸盐水泥》GB 175—2007 或《砌筑水泥》GB/T 3183—2017 的有关规定。

2. 掺合料

砌筑砂浆常用的掺合料有石灰膏、电石膏、粉煤灰、矿渣粉等。主要起改善工作性的作用。

石灰膏：是将生石灰用过量的水经熟化、沉淀而得到的可塑性膏状物质。沉淀池中贮存的石灰膏表面应保持有一层一定厚度的水，以隔绝空气，防止碳化，还要有防止冻结和污染的措施。严禁使用脱水硬化的石灰膏，消石灰粉（将块状生石灰用适量水熟化而得到的粉状石灰）不得直接用于砌筑砂浆中。

生石灰是由主要成分为碳酸钙和碳酸镁的石灰岩经高温煅烧分解，释放出二氧化碳气体，得到以氧化钙、氧化镁为主要成分的块状气硬性胶凝材料。其反应式如下：

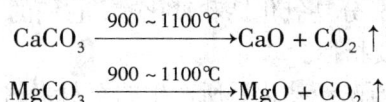

$$CaCO_3 \xrightarrow{900 \sim 1100\text{℃}} CaO + CO_2 \uparrow$$

$$MgCO_3 \xrightarrow{900 \sim 1100\text{℃}} MgO + CO_2 \uparrow$$

生石灰在生产过程中，由于对煅烧温度、时间和岩块大小的控制不妥等原因，可形成正火石灰、欠火石灰和过火石灰。

正火石灰是煅烧温度和时间控制正常，即在低于烧结温度下煅烧，碳酸钙、碳酸镁完全分解的石灰，其产浆量高、氧化钙和氧化镁含量高、质量好。

欠火石灰是煅烧温度较低、煅烧时间短或岩块尺寸过大，导致碳酸钙、碳酸镁不能完全分解，石灰中含有未烧透的内核的石灰，其产浆量较低，氧化钙和氧化镁含量低，使用时粘结力不足，质量较差。

过火石灰是煅烧温度过高、煅烧时间过长，表面常被黏土杂质熔化时所形成的玻璃釉状物包覆，与水反应速度十分缓慢，若将过火石灰用于工程中，过火石灰颗粒往往会在正常石灰硬化以后才发生水化作用，并且体积膨胀，使已硬化的砂浆表面产生开裂、隆起等现象，影响工程质量。

生石灰必须经过熟化(也称消化)才能用于建设工程。熟化过程就是让氧化钙、氧化镁与水发生化学反应而生成氢氧化钙和氢氧化镁。块状生石灰的熟化时间应≥7 d，并应用孔径不大于 3 mm×3 mm 的网过滤；磨细生石灰粉的熟化时间应≥2 d，其目的就是让过火石灰得到充分的熟化。

生产石灰膏用石灰的技术要求应符合《建筑生石灰》JC/T 479—2013 和《建筑消石灰》JC/T 481—2013的有关规定。其主要技术要求见表 3-10。

表 3-10　建筑石灰的技术要求(JC/T479—2013、JC/T481—2013)

主控项目		钙质石灰			镁质石灰	
		CL90 - Q CL90 - QP HCL90	CL85 - Q CL85 - QP HCL85	CL75 - Q CL75 - QP HCL75	ML85 - Q ML85 - QP HML85	ML80 - Q ML80 - QP HML80
(氧化钙+氧化镁)含量/%，≥		90	85	75	85	80
氧化镁含量/%		≤5			>5	
二氧化碳含量/%，≤		4	7	12	7	
三氧化硫含量/%，≤		2			2	
产浆量/[dm³·(10 kg)⁻¹]，≥		26			—	
细度	0.2 mm 筛余量/%，≤	2			2	
	90 μm 筛余量/%，≤	7			7	
游离水含量/%，≤		2			2	
安定性		合格				

注：① Q 代表生石灰，QP 代表生石灰粉，CL 代表钙质石灰，ML 代表镁质石灰，HCL 代表钙质消石灰，HML 代表镁质消石灰；② 产浆量只是对生石灰的要求，细度只是对生石灰粉的要求，游离水和安定性只是对消石灰的要求，二氧化碳含量对消石灰粉不作要求。

石灰粉颗粒愈细，石灰粉与水接触面积就愈大，熟化速度就愈快。

石灰中产生粘结性的有效成分是氧化钙和氧化镁，它们的含量决定了石灰粘结能力的大小，是划分石灰质量等级的主要指标。

产浆量是指单位质量的生石灰经熟化后所产生的石灰浆的体积。生石灰产浆量愈高，表明石灰中的氧化钙和氧化镁含量高,故石灰的质量就愈好。

未消化残渣含量是指生石灰在消化过程中未能消化而存留在 5 mm 圆孔筛上的残渣占试样的百分率。未消化残渣含量愈少,表明石灰煅烧愈完全,则石灰质量就愈好。

二氧化碳含量愈高,说明未分解的碳酸盐(即欠火石灰)含量愈高,有效成分(CaO + MgO)含量相对降低,石灰质量就愈差。

消石灰粉中游离水含量是指化学结合水以外的含水量。生石灰消化时多加的水残留于氢氧化钙中,残余水分蒸发后留下孔隙,加剧了消石灰粉的碳化,从而影响其使用质量。

由于生石灰的吸水、吸湿性极强,极易吸收空气中的水分和二氧化碳,还原为碳酸钙,使其性能降低,因此,石灰在存放时应注意防水、防潮,并且不宜久存,做到随到随用;又由于生石灰受潮熟化时放出大量的热,而且体积膨胀,所以,储存和运输生石灰时,应采取防水措施,且不应与易燃易爆物品及液体共存、同运,以免发生火灾,引起爆炸,同时应采取适当的防护措施,避免造成人身安全事故。

电石膏:由电石渣(主要成分为氢氧化钙)制作而成的膏状物质。电石的主要成分是碳化钙(CaC_2),电石与水发生化学反应而生成氢氧化钙和乙炔气体,其反应式如下:

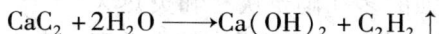

$$CaC_2 + 2H_2O \longrightarrow Ca(OH)_2 + C_2H_2 \uparrow$$

电石膏应用孔径不大于 3 mm × 3 mm 的网过滤,检验时应加热至 70℃并保持 20 min,没有乙炔气味后,方可使用。

粉煤灰与矿渣粉:砌筑砂浆用粉煤灰与矿渣粉的技术要求应符合《用于水泥和混凝土中的粉煤灰》GB/T l596—2017 及《用于水泥、砂浆和混凝土中的粒化高炉矿渣粉》GB/T 18046—2017 的有关规定。

3. 砂

砌筑砂浆用砂宜选用中砂,其中毛石砌体宜选用粗砂,其技术要求应符合《普通混凝土用砂、石质量及检验方法标准》JGJ 52—2006 或《建设用砂》GB/T 14684—2011 及其他技术标准的有关规定。砂在砂浆中主要起骨架和减少收缩作用。

4. 外加剂

根据性能要求,砌筑砂浆中可掺入适量的减水剂、砂浆剂、塑化剂、防水剂等,其质量应符合国家现行有关标准的要求,并经砂浆性能试验合格后,方可使用。外加剂主要起改善工作性和提高防水性能作用。

5. 拌合用水

砌筑砂浆拌合用水的技术要求应符合《混凝土用水标准》JGJ 63—2006 的有关规定。

3.4.2　砌筑砂浆的技术性质

由于砌筑砂浆的组分与混凝土的组分只是少了粗骨料,故砌筑砂浆的许多技术性质与混凝土的技术性质相似。砌筑砂浆的性质主要包括新拌砂浆的和易性和硬化砂浆的强度、粘结性、变形性及耐久性等。其性能试验按现行行业标准《建筑砂浆基本性能试验方法》JGJ/T 70—2009 的有关规定进行。

一、新拌砂浆的性质

1. 和易性

新拌砂浆应具有良好的和易性（工作性），能在砖、石表面比较容易地铺成均匀连续且具有所需厚度的薄层，能与所砌筑的材料紧密粘结，既便于施工操作，又能保证工程质量。砂浆的和易性包括稠度和保水性两方面。

1）稠度

砂浆的稠度（即流动性）用沉入度来评价。沉入度是以质量为 (300 ± 2) g 的标准试锥自砂浆表面自由沉入砂浆中的深度来表示，单位为 mm。砂浆稠度测定仪见图 3 - 6。

稠度的选用：砌筑砂浆应具有适当的稠度。若砂浆过稠，则不易均匀密实铺平于砖、石表面；若过稀，则容易流淌，不易保证砂浆层的厚度，且强度较低，这都会影响砌体的质量。对于吸水性较强的多孔砌筑块材和炎热天气下施工的砂浆，其稠度应大一些；而对于吸水较少的密实砌筑块材和寒冷气候下施工的砂浆，其稠度应小一些。

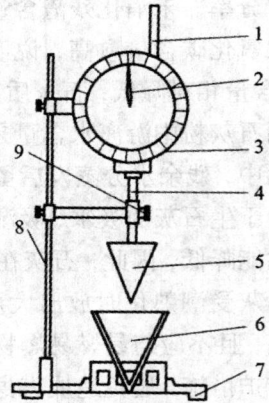

图 3 - 6　砂浆稠度测定仪
1—齿条齿杆；2—指针；3—刻度盘；
4—滑杆；5—试锥；6—盛装容器；
7—底座；8—支架；9—制动螺栓

具体选用可参照《砌筑砂浆配合比设计规程》JGJ/T 98—2010 的有关规定进行，见表 3 - 11。

表 3 - 11　砌筑砂浆的施工稠度（JGJ/T98—2010）

砌 体 种 类	砂浆稠度/mm
烧结普通砖、粉煤灰砖砌体	70 ~ 90
混凝土砖、普通混凝土小型空心砌块、灰砂砖砌体	50 ~ 70
烧结多孔砖、烧结空心砖、轻集料混凝土小型空心砌块、蒸压加气混凝土砌块砌体	60 ~ 80
石砌体	30 ~ 50

影响因素：主要有胶凝材料的种类及数量；砂子的粗细与级配；外加剂的种类与掺量；掺合料的种类与掺量；用水量；搅拌时间等。

当砂浆原材料确定后，其稠度的大小主要取决于用水量。

2）保水性

保水性是指新拌砂浆保存水分的能力，表示砂浆各组成材料是否容易分离的性质。

评价指标：砌筑砂浆的保水性可用保水率和分层度来评价。保水性好的砂浆，在停放、运输和使用过程中，能很好地保持其中的水分不致很快流失或发生分层、离析，在砌筑过程中容易铺成均匀密实的砂浆层，能使胶凝材料正常水化，保证砌体有良好的质量。如果保水性不好，砂浆很容易泌水、分层、离析，甚至由于水分流失，而使流动性变差，不便于施工，同时也会削弱砂浆与砌体材料的粘结，影响砌体的质量。砂浆保水率要求见表 3 - 12。

表 3 – 12 砌筑砂浆的保水率（JGJ/T 98—2010）

砂浆种类	保水率/%
水泥砂浆	≥80
水泥混合砂浆	≥84
预拌砂浆	≥88

砌筑砂浆的分层度是将测完沉入度后的新拌砂浆，按标准规定的方法一次性装满砂浆分层度测定仪，静置 30 min 后，去掉上节 200 mm 砂浆，然后将剩余的 100 mm 砂浆重新拌合 2 min，再次测定其沉入度值，前后测定的沉入度之差值即为该砂浆的分层度值，单位为 mm。砂浆分层度测定仪示意图见图 3 – 7。

砌筑砂浆的分层度以 10 ~ 20 mm 为宜，且不得大于 30 mm。分层度大于 30 mm 的砂浆容易泌水离析，不便于施工。若分层度过小，砂浆干稠，也不便施工，且胶凝材料用量较多，不经济，故砂浆分层度不宜小于 10 mm。

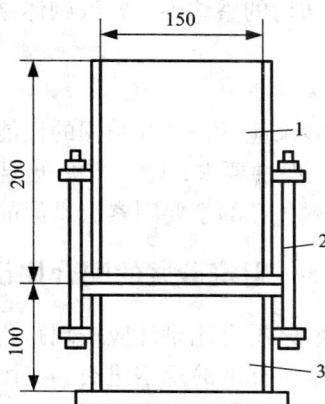

图 3 – 7 砂浆分层度测定仪（mm）
1—无底圆筒；2—连接螺栓；3—有底圆筒

二、硬化砂浆的技术性质

1. 强度与强度等级

抗压强度：按标准方法制作的边长为 70.7 mm 的立方体试件，1 组 3 块，在标准养护条件[温度(20 ± 2)℃、相对湿度 90% 以上]下养护 28 d，按标准方法测得的无侧限抗压强度。

砂浆立方体抗压强度按式(3 – 1)计算，精确至 0.1 MPa：

$$f_{m,cu} = K \frac{F_u}{A} \tag{3 – 1}$$

式中：$f_{m,cu}$——砂浆立方体抗压强度，MPa；

F_u——试件破坏荷载，N；

K——换算系数。对于吸水性强的块材（如烧结砖）取 1.35，对于不吸水或吸水微弱的块材（如岩石）取 1.0；

A——试件承压面积，mm^2。

抗压强度的确定：抗压强度的确定方法同混凝土抗压强度的确定。

砂浆的强度等级：根据砂浆抗压强度的标准值 $f_{m,k}$（具有 95% 保证率的抗压强度值）将水泥砂浆及预拌砂浆（专业生产厂生产的湿拌砂浆或干混砂浆）划分为 M5、M7.5、M10、M15、M20、M25、M30 七个强度等级；将水泥混合砂浆划分为 M5、M7.5、M10、M15 四个强度等级。

影响因素：影响砂浆强度的主要因素是水泥的强度和水泥用量。

2. 粘结性

由于砌筑块材是靠砂浆将其粘结在一起而形成坚固的整体(砌体)来承担和传递荷载,故要求砌筑砂浆应具有一定的粘结强度。粘结强度越高,则砌体结构越牢固、强度就愈高、耐久性和抗震性就愈强。砌筑砂浆的粘结性以拉伸粘结强度来衡量。砂浆强度愈高、砌筑块材表面愈粗糙、清洁,粘结强度就愈高,同时还与胶凝材料的种类、施工及养护等条件有关。

3. 变形性能

砂浆在荷载作用下或温、湿度变化,均会产生变形。如果变形过大或变形不均匀,均将影响砌体结构的整体性,导致砌体结构沉陷、开裂,从而影响砌体结构的承载力、耐久性和抗震性。

4. 耐久性

砌筑砂浆应具备经久耐用的性能。处于潮湿部位、地下或水下的砌体结构尚应考虑砂浆的抗渗、抗腐蚀要求;处于严寒低温环境中的砌体结构,砂浆尚应满足有关抗冻性的要求。影响砂浆耐久性的主要因素有水泥的品种与用量,砂浆内部的孔隙率和孔隙特征等。

3.4.3 砌筑砂浆的配合比设计

砌筑砂浆配合比设计应按现行行业标准《砌筑砂浆配合比设计规程》JGJ/T 98—2010 或其他有关技术标准的规定进行,在满足施工所需和易性和设计要求的强度与耐久性的前提下,力求经济合理。

一、配合比设计的有关要求

(1)水泥砂浆拌合物的表观密度宜≥1900 kg/m³;水泥混合砂浆拌合物的表观密度宜≥1800 kg/m³。

(2)砂浆的稠度、保水性、试配抗压强度必须同时符合设计要求。

(3)砌筑砂浆的分层度不得大于 30 mm。

(4)水泥砂浆中单位水泥用量应≥200 kg;水泥混合砂浆中水泥和掺合料单位总量应≥350 kg。

(5)具有抗冻要求的砌筑砂浆,经规定冻融循环试验后,其质量损失率应≤5%,抗压强度损失率应≤25%。

二、初步配合比的计算

1. 水泥混合砂浆初步配合比的计算

1)试配强度的确定

砂浆的试配强度应按式(3 - 2)计算:

$$f_{m,0} = k \cdot f_2 \tag{3-2}$$

式中:$f_{m,0}$——砂浆的试配强度,精确至 0.1 MPa;

f_2——砂浆抗压强度平均值(即砂浆的设计强度标准值),MPa;

k——系数,按表 3 - 13 取用。

表 3 – 13　砂浆强度标准差 σ 及 k 值（JGJ/T98—2010）

砂浆强度等级 施工水平	强度标准差 σ/MPa							k
	M5	M7.5	M10	M15	M20	M25	M30	
优良	1.00	1.50	2.00	3.00	4.00	5.00	6.00	1.15
一般	1.25	1.88	2.50	3.75	5.00	6.25	7.50	1.20
较差	1.50	2.25	3.00	4.50	6.00	7.50	9.00	1.25

砌筑砂浆强度标准差的确定应符合下列规定：

当有统计资料时，应按下式计算：

$$\sigma = \sqrt{\dfrac{\sum\limits_{i=1}^{n} f_{m,i}^2 - n \cdot \mu_{f_m}^2}{n-1}}$$

式中：$f_{m,i}$——统计周期内同一品种砂浆第 i 组试件的强度，MPa；

μ_{f_m}——统计周期内同一品种砂浆 n 组试件强度的平均值，MPa；

n——统计周期内同一品种砂浆试件的总组数，$n \geqslant 25$。

当不具有近期统计资料时，砂浆强度标准差可按表 3 – 13 取用。

2）水泥用量的计算

每立方米砂浆中的水泥用量按式（3 – 3）计算：

$$Q_C = \frac{1000(f_{m,0} - \beta)}{\alpha \cdot f_{ce}} \tag{3 – 3}$$

式中：Q_C——每立方米砂浆的水泥用量，精确至 1 kg；

f_{ce}——水泥的实测强度，精确至 0.1 MPa；

α、β——砂浆的特征系数，其中 $\alpha = 3.03$，$\beta = -15.09$。

注：各地区也可用本地区试验资料确定 α、β 值，统计用的试验组数不得少于 30 组。

当无法取得水泥的实测强度值时，可按式（3 – 4）估算 f_{ce}：

$$f_{ce} = \gamma_c \cdot f_{ce,k} \tag{3 – 4}$$

式中：$f_{ce,k}$——水泥强度等级对应的强度值，MPa；

γ_c——水泥强度等级值的富余系数，该值宜按实际统计资料确定。无统计资料时 γ_c 可取 1.0。

3）石灰膏用量的计算

石灰膏用量应按式（3 – 5）计算：

$$Q_D = Q_A - Q_C \tag{3 – 5}$$

式中：Q_D——每立方米砂浆的石灰膏用量，精确至 1 kg；石灰膏使用时的稠度宜为（120 ± 5）mm；当稠度不满足（120 ± 5）mm 时，可按表 3 – 14 进行换算。

Q_C——每立方米砂浆的水泥用量，精确至 1 kg；

Q_A——每立方米砂浆中水泥和石灰膏的总量，精确至 1 kg；可取 350 kg。

表3-14 石灰膏不同稠度的换算系数(JGJ/T 98—2010)

稠度/mm	120	110	100	90	80	70	60	50	40	30
换算系数 γ_g	1.00	0.99	0.97	0.95	0.93	0.92	0.90	0.88	0.87	0.86

注:表中换算系数为石灰膏的质量换算系数。

4)砂子用量 Q_s 的计算

每立方米砂浆中的砂子用量,应以干燥状态(含水率 <0.5%)砂的堆积密度值作为计算值。

5)用水量 Q_W 的确定

每立方米砂浆中的用水量可根据砂浆稠度等要求选用 210~310 kg。

注:① 混合砂浆中的用水量,不包括石灰膏中的水;② 当采用细砂或粗砂时,用水量分别取上限或下限;③ 稠度小于 70 mm 时,用水量可小于下限;④ 施工现场气候炎热或干燥季节,可酌量增加用水量。

2. 水泥砂浆配合比的确定

水泥砂浆配合比可参照表3-15进行试配确定。

表3-15 每立方米水泥砂浆材料用量(JGJ/T 98—2010)

强度等级	水泥用量/kg	砂子用量/kg	用水量/kg
M5	200~230	砂子的堆积密度值	270~330
M7.5	230~260		
M10	260~290	砂子的堆积密度值	270~330
M15	290~330		
M20	340~400		
M25	360~410	砂子的堆积密度值	270~330
M30	430~480		

注:① M15 及以下强度等级水泥砂浆,水泥强度等级为 32.5 级;M15 以上强度等级水泥砂浆,水泥强度等级为 42.5 级;② 当采用细砂或粗砂时,用水量分别取上限或下限;③ 稠度小于 70 mm 时,用水量可小于下限;④ 施工现场气候炎热或干燥季节,可酌量增加用水量。

三、配合比的试配、调整与确定

(1)试配时应采用工程中实际使用的材料,搅拌应采用机械搅拌。搅拌时间:对水泥砂浆和水泥混合砂浆,不得小于 120 s;对掺用粉煤灰和外加剂的砂浆,不得小于 180 s。

(2)按计算或查表所得配合比进行试配时,应测定其拌合物的稠度和保水率,当不能满足要求时,应调整材料用量,直到符合要求为止,然后确定为试配时的基准配合比。

(3)试配时至少应采用三个不同的配合比,其中一个为基准配合比,另外两个配合比的水泥用量应按基准配合比分别增加和减少 10% 确定。在保证稠度和保水率符合设计要求的前提下,可将用水量或掺合料用量作相应调整。

(4)对三个不同的配合比进行调整后,应按现行行业标准《建筑砂浆基本性能试验方法》JGJ/T 70—2009 的规定测定其表观密度和强度,并选定符合试配强度及和易性要求的且水泥用量最低的配合比作为砂浆的试配配合比。

（5）配合比校正同混凝土配合比的校正。校正系数 δ 按式（3-6）计算，精确至 0.01：

$$\delta = \frac{\rho_c}{\rho_t} \tag{3-6}$$

式中：ρ_c——砂浆的实测表观密度值，精确至 10 kg/m³；

　　ρ_t——砂浆的理论表观密度值，精确至 10 kg/m³；$\rho_t = Q_C + Q_D + Q_S + Q_W$。

当实测表观密度值与理论表观密度值之差值的绝对值超过理论表观密度值的 2% 时，即 $\delta > 1.02$ 或 $\delta < 0.98$ 时，则应将试配配合比中的各材料用量均乘以校正系数 δ 后，确定为砂浆设计配合比。当 $\delta = [0.98，1.02]$ 时，则直接将试配配合比确定为砂浆设计配合比。

四、配合比计算实例

某房屋工程需要配制 M7.5 的砌砖用水泥混合砂浆，使用水泥为 P.C42.5 级；砂子为 Ⅱ 区级配良好的天然河砂，其干燥堆积密度为 1560 kg/m³；石灰膏稠度为 80 mm，施工单位的施工质量控制水平一般，试计算该配合比。

计算步骤如下：

（1）确定配制强度 $f_{m,0}$

由于施工单位没有该砂浆强度标准差的统计资料，且施工质量控制水平一般，故根据表 3-13 查得 $k = 1.2$。

$$f_{m,0} = k \cdot f_2 = 1.2 \times 7.5 = 9.4（\text{MPa}）$$

（2）计算水泥用量 Q_C

$$Q_C = \frac{1000(f_{m,0} - \beta)}{\alpha \cdot f_{ce}} = \frac{1000(9.4 + 15.09)}{3.03 \times 42.5} = 190（\text{kg}）$$

（3）计算石灰膏用量 Q_D

$$Q_D = Q_A - Q_C = 350 - 190 = 160（\text{kg}）$$

由于石灰膏的稠度为 80 mm，故石灰膏的实际用量应为 $Q'_D = Q_D \cdot \gamma_g = 160 \times 0.93 = 149（\text{kg}）$。

（4）确定单位用水量 Q_W

由于该砂浆是用于砖砌体，故砂浆的施工稠度为 70~90 mm 即可，故单位用水量暂取 300 kg。

（5）砂子用量的计算 Q_S

1 m³ 砂浆所需砂子取砂子干燥状态下的堆积密度值。$Q_S = 1560$ kg

（6）砂浆配合比计算结果归纳如下：

水泥：砂：石灰膏：水 = 190：149：1560：300 = 1：0.98：8.21：1.58：1.2。

复习思考题

1. 什么是砌体结构?

2. 砖按外观形态分为哪几种? 各自有何特点?

3. 鉴别过火砖和欠火砖的常用方法是什么?

4. 烧结砖产生石灰爆裂的原因是什么?

5. 烧结砖在砌筑墙体前一定要经过浇水润湿,其目的是什么?

6. 非烧结砖有何优点? 常用非烧结砖的品种有哪些?

7. 砌块按产品规格分为哪几种? 常用砌块有哪些?

8. 加气混凝土砌块有哪些特点?

9. 岩石按地质成因分为哪几类? 各自有何特点?

10. 砌体结构用石材分为哪几类?

11. 石材的强度等级如何确定?

12. 欠火石灰和过火石灰有何区别?

13. 由生石灰制成的石灰膏为什么要在储存池中"陈伏"一定时间才允许使用?

14. 砂浆的和易性用什么指标来评价?

15. 砂浆分层度的大小对砂浆的性能有何影响?

16. 某工地备用烧结砖10万块,尚未砌筑使用,但储存两个月后,发现有部分砖自裂成碎块,断面处可见白色小块状物质,请分析其原因?

17. 某小区新建砖混结构房屋,设计要求砖的强度等级为MU15,监理人员在新进的烧结多孔砖产品中,随机抽取了10块砖样进行了强度检测,单块砖的强度测定值见下表,请分析这批砖的强度等级是否符合设计要求?

砖编号	1	2	3	4	5	6	7	8	9	10
抗压强度/MPa	16.6	18.2	9.2	17.6	15.5	20.1	19.8	21.0	18.9	19.2

18. 某民宅内墙使用石灰砂浆抹面,数月后,墙面出现了许多不规则的网状裂纹,同时个别部位还发现了部分凸出的放射状裂纹,试分析上述现象产生的原因?

19. 某烧结多孔砖砌筑工程所用水泥石灰混合砂浆的设计强度等级为M5,所用水泥为P.C42.5级,水泥强度富余系数为1.15;石灰膏的稠度为10 cm;河砂(中砂)的堆积密度为1450 kg/m³,含水率为2%。施工单位的施工水平一般,试计算该砂浆的初步配合比。

模块四　钢结构工程材料

【内容提要】　本模块主要介绍钢结构工程用钢材、钢结构连接用紧固件、焊接材料及涂装材料的品种、规格、质量要求、特性、应用及验收与存储等知识。

钢结构是指由型钢、钢板、钢管等制成的钢柱、钢梁、钢桁架、钢网架等构件，各构件或部件之间采用焊接、螺栓连接或铆钉连接而成的能承受和传递荷载的结构形式。钢结构具有自重轻、塑性和韧性好、抗冲击性好、抗震性能好、安装容易、施工周期短、投资回收快、环境污染少等综合优势，被广泛应用于大型厂房、场馆、超高层、桥梁等领域。

钢结构的应用

4.1　钢结构用钢与钢材

4.1.1　钢结构用钢

建设工程钢结构用钢主要有碳素结构钢、优质碳素结构钢和低合金高强度结构钢。

1. 碳素结构钢

定义：碳素结构钢［carbon structural steels］是指钢中碳（C）含量为 0.12% ~ 0.24%，磷（P）含量为 0.035% ~ 0.045%，硫（S）含量为 0.035% ~ 0.050%，锰（Mn）含量为 0.50% ~ 1.50%，硅（Si）含量为 0.30% ~ 0.35% 的碳素钢。

牌号：碳素结构钢按屈服强度标准值分为 Q195、Q215、Q235、Q275 四种牌号。其牌号按"屈服强度代号 Q、屈服强度标准值、质量等级代号、脱氧程度（沸腾钢 F、镇静钢 Z、特殊镇静钢 TZ）代号"顺序表示。其中，镇静钢和特殊镇静钢可以省略。如：屈服强度为 235 MPa、质量等级为 A 级的沸腾钢，其牌号表示为 Q235AF；屈服强度为 235 MPa、质量等级为 B 级的镇静钢，其牌号表示为 Q235B。

质量等级：根据钢中磷、硫杂质含量由高至低划分为 A、B、C、D 四个等级。A 级磷、硫含量分别 ≤ 0.045% 和 ≤ 0.050%；B 级磷、硫含量均 ≤ 0.045%；C 级磷、硫含量均 ≤ 0.040%；D 级磷、硫含量均 ≤ 0.035%。

特性与应用：Q195 和 Q215 钢的强度较低，但塑性、韧性很好，易于冷加工。适用于盘条钢筋、普通铁钉、普通铆钉、普通螺栓、冷轧钢板、冷弯型钢及供水、供油、供气管道等生产用钢。

Q235 有较高的强度和良好的塑性、韧性、可焊性和冷加工性能。适用于建设工程使用的各种型钢和板材、钢筋混凝土工程中的光圆钢筋、建设工程所用的各种管材及铁路轨道中的垫板、道钉、轨距杆、防爬器等生产用钢。

Q275 的强度较高，但塑性、韧性和可焊性较差，加工难度较大。适用于建筑结构中的配件制作及预应力锚具等生产用钢。

技术要求：碳素结构钢的化学成分和力学性能应符合现行国家标准《碳素结构钢》GB/T 700—2006 的有关规定。建设工程常用的 Q235 和 Q275 碳素结构钢的力学性能见表 4-1。

表 4-1　碳素结构钢的力学性能（GB/T 700—2006）

牌号	等级	屈服强度 R_{eL}/MPa，$\geqslant$			抗拉强度 R_m/MPa，$\geqslant$	断后伸长率 A/%，$\geqslant$			冲击试验(V 形缺口)	
		厚度或直径/mm				厚度或直径 A/mm			温度/℃	冲击吸收功(纵向) A_k/J，$\geqslant$
		<16	>16 ~40	>40 ~60		<16	>16 ~40	>40 ~60		
Q235	A	235	225	215	370~500	26	25	24	—	
	B								+20	27
	C								0	
	D								−20	
Q275	A	275	265	255	410~540	22	21	20	—	
	B								+20	27
	C								0	
	D								−20	

2. 优质碳素结构钢

定义：优质碳素结构钢［Quality carbon structural steels］是指钢中碳含量为 0.05% ~ 0.90%，磷、硫含量 ≤0.035%，锰含量为 0.35% ~1.20%，硅含量为 0.17% ~0.37%，铬（Cr）、铜（Cu）含量不超过 0.25%，镍（Ni）含量不超过 0.30% 的碳素钢。

牌号：锰含量为 0.35% ~0.80% 的优质碳素结构钢的牌号用"含碳量的万分位数"表示，例如，20 号钢表示平均含碳量为 0.20%，锰含量为 0.35% ~0.65% 的优质碳素钢；锰含量为 0.70% ~1.20% 的优质碳素结构钢的牌号用"含碳量的万分位数 + Mn"表示，例如，20 Mn 钢表示平均含碳量为 0.20%，锰含量为 0.70% ~1.00% 的优质碳素钢。

特性与应用：优质碳素结构钢中 08、10、15、20、25 等牌号属于低碳钢，其塑性好，易于拉拔、冲压、挤压、锻造和焊接。其中 20 号钢用途最广，常用来制造预应力混凝土用钢丝和钢绞线、钢结构用各种型钢、普通螺钉、螺母和垫圈等。

优质碳素结构钢中 30、35、40、45、50、55 等牌号属于中碳钢，因钢中珠光体含量增多，其强度和硬度较高，淬火后的硬度可显著增加。其中，以 45 号钢最为典型，它不仅强度、硬度较高，且兼有较好的塑性和韧性，即综合性能优良。45 号钢常用来制造轴、丝杠、齿轮、连杆、套筒、键、高强螺栓和螺母、预应力筋用锚具、夹具及连接器等。

技术要求：优质碳素结构钢的化学成分和力学性能等技术要求应符合现行国家标准《优质碳素结构钢》GB/T 699—2015 的有关规定。建设工程中常用的优质碳素结构钢的力学性能要求见表 4-2。

124

表 4 - 2　优质碳素结构钢的力学性能（GB/T 699—2015）

牌号	屈服强度 $R_{eL}/MPa \geqslant$	抗拉强度 $R_m/MPa \geqslant$	断后伸长率 $A/\% \geqslant$	断面收缩率 $Z/\%$，$\geqslant$	冲击吸收功 A_k/J，$\geqslant$
08	195	325	33	60	—
10	205	335	31	55	—
15	225	375	27	55	—
20	245	410	25	55	—
25	275	450	23	50	71
30	295	490	21	50	63
35	315	530	20	45	55
40	335	570	19	45	47
45	355	600	16	40	39
50	375	630	14	40	31
55	380	645	13	35	—

3. 低合金高强度结构钢

定义：低合金高强度结构钢是以碳素结构钢为基础加入少量的一种或几种合金元素（总含量 <5%）冶炼而成的一种结构钢，加入的合金元素有镍（Ni）、铜（Cu）、钒（V）、钛（Ti）、铌（Nb）、铬（Cr）、钼（Mu）等。

牌号与质量等级：低合金高强度结构钢的牌号按规定的最小上屈服强度值划分为 Q355、Q390、Q420、Q460、Q500、Q550、Q620、Q690 八种，牌号的表示方式同碳素结构钢；并根据钢中磷、硫杂质含量由高至低分为 B、C、D、E 四个质量等级。

特性与应用：低合金高强度结构钢具有强度高，塑性、韧性、可焊性及低温性能良好，疲劳强度高等特点。适用于高层建筑、大型厂房、大型场馆及桥梁等建设工程领域的钢结构用各种型钢、钢板、钢管及构配件生产用钢。

技术要求：低合金高强度结构钢的化学成分和力学性能等技术要求应符合现行国家标准《低合金高强度结构钢》GB/T 1591—2018 的有关规定。建设工程常用的 Q345 和 Q390 低合金高强度结构钢的力学性能见表 4 - 3。

表 4 - 3　低合金高强度结构钢的力学性能（GB/T 1591—2018）

牌号	质量等级	上屈服强度 R_{eH}/MPa，$\geqslant$ 公称厚度或直径/mm				抗拉强度 R_m/MPa，$\geqslant$ 公称厚度或直径/mm		断后伸长率 $A/\%$，$\geqslant$ 公称厚度或直径/mm	
		≤16	>16 ~ 40	>40 ~ 63	>63 ~ 80	≤100	>100 ~ 150	≤40	>40 ~ 63
Q355	B、C、D	355	345	335	325	470 ~ 630	450 ~ 600	≥22（纵向） ≥20（横向）	≥21（纵向） ≥19（横向）
Q390	B、C、D	390	380	360	340	490 ~ 650	470 ~ 620	≥21（纵向） ≥20（横向）	≥20（纵向） ≥19（横向）

4.1.2 钢结构用钢材

钢结构用钢材主要有热轧型钢、冷弯型钢、钢管和钢板等，它们都是采用碳素结构钢、优质碳素结构钢或低合金高强度结构钢生产加工而成。

1. 型钢

钢结构用型钢分为热轧型钢和冷弯型钢两种。

1) 热轧型钢

生产：热轧型钢是用加热钢坯轧成的各种几何断面形状的钢材。

品种：钢结构工程常用的热轧型钢有工字钢、H型钢、T型钢、槽钢、角钢（等边角钢、不等边角钢）等。常用热轧型钢的外形见图4-1所示。

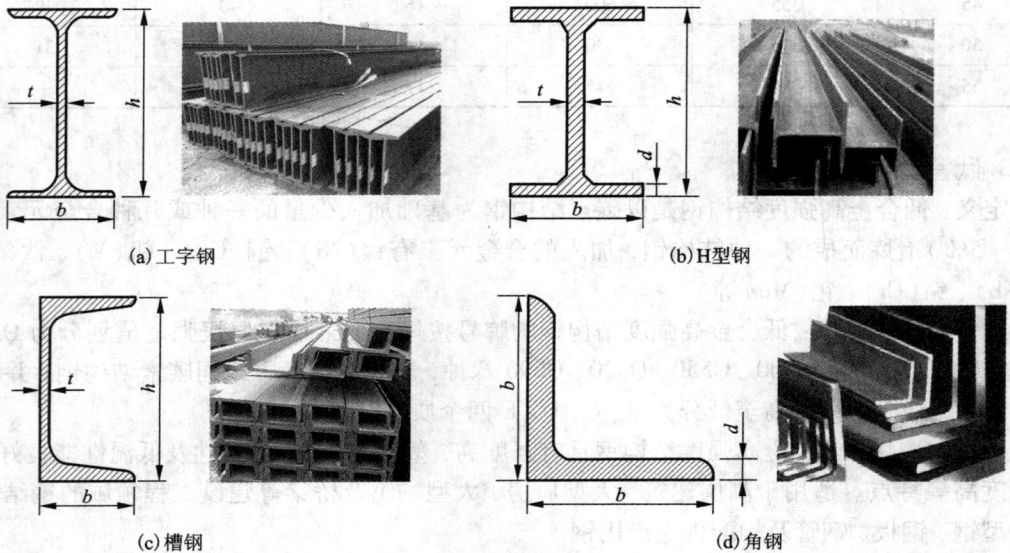

(a) 工字钢   (b) H型钢

(c) 槽钢   (d) 角钢

图4-1 热轧型钢

规格：热轧型钢的规格通常以反映其断面形状的主要轮廓尺寸来表示。

工字钢的规格由"符号I与截面高度(cm)及腰板厚度代号(a、b、c)"来表示。例如I63a、I63b和I63c，表示三种高度均为630 mm、腰板厚度分别为13.0 mm、15.0 mm、17.0 mm的工字钢。工字钢的外形见图4-2(a)。

H型钢的规格由"符号H与截面高度(h)×翼缘宽度(b)×腰板厚度(t)×翼缘厚度(d)"来表示，单位为mm。例如H400×300×10×16，表示高度为400 mm、翼板宽度为300 mm、腰板厚度为10 mm、翼缘厚度为16 mm的H型钢。H型钢的外形见图4-2(b)。

槽钢的规格由"符号[与高度(h)及腰板厚度代号(a、b、c)"来表示。例如[32a、[32b和[32c，表示三种截面高度均为320 mm，腰板厚度分别为8 mm、10 mm和12 mm的槽钢。槽钢的外形见图4-2(c)。

等边角钢的规格由"符合∠边长(b)×边厚度(d)"来表示；不等边角钢由"符合∠长边×短边×边厚度"。例如：∠110×10（等边角钢）、∠90×56×6（不等边角钢），单位为mm。

126

角钢的外形见图 4-2(d)。

特性与应用：热轧型钢由于截面形式合理，材料在截面上的分布对受力最为有利，且构件间连接方便，所以他是钢结构中采用的主要钢材。工字钢主要用作钢梁等受弯构件(腰板平面内承受横向弯曲荷载)，不宜单独用作轴心受压构件或双向受弯的构件；H 型钢中的宽翼缘型钢(代号为 HW)和中翼缘型钢(代号为 HM)适用于钢柱等轴心受压构件，窄翼缘型钢(代号为 HN)适用于钢梁等受弯构件；槽钢适用于承受轴向应力的杆件和承受横向弯曲的梁以及联系杆件；角钢主要用作承受轴向应力的杆件和支撑杆件，也可作为受力构件之间的连接零件。

技术要求：热轧型钢的尺寸、外形、重量及允许偏差等技术要求应符合现行国家标准《热轧型钢》GB/T 706—2016 和《热轧 H 型钢和剖分 T 型钢》GB/T 11263—2017 的有关规定；化学成分和力学性能等技术要求应分别符合国标 GB/T 700—2006、GB/T 699—2015 或 GB/T 1591—2018 的有关规定。

2)冷弯型钢

生产：冷弯型钢是用壁厚≤19 mm 的薄钢板或钢带为坯料，在常温下用连续辊式冷弯机组弯曲成各种断面形状的型钢。

品种：冷弯型钢按产品截面形状分为冷弯圆形空心型钢(Y)、冷弯方形空心型钢(F)、冷弯矩形空心型钢(J)、冷弯异形空心型钢(YI)、等边角钢(JD)、不等边角钢(JB)、等边槽钢(CD)、不等边槽钢(CB)、内卷边槽钢(CN)、外卷边槽钢(CW)、Z 形钢(Z)、卷边 Z 形钢(ZJ)；按产品屈服强度等级分为 Q195、Q215、Q235、Q345、Q390、Q420、Q460、Q500、Q550、Q620、Q690、Q750。常用冷弯型钢外形见图 4-2。

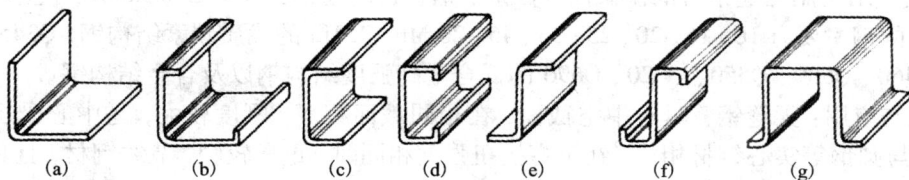

图 4-2 冷弯型钢

(a)角钢；(b)内卷边角钢；(c)槽钢；(d)内卷边槽钢；(e)Z 型钢；(f)卷边 Z 型钢；(g)外卷边槽钢

特性：冷弯型钢的截面形状可以根据需要设计，结构合理，单位质量的截面系数高于热轧型钢，在同样负荷下，可减轻构件自重，节约材料，比热轧型钢节约材料38% ~50%，降低工程造价；品种繁多，可以生产用一般热轧方法难以生产的截面形状复杂的型钢和型材；产品表面光洁，外观好，尺寸精确，而且长度也可以根据需要灵活调整，全部按定尺或倍尺供应，提高材料的利用率；生产中还可与冲孔等工序相配合，以满足不同的需要。

应用：冷弯型钢适用于一般房屋及工业厂房的承载结构、围护装饰结构。如屋架、墙架柱、楼梯、门窗框架、道路隔离栏杆、广告支架、立体车库、农贸市场及各种临时建筑。

技术要求：冷弯型钢的化学成分应符合相应产品标准的要求；表面质量、力学性能等技术要求应符合《冷弯型钢通用技术要求》GB/T 6725—2017 的有关规定。常用冷弯型钢的力学性能见表 4-4。

表 4 – 4　冷弯型钢的力学性能（GB/T 6725—2017）

产品屈服强度等级	屈服强度 R_{eL}/MPa，≥	抗拉强度 R_m/MPa，≥	断后伸长率 A/%，≥
235	235	370～560	24
345	345	470～680	20
390	390	490～700	17

2. 钢管

钢管是一种具有中空截面的钢材。钢结构用钢管按其生产工艺不同分为无缝钢管、铸钢管和冷弯矩形钢管。钢管的外形见图 4 – 3。

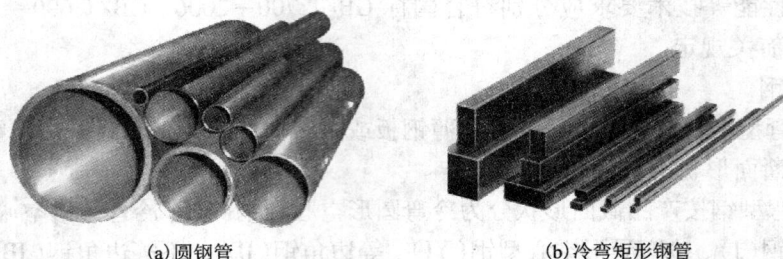

(a)圆钢管　　　　　　　　　(b)冷弯矩形钢管

图 4 – 3　钢管

1）无缝钢管

生产：无缝钢管是用钢锭或实心管坯经穿孔制成毛管，然后经热轧（挤压、扩）、冷轧（拔）制成。结构用无缝钢管的横截面为圆形，钢管长度通常为 3～12.0 m。用于生产结构用无缝钢管的钢主要有 10、15、20、25、35、45、20 Mn、25Mn 的优质碳素结构钢，Q345、Q390、Q420、Q460、Q500、Q550、Q620、Q690 的低合金高强度结构钢以及合金结构钢。

特性与应用：无缝钢管具有中空截面，在相同截面积下，刚度较大，是中心受压杆的理想截面，与圆钢等实心钢材相比，在抗弯抗扭强度相同时，重量较轻，节约钢材，且具有流线型的表面，使其承受风压小，用于高耸结构十分有利。广泛用于制作钢管柱、钢网架（网壳）、钢桁架、钢塔桅等构件。在钢管中浇筑混凝土形成的钢管混凝土柱，具有更高的抗弯刚度和抗压强度，广泛用于厂房柱、构架柱、地铁站台柱、塔柱和高层建筑柱等。

技术要求：钢结构用无缝钢管的尺寸、外形、重量、弯曲度、不圆度、壁厚不匀性、力学性能及压扁性能与弯曲性能应符合《结构用无缝钢管》GB/T 8162—2018 的有关规定。

2）铸钢管

生产：建筑结构用铸钢管是采用离心工艺制造的圆形无缝钢管。

规格：管材外径为 203～1200 mm，壁厚为 20～120 mm，通用长度为 4 m、6 m（外径≥800 mm时）。

特性与应用：采用离心工艺制造的无缝钢管，具有密度高、组织均匀致密、没有气孔和疏松等缺陷、抗拉强度接近轧制无缝管的强度，且价格便宜，具有明显的优势。主要用于建筑钢结构，塔桅结构与桥梁结构等领域。

技术要求：建筑结构用铸钢管的外形尺寸、截面特性、弯曲度、圆度及力学性能等技术要求应符合《建筑结构用铸钢管》JG/T 300—2011 的有关规定。

3)冷弯矩形钢管

品种：建筑结构用冷弯矩形钢管按产品成形方式不同分为直接成方（代号为 Z。对冷轧或热轧钢带直接进行连续弯角变形，经高频焊接而成）和先圆后方（代号为 X。对冷轧或热轧钢带先进行连续弯曲变形，经高频焊接后形成圆管，再通过整形最终形成矩形）矩形钢管；按截面形状分为正方形和长方形；按产品屈服强度分为 235、345、390 三个等级；按产品性能和质量要求等级分为较高级（Ⅰ级）和普通级（Ⅱ级）。

技术要求：钢结构用冷弯矩形钢管的表面质量、焊缝质量、外形允许偏差（壁厚、直角度、弯角处外圆弧半径、凹凸度、弯曲度、扭曲度等）、外形尺寸与截面特性及力学性能等技术要求应符合《建筑结构用冷弯矩形钢管》JG/T 178—2005 的有关规定。

特性与应用：冷弯矩形钢管与热轧 H 型钢相比，钢管截面抗弯模量大，节省钢材，防腐与耐火性能也较 H 型钢优越。Ⅰ级钢管适用于建筑、桥梁等结构中的主要构件及承受较大动力荷载的场合，Ⅱ级钢管适用于建筑结构中一般承载能力的场合。

3. 钢板

钢板是一种宽厚比和表面积都很大的扁平钢材。钢板按厚度分为薄板和厚板两大规格。薄钢板是用热轧或冷轧方法生产的厚度在 0.2 ~ 4 mm 之间、宽度在 0.5 ~ 1.4 m 之间；厚钢板是厚度在 4 mm 以上的钢板，厚度小于 20 mm 的钢板称为中板，厚度 >20 mm 至 60 mm 的钢板称为厚板，厚度 >60mm 称特厚板。厚钢板的宽度在 0.6 ~ 3.0 m 之间。

在钢结构中，单块钢板不能独立工作，必须用几块钢板组合成工字形、箱形等结构来承受荷载。

1)建筑结构用钢板

建筑结构用热轧钢板的牌号由代表屈服强度的汉语拼音字母（Q）、屈服强度标准值、代表高性能建筑结构用钢的拼音字母（GJ）、质量等级符合（C、D、E、F）组成，如 Q345GJC；对于厚度方向性能钢板，则在质量等级后加上厚度方向性能级别（Z15、Z25、Z35），如 Q345GJZ25。钢板按屈服强度等级分为 Q235GJ、Q345GJ、Q390GJ、Q420GJ、Q460GJ、Q500GJ、Q550GJ、Q62OGJ、Q69OGJ 九个牌号。其中，Q345GJ 的厚度为 6 ~ 200 mm；Q235GJ、Q390GJ、Q420GJ、Q460GJ 的厚度为 6 ~ 150 mm；Q500GJ、Q550GJ、Q62OGJ、Q69OGJ 的厚度为 12 ~40 mm。

建筑结构用钢板的化学成分、表面质量、尺寸、外形、重量及允许偏差、力学性能与工艺性能等技术要求应符合现行国家标准《建筑结构用钢板》GB/T19879—2015 的有关规定。

建筑结构用钢板适用于制造高层建筑结构、大跨度结构及其他重要建筑结构的加工制造。

2)桥梁结构用钢板

桥梁结构用钢板的牌号由代表屈服强度的汉语拼音字母（Q）、屈服强度最小值、桥字的汉语拼音首个字母（q）、质量等级符号（C、D、E、F）组成。例如：Q420qD。当要求钢板具有耐候性能或厚度方向性能时，则在上述规定的牌号后分别加上代表耐候的汉语拼音字母（NH）及厚度方向性能级别的代号（Z），例如：Q420qDNHZ15。桥梁结构用钢板按屈服强度最小值划分为 Q345q、Q370q、Q420q、Q460q、Q500q、Q550q、Q620q、Q690q 八个牌号；按钢中磷（P）、硫（S）杂质含量由高到低分为 C、D、E、F 四个质量等级。

桥梁结构用钢的化学成分、表面质量、尺寸、外形、重量及允许偏差、力学性能与工艺性能等技术要求应符合现行国家标准《桥梁用结构钢》GB/T 714—2015 的有关规定。

桥梁用结构钢适用于各种桥梁用钢箱梁的加工制造。

4. 压型钢板

1）生产

建筑用压型钢板是由涂层钢板或镀层钢板经辊压冷弯，沿宽度方向形成波形截面，用于建筑围护结构（屋面、墙面）及组合楼盖，并独立使用的成形钢板。

分类：按用途分为屋面用板（代号为 W）、墙面用板（代号为 Q）和楼盖用板（代号为 L）。按板型分，屋面板分为搭接型、扣合型和咬合型；墙面板分为紧固件外露型搭接板和紧固件隐藏型搭接板；楼盖板分为开口型和闭口型板。建筑工程常用压型钢板的外形见图 4 - 4。

(a)屋面和墙面用压型板　　　(b)楼面用闭口型压型板　　　(c)楼面用开口型压型板

图 4 - 4　常用压型钢板

2）应用

屋面压型钢板宜采用紧固件隐藏的咬合板或扣合板，当采用紧固件外露的搭接板时，其搭接板边形状宜形成防水空腔式构造。竖向墙面板宜采用紧固件外露的搭接板；横向墙面宜采用紧固件隐藏的咬合搭接板。楼盖压型钢板宜采用闭口式板型，压型钢板组合楼盖结构图见图 4 - 5。

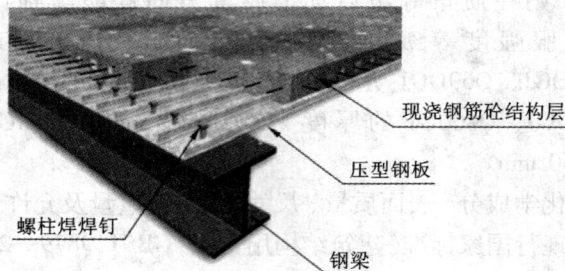

现浇钢筋砼结构层
压型钢板
螺柱焊焊钉
钢梁

图 4 - 5 压型钢板组合楼盖

3）技术要求

生产基板（指表面有镀层的薄钢板，也称镀层板。如：热镀锌板、热镀铝锌板等）的原板应采用冷轧板、热轧板或钢带。基板钢材宜选用屈服强度等级为 250 MPa 与 350 MPa 的结构级钢。

基板与涂层板（指在镀层板的正面涂覆有机涂料的彩涂板）均可直接辊压成形为压型钢板使用，基板应采用热浸镀锌（或锌铝、铝锌合金）钢板，不应采用电镀锌钢板或无任何镀层和涂层的钢板。屋面及墙面用压型钢板，重要建筑宜采用彩色涂层钢板，一般建筑可采用热镀铝锌合金或热镀锌镀层钢板；组合楼盖压型钢板应采用热镀锌钢板。

压型板的波高、波距应满足承重强度、稳定与刚度的要求；屋面及墙面用压型钢板板型设计应满足防水、承载、抗风及整体连接等功能要求。

墙面用压型钢板基板的公称厚度不宜小于 0.5 mm，屋面压型钢板基板的公称厚度不宜小于 0.6 mm，楼盖压型钢板基板的公称厚度不宜小于 0.8 mm。压型钢板板型的展开宽度（基板宽度）宜符合 600 mm、1000 mm 或 1200 mm 系列基本尺寸的要求，常用宽度尺寸宜为 1000 mm。

其他技术要求应符合现行国家标准《连续热镀锌钢板及钢带》GB/T2518—2008、《连续热镀铝锌合金镀层钢板及钢带》GB/T14978—2008、《彩色涂层钢板及钢带》GB/T12754—2019 及《建筑用压型钢板》GB/T 12755—2008 的有关规定。

4.1.3　钢结构用钢材的验收与存储

1. 验收

（1）核对钢材出厂质量检验报告。根据钢材出厂质量检验报告，核对钢材的生产厂家、品种、规格、执行标准及数量是否与购置合同一致。

（2）外观质量与尺寸检查。检查钢材的外观是否符合相应标准的要求，并抽查钢材的尺寸是否在标准规定范围内。

（3）抽样检验。在外观质量符合要求的前提下，按相应标准规定，随机抽样进行力学与工艺等性能检验。钢材质量出厂检验项目及检验样品的抽取见表 4 – 5。

表 4 – 5　钢材质量出厂检验项目及检验样品的抽取

钢材品种	组批规则	出厂检验项目及试样数量
热轧型钢	同一牌号、同一炉号、同一质量等级、同一品种、同一尺寸、同一交货状态的型钢，60 t/批，不足 60 t 亦为一批	拉伸试验、冷弯试验每批各 1 个；冲击试验每批 3 个
冷弯型钢	同一牌号、同一原料批次、同一规格尺寸，外周长不大于 400 mm 的产品，不超过 50 t/批；外周长大于 400 mm 的产品，不超过 100 t/批	拉伸试验、冲击试验每批各 1 个
无缝钢管	同一牌号、同一炉号、同一规格、同一热处理工艺组成一批。外径>76 mm，且厚度≤3 mm，400 根/批；外径>351 mm 的，50 根/批；其他尺寸的，200 根/批	拉伸试验、冷弯试验、压扁试验每批各 2 根
冷弯矩形钢管	同一牌号、同一炉号、同一规格尺寸的产品不超过 200 t/批	拉伸试验每批 1 根；冲击试验每批 3 根
建筑结构用钢板 桥梁结构用钢板	同一牌号、同一炉号、同一规格、同一轧制工艺及同一热处理工艺的钢板为 60 t/批，不足 60 t 亦为一批。对于要求厚度方向性能的钢板，每批≤25 t	拉伸试验、冷弯试验每批各 1 个；冲击试验每批 3 个；厚度方向断面收缩率试验每批 3 个

注：① 型钢和钢板的拉伸、弯曲、冲击试验用试样长度不少于 500 mm；② 钢管性能检验用试样长度不少于 1 m。

（4）检验结果的评定。经按规定方法抽样检验，检验结果均符合国家现行有关标准要求时，判为合格批，可以验收。若有一项或多项技术指标不符合标准规定时，则应重新从该批未检验过的钢材中随机抽取双倍数量的试样进行复验，复验全部符合标准规定的则可判为合格批，可以验收；如仍有不符合标准规定项，则该检验批判为不合格批，应不予验收。

2.存储

（1）检验合格的材料应按品种、规格、批号分类堆放，且应有明显的标识，不至混淆。

（2）堆放场地应坚实平整、干燥、不积水、并应有防雨淋措施。

（3）堆放时，在钢材的下面应用方木或其他方料进行垫平、垫高，以减少钢材的变形和锈蚀。

（4）应防止钢材被油、油漆等污染。

4.2 紧固件

钢结构连接用紧固件分为普通紧固件和高强度螺栓紧固件两大类。

4.2.1 普通紧固件

钢结构连接用普通紧固件包括普通螺栓、自攻螺钉和抽芯铆钉等连接副。

1.普通螺栓连接副

钢结构连接用普通螺栓连接副由 1 个六角头螺栓、1 个六角螺母、2 个平垫圈和 1 个弹簧垫圈组成。其材质主要是普通碳钢或合金钢。普通螺栓连接副见图 4-6。

1）六角头螺栓

分类：六角头螺栓按生产材质不同分为普通碳素钢、合金钢和不锈钢等；按产品精度分为 A、B、C 三个等级，A 级精度最高；按螺距大小分为

图 4-6 普通螺栓连接副

粗牙螺纹（螺距为 3.0 mm）和细牙螺纹（螺距有 1.0 mm、1.25 mm、1.5 mm、1.75 mm 和 2.0 mm五种规格）。

规格：A 级螺栓的公称直径为 1.6 mm ~ 24 mm；B 级螺栓的公称直径为 >24 mm；C 级螺栓的公称直径为 5 mm ~ 64 mm。粗牙螺纹螺栓规格由"代号 M 与公称直径（mm）×公称长度（mm）"来表示，如：Ml2 × 80 表示公称直径为 12 mm、公称长度为 80 mm 的粗牙螺纹螺栓。细牙螺纹螺栓规格由"代号 M 与公称直径（mm）×螺距（mm）×公称长度（mm）"来表示，如：Ml2 × 1.5 × 80 表示公称直径为 12 mm、螺距为 1.5 mm、公称长度为 80 mm 的细牙螺纹螺栓。

性能等级：A、B 级螺栓分为 5.6、8.8、9.8、10.9 四个性能等级；C 级螺栓分为 4.6 和 4.8 两个性能等级。性能等级代号由点隔开的两部分数字组成，其中，点左边的一或二位数字表示螺栓的公称抗拉强度的 1/100，以 MPa 计；点右边的数字表示螺栓的公称屈服强度或规定非比例延伸 0.2% 的公称应力或规定非比例延伸 0.0048 d（d 为螺栓的公称直径）的公称应力与公称抗拉强度比值的 10 倍。例如：性能等级 4.6 级的螺栓，其含义是螺栓材质公称抗拉强度达 400 MPa 级、螺栓材质的屈强比值为 0.6、螺栓材质的公称屈服强度达 400 × 0.6 = 240 MPa 级。性能等级标志（轧制）在螺栓头部顶面。

技术标准：钢结构连接用普通六角头螺栓的尺寸应分别符合《六角头螺栓》GB/T 5782—

2016、《六角头螺栓 C 级》GB/T 5780—2016 的有关规定;机械性能应符合《紧固件机械性能螺栓、螺钉和螺柱》GB/T 3098.1—2010 的有关规定。

应用:A、B 级螺栓用于承载较大、要求精度较高或受冲击、振动荷载的场合;C 级螺栓用在要求不高的场合。

2)六角螺母

分类:按生产材质不同分为普通碳素钢、合金钢和不锈钢等。按螺母高度不同分为 2 型[最小高度 $\geq 0.9D$(D 为螺母螺纹公称直径)]、1 型(最小高度 $\geq 0.8D$)和 0 型($0.45D \leq$ 最小高度 $< 0.8D$);按螺母螺距大小分为粗牙螺纹和细牙螺纹;按加工精度分为 A 级、B 级和 C 级。

性能等级:A 级和 B 级的 1 型钢质六角螺母的性能等级有 6、8 和 10 级;2 型六角螺母的性能等级有 10 和 12 级;C 级 1 型六角螺母的性能等级为 5 级。螺母性能等级代号相当于可与其搭配使用的螺栓、螺钉或螺柱的最高性能等级标记中左边的数字。

技术标准:钢结构连接用六角螺母的尺寸应分别符合《1 型六角螺母》GB/T 6170—2015、《1 型六角螺母 C 级》GB/T 41—2016、《2 型六角螺母》GB/T 6175—2016 的有关规定;机械性能应符合《紧固件机械性能螺母》GB/T 3098.2—2015 的有关规定。

应用:六角螺母适用于 M1.6 ~ M64 的六角头螺栓。其中,1 型 C 级螺母用于表面比较粗糙、对精度要求不高的结构上;A 级和 B 级螺母用于表面比较光洁、对精度要求较高的结构上。2 型六角螺母的厚度较厚,多用于常经常需要装拆的场合。

3)平垫圈

平垫圈按生产材质不同分为普通碳素钢、合金钢和不锈钢等平垫圈。按加工精度分为 A 级和 C 级,A 级的硬度等级为 200 HV(维氏硬度)和 300 HV 级,C 级的硬度等级为 100 HV 级。200 HV 级的 A 级垫圈适用于性能等级 ≤ 8.8 级、产品等级为 A 和 B 级的六角头螺栓和螺钉及性能等级 ≤ 8 级、产品等级为 A 和 B 级的六角螺母;300 HV 级的 A 级垫圈适用于性能等级 ≤ 10.9 级、产品等级为 A 和 B 级的六角头螺栓和螺钉及性能等级 ≤ 10 级、产品等级为 A 和 B 级的六角螺母;100 HV 级的 C 级垫圈适用于性能等级 ≤ 6.8 级、产品等级为 C 级的六角头螺栓和螺钉及性能等级 ≤ 6 级、产品等级为 C 级的六角螺母。平垫圈的尺寸应分别符合《平垫圈 A 级》GB/T97.1—2002 和《平垫圈 C 级》GB/T95—2002 的有关规定。

4)弹簧垫圈

弹簧垫圈是由弹簧钢丝经加工和热处理制成的具有一定弹性的圆形垫圈。按生产材质不同分为弹簧钢和不锈钢等弹簧垫圈。弹簧钢弹性垫圈的硬度为 40HRC ~ 50HRC(洛氏硬度);不锈钢弹性垫圈的硬度应 ≥ 34HRC。弹簧垫圈的尺寸应符合《组合件用弹簧垫圈》GB/T 9074.26—1988 的有关规定;弹性、扭转及表面缺陷等技术要求应符合《弹性垫圈技术条件弹簧垫圈》GB/T 94.1—2008 的有关规定。

2. 自攻螺钉连接副

自攻螺钉连接副是在金属或非金属材料的预钻孔中自行攻钻出配合阴螺纹的一种有螺纹的紧固方式。

自钻自攻螺钉连接副是在金属或非金属材料中用专用工具(钻具)自行钻孔并自行攻钻出配合阴螺纹的一种有螺纹的紧固方式。

自攻螺钉按其头部外形不同分为十字槽沉头型、十字槽半沉头型、十字槽盘头型、六角凸缘型、六角法兰面型、内六角花形盘头型、内六角花形沉头型等;按其头部槽型分为一字槽头型、十字槽头型、十一字复合槽头型，米字槽头型四种；按螺钉材质分为碳钢（中碳钢为主）和不锈钢两种。常用自攻螺钉和自钻自攻螺钉见图4-7。

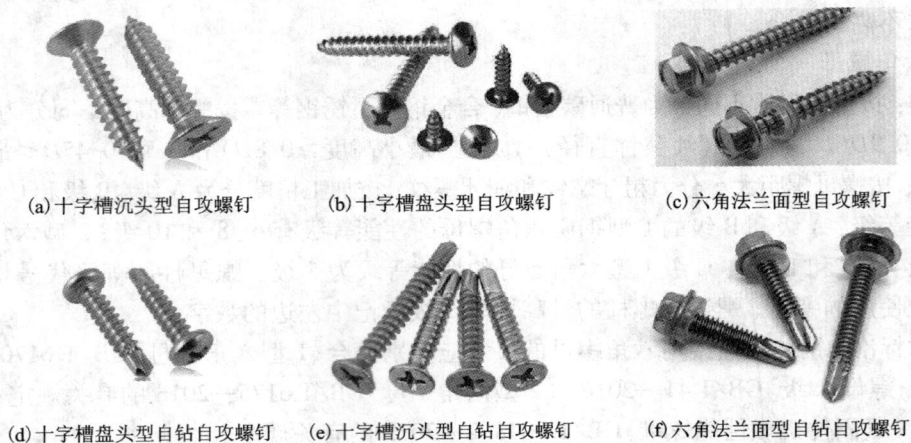

(a)十字槽沉头型自攻螺钉　　　(b)十字槽盘头型自攻螺钉　　　(c)六角法兰面型自攻螺钉

(d)十字槽盘头型自钻自攻螺钉　　(e)十字槽沉头型自钻自攻螺钉　　(f)六角法兰面型自钻自攻螺钉

图4-7　自攻螺钉

六角凸缘型自攻螺钉的螺纹规格为ST2.2~ST8；六角法兰面型自攻螺钉的螺纹规格为ST2.2~ST9.5；内六角花形自攻螺钉的螺纹规格为ST2.9~ST6.3；其他型自攻螺钉的螺纹规格为ST2.9~ST6.3。

自攻螺钉的型号用"螺纹规格×螺钉长度"来标记，单位为mm。例如：ST3.5×16表示螺纹规格为ST3.5、公称长度为16mm的自攻螺钉。

自攻螺钉具有弧形三角截面的普通螺纹、强度高、自行成形或攻出其配合螺纹、高防松能力、单件、单体、单侧装配、可以装卸等特点。自攻螺钉主要应用于金属薄板（钢板、铝板等）之间的连接。盘头和六角头螺钉适用于钉头允许露出的场合；沉头和内六角花形自攻螺钉适用于钉头不允许露出的场合。

钢结构用自攻螺钉和自钻自攻螺钉的螺纹、尺寸公差及机械性能和工作性能等技术要求应分别符合《十字槽盘头自攻螺钉》GB/T 845—2017、《十字槽沉头自攻螺钉》GB/T 846—2017、《十字槽沉头自钻自攻螺钉》GB/T15856.2—2002、《十字槽盘头自钻自攻螺钉》GB/T 15856.1—2002、《六角凸缘自攻螺钉》GB/T 16824.1—2016及《六角法兰面自攻螺钉》GB/T 16824.2—2016的有关规定。

3. 抽芯铆钉连接副

抽芯铆钉也称拉铆钉，是一种单面铆接用的铆钉。他是利用拉铆枪将安装在两个结合件孔中的拉铆钉膨胀挤压在两个结合件上形成套环和栓柱，使套环与栓柱严密结合在两个结合件上的紧固方式。

根据铆钉的最小剪切载荷、最小拉力载荷与最大钉芯断裂载荷分为06级、11级、30级和51级四个性能等级。其中，06级抽芯铆钉的钉体材料为铝、钉芯材料为铝合金；11级抽芯铆钉的钉体材料为铝合金、钉芯材料为钢；30级抽芯铆钉的钉体和钉芯材料均为钢；51级抽芯铆钉的钉体材料为奥氏体不锈钢、钉芯材料为不锈钢。钉体直径为3.2mm~6.4mm。抽芯铆钉的外形及施工工艺见图4-8。

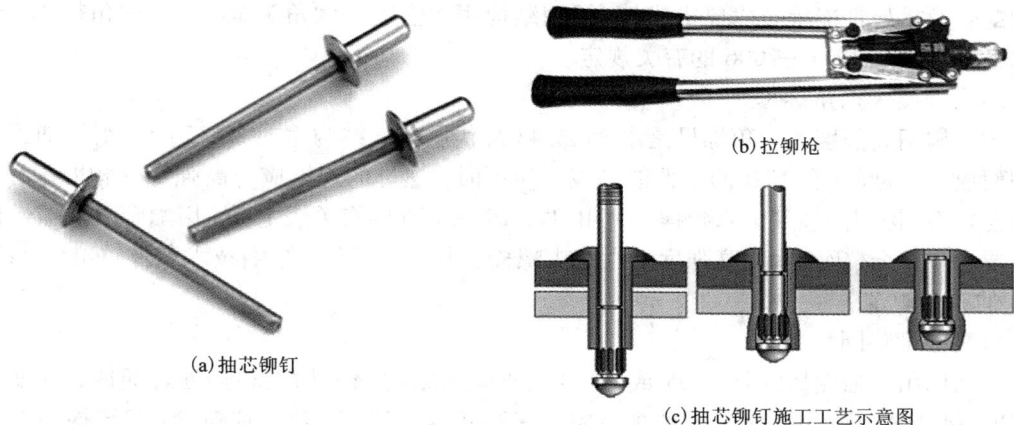

(a)抽芯铆钉 (b)拉铆枪 (c)抽芯铆钉施工工艺示意图

图 4-8 抽芯铆钉及施工工艺

抽芯铆钉的型号用"公称直径×公称长度"来标记，单位为 mm。例如：4.8×11 表示公称直径为 4.8 mm，公称长度为 11 mm 的抽芯铆钉。

抽芯铆钉具有高紧固力、永不松动及高抗剪力等特性。适用于金属薄板（钢板、铝板等）之间的连接。

抽芯铆钉的表面应无毛刺和有害缺陷，并有完整的头、杆形状，铆接后，当放大 5 倍目测检查时，铆钉不应有可见的开裂痕迹。抽芯铆钉的尺寸及机械性能等技术要求应分别符合《封闭型平圆头抽芯铆钉 11 级》GB/T 12615.1—2004、《封闭型平圆头抽芯铆钉 30 级》GB/T 12615.2—2004、《封闭型平圆头抽芯铆钉 06 级》GB/T 2615.3—2004、《封闭型平圆头抽芯铆钉 51 级》GB/T 12615.4—2004 的有关规定。

4.2.2 高强度螺栓紧固件

钢结构连接用高强度螺栓紧固件分为高强度大六角头螺栓连接副、扭剪型高强度螺栓连接副和钢网架螺栓球节点用高强度螺栓。

1. 高强度大六角头螺栓连接副

高强度大六角头螺栓连接副由 1 个高强度大六角头螺栓、1 个高强度大六角螺母和 2 个高强度平垫圈组成。它是依靠高强度螺栓的紧固，在被连接件间产生摩擦阻力以传递剪力而将构件、部件或板件连成整体的摩擦型连接方法。适用于铁路和公路桥梁、工业厂房、高层民用建筑、塔桅结构、锅炉钢结构及其他钢结构用摩擦型高强度螺栓连接副。

1）高强度大六角头螺栓

高强度大六角头螺栓是由优质碳素结构钢（35、45 号钢）、合金结构钢（20 MnTiB、35CrMo、40Cr）或冷镦钢（ML20 MnTiB）经加工和热处理而成的高强度、高硬度螺栓。其外形与普通螺栓相同。

钢结构连接用高强度大六角头螺栓分为 8.8S、10.9S（S 代表钢结构专用）两个性能等级，8.8S 级螺栓的硬度为 24HRC ~ 31HRC；10.9S 级螺栓的硬度为 33HRC ~ 39HRC；按螺栓的公称直径分为 M12、M16、M20、M22、M24、M27 和 M30 七中规格。高强螺栓型号的标记方法同普通螺栓。螺栓尺寸应符合《钢结构用高强度大六角螺栓》GB/T 1228—2006 的有关规定；

使用配合及机械性能等技术要求应符合《钢结构用高强度大六角头螺栓、大六角螺母、垫圈技术条件》GB/T 1231—2006 的有关规定。

2）高强度大六角螺母

钢结构用高强度大六角螺母是由 35 或 45 号优质碳素结构钢或 ML35 冷镦钢经加工和热处理而成，分为 8H 和 10H 两个性能等级。使用时，螺母的规格应与高强螺栓相匹配，尺寸应符合《钢结构用高强度大六角螺母》GB/T 1229—2006 的有关规定；使用配合及机械性能等技术要求应符合《钢结构用高强度大六角头螺栓、大六角螺母、垫圈技术条件》GB/T 1231—2006 的有关规定。

3）高强度垫圈

钢结构用高强度垫圈是由 35 或 45 号优质碳素结构钢经加工和热处理而成，其硬度为 35HRC ~ 45HRC。使用时，垫圈的规格应与高强螺栓相匹配，尺寸应符合《钢结构用高强度垫圈》GB/T 1230—2006 的有关规定；使用配合及机械性能等技术要求应符合《钢结构用高强度大六角头螺栓、大六角螺母、垫圈技术条件》GB/T 1231—2006 的有关规定。

2. 扭剪型高强度螺栓连接副

扭剪型高强度螺栓连接副由 1 个扭剪型高强度螺栓、1 个高强度大六角螺母和 1 个高强度平垫圈组成。它是依靠高强度螺栓的抗剪和螺栓与孔壁承压以传递剪力将构件、部件或板件连成整体的承压型连接方法。适用于铁路和公路桥梁、工业厂房、高层民用建筑、塔桅结构、锅炉钢结构及其他钢结构用扭剪型高强度螺栓连接副。

生产扭剪型高强度螺栓连接副的材质同高强度大六角螺栓连接副。扭剪型高强度螺栓的头部呈半圆形，尾部有一个直齿状梅花头，在安装过程中通过尾部的梅花头控制，利用扭矩的反力将螺栓逆向旋紧，直到螺栓的直齿状尾端破断为止。扭剪型高强度螺栓连接副的外形及施工工艺见图 4 – 9。

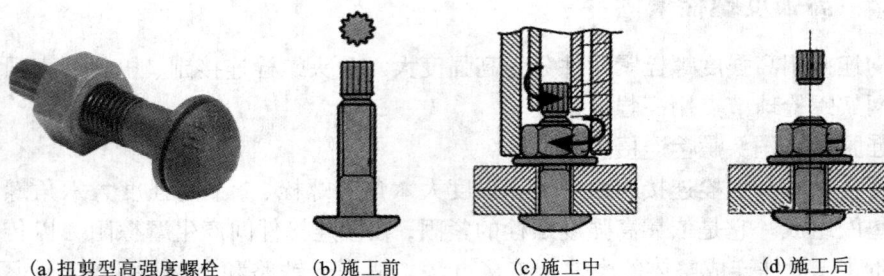

(a)扭剪型高强度螺栓　　(b)施工前　　(c)施工中　　(d)施工后

图 4 – 9　扭剪型高强度螺栓及施工工艺

扭剪型高强度螺栓连接副所用扭剪型高强度螺栓的性能等级为 10.9S，螺母的性能等级为 10H，垫圈为钢结构用高强度垫圈。连接副的硬度、机械性能、紧固轴力及表面缺陷等技术要求应符合《钢结构用扭剪型高强螺栓连接副》GB/T 3632—2008 的有关规定。

3. 钢网架螺栓球节点用高强度螺栓

钢网架螺栓球节点用高强度螺栓是用于钢网架结构的螺栓球节点连接的专用高强度螺栓。适用于螺纹规格为 M12 ~ M85 ×4 的钢网架螺栓球节点用高强度螺栓。钢网架螺栓球节点与球节点用高强螺栓外形见图 4 – 10。

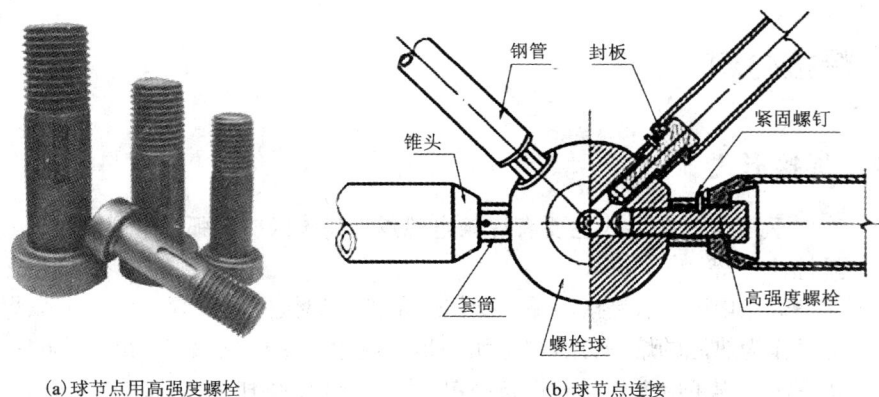

(a)球节点用高强度螺栓　　　　　　　　(b)球节点连接

图 4 – 10　钢网架节点用高强度螺栓与球节点连接

M12 ~ M24 螺栓材质为 20 MnTiB、35CrMo 或 40Cr 合金结构钢，性能等级为 10.9S；M27 ~ M36 螺栓材质为 35CrMo 或 40Cr 合金结构钢，性能等级为 10.9S；M39 ~ M85 × 4 螺栓材质为 42CrMo 或 40Cr 合金结构钢，性能等级为 9.8S。

钢网架螺栓球节点用高强度螺栓的尺寸、表面缺陷、硬度及机械性能等技术要求应符合《钢网架螺栓球节点用高强度螺栓》GB/T 16939—2016 的有关规定。

4.2.3　紧固件的验收与存储

1. 验收

(1)入库前应核对材料的品种、规格、批号、质量合格证明文件、中文标志和检验报告等是否与购置合同一致。

(2)检查表面质量和包装是否符合有关标准的规定。

(3)抽样检验。普通螺栓作为永久性连接螺栓，且设计文件要求或对其质量有疑义时，应从每一规格的螺栓中随机抽取 8 个进行螺栓实物最小拉力载荷检验；高强螺栓连接副应从每批中随机抽取 8 套连接副进行扭矩系数、紧固轴力和表面硬度的检验。经检验合格的可以验收。

2. 存储

紧固件出厂时已经按批配套包装，每个包装箱中都已经配有螺栓、螺母和垫圈，并且具有相应的防水和密封要求，如塑料袋分装配套产品等。因此，在储运过程中应注意如下事项：

(1)检验合格的紧固件应按品种、规格、批号分类堆放，且应有明显的标识，不至混淆。

(2)在运输、保管过程中，应轻装、轻卸，防止损伤螺纹。

(3)存储时应当按批、成箱、分规格整齐码放在室内仓库，不得混批堆放，码放高度一般不超过 6 层。

(4)应有防止生锈、潮湿及沾染脏物等措施，室内堆放时应距离地面、墙壁至少 150 mm。

(5)在保管过程中尽量不要开箱，以免破坏包装的防水和密封要求，如果到货后要及时复验需要开箱，则应当在开箱取出所需数量的检验样品后，按原包装要求重新包装好，以免开包后沾染灰尘、锈蚀或改变产品表面的润滑质量。

(6)保管时间不应超过 6 个月。超过 6 个月后，使用时必须按要求重新进行扭矩系数或紧固轴力检验，检验合格的可以使用，否则，不允许使用。

4.3 焊接材料

4.3.1 焊接形式

常用焊接形式简介

钢结构焊接形式主要有焊条电弧焊、气体保护电弧焊、埋弧焊、电渣焊和电弧螺柱焊等。

焊条电弧焊：是指用手工操作焊条进行焊接的电弧焊方法。电弧焊是指利用电弧作为热源的熔焊方法。电弧焊是目前生产中应用最多、最普遍的一种金属焊接方法。焊条电弧焊具有设备简单、易于维修、操作灵活、成本低等优点，缺点是生产效率低、焊接质量受到焊工的技术、焊接时环境温度、湿度、风力等外界条件的影响。

气体保护电弧焊：是利用氩气或氮气等惰性气体作为保护介质的电弧焊。它包括钨极惰性气体保护焊（TIG）和熔化极惰性气体保护焊（GMAW）。两者的差别在于所用的电极不同，前者用的是非熔化电极钨棒，后者用的是熔化电极焊丝。由于氩气和氮气等惰性气体，密度比空气大，既不与金属起反应，又能够有效地隔绝空气，能对钨极、熔池金属及热影响区进行很好的保护，防止被氧化，氮化，故能够实现高品质焊接，得到优良焊缝。

埋弧焊：是一种电弧在焊剂层下燃烧进行焊接的方法，含埋弧堆焊及电渣堆焊等。埋弧焊具有焊接质量稳定、焊接生产效率高、无弧光及烟尘很少等优点，使其成为压力容器、管段制造、箱型梁柱等重要钢结构制作中的主要焊接方法。

电渣焊：是利用电流通过熔渣所产生的电阻热作为热源，将填充金属和母材熔化，凝固后形成金属原子间牢固连接。缺点是输入的热量大，接头在高温下停留时间长、焊缝附近容易过热，焊缝金属呈粗大结晶的铸态组织，冲击韧性低，焊件在焊后一般需要进行正火和回火热处理。

电弧螺柱焊：是将焊钉（栓钉）一端与工件表面接触，利用电弧螺柱焊机在焊钉和焊接母材之间激发电弧，待接触面熔化后，给螺柱一定压力完成焊接的方法。该方法属于熔态压力焊范畴。

4.3.2 焊接材料

用于钢结构焊接的材料主要有焊条、焊丝、焊剂及螺柱焊用焊钉等。

1. 焊条

焊条是涂有药皮的供焊条电弧焊使用的熔化电极，由药皮和金属焊芯两部分组成。在气焊或电焊时，依靠焊接电流产生的电弧将药皮和焊芯熔化后填充在焊接工件的接合处成为焊缝填充金属主要成分。焊条前端药皮有 45°左右的倒角，这是为了便于引弧，尾部有一段约占焊条总长 1/16 的裸焊芯，这是便于焊钳夹持并有利于导电。焊条外形见图 4 – 11。

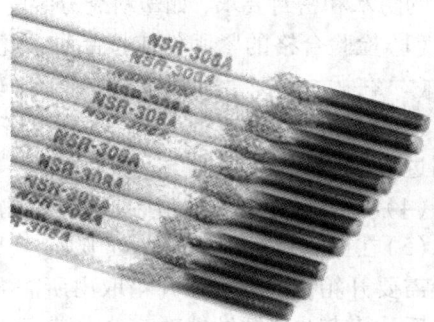

焊芯是一根具有一定长度及直径的钢丝。

图 4 – 11　焊条

用于焊条的专用钢丝可分为碳素结构钢、合金结构钢、不锈钢三类。焊芯直径通常为 2 mm、

2.5 mm、3 mm、3.2 mm、4 mm、5 mm 或 6 mm，常用的是 3.2 mm、4 mm 和 5 mm 三种，其长度一般在 250 mm～450 mm 之间。焊接时，焊芯是用来传导焊接电流，产生电弧把电能转换成热能，熔化后作为填充金属与液体母材金属熔合而成焊缝。

　　药皮是压涂在焊芯表面的涂层，药皮类型有钛型（代号 03）、纤维素（10）、金红石（12）、金红石+铁粉（14）、碱性（15）、碱性+铁粉（18）、钛铁矿（19）、氧化铁（20）、氧化铁+铁粉（27）等。在焊接过程中药皮分解熔化后形成气体和熔渣，起到提高电弧燃烧的稳定性、保护焊接熔池、保证焊缝脱氧和去硫磷杂质、为焊缝补充合金元素、提高焊接生产效率、减少飞溅等作用。焊条型号简化标注方法见图 4-12，详细标注方法见图 4-13。

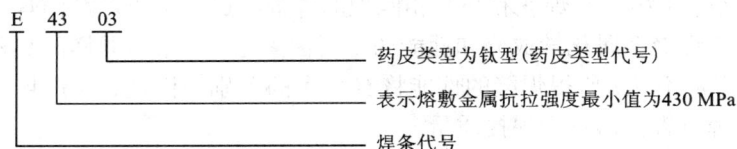

图 4-12　焊条型号简化标注法

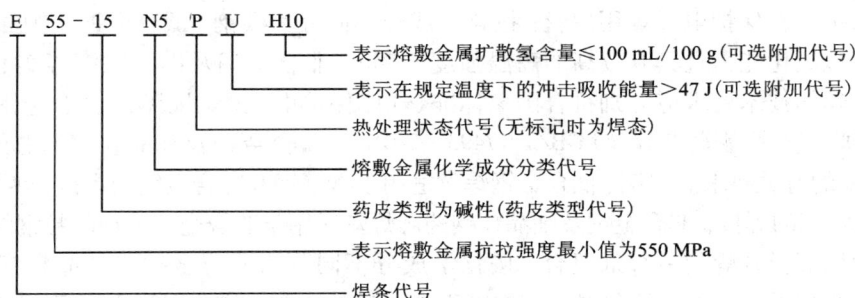

图 4-13　焊条型号详细标注法

　　钢结构焊接用焊条主要有非合金钢及细晶粒钢焊条、高强钢焊条和热强钢焊条等。

　　非合金钢及细晶粒钢焊条适用于熔敷金属抗拉强度 <570 MPa 的非合金钢及细晶粒钢的焊条电弧焊焊接；高强钢焊条适用于熔敷金属抗拉强度 ≥590 MPa 的高强钢的焊条电弧焊焊接；热强钢焊条适用于热强钢的焊条电弧焊焊接。

　　焊条的尺寸、药皮、熔敷金属化学成分、熔敷金属的力学性能、熔敷金属的扩散氢含量等技术要求应分别符合《非合金钢及细晶粒钢焊条》GB/T 5117—2012、《高强钢焊条》GB/T 32533—2016、《热强钢焊条》GB/T 5118—2012 等标准的有关规定。

　　2. 焊丝

　　焊丝是指焊接时作为填充金属或同时作为导电用的金属丝材料。在气焊和钨极气体保护电弧焊时，焊丝用作填充金属；在埋弧焊、电渣焊和其他熔化极气体保护电弧焊时，焊丝既是填充金属，也是导电电极。

　　常用的焊丝有实芯焊丝（代号为 SU。其中又分为轧制类和铸造类）、药芯焊丝（代号为 T）和焊丝-焊剂组合（代号为 S）。

　　轧制实芯焊丝：是用碳钢、低合金结构钢、合金结构钢、不锈钢或有色金属等金属材料，经锻、轧和拔丝等工艺而制成的焊丝。该类焊丝比较耐热，也耐龟裂，使用最为广泛。

铸造实芯焊丝：有些合金（如钴铬钨合金）因不能锻、轧和拔丝，故只能采用连续浇注（铸造）和液态挤压的方法来制造，采用这种工艺制作而成的焊丝称为铸造类焊丝。他主要用于工件表面的手工堆焊，以满足如抗氧化、耐磨损和高温下耐腐蚀等特殊性能要求。

药芯焊丝：是用薄钢带卷成圆形或异形钢管，内填一定成分的药粉，经拉伸制成的有缝药芯焊丝，或用无缝钢管填满药粉拉伸制成的无缝药芯焊丝。药芯焊丝中的药粉成分与焊条药皮相似，这种焊丝主要用于二氧化碳气体保护焊、埋弧焊和电渣焊，用这种焊丝焊接熔敷效率高，对钢材适应性好。含有造渣、造气和稳弧成分的药芯焊丝焊接时不需要保护气体，称自保护药芯焊丝，适用于大型焊接结构工程的施工。

焊丝－焊剂组合：由实心焊丝和与其相匹配的焊剂组成。由于焊剂的焊接工艺性能和化学冶金性能是决定焊缝金属化学成分和性能的主要因素之一，采用同样的焊丝和同样的焊接参数，而配用的焊剂不同，所得焊缝的性能将有很大的差别。因此，在焊接过程中焊丝与焊剂的选用是否合理将直接影响到焊接质量。

焊丝按包装形式分为直条（直径为 1.2~4.8 mm）、焊丝卷（直径为 0.8~3.2 mm）和焊丝桶（直径为 0.9~3.2 mm）。

气体保护和自保护电弧焊用焊丝：按化学成分不同分为碳钢、低合金钢、热强钢（在高温下具有良好抗氧化能力且具有较高的高温强度的钢）、非合金钢及细晶粒钢等实心焊丝和药心焊丝。焊丝的技术要求应分别符合国家标准《气体保护电弧焊用碳钢、低合金钢焊丝》GB/T 8110—2008、《热强钢药芯焊丝》GB/T 17493—2018、《非合金钢及细晶粒钢药芯焊丝》GB/T 10045—2018 的有关要求。碳钢、低合金钢焊丝适用于碳素钢和低合金钢的焊接；热强钢药芯焊丝适用于热强钢的焊接；非合金钢及细晶粒钢药芯焊丝适用于非合金钢及细晶粒钢的焊接。

埋弧焊用焊丝及焊丝－焊剂组合：按化学成分不同分为非合金钢及细晶粒钢、热强钢、高强钢等实心焊丝、药心焊丝和焊丝－焊剂组合。其技术要求应分别符合国家标准《埋弧焊用非合金钢及细晶粒钢实心焊丝、药芯焊丝和焊丝－焊剂组合分类要求》GB/T 5293—2018、《埋弧焊用热强钢实心焊丝、药芯焊丝和焊丝－焊剂组合分类要求》GB/T 12470—2018、《埋弧焊用高强钢实心焊丝、药芯焊丝和焊丝－焊剂组合分类要求》GB/T 36034—2018 的有关要求。

3. 焊剂

焊剂是颗粒状焊接材料。在焊接时它能够熔化形成熔渣和气体，对熔池起保护和冶金作用的物质。焊剂能去除焊接面的氧化物，降低焊料熔点和表面张力，保护焊缝金属在液态时不受周围大气中有害气体的影响，使液态熔料有合适的流动速度以填满焊缝。

焊剂按制造方法不同分为熔炼焊剂（代号为 F）、烧结焊剂（代号为 A）和混合焊剂（代号为 M）；按适用的焊接方法不同分为埋弧焊用焊剂（代号为 S）和电渣焊用焊剂（代号为 ES）；按焊剂的主要化学成分不同分为硅锰型（MS）、硅钙型（CS）、镁钙型（CG）、镁钙碱型（CB）、铁粉镁钙型（CG－Ⅰ）、铁粉镁钙碱型（CB－Ⅰ）、硅镁型（GS）、硅锆型（ZS）、硅钛型（RS）等类型；按适用范围不同分为 1、2、2B、3、4 等类别。

焊剂中的硫含量应≤0.050%，磷含量应≤0.060%；粒度、化学成分、焊接工艺性能、熔敷金属扩散氢含量等技术要求应符合《埋弧焊和电渣焊用焊剂》GB/T36037—2018 的有关规定。

4. 焊钉

焊钉是用于电弧螺柱焊的一种高强度柱状连接紧固件，也称栓钉。按外形分为无头焊钉

焊剂类型及适应范围

140

和圆柱头焊钉。

电弧螺柱焊用圆柱头焊钉由 ML15 或 ML15Al 冷墩和冷挤压用钢加工制造而成，其外形见图 4 - 14。焊钉公称直径为 10 ~ 25 mm，公称长度为 40 ~ 300 mm，焊钉还配有与之配套使用的磁环，瓷环是用来保护焊钉与母材放电融化后的金属熔液不外泄的一种环型陶瓷熔池。

电弧螺柱焊用圆柱头焊钉的尺寸、表面质量及机械性能等技术要求应符合《电弧螺柱焊用圆柱头焊钉》GB/T 10433—2002 的有关规定。

电弧螺柱焊用圆柱头焊钉适用于土木建筑工程中各类钢结构的抗剪件、埋设件及锚固件的焊接。

图 4 - 14　圆柱头焊钉

电弧螺柱焊用无头焊钉由无螺纹的无头焊钉(UD 型)和与之配套使用的磁环(UF 型)组成，焊钉的尖端装有压配合的铝棒或喷涂铝粉。焊钉的公称直径为 6 ~ 16 mm，公称长度为 20 ~ 80 mm，性能等级为 4.8 级。电弧螺柱焊用无头焊钉的尺寸、可焊接性及机械性能等技术要求应符合《电弧螺柱焊用无头焊钉》GB/T 10432.1—2010 的有关规定。

电弧螺柱焊用无头焊钉适用于一般轻型钢结构的抗剪件、埋设件及锚固件的焊接。

4.3.3　焊接材料的验收与存储

1. 验收

(1)入库前应核对焊材的品种、规格、批号、质量合格证明文件、中文标志和检验报告等是否与购置合同一致。

(2)检查焊接材料的包装是否完好，外表面是否污染，在储运过程中是否有影响焊接质量的缺陷，识别标志是否清晰、牢固，与产品实物是否相符等。

(3)抽样检验。用于重要焊缝的焊接材料，或对质量合格证明文件有疑义的焊接材料，应抽样进行化学成分、焊接工艺及焊接机械性能检验。检验时焊条宜按 3 个批抽取 1 组试样；焊丝宜按 5 个批抽取 1 组试样。经检验合格的可以验收。

2. 存储

焊接材料在存储过程中应注意防潮、防污和损伤，存储不当将影响焊接材料的性能，从而影响焊接结构的质量。受潮的焊材在焊接过程中会导致电弧强烈、燃烧不稳定；飞溅多、颗粒大、容易产生咬边；熔渣覆盖不均匀、焊波粗糙、低氢型焊条的熔渣表面气孔多；熔渣清除困难；产生焊接裂纹和气孔、力学性能各项指标偏低。因此，存储时应注意以下事项：

(1)检验合格的焊条、焊丝、焊剂等焊接材料应按品种、规格和批号分别存放在干燥的存储室内。堆放时不要堆放太高，且应距离地面、墙壁 300 mm 以上，以免受潮损坏。

(2)焊接材料在存放过程中应保证包装完好，避免损伤和污染。

(3)焊条、焊剂及焊钉(栓钉)瓷环在使用前应按说明书的要求进行焙烘。

4.4 涂装材料

4.4.1 防腐涂装材料

1. 钢材的腐蚀机理

钢材腐蚀按照腐蚀过程的机理不同可分为化学腐蚀和电化学腐蚀两大类。

化学腐蚀：是指钢材与非电解质（不导电的气体或液体）接触时，只发生化学作用而没有电流产生的腐蚀过程，金属元素被氧化变成疏松的氧化物。如高温氧化产生的氧化铁，其成分有 Fe_2O_3、Fe_3O_4 等。

电化学腐蚀：是指不纯金属材料与电解质溶液（能导电的酸、碱、盐溶液）接触时，发生化学作用的同时伴有电流产生的腐蚀过程。由于钢材是由不同的金属和非金属元素组成的合金材料，各组成元素具有不同的电极电位，当他们与电解质溶液接触时，在钢材表面形成大量的微小原电池。结果钢材中的活泼金属元素作为原电池的阳极（正极），发生氧化反应而被腐蚀；钢材中的杂质元素作为原电池的阴极（负极），发生还原反，一般只起传递电子的作用，不会被腐蚀，这种化学作用称为氧化还原反应。电化学腐蚀是金属腐蚀中最普遍、最主要的类型，钢铁在潮湿的空气中所发生的腐蚀主要是电化学腐蚀。在潮湿的空气中，钢铁表面会吸附一层薄薄的水膜，如果这层水膜呈较强酸性时，则表现为析氢腐蚀；如果这层水膜呈弱酸性或中性时，能溶解较多氧气，则表现为吸氧腐蚀。具体反应式如下：

析氢腐蚀：$Fe - 2e^- \longrightarrow Fe^{2+}$（阳极）；$2H^+ + 2e^- \longrightarrow H_2 \uparrow$（阴极）

$$Fe + 2H_2O \longrightarrow Fe(OH)_2 \downarrow + H_2 \uparrow（总反应）$$

吸氧腐蚀：$Fe - 2e^- \longrightarrow Fe^{2+}$（阳极）；$O_2 + 4e^- + 2H_2O \longrightarrow 4OH^-$（阴极）

$$2Fe + O_2 + 2H_2O \longrightarrow 2Fe(OH)_2 \downarrow（总反应）$$

析氢腐蚀与吸氧腐蚀生成的 $Fe(OH)_2$ 被氧进一步氧化而生成 $Fe(OH)_3$ 脱水后变成 Fe_2O_3（铁锈）。钢铁制品在大气中的腐蚀主要是吸氧腐蚀。

2. 钢结构的防腐涂装

钢结构的防腐涂装主要有油漆类防腐涂装、金属热喷涂防腐、热浸镀锌防腐等。

1）油漆类防腐涂装

油漆类防腐涂装，也称涂料类防腐涂装。他是采用涂刷法、手工滚涂法、空气喷涂法或高压无气喷涂法将防腐油漆（或涂料）涂装在钢构件表面，形成一定厚度的保护层，保护钢结构不被环境介质腐蚀的防腐措施，适用于施工现场涂装。他由底漆、中间漆和面漆组成。防腐涂料品种繁多，使用时应根据钢材的性质和环境条件来合理选用，所选用的底漆、中间漆和面漆应相互兼容、结合良好，涂层与钢材表面的附着力不宜小于 5 MPa。具体选用可参照下列规定进行：

锌、铝和含锌、铝合金层的钢材，其表面应采用锌黄环氧底漆，不得采用红丹环氧底漆；其他钢材可采用有机富锌或无机富锌底漆，富锌底漆产品中锌粉含量高，具有良好的阴极保护作用，耐盐雾和耐湿热性能优异，可用作强腐蚀环境中的钢结构长效防腐底漆。

有机富锌或无机富锌底漆上宜采用环氧云铁或环氧铁红中间漆，不得采用醇酸漆。

用于酸性介质环境时，宜选用氯化橡胶、聚氨脂、环氧、聚乙烯萤丹、高氯化聚乙烯、氯磺化聚乙烯、丙烯酸聚氨酯、丙烯酸环氧和环氧沥青、聚氨酯沥青类等面漆；用于弱酸性介质环境时，可选用醇酸类面漆。

用于碱性介质环境时，宜选用环氧类面漆，也可选用除酸性环境所用面漆以外的其他面漆，但不得选用醇酸类面漆。

用于室外环境时，可选用氯化橡胶、脂肪族聚氨脂、聚氯乙烯萤丹、氯磺化聚乙烯、高氯化聚乙烯、丙烯酸聚氨酯、丙烯酸环氧和醇酸类等面漆；不应选用环氧、环氧沥青、聚氨脂沥青和芳香族聚氨脂类等面漆。

用于地下工程时，宜采用环氧沥青、聚氨脂沥青类面漆。

对涂层的耐磨、耐久和抗渗性有较高要求时，宜选用树脂玻璃鳞片类面漆。

钢结构用防腐涂料的技术要求应符合现行国家标准《工业建筑防腐蚀设计规范》GB 50046—2018、《钢结构工程施工规范》GB 50755—2012、《钢结构工程施工质量验收规范》GB 50205—2001，现行行业标准《建筑用钢结构防腐涂料》JG/T224—2007、《公路桥梁钢结构防腐涂装技术条件》JT/T 722—2008 及有关产品标准的要求。

2）金属热喷涂防腐

金属热喷涂防腐涂层是将涂层金属加热到熔融状态，然后借助一股气流将其喷射到经过预处理后的钢材表面而形成涂层，以提高钢材的耐腐蚀、耐磨、耐高温等性能的一种防腐方法。

钢结构金属热喷涂可采用气喷法或电喷法。喷涂金属材料主要有锌、铝及其合金，其技术要求应符合现行国家标准《热喷涂 金属和其他无机覆盖层 锌、铝及其合金》GB/T 9793—2012 的有关规定。

在钢结构表面喷涂锌、铝或其合金后，对钢材具有很强的阳极保护作用，防腐年限可达30 年以上，且无需保养，如在锌、铝涂层外再加油漆封闭，则防腐年限更长，从而达到钢结构长效防腐之目的。该方法尤其适用于高湿度、水下、地下、海洋等环境中钢结构的防腐。

3）热浸镀锌防腐

热浸镀锌是在高温下把锌锭融化，再放入一些辅助材料，然后把金属结构件浸入镀锌槽中，使金属构件上附着一层锌层，从而保护钢结构不被腐蚀的方法。其优点在于他的镀层致密，无有机物夹杂，镀锌层的附着力和硬度较好，防腐能力强，防腐蚀能力优于电镀锌，对钢材具有很强的阳极保护作用；缺点在于价格较高，需要大量的设备和场地，钢结构件过大不易放入镀锌槽中，钢结构件过于单薄，热镀又容易变形。仅适用于专业工厂加工制作的钢构件的防腐处理。

4.4.2　防火涂料

钢结构防火涂料是指施涂于建筑物及构筑物的钢结构表面，能形成耐火隔热保护层以提高钢结构耐火极限的涂料。

钢结构防火涂料按使用场所分为室内用（用于建筑物室内或隐蔽工程的钢结构表面）和室外用防火涂料（用于建筑物室外或露天工程的钢结构表面）；按分散介质分为水基性防火涂料（以水为分散介质）和溶剂性防火涂料（以有机溶剂为分散介质）；按防火机理分为膨胀型防火涂料（P 类）和非膨胀型（F 类）；按耐火极限分为 0.5 h、1.0 h、1.5 h、2.0 h、2.5 h 和 3.0 h 六个耐火等级。

膨胀型防火涂料：由难燃树脂、难燃剂、成碳剂、脱水成碳催化剂、发泡剂及无机颜料与填料等组成，涂层在火焰或高温作用下会发生膨胀，形成比原来涂层厚度大几十倍的泡沫碳质层，能有效地阻挡外部热源对底材的作用，从而起到能阻止燃烧发生的一种建筑防火特种涂料。

膨胀型防火涂料的主要成膜物质常用合成树脂有聚丙烯酸酯乳液、聚醋酸乙烯乳液、醋酸乙烯－乙烯乳液、不饱和聚酯、环氧树脂、醇酸树脂、聚氨酯、环氧－聚硫等。他们与有机难燃剂相结合，使涂层既具有良好的常温使用性，又具有良好的难燃性。

成碳剂在高温及火焰作用下，能迅速碳化的物质。如淀粉、季戊四醇及含羟基的有机树脂等。

脱水成碳催化剂主要功能是促进含羟基有机物脱水碳化，形成不易燃烧的碳质层。主要有聚磷酸铵、磷酸氢铵和有机磷酸酯等。

发泡剂能在涂层受热时分解出大量灭火性气体，使涂层发生膨胀形成海绵状细泡结构的一种助剂。主要有三聚氰胺、双氰胺、氧化石蜡、多聚磷酸铵、硼酸铵、双氰胺甲醛树脂等。

无机颜料和填料通常都具有耐燃性，它们均能增加涂层的耐燃性和阻燃性。常用的防火填料有云母粉、滑石粉、石棉粉、高岭土、氧化锌、碳酸钙、钛白、氢氧化铝、硼酸锌、偏硼酸钡、三氧化二锑等。

非膨胀型防火涂料：由难燃性或不燃性的树脂及难燃剂、防火填料等组成，其涂层具有较好的难燃性或不燃性，能阻止火焰蔓延的特种建筑涂料。

非膨胀型防火涂料的主要成膜物质是难燃性的树脂，一般为含卤素、磷、氮之类的高分子合成树脂，如卤化的醇酸树脂、聚酯、环氧酚醛、氯化橡胶，氯丁橡胶乳液，聚丙烯酸酯乳液等，它们与难燃剂配合可以实现涂层的难燃化。此外，加入水玻璃、硅溶胶、磷酸盐等无机质材料也可作为防火涂料的成膜物质，由他们组成的涂料涂层具有不燃性、不发烟和无毒性等特点。

非膨胀型防火涂料本身具有难燃性或不燃性，且导热系数低，使被保护基材不直接与空气接触，同时，涂料受热分解出卤化氢气体，冲淡了氧和其他可燃性气体，从而延迟基材着火或降低燃烧速度，延迟火焰温度向被保护基材传递；另外，非膨胀型防火涂料的涂层一般都较厚，一旦着火，在高温下就形成一种釉状物，这种釉状物结构很致密，能有效隔绝氧气，使被保护的基材因缺氧而不能着火燃烧或降低燃烧速度。

用于生产钢结构防火涂料的原材料应符合国家环境保护和安全卫生相关法律法规的有关规定；涂料应能采用规定的分散介质进行调和、稀释，应能采用喷涂、抹涂、刷涂、刮涂等方法中的一种或多种方法施工，并能在正常的自然环境条件下干燥固化，涂层实干后不应有刺激性气味；复层涂料应相互配套，底层涂料应能同普通的防锈漆配合使用，或者底层涂料自身具有防锈性能；膨胀型涂料的涂层厚度应≥1.5 mm，非膨胀型涂料的涂层厚度应≥15 mm。钢结构防火涂料的物理、力学、抗腐蚀、耐火等性能应符合现行国家标准《钢结构防火涂料》GB 14907—2018、《建筑设计防火规范》GB 50016—2014、《钢结构工程施工质量验收规范》GB 50205—2001、《钢结构防火涂料应用技术规程》CECS24：90 和有关产品标准的规定。

钢结构防火涂料的选用应符合下列原则：

室内裸露钢结构、轻型屋盖钢结构及有装饰要求的钢结构，当规定耐火极限在 1.5 h 以下时，宜选用薄涂型（3 mm＜涂层厚度≤7 mm）钢结构防火涂料。

室内隐蔽钢结构、高层全钢结构及多层厂房钢结构，当规定耐火极限在 1.5 h 以上时，应选用厚涂型（7 mm＜涂层厚度≤45 mm）钢结构防火涂料。

露天钢结构应选用适合室外用的钢结构防火涂料。

4.4.3　涂装材料的验收与存储

1.验收

1）核对包装、产品合格证及使用说明书

入库前应核对产品的容器包装、合格证和产品使用说明书,产品的型号、名称、颜色及有效期应与其质量证明文件相符;开启后,不应存在结皮、结块、凝胶等现象。产品包装上应注明生产企业名称、地址、产品名称、商标、规格型号、生产日期或批号、保质期限。

2）抽样检验

检验批:同一厂家、同一次投料、同一生产工艺、同一生产条件下生产的产品组成一批。

抽样:防腐涂料应从同批次中随机抽取总桶数的5%,且不应少于3桶。防火涂料应分别从同批中不少于200 kg（P 类）、500 kg（F 类）的产品中随机抽取40 kg（P 类）、100 kg（F 类）。

检验项目:防腐涂料检验项目为产品在容器中的状态、施工性、漆膜外观、细度、附着力、耐弯曲性、耐冲击性、干燥时间和遮盖力。防火涂料检验项目为产品的外观与颜色、容器中状态、干燥时间、初期干燥抗裂性、耐水性、干密度、耐酸性、耐碱性及耐火性。

经检验合格的可以验收。

2.存储

检验合格的涂装产品应按品种、规格和批号分别存放在通风、干燥、防止日光直接照射等条件适合的场所。防腐涂料（油漆）产品尚应隔绝火源,远离热源。

存储期按产品说明书的规定进行,超过存储期的产品应重新抽样检验,其性能符合有关标准规定的可以继续使用,否则应报废处理。

复习思考题

1.什么是钢结构?

2.碳素结构钢的牌号如何表示?

3.碳素结构钢的质量等级是根据什么来划分的?

4.优质碳素结构钢的牌号如何表示?

5.钢结构工程常用的热轧型钢有哪些? 其规格型号如何表示?

6.简述冷弯型钢的特点及应用。

7.简述钢管的特点及应用。

8.钢结构连接用普通紧固件有哪些? 如何应用?

9.钢结构连接用高强螺栓有哪几种? 如何应用?

10.螺栓 Ml2×80 与螺栓 Ml2×1.5×80 有何区别?

11.螺栓性能等级9.8 表示什么意思?

12.钢结构的焊接形式有哪些?

13.钢结构焊接用焊条主要品种有哪些? 如何选用?

14.钢结构焊接常用焊丝主要品种有哪些?

15.焊剂的主要作用是什么?

16.受潮的焊接材料对焊接质量有何影响? 如何处理?

17.钢结构主要防腐措施有哪些? 防腐涂料如何选用?

18.钢结构用防火涂料如何选用?

模块五　防水工程材料

【内容提要】　本模块主要介绍建设工程中常用的沥青与改性沥青及合成高分子防水卷材、防水涂料、建筑密封材料的品种、规格、型号、技术性质、工程应用、验收、存储及质量检验样品的抽取等有关知识。

防水材料是指用来防止雨水、雪水、地下水、工业和民用的给排水、腐蚀性液体以及空气中的湿气等的渗透、渗漏和侵蚀建筑物或构筑物的材料。如房屋建筑的屋面、地下室、基础、盥洗室、卫生间以及水塔、水池、桥涵、隧道等建设工程，为了满足其使用功能和耐久性要求，均需要进行防水处理。建设工程常用防水材料主要有防水卷材、防水涂料和密封材料三大类。

5.1　防水卷材

防水卷材是一种可卷曲的片状防水材料。根据其组成和生产工艺不同分为有胎卷材（纸胎、玻璃布胎等）和辊压卷材（无胎，可掺入玻璃纤维）两类。根据其主要防水组成材料可分为沥青防水卷材、改性沥青防水卷材、合成高分子防水卷材等。

常用防水卷材

5.1.1　沥青与改性沥青防水卷材

1. 沥青防水卷材

沥青防水卷材是在基胎上浸涂沥青后，在表面撒布粉状或片状的防粘隔离材料而制成的防水卷材。常用的沥青防水卷材有石油沥青玻璃纤维胎防水卷材。

石油沥青玻璃纤维胎防水卷材简称沥青玻纤胎卷材。是以玻纤毡为胎基，浸涂石油沥青，并在两面覆以防粘隔离材料制成的防水卷材。

1）分类

沥青玻纤胎卷材按单位面积质量分为 15（PE 膜面卷材 ≥1.2 kg/m²，砂面卷材 ≥1.5 kg/m²）、25 号（PE 膜面卷材 ≥2.1 kg/m²，砂面卷材 ≥2.4 kg/m²）；按上表面材料分为 PE 膜面和砂面两种，也可按生产厂要求采用的其他类型的上表面材料；按力学性能分为 I 型（纵向拉力 ≥350 N/50 cm、横向拉力 ≥250 N/50 cm）、II 型（纵向拉力 ≥500 N/50 cm、横向拉力 ≥400 N/50 cm）。卷材的公称宽度为 1 m，公称面积为 10 m² 或 20 m²。

2）特性与应用

由于普通沥青防水卷材的低温柔性差、延伸率低、拉伸强度低、耐久性差，使用年限一般为 5～8 年。故沥青玻纤胎卷材适用于防水、防潮要求不高的一般工业与民用建筑的多层防水；并用于包扎管道（热管道除外），作防腐保护层；也用于屋面、地下、水利等工程的多层防水。

3）技术要求

沥青玻纤胎卷材的外观质量、可溶物含量、拉力、耐热性[(85±2)℃受热2 h，卷材的涂盖层应无滑动、流淌和滴落]、低温柔性（在10℃或5℃下，卷材绕Φ30 mm圆棒弯曲应无裂缝）、不透水性（在0.1 MPa的水压作用下，持续30 min，卷材应不透水）、钉杆撕裂强度、热老化等技术要求应符合现行国家标准《石油沥青玻璃纤维胎防水卷材》GB/T 14686—2008的有关规定。

2. 高聚物改性沥青防水卷材

高聚物改性沥青防水卷材是以聚酯毡或玻纤毡为胎基，高聚物改性沥青为侵渍覆盖层，以聚乙烯膜（PE）、细砂（S）或矿物粒料（M）为防粘隔离层，经选材、配料、共熔、侵渍、复合成形、卷曲等工序加工制作而成的防水卷材。

1）分类

目前，常用的改性沥青防水卷材主要有弹性体与塑性体改性沥青防水卷材，其分类见表5－1。

表5－1　弹性体与塑性体改性沥青防水卷材的分类

卷材类别	简　称	改性剂	分　类		
			按胎基分	按表面隔离材料分	按材料性能分
弹性体改性沥青防水卷材	SBS防水卷材	苯乙烯-丁二烯-苯乙烯（SBS）热塑性弹性体	聚酯毡（PY）、玻纤毡（G）、玻纤增强聚酯毡（PYG）	上表面为聚乙烯膜（PE）、细砂（S）或矿物粒料（M）；下表面为聚乙烯膜（PE）或细砂（S）	Ⅰ型和Ⅱ型
塑性体改性沥青防水卷材	APP防水卷材	无规聚丙烯（APP）或聚烯烃类聚合物（APAO、APO等）			

2）特性与应用

SBS防水卷材具有弹性范围大、延伸率高、胎基耐腐蚀、抗拉强度大、断裂后有一定的延伸性、耐疲劳、耐久性好，既可用粘结剂进行冷施工，也可用喷灯热熔施工。

APP防水卷材具有良好的橡胶质感，加之用优质聚酯或玻纤做胎基，故抗拉强度高，延伸率大，-50℃不龟裂，120℃不变形，150℃不流淌，老化期长。

SBS和APP防水卷材适用于工业与民用建筑的屋面、地下及桥涵等防水工程。玻纤增强聚酯毡（PYG）卷材可用于机械固定单层防水，但需要通过抗风荷载试验；玻纤毡（G）卷材适用于多层防水中的底层防水；表面隔离材料为细砂的防水卷材适用于地下工程防水。外露使用时，应采用上表面隔离材料为不透明的矿物粒料的防水卷材。APP防水卷材因其耐紫外线能力强，适应温度范围广，适合用于有强烈阳光辐射的地区，尤其适用于较高气温环境的建筑防水。

高聚物改性沥青防水卷材热熔施工

3）技术要求

弹性体与塑性体改性沥青防水卷材的单位面积质量、面积及厚度应符合表5－2的规定；主要物理力学性能见表5－3。卷材的外观质量等技术要求应分别符合现行国家标准《弹性体改性沥青防水卷材》GB 18242—2008、《塑性体改性沥青防水卷材》GB 18243—2008及《铁路混凝土桥面防水层》TB/T 2965—2018的有关规定。

表 5 – 2 卷材单位面积质量、面积及厚度

规格（公称厚度）/mm		3			4			5		
上表面材料		PE	S	M	PE	S	M	PE	S	M
下表面材料		PE	PE、S		PE	PE、S		PE	PE、S	
面积 /（m²·卷⁻¹）	公称面积	10、15			10、7.5			7.5		
	偏差	±0.10			±0.10			±0.10		
单位面积质量 /（kg·m⁻²），≥		3.3	3.5	4.0	4.3	4.5	5.0	5.3	5.5	6.0
厚度/mm	平均值，≥	3.0			4.0			5.0		
	最小单值	2.7			3.7			4.7		

表 5 – 3 弹性体与塑性体改性沥青防水卷材的性能要求

项　目		Ⅰ 型		Ⅱ 型		
		PY	G	PY	G	PYG
可溶物含量 /（g·m⁻²），≥	厚度为 3 mm	2100				—
	厚度为 4 mm	2900				—
	厚度为 5 mm	3500				
	试验现象	—	胎基不燃		胎基不燃	
耐燃性	试验温度/℃	90（110）		105（130）		
	试验现象	上表面和下表面的滑动平均值≤2 mm；浸涂材料无流淌、滴落				
低温柔性	试验温度/℃	−20（−7）		−25（−15）		
	厚度为 3 mm	绕 Φ30 mm 圆棒弯曲无裂缝				
	厚度为 4、5 mm	绕 Φ50 mm 圆棒弯曲无裂缝				
不透水性	试验水压/MPa	0.3	0.2	0.3		
	持压时间 30 min	不透水				
拉力/（N/50 mm）	最大拉力，≥	500	350	800	500	900
	次高峰拉力，≥	—				800
	试验现象	拉伸过程中，试件中部无沥青涂盖层开裂或与胎基分离现象				
延伸率/%	最大峰时延伸率，≥	30（25）	—	40	—	—
	第二峰时延伸率，≥	—				15
浸水后质量增加/%	PE、S	1.0				
	M	2.0				
渗油性/张，≤		2（仅对弹性体卷材）				
接缝剥离强度/（N·mm⁻¹），≥		1.5				
钉杆撕裂强度/N，≥		—				300
矿物粒料粘附性/g，≤		2.0				
卷材下表面沥青涂盖层厚度/mm，≥		1.0				

续上表

项 目		I 型		II 型		
		PY	G	PY	G	PYG
老化试验（80±2）℃受热10d	拉力保持率/%，≥	90				
	延伸率保持率/%，≥	80				
	低温柔性	−15（−2）℃，弯曲无裂缝		−20（−10）℃，弯曲无裂缝		
	尺寸变化率/%，≤	0.7	—	0.7	—	0.3
	质量损失/%，≤	1.0				

注：表中指标未注明的为弹性体和塑性体卷材的共同要求，括号中的数字为塑性体卷材的要求。

5.1.2　合成高分子防水卷材

合成高分子防水卷材是以合成橡胶、合成树脂或两者的共混体为基料，加入适量的化学助剂和填充剂等，经不同工序（混炼、压延或挤出等）加工而成的可卷曲的片状防水材料。其品种有橡胶系列（聚氨酯、三元乙丙橡胶、丁基橡胶等）、塑料系列（聚乙烯、聚氯乙烯等）和橡胶塑料共混系列防水卷材三大类。其中又分为加筋增强型与加筋非增强型两种类型。

1. 高分子防水片材

1）分类

高分子防水片材是以高分子材料为主材料，以挤出或压延等方法生产，用于各类工程防水、防渗、防潮、隔气、防污染、排水等的均质片材、复合片材、异形片材、自粘片材、点（条）粘片材等的总称。按高分子材料类型分为硫化橡胶类、非硫化橡胶类及树脂类。

均质片材是指以高分子合成材料为主要材料，各部位截面结构一致的防水片材。

复合片材是指以高分子合成材料为主要材料，复合织物等保护或增强层，以改变其尺寸稳定性和力学特性，各部位截面结构一致的防水片材。

自粘片材是指在高分子片材表面复合一层自粘材料和隔离保护层，以改善或提高其与基层的粘接性能，各部位截面结构一致的防水片材。

异型片材是指以高分子合成材料为主要材料，经特殊工艺加工成表面为连续凸凹壳体或特定几何形状的防（排）水片材。

点（条）粘片材是指均质片材与织物等保护层多点（条）粘接在一起，粘接点（条）在规定区域内均匀分布，利用粘接点（条）的间距，使其具有切向排水功能的防水片材。

2）特性与应用

高分子防水片材耐候性、耐老化性、化学稳定性好，耐臭氧性、耐热性和低温柔性甚至超过氯丁橡胶与丁基橡胶，具有质量轻、抗拉强度高、延伸率大、耐酸碱腐蚀等特点，对基层材料的伸缩或开裂变形适应性强，使用寿命长。广泛用于防水要求高、耐久年限长的防水工程中。主要用于建筑屋面防水、隧道防水及地下工程防水。

3）技术要求

片材表面应平整，不能有影响使用性能的杂质、机械损伤、折痕及异常粘着等缺陷。在不影响使用的条件下，橡胶类片材表面凹痕深度不得超过片材厚度的20%；树脂类片材表面凹痕深度不得超过片材厚度的5%；橡胶类片材气泡深度不得超过片材厚度的20%，每1 m²

内气泡面积不得超过 7 mm²；树脂类片材不允许有气泡；异型片材表面应边缘整齐、无裂纹、孔洞、粘连、气泡、疤痕及其他机械损伤缺陷。

防水片材的规格尺寸及允许偏差应符合表 5 - 4 的规定。

表 5 - 4　片材的规格尺寸及允许偏差（GB 18173.1—2012）

项　目	厚度/mm	宽度/m	长度/m
橡胶类	1.0、1.2、1.5、1.8、2.0	1.0、1.1、1.2	≥20
树脂类	>0.5	1.0、1.2、1.5、2.0、2.5、3.0、4.0、6.0	
允许偏差	±10%（<1.0 mm）、±5%（≥1.0 mm）	±1%	不允许出现负值

复合防水片材的物理力学性能应符合表 5 - 5 的规定。其他技术要求应符合现行国家标准《高分子防水材料　第 1 部分：片材》GB 18173.1—2012、《高分子增强复合防水片材》GB/T 26518—2011 的有关规定。

表 5 - 5　复合片材的物理性能（GB 18173.1—2012）

项　目		硫化橡胶类 FL	非硫化橡胶类 FF	树脂类 FS1	树脂类 FS2
拉伸强度/(N·cm⁻¹)，≥	常温(23℃)	80	60	100	60
	高温(60℃)	30	20	40	30
拉断伸长率/%，≥	常温(23℃)	300	250	150	400
	低温(-20℃)	150	50	10	10
撕裂强度/N，≥		40	20	20	20
不透水性(0.3 MPa 水压下，持压 30 min)		无渗漏			
低温弯折(无裂纹)/℃		-35	-20	-30	-20
加热伸缩量(80±2℃，168 h)	延伸/mm，≤	2			
	收缩/mm，≤	4	4	2	4
热空气老化(80℃，168 h)	拉伸强度保持率/%，≥	80			
	拉断伸长率保持率/%，≥	70			
耐碱性(23℃饱和氢氧化钙溶液中浸泡 168 h)	拉伸强度保持率/%，≥	80	60	80	
	拉断伸长率保持率/%，≥	80	60	80	
粘接剥离强度(片材与片材)	(标准试验条件)/(N·mm⁻¹)，≥	1.5			
	浸水保持率(23℃，168 h)/%，≥	70			
复合强度(FS2 型表层与芯层)/(N·mm⁻¹)，≥		—			0.8

注：非外露使用，可以不考虑 60℃断裂拉伸强度、加热伸缩量性能。

2. 高分子防水板

1) 分类

高分子防水板按生产原材料不同分为乙烯 - 醋酸乙烯共聚物防水板（EVA）；乙烯 - 醋酸

乙烯与沥青共聚物防水板(ECB);聚乙烯防水板(PE)。

2)特性与应用

高分子防水板具有优良的柔韧性、防渗性、延伸性及耐磨性,具有较好的隔离性、抗穿刺性,无化学污染,耐酸碱及多种化学物质,尺寸稳定性好,粘结性好,便于施工等特点。适用于公路、铁路隧道(不含明洞)的防排水工程及水利、市政、建筑等工程的防渗、隔离、补强、防裂加固,也可用于堤坝、排水沟渠的防渗处理以及废料场的防污处理。

3)技术要求

防水板在规格确定的长度内不允许有接头,表面应平整,边缘整齐,无裂纹、机械损伤、折痕、孔洞、气泡及异常粘着部分等影响使用的缺陷,特殊要求除外,防水板的外观颜色应为材料本色,不得添加颜料和填料,在不影响使用的条件下,表面凹痕深度不得超过板材厚度的5%。防水板的规格尺寸及允许偏差应符合表5-6的规定。

表5-6 防水板的规格尺寸及允许偏差(TB/T 3360.1—2014)

项 目	厚度/mm	宽度/m	长度/m
规 格	1.5、2.0、2.5、3.0	2.0、3.0、4.0	>20
极限偏差	−5%	−20 mm	−20 mm

防水板的物理力学性能应符合表5-7的规定。

表5-7 防水板的物理力学性能(TB/T 3360.1—2014)

项 目		EVA	ECB	PE
断裂拉伸强度/MPa,≥		18	17	18
扯断伸长率/%,≥		650	600	600
撕裂强度/(kN·m^{-1}),≥		100	95	95
不透水性(0.3 MPa水压下,持压24 h)		无渗漏		
低温弯折性(−35℃)		无裂纹		
加热伸缩量 (80±2℃,168 h)	延伸/mm,≤	2		
	收缩/mm,≤	6		
热空气老化 (80℃,168h)	断裂拉伸强度/MPa,≥	16	14	15
	扯断伸长率/%,≥	600	550	550
耐碱性(饱和氢氧化钙溶液中常温浸泡168 h)	断裂拉伸强度/MPa,≥	17	16	16
	扯断伸长率/%,≥	600	600	550
人工候化	断裂拉伸强度保持率/%,≥	80		
	拉断伸长率保持率/%,≥	70		
刺破强度/N,≥	厚度为1.5 mm	300		
	厚度为2.0 mm	400		
	厚度为2.5 mm	500		
	厚度为3.0 mm	600		

其他技术要求应符合现行行业标准《铁路隧道防水材料 第 1 部分 防水板》TB/T 3360.1—2014 的有关规定。

3. 氯化聚乙烯防水卷材

氯化聚乙烯防水卷材简称 CPE 防水卷材。是以氯化聚乙烯（PE－C）为主要原料，加入适量的辅助材料和防老化剂、促进剂及其他的一些助剂，经混炼压延而制成的防水卷材。

1）分类

氯化聚乙烯防水卷材产品按有无复合层分为无复合层（N 类）、纤维单面复合层（L 类）、织物内增强（W 类）三类。每类产品按理化性能又分为Ⅰ型和Ⅱ型。卷材长度通常为 10 m、15 m 或 20 m 三种规格，厚度规格为 1.2 mm、1.5 mm 或 2.0 mm。其他长度、厚度规格可由供需双方商定，但厚度规格不得低于 1.2 mm。

2）特性与应用

氯化聚乙烯防水卷材具有抗拉强度高、抗渗能力强、低温柔性好、膨胀系数小、变形适应能力强、摩擦系数大，可与多种粘接剂配合使用，粘结效果好；抗老化性能强，使用寿命可达 50 年以上；用该产品施工后的防水层表面可直接进行装饰装修；施工方便，只要基层含水率在 9% 以内就可以施工，不受气温条件限制，而且施工质量可靠；无毒、无污染等特点。适用于混凝土桥面、涵洞、隧道衬砌、屋面、地下等工程的防水防潮。

3）技术要求

卷材的接头不应多于 1 处，其中较短的一段长度应不少于 1.5 m，接头应剪切整齐，并加长 150 mm；卷材表面应平整、边缘整齐，无裂纹、孔洞和粘结，不应有明显气泡和疤痕。卷材的长度和宽度应不小于规定值的 99.5%，物理力学性能等技术要求应符合现行国家标准《氯化聚乙烯防水卷材》GB 12953—2003 的有关规定。

5.1.3 防水卷材的运输与存储

沥青与改性沥青防水卷材在运输与储存时，不同类型、规格的产品应分别存放；不应混杂，避免日晒雨淋，注意通风；沥青卷材储存温度不应超过 45℃，改性沥青卷材不应超过 50℃；卷材应单层立放存储，运输过程中立放不超过两层，且应防止倾斜或横压，必要时加盖苫（shàn）布；在正常运输、存储条件下，存储期自生产之日起为 1 年。

合成高分子防水卷材在运输和存储过程中，应注意防止包装损坏；堆放时应衬垫平坦的木板，且离地面不少于 20 cm；不同类型、规格的产品应分别堆放，不应混杂；避免日晒雨淋，注意通风；宜单层立放，平方存储堆放高度不应超过 5 层或不超过 1 m，贮存温度不应高于 45℃；禁止与酸、碱、油类及有机溶剂等接触，且隔离热源；运输时应防止倾斜或横压，必要时加盖苫布；在正常贮存、运输条件下，储存期自生产之日起不应超过 1 年。

5.2 防水涂料

防水涂料是一种流态或半流态的胶状物质，涂布在基层表面，经溶剂或水分挥发或各组分间的化学反应，形成有一定弹性和一定厚度的连续薄膜，使基层与水隔绝，起到防水、防潮的作用。

防水涂料固化成膜后具有良好的防水性能，特别适合于各种复杂、不规则部位的防水，能形成无接缝的完整防水膜。他大多采用冷施工，不必加热熬制，既减少了环境污染，改善了劳动条件，又便于施工操作，加快了施工进度。此外，涂布的防水涂料既是防水的主体，又是胶粘剂，因而施工质量容易保证，维修也比较简单。防水涂料广泛应用于工业与民用建筑的屋面、地下室、桥涵及地面等防水、防潮、防渗工程。

防水涂料按液态类型可分为溶剂型、水乳型和反应型三种；按成膜物质的主要成分可分为沥青类、高聚物改性沥青类和合成高分子类。

5.2.1　沥青与改性沥青防水涂料

1. 沥青基防水卷材用基层处理剂

沥青基防水卷材用基层处理剂俗称冷底子油或底涂料。是用稀释剂（汽油、柴油、煤油、苯等溶剂或乳化剂）对沥青或改性沥青进行稀释的产物。

1）分类

按溶剂类型分为水性（W）和溶剂型（S）。

2）特性与应用

沥青基防水卷材用基层处理剂黏度小，流动性好，涂刷在混凝土、砂浆或木材等基面上，能很快渗入基层孔隙中，封闭基层毛细孔隙，待溶剂挥发后，形成的涂膜便与基面牢固结合，从而提高基层的抗渗能力，又能增强后铺防水材料与基层之间的粘结。但必须涂刷在干燥的基层上，若基层潮湿，水分起了隔离作用，使沥青成分不能与基层粘合，更不能深入基层填塞毛细孔，起不到应有的作用。

由于冷底子油形成的涂膜较薄，故一般不单独作防水材料使用，仅用作沥青基防水卷材施工配套使用的基层处理剂，以增强基层与其他防水卷材的粘结。

3）技术要求

沥青基防水卷材用基层处理剂中的挥发性有机物、游离甲醛、苯系物、氨、可溶性重金属等有害物质含量不应高于《建筑防水涂料中有害物质限量》JC 1066—2008 中的 B 级要求；外观为均匀、无结块、无凝胶的液体。其物理性能应符合表 5 – 8 的规定，其他技术要求应符合《沥青基防水卷材用基层处理剂》JC/T 1069—2008 或《铁路桥梁混凝土桥面防水层》TB/T 2965—2018 的有关规定。

表 5 – 8　沥青基防水卷材用基层处理剂的技术要求（JC/T1069—2008）

项　目		技术指标	
		W 型	S 型
黏度/(mPa·s)		规定值的 ± 30%	
表干时间/h，≤		4	2
固体含量/%，≥		40	30
剥离强度（处理剂与卷材）/(N·mm⁻¹)，≥	标准条件下[温度（23 ±2）℃，湿度（60 ±15）%]	0.8(20℃，0.8 MPa)	
	浸水后（168 h）	0.8	
耐热性		40℃，5 h，无流淌(80℃，5 h，无流淌)	
低温柔性		0℃，Φ20 mm 棒，无裂纹（−5℃，Φ10 mm 棒，无裂纹）	
灰分/%，≤		5	

注：①剥离强度应注明采用的防水卷材类型。②表中括号中的要求为 TB/T 2965—2018 的要求，其他为共同要求。

2. 改性沥青防水涂料

以沥青为基料，用合成高分子聚合物进行改性，制成水乳型或溶剂型的防水涂料。

1）分类

按溶剂类型分为水乳型（W）和溶剂型（S）；按改性剂不同分为再生橡胶改性沥青防水涂料、水乳型氯丁橡胶改性沥青防水涂料、丁苯橡胶（SBS）弹性体改性沥青防水涂料、无规聚丙烯（APP）塑性体改性沥青防水涂料等。

水乳型改性沥青防水涂料按性能分为 H 型（耐高温型）和 L 型（耐低温型）。

溶剂型橡胶沥青防水涂料按产品的抗裂性、低温柔性分为一等品（B）和合格品（C）。

道桥用聚合物改性沥青防水涂料（PB）按使用方式分为水性冷施工（L 型）和热熔施工（R 型）两种；按性能分为 Ⅰ 型和 Ⅱ 型两种。

路桥用水性沥青基防水涂料按其适用气候条件分为 Ⅰ 型和 Ⅱ 型两种，Ⅰ 型适用于温热气候条件，Ⅱ 型适用于寒冷气候条件。

2）特性与应用

改性沥青防水涂料的柔韧性、抗裂性、拉伸强度、耐高低温性能、使用寿命等方面比沥青类涂料有很大的改善。可在常温下施工，无毒、无污染；能在潮湿基层施工，对混凝土、木材、石棉板都有优异的粘结性；低温延伸性特优，能良好地适应基层变形，确保工程防水质量；耐高温、耐腐蚀、耐老化。

适用于 Ⅰ、Ⅱ、Ⅲ 级防水等级的屋面、地面、地下室、卫生间及路桥、隧道等防水工程。

3）技术要求

水乳型沥青防水涂料搅拌后应均匀、无色差、无凝胶、无结块，无明显沥青丝。

溶剂型橡胶沥青防水涂料应为黑色、黏稠状、细腻、均匀的胶状液体。

L 型道桥用聚合物改性沥青防水涂料应为棕褐色或黑褐色液体，经搅拌后无凝胶、无结块，呈均匀状态；R 型道桥用聚合物改性沥青防水涂料应无黑色块状物、无杂质。

水乳型沥青防水涂料的技术要求应符合《水乳型沥青防水涂料》JC/T 408—2005 的规定。其他改性沥青防水涂料的技术要求应分别符合现行行业标准《道桥用防水涂料》JC/T 975—2005、《路桥用水性沥青基防水涂料》JT/T 535—2015 的有关规定。

5.2.2 合成高分子防水涂料

以合成橡胶或树脂等聚合物为主要成膜物质制成的单组分或多组分的防水涂料。合成高分子防水涂料具有无毒、无味，安全环保；抗拉强度高、延伸性大、柔韧性好、耐高低温性好；耐水、酸、碱、盐和抗紫外线能力强，使用寿命长；施工方便，在任何规则或不规则的基面上刷、刮均能形成连续不断的防水层，且可在潮湿基面上施工，不起泡，成膜效果好，固化快，能有效缩短工期等特点。适用于 Ⅰ、Ⅱ、Ⅲ 级防水等级的屋面、地下室、水池、卫生间及路桥、隧道等防水工程。

常用品种有聚氨酯防水涂料、聚合物乳液建筑防水涂料、聚合物水泥防水涂料等。

1. 聚氨酯防水涂料

聚氨酯防水涂料简称 PU 防水涂料。产品按组分分为单组分（S）和多组分（M）；按基本性能分为 Ⅰ 型、Ⅱ 型和 Ⅲ 型；按是否曝露使用分为外露（E）和非外露（N）；按有害物质含量分为 A 类（有害物质含量低）和 B 类（有害物质含量高）。

聚氨酯防水涂料的外观应为均匀黏稠体, 无凝胶、无结块。其物理力学性能应符合《聚氨脂防水涂料》GB/T 19250—2013 的有关规定, 详见表 5 – 9。

表 5 – 9　聚氨脂防水涂料的技术要求 (GB/T19250—2013)

项　　目		Ⅰ 型	Ⅱ 型	Ⅲ 型
拉伸强度/MPa, ≥		2.00	6.00	12.00
断裂伸长率/%, ≥		500	450	250
撕裂强度/(N·mm^{-1}), ≥		15	30	40
低温弯折性		−35℃绕 Φ30 mm 圆棒弯曲无裂纹		
不透水性(0.3 MPa 水压下, 持压 120 min)		不渗水		
固体含量/%, ≥	单组分	85.0		
	多组分	92.0		
表干时间/h, ≤		12		
实干时间/h, ≤		24		
流平性		20 min 时, 无明显齿痕		
加热伸缩率(80±2℃, 168 h)/%		−4.0 ~ +1.0		
粘结强度/MPa, ≥		1.0		
吸水率/%, ≤		5.0		
热处理(80℃, 168 h) 碱处理[0.1% NaOH + 饱和 Ca(OH)$_2$ 容易, 168 h] 酸处理(2% H$_2$SO$_4$ 溶液, 168 h)	拉伸强度保持率/%	80 ~ 150		
	断裂伸长率/%, ≥	450	400	200
	低温弯折性	−30℃绕 ϕ30 mm 圆棒弯曲无裂纹		

2. 聚合物乳液建筑防水涂料

聚合物乳液建筑防水涂料是以聚合物乳液为主要原料, 加入其他添加剂制得的单组分水乳型防水涂料。产品按物理性能分为 Ⅰ 类和 Ⅱ 类, Ⅰ 类产品不用于外露场合。

聚合物乳液建筑防水涂料产品经搅拌后应无结块, 呈均匀状态。其他技术要求应符合《聚合物乳液建筑防水涂料》JC/T864—2008 的有关规定。

3. 聚合物水泥防水涂料

聚合物水泥防水涂料是以丙烯酸酯、乙烯 – 乙酸乙烯酯等聚合物乳液和水泥为主要原料, 加入填料及其他助剂配制而成, 经水分挥发和水泥水化反应固化成膜的双组分水性防水涂料。产品按物理力学性能分为 Ⅰ 型、Ⅱ 型和Ⅲ 型。Ⅰ 型适用于活动量较大的基层, Ⅱ 型和Ⅲ 型适用于活动量较小的基层。

聚合物水泥防水涂料产品的两组分经分别搅拌后, 其液体组分应为无杂质、无凝胶的均匀乳液; 固体组分应为无杂质、无结块的粉末。其他技术要求应符合《聚合物水泥防水涂料》GB/T 23445—2009 的有关规定。

5.2.3　防水涂料的运输与存储

运输与贮存时, 不同类型、规格的产品应分别堆放, 不应混杂; 应贮存在 5 ~ 40℃的干燥环境中，避免日晒雨淋；注意通风，禁止接近火源；在正常贮存、运输条件下，贮存期自生产日起至少为 6 个月。

5.3 建筑密封材料

建筑密封材料又称嵌缝材料，应用于建筑或构筑物上的各种接缝或裂缝、变形缝（沉降缝、伸缩缝、抗震缝），承受位移，起到气密和水密的目的。按产品外形分为定形（如：密封条、压条、密封带、密封垫等）和非定形（如：密封膏、嵌缝膏、密封胶）两大类。

密封材料应具有一定的抗拉强度和良好的粘结性、弹塑性和耐老化性，在接缝发生震动或变形时，所填充的密封材料应能牢固粘结，不断、不裂，保持不透水、不透气，并有较长的使用寿命。

5.3.1 密封膏与密封胶

防水工程常用的密封膏与密封胶有沥青嵌缝油膏、丙烯酸脂密封胶、聚氨酯密封胶、聚硫密封胶和硅酮密封胶等。

1. 沥青嵌缝油膏

建筑防水沥青嵌缝油膏是以石油沥青为基料，加入改性材料、稀释剂和填充料混合制成的冷用膏状嵌缝材料。所用改性材料有废橡胶粉和硫化鱼油；稀释剂有重松节油、机油；填充料有石棉绒和滑石粉等。

1）分类

建筑防水沥青嵌缝油膏按其耐热性和低温柔性分为 702 和 801 两个型号。

2）特性与应用

沥青嵌缝油膏具有良好的粘结性、耐热性和低温柔性，适用于冷施工。主要用作屋面、墙面、沟和槽的防水嵌缝材料。使用沥青嵌缝油膏嵌缝时，缝内应洁净干燥，先刷涂冷底子油一道，待其干燥后即嵌填油膏。油膏表面可加建筑石油沥青、油毡、砂浆、塑料为覆盖层。

3）技术要求

沥青嵌缝油膏应为黑色均匀膏状，无结块或未浸透的填料。其施工度、耐热性、低温柔性、拉伸粘结性、浸水后拉伸粘结性、渗出性、挥发性等技术要求及质量检验应符合现行行业标准《建筑防水沥青嵌缝油膏》JC/T 207—2011 的有关规定。

2. 聚氨酯建筑密封胶

聚氨酯建筑密封胶是以聚氨基甲酸酯聚合物为主要成分的的建筑密封材料。

1）分类

产品按包装形式分为单组分（Ⅰ）和多组分（Ⅱ）；按流动性分为非下垂型（N）和自流平型（L）。N 型用于立缝或斜缝的密封，不下垂；L 型用于水平接缝的密封，能自动流平；按产品位移能力分为 25（位移≥25%）和 20（位移≥20%）两个级别；按拉伸模量分为高模量（HM）和低模量（LM）两个次级别。

2）特性与应用

聚氨酯建筑密封胶具有优良的耐磨性和低温柔软性、性能可调节范围较广、拉伸强度高、粘结性好、弹性好；且具有优良的复原性，适合于动态接缝；耐候性、耐油性能优良，但耐水性差，特别是耐碱水性欠佳。适用于屋面、墙面的水平和垂直接缝，混凝土预制件等建材的连接及施工缝的填充密封，门窗框四周的密封嵌缝，幕墙的粘贴嵌缝，隔热双层玻璃的密封以及高等级道路、桥梁、飞机跑道等有伸缩性接缝的嵌缝密封。

3）技术要求

聚氨酯建筑密封胶产品的外观应为细腻、均匀膏状物或黏稠液，不应有气泡。产品的密度、流动性、表干时间、挤出性、粘结性等技术要求应符合现行行业标准《聚氨酯建筑密封胶》JC/T 482—2003 的有关规定。

3. 聚硫建筑密封胶

聚硫建筑密封胶是以液态聚硫橡胶为基料的常温硫化双组分建筑密封材料。

1）分类

产品按流动性分为非下垂型（N）和自流平型（L）；按位移能力分为 25 和 20 两个级别；按拉伸模量分为高模量（HM）和低模量（LM）两个次级别。

2）特性与应用

聚硫建筑密封胶具有良好的粘结性、耐水性、耐酸碱性、耐高低温性（−50 ~ +120℃）、耐辐射性，无毒、无污染，气密性好。

LM 型具有流淌性，适用于城市的休闲广场地面变形缝、停车场、机场跑道、混凝土公路、池底、地下工程、水利工程等水平面混凝土结构的变形缝密封；HM 型适用于混凝土屋面板、楼板、墙板、金属幕墙、玻璃窗、钢铝窗、贮水池、上下管道等的接缝密封。

3）技术要求

聚硫建筑密封胶产品应为均匀膏状物、无结皮结块，组分间颜色应有明显差别。其密度、流动性、表干时间、弹性恢复率、拉伸模量、粘结性等物理力学性能应符合现行行业标准《聚硫建筑密封胶》JC/T 483—2006 的有关规定。

4. 丙烯酸酯建筑密封胶

丙烯酸酯建筑密封胶是以丙烯酸酯为基料的单组分水乳型建筑密封胶。

1）分类

丙烯酸酯建筑密封胶产品按其移位能力分为 12.5 和 7.5 两个级别。其中，12.5 级密封胶按其弹性恢复率又分为弹性体（12.5E，弹性恢复率≥40%）和塑性体（12.5P、7.5P，弹性恢复率 <40%）两个次级别。

2）特性与应用

丙烯酸酯建筑密封胶具有粘结力强和良好的弹性，能适应一般伸缩变形的需要；耐候性好，能在 −20 ~ +100℃情况下长期保持柔韧性，但耐水、耐酸碱性差。

主要用于屋面、墙板、门窗嵌缝。其中，12.5E 主要用于接缝密封；12.5P 和 7.5P 主要用于一般装饰装修工程的填缝。但不宜用于长期浸泡在水中的部位，如不宜用于广场、公路、桥面等的接缝中，也不宜用于水池、污水厂、灌溉系统、堤坝等水下接缝中。丙烯酸类密封胶一般在常温下用挤枪嵌填于各种清洁、干燥的缝内。

3）技术要求

丙烯酸酯建筑密封胶产品应为无结块、无离析的均匀细腻的膏状体。其密度、下垂性、表干时间、挤出性、弹性恢复率、粘结性等物理力学性能应符合现行行业标准《丙烯酸酯建筑密封胶》JC/T 484—2006 的有关规定。

5. 硅酮和改性硅酮密封胶

以聚硅氧烷(或以端硅烷基聚醚)为主要成分,室温固化的单组分和多组分密封胶称为硅酮建筑密封胶(或改性硅酮建筑密封胶)。

1)分类

硅酮密封胶产品按固化体系分为酸性和中性;按用途分为 F 类、Gn 类和 Gw 类。改性硅酮建筑密封胶分为 F 类和 R 类;按移位能力分为 20、25、35、40 四个级别;按拉伸模量分为高模量(HM)和低模量(LM)两个次级别。

2)特性与应用

硅酮和改性硅酮建筑密封胶具有优异的耐热、耐寒性和良好的耐候性,与各种材料都有较好的粘结性能;且具有良好的耐拉伸-压缩疲劳性能,耐水性好。

F 类适用于建筑接缝,如预制混凝土墙板、水泥板、大理石板的外墙接缝,混凝土和金属框架的粘结,卫生间和公路接缝的防水密封等。Gn 类适用于普通装饰装修的玻璃镶装,Gw 类适用于建筑幕墙非结构性装配,但 Gn 和 Gw 类均不适用于中空玻璃的密封。R 类适用于干缩位移接缝,常见于装配式预制混凝土外挂墙板接缝。

3)技术要求

硅酮和改性硅酮建筑密封胶产品应为细腻、均匀膏状物,不应有气泡、结块和凝胶。其密度、下垂度、表干时间、挤出性、弹性恢复率、拉伸模量、粘结性等物理力学性能应符合现行国家标准《硅酮和改性硅酮建筑密封胶》GB/T 14683－2017 的有关规定。

5.3.2 止水带与遇水膨胀橡胶

1. 止水带

止水带是采用天然橡胶与各种合成橡胶为主要原料,掺加各种助剂及填充料,经塑炼、混炼、压制成形。

1)分类

止水带按用途分为变形缝用止水带(B)、施工缝用止水带(S)和沉管隧道接头缝用止水带(J)三类,其中,沉管隧道接头缝用止水带又分为可卸式止水带(JX)和压缩式止水带(JY);按结构形式分为普通止水带(P)和复合止水带(F)两类,其中,复合止水带包括与钢边复合的止水带(FG)、与遇水膨胀橡胶复合的止水带(FP)和与帘布复合的止水带(FL)。止水带横断面形状见图 5－1 所示。

2)特性与应用

橡胶止水带具有良好的弹性、耐磨性、耐老化性和抗撕裂性能,适应变形能力强,防水性能好,温度使用范围在 -45 ～ +60℃。利用橡胶的高弹性和压缩变形性,在各种荷载下产生弹性变形,从而起到紧固密封,有效防止建筑构件的漏水、渗水,并起到减震缓冲作用,从而确保建筑物的使用寿命。主要用于建筑工程、地下设施、隧道、涵洞、水利、地铁等工程的变形缝、施工缝等的密封。

3)技术要求

止水带表面不允许有开裂、海绵状等缺陷,中心孔偏差不允许超过壁厚设计值的 1/3;在 1 m 长度范围内,止水带表面深度不大于 2 mm、面积不大于 10 mm² 的凹痕、气泡、杂质、明疤等缺陷不得超过 3 处。止水带的物理性能应符合表 5－10 的规定。其他技术要求应符合

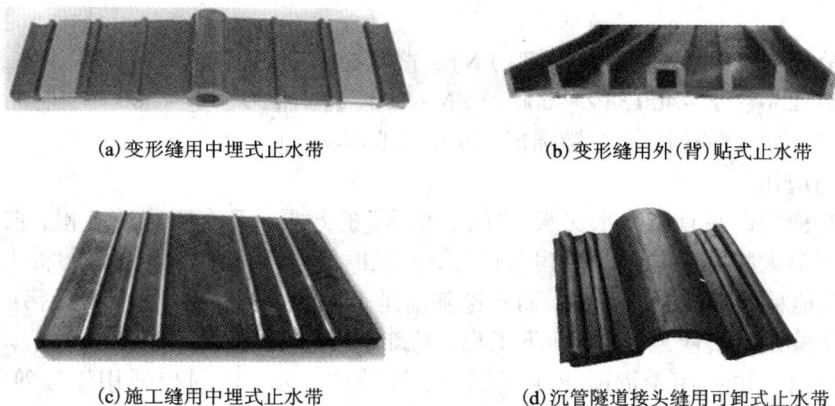

(a)变形缝用中埋式止水带

(b)变形缝用外(背)贴式止水带

(c)施工缝用中埋式止水带

(d)沉管隧道接头缝用可卸式止水带

图 5 - 1　止水带横断面形状图

现行国家标准《高分子防水材料 第 2 部分 止水带》GB 18173.2—2014 或现行行业标准《铁路隧道防水材料　第 2 部分　止水带》TB/T 3360.2—2014 的有关规定。

表 5 - 10　橡胶止水带的物理性能

项　目		GB 18173.2—2014			TB/T3360.2—2014
		B、S 型	JX 型	JY 型	
硬度(邵尔 A)/度，≥		60 ± 5		40 ~ 70	60 ± 5
拉伸强度/MPa，≥		10	16		10
拉断伸长率/%，≥		380	400		380
压缩永久变形/%，≤	70℃，24 h	35	30		30
	23℃，168 h	20		15	20
臭氧老化(50 pphm：20%，40℃，48 h)		无龟裂			无龟裂
热空气老化(70℃，168 h)	硬度变化(邵尔 A)/度，≤	+8	+6	+10	+6
	拉伸强度/MPa，≥	9	13		9
	扯断伸长率/%，≥	300	320	300	320
耐碱性［饱和 Ca(OH)₂ 溶液，20℃，168 h］	硬度变化(邵尔 A)/度，≤	—	—	—	+6
	拉伸强度/MPa，≥				9
	扯断伸长率/%，≥				320
撕裂强度/(kN·m⁻¹)，≥		30	30	20	30
脆性温度/℃，≤		- 45	- 40	- 50	- 45
橡胶与帘布粘合强度/(N·mm⁻¹)，≥		—	5		—
橡胶与金属粘合		橡胶间破坏	—		橡胶破坏

2. 遇水膨胀橡胶

遇水膨胀橡胶是以水溶性聚氨酯预聚体、丙烯酸钠高分子吸水性树脂等吸水性材料与天然橡胶、氯丁橡胶等制得的遇水膨胀性防水橡胶。

1）分类

按工艺分为制品型（PZ）和腻子型（PN）；按其在静态蒸馏水中的体积膨胀倍率可分为 PZ – 150、PZ – 250、PZ – 400、PZ – 600 及 PN – 150、PN – 220、PN – 300 等；制品型产品按截面形状分为圆形（Y）、矩形（J）、椭圆形（T）和其他形状（Q）。

2）特性与应用

遇水膨胀橡胶产品具有浸水膨胀，"以水止水"的效果；具有膨胀速度慢，浸水 168 h 其膨胀率不大于最大膨胀率的 50%；耐久性强，在长时间浸水作用下无溶解物析出；安装施工方便，能牢固地粘贴在混凝土表面，而不论基面是否潮湿、光滑粗糙；无毒无污染。

主要用于隧道、顶管、人防等地下工程、基础工程的接缝、防水密封和船舶、机车等工业设备的防水密封。也可用于混凝土施工缝、后浇缝的止水，同时也适用于建筑构件拼装接缝、板缝、墙缝的防水工程。广泛用于贮水池、沉淀池、地下室、地下车库、地铁、隧道、涵洞、大坝、防洪堤坝等各种地下建筑工程和水利工程的防水、防渗。

3）技术要求

制品型的遇水膨胀橡胶在每米长度范围内，表面允许有深度不大于 2 mm、面积不大于 16 mm² 的凹痕、气泡、杂质、明疤等缺陷不得超过 4 处。制品型遇水膨胀橡胶的物理性能应符合表 5 – 11 的规定。

表 5 – 11　制品型遇水膨胀橡胶的物理性能（GB/T 18173.3—2014）

项　目		PZ – 150	PZ – 250	PZ – 400	PZ – 600
硬度（邵尔 A）/度，≥		42 ± 10		45 ± 10	48 ± 10
拉伸强度/MPa，≥		3.5			3
扯断伸长率/%，≥		450		350	
体积膨胀倍率/%，≥		150	250	400	600
反复浸水试验［（23 ± 2）℃蒸馏水浸泡 16 h，70℃下烘干 8 h，共 4 个循环］	拉伸强度/MPa，≥	3		2	
	扯断伸长率/%，≥	350		250	
	体积膨胀倍率/%，≥	150	250	300	500
低温弯折（ – 20℃，2 h）		无裂纹			

注：① 硬度为推荐项目；② 成品切片测试结果应达到表中规定的 80%；③ 接头部位的拉伸强度不得低于表中规定值的 50%。

腻子型遇水膨胀橡胶的物理性能应符合表 5 – 12 的规定。

表 5 – 12　腻子型遇水膨胀橡胶的技术要求（GB/T 18173.3—2014）

项　目	指　标		
	PN – 150	PN – 220	PN – 300
体积膨胀倍率/%，≥	150	220	300
高温流淌性（80℃，5 h）	无流淌		
低温试验（ – 20℃，2 h）	无脆裂		

其他技术要求应符合现行国家标准《高分子防水材料 第 3 部分 遇水膨胀橡胶》GB/T 18173.3—2014 的有关规定。

5.3.3 建筑密封材料的运输与存储

嵌缝油膏在运输与贮存时，应不得碰撞、挤压，应远离火源、热源。在正常的运输和贮存情况下，自生产之日起产品保质贮存期不小于 1 年。

密封胶在运输与贮存时，应防止日晒雨淋、撞击和挤压包装。产品应存储在温度为 +5℃ ~ +27℃ 的干燥、通风、阴凉场所；产品自生产之日起，保质期不得少于 6 个月。

止水带、遇水膨胀橡胶在运输与存储时，应注意勿使包装损坏，放置于通风、干燥、温度在 −15℃ ~ +30℃ 的室内，并应避免阳光直射；禁止与酸、碱、油类及有机溶剂等接触，且隔离热源，并不得重压。止水带自生产之日起 12 个月内，遇水膨胀橡胶自生产之日起 6 个月内，逾期的产品经复检合格的可继续使用。

5.4 防水材料的验收

1）核查产品的质量证明文件

核查产品的出厂合格证、质量检验报告原件及产品标识，核对产品的名称、规格、型号、品牌、执行标准、数量是否与购置合同一致，包装是否规范、完整。

2）抽样检验

防水材料作为重要的功能性材料，其质量的好坏直接影响到建筑物或构筑物的正常使用和耐久性，因此，在使用前均应按有关产品标准和施工质量验收标准的规定，在监理人员见证下，分批次随机抽样对其质量进行检验，经检验合格的可以验收和使用。防水材料检验样品的抽取方法和出厂检验项目见表 5 – 13。

表 5 – 13 防水材料检验样品的抽取与检验项目

防水材料类别	组批规则	最少抽样数量	出厂检验项目
沥青类卷材	同类型、同规格 10000 m²/批，不足亦为一批	尺寸偏差、外观随机抽 3 卷；力学性能全幅宽度不少于 1m 长	尺寸偏差、外观、单位面积质量、可溶物含量、拉力、耐热性、低温柔性、不透水性
改性沥青类卷材			尺寸偏差、外观、单位面积质量、可溶物含量、拉力、延伸率、渗油性、耐热性、低温柔性、不透水性、卷材下表面沥青涂盖层厚度
氯化聚乙烯卷材			尺寸偏差、外观、拉伸强度及断裂伸长率、热处理尺寸变化率、低温弯折性、不透水性
高分子防水片材	同类型、同规格 5000 m²/批，不足亦为一批		尺寸偏差、外观、常温拉伸强度及扯断伸长率、撕裂强度、耐热性、低温弯折性、不透水性、复合强度(FS2 型)
高分子防水板			

防水材料类别	组批规则	最少抽样数量	出厂检验项目
沥青基防水卷材用基层处理剂	同类型、同规格 10 t/批，不足亦为一批	2 kg	外观、黏度、表干时间、固体含量、剥离强度、耐热性、低温柔性
水乳型沥青防水涂料	同类型、同规格 5 t/批，不足亦为一批	3 kg	外观、固体含量、表干时间、实干时间、耐热性、低温柔性、断裂伸长率
聚氨脂防水涂料	同类型、同规格 15 t/批（多组分的按配套组批），不足亦为一批	3 kg	外观、固体含量、表干时间、实干时间、拉伸强度、断裂伸长率、低温弯折性、潮湿基面粘结强度
止水带	同类型、同规格 5000 m/批，不足亦为一批	1 m 长	尺寸偏差、外观、硬度、拉伸强度、扯断伸长率、撕裂强度、压缩永久变形、热空气老化、金属粘结强度
遇水膨胀橡胶	以每月同标记的产量为一批	制品型：1 m 长 腻子型：1 kg	尺寸偏差、外观、硬度、拉伸强度、扯断伸长率、体积膨胀倍率

复习思考题

1. 防水材料按产品外形分为哪几种？
2. 防水卷材按其主要防水组成材料分哪几类？
3. SBS 防水卷材和 APP 防水卷材有何区别？
4. 合成高分子防水卷材按其生产原料不同分为哪几个系列？
5. 简述合成高分子防水片材的特点及其应用？
6. 简述氯化聚乙烯防水卷材的特点及其应用？
7. 防水涂料按其成膜物质的主要成分为哪几类？
8. 什么是冷底子油？施工过程中对涂刷基层有何要求？
9. 水乳型沥青防水涂料具有哪些特性？
10. 合成高分子防水涂料具有那些特性？适用于哪些地方？
11. 什么是建筑密封材料？按产品外形分为哪几类？
12. 止水带按用途和结构形式分为哪几类？具有那些特性？
13. 什么是遇水膨胀橡胶？具有那些特性？

模块六　给排水工程用管材

【内容提要】　本模块主要介绍给排水工程常用金属管材、塑料管材、复合管材、混凝土与钢筋混凝土管材的品种、规格、型号、技术要求、特性与应用、运输与存储以及验收等有关知识。

6.1　金属管材

给排水工程用金属管材分为镀锌普通钢管、薄壁不绣钢管、铸铁管和铜管四大类。

常用金属棺材与管件

1. 镀锌普通钢管

给排水工程用镀锌普通钢管分为无缝钢管和焊接钢管。

生产：无缝钢管是用优质碳素结构钢或低合金高强度结构钢钢锭或钢坯经热轧或冷拔（冷轧）成形、精整制成，或用铸造方法生产的不带焊缝的钢管。按生产用钢种分为10、20（优质碳素结构钢）、Q345、Q390、Q420、Q460 牌号。焊接钢管是采用直缝高频电阻焊、直缝埋弧焊或螺旋缝埋弧焊工艺焊接，并在内外表面经热浸镀锌制造而成。按生产用钢种分为Q195、Q215A、Q215B、Q235A、Q235B、Q2795A、Q275B、Q345A、Q345B 牌号。

规格：钢管的长度通常为 3~12 m，连接方式可采用焊接或螺纹连接。

技术要求：钢管的力学性能（拉伸性能、冲击性能）、工艺性能（压扁试验、扩口试验、弯曲试验）、液压试验及镀锌层应符合现行国家标准《输送流体用无缝钢管》GB/T 8163—2018 和《低压流体输送用焊接钢管》GB/T 3091—2015 的有关规定。

特点与应用：镀锌钢管具有韧性好、抗拉强度大、管壁薄、耐高压、管材长、接口少、防火性能好、使用寿命长等优点，最大的缺点是耐腐蚀性差、价格高，且由于镀锌钢管的锈蚀造成水中重金属含量过高，影响人体健康，所以目前我国正在逐渐淘汰这种类型的管道。此类钢管适用于建筑室内外给水及消防管道系统。一般用于地上和室内。

2. 薄壁焊接不绣钢管

生产：管材由添加或不添加填充金属的自动电弧焊接方法制作而成。按生产过程中热处理方式不同分为奥氏体或铁素体不锈钢管。

规格：不锈钢管的外径为 DN12.7~DN108，壁厚为 S0.6~S2.0，长度通常为 3~6 m，其连接方式采用卡压式管件连接。

特性与应用：不锈钢管具有耐腐蚀、性能优越、防火性能好、使用寿命长等优点；但其价格较高，且施工工艺要求较高，尤其其材质较硬，现场加工非常困难。其中，奥氏体不锈钢主要成分为铬、镍，含碳量<0.25%，具有很高的耐腐蚀性、优良的塑性、良好的焊接性及低

温韧性、易加工硬化等特点，不具有吸磁性；铁素体不锈钢主要成分为铬，含碳量<0.35%，具有抗大气、硝酸盐及盐水溶液的腐蚀能力强、高温抗氧化性能好等特点，但机械性能和工艺性能较差，具有吸磁性。不锈钢管的应用见表6-1。

表6-1 不锈钢管材的应用

类型	牌号	适用范围
奥氏体不锈钢管	06Cr19Ni10（统一代号 S30408）	用于饮用净水、生活饮用水、空气、医用气体、冷水、热水等管道系统。
	022Cr19Ni10（统一代号 S30403）	用于饮用净水、冷水、热水等管道系统。
	06Cr17Ni12 Mo2（统一代号 S31608）	用于耐腐蚀性比 06Cr17Ni12 Mo2 高的场合。
	022Cr17Ni12 Mo2（统一代号 S31603）	用于耐腐蚀性比 022Cr17Ni12 Mo2 更高的场合。
铁素体不锈钢管	019Cr19 Mo2NbTi（统一代号 S11972）	用于介质中含较高氯离子的环境。

技术要求：管材的外观、尺寸偏差、化学成分、力学性能（拉伸性能）、工艺性能（压扁试验、扩口试验）、液压试验及卫生要求应符合现行国家标准《不锈钢卡压式管件组件 第2部分 连接用薄壁不锈钢管》GB/T19228.2—2011 的有关规定；与其相匹配的管件应符合现行国家标准《不锈钢卡压式管件组件 第1部分 卡压式管件》GB/T 19228.1—2011 的有关规定。

3. 铸铁管

1）品种

铸铁管按生产材质不同分为灰口铸铁管和球墨铸铁管。

灰口铸铁管：简称灰铁管，管材断面为灰暗色。是由含片状石墨的铸铁连续浇铸成型的铸铁管。

球墨铸铁管：简称球铁管。是由含球形石墨的铸铁（QT）铸造成型的铸铁管，又称高强度铸铁管。

2）接口型式

管材与管材、管材与管件的连接型式分为机械式柔性接口、卡箍式柔性接口、滑入式柔性接口、法兰接口和约束接口等型式。

机械式柔性接口：将直管或管件的插口置入与之相连的带法兰盘的承口内，用螺栓紧固承口法兰和安装在插口处的法兰压盖，挤压安装在两者中间的橡胶密封圈，以达到连接和密封的要求，且能适应轴向与横向变形的接口。

卡箍式柔性接口：直管和管件端口均为平口。连接时，将两相邻管端外壁安装上内置橡胶密封套的不锈钢卡箍，用紧固卡箍上的螺栓来箍紧两端管段，同时挤压橡胶密封套以达到连接和密封的要求，且能适应轴向与横向变形的接口。

滑入式柔性接口：在配套部件承口内放一密封圈，当插口穿过密封圈至承口一定位置时，工作即可完成的接口。

法兰接口：通过管材、管件端部法兰盘用螺栓紧固法兰，挤压安装在两法兰间的橡胶密封圈，以达到连接和密封的要求。

约束接口：也称刚性接口。主要用于具有承插口的铸铁管或管件的连接。他是将承插口的连接缝隙用油麻＋石棉水泥砂浆、胶圈＋石棉水泥砂浆、油麻＋膨胀水泥砂浆、胶圈＋膨胀水泥砂浆等材料填充固化而成的连接方式。

3）品种规格

排水用柔性接口铸铁管：按结构型式分为有承插口和无承插口两种；公称直径为 DN50 ～DN300；标准长度有 0.5 m、1.0 m、1.5 m、2.0 m 和 3.0 m 五种规格。按管壁厚度不同分为 A 级（薄）和 B 级（厚）；按管材接口型式分为机械式柔性接口（A 型、B 型）和卡箍式柔性接口（W 型、W1 型）两种。

水、燃气及污水管道用球墨铸铁管：公称直径为 DN40 ～ DN2600。按接口型式可分为滑入式柔性接口（T 型）、机械柔性接口（K 型、NI 型、S 型）、法兰接口和约束接口（排水、排污管道）等型式；按公称压力分为 PN10（1.0 MPa）、PN16、PN25 和 PN40；按用途分为给水、排水、燃气和排污用管。

不同连接方式的铸铁管见图 6 – 1。

(a)承插口式铸铁管　　　　　　　　　　　　　(b)法兰盘式铸铁管

(c)带法兰盘承插口式铸铁管　　　　　　　　　(d)卡箍式柔性接口连接接头

图 6 – 1　不同连接方式铸铁管

4）特性与应用

灰口铸铁管能承受 0.45 ～ 1.00 MPa 的工作压力、耐腐蚀、价格便宜，管内壁涂沥青后较光滑，但其质硬而脆、重量大、施工困难。主要用于建筑物排放重力流废水、污水、雨水、通气以及对管道无腐蚀的工业废水排水用管道系统。室内外及地上、地下均可铺设。

球墨铸铁管不仅保持了灰口铸铁管的抗腐蚀性，而且具有强度高、韧性好、壁薄、质量轻、耐冲击、弯曲性能大、耐久性好、安装方便等优点。水及燃气管道用球铁管适用于温度为 0 ～ 50℃的饮用水、消防用水、灌溉用水、水电站用水、处理过的水等的有压或无压输送，以及设计压力为中压 A 级及以下级别的燃气(如人工煤气、天然气、液化石油气等)输送。地上、地下均可铺设。

5)技术要求

排水用柔性接口铸铁管的表面质量、拉伸性能、硬度、密封性能、涂覆层等技术要求应符合现行国家标准《排水用柔性接口铸铁管、管件及附件》GB/T 12772—2016 的有关规定。

水、燃气及污水管道用球墨铸铁管的表面质量、拉伸性能、硬度、密封性能、涂覆层等技术要求应符合现行国家标准《水及燃气管道用球墨铸铁管、管件和附件》GB/T 13295—2013、《污水用球墨铸铁管、管件和附件》GB/T 26081—2010 的有关规定。

4. 无缝铜水管

生产:无缝铜水管是用工业纯铜经拉制、挤制或轧制成型的无缝有色金属管,又称紫铜管。

品种规格:无缝铜水管的牌号、状态和规格见表 6-2。管材能承受的最大工作压力为 1.27~19.23 MPa。

表 6-2　无缝铜水管的牌号、状态和规格(GB/T 18033—2017)

牌号	代号	状态	种类	规格/mm		
				外径	壁厚	长度
TP1 TP2 TU1 TU2 TU3	C12000 C12200 T10150 T10180 C10200	拉拔(硬)H80 拉拔(H58)	直管	6~325	0.6~8	≤6000
		轻拉(H55)		6~195		
		软化退火(O60) 轻退火(O50)		6~108		
		软化退火(O60)	盘管	≤28		—

特性与应用:金属管中最具优势的是紫铜管,铜管接口方式多样,一般采用焊接、扩口或压接等方式与管件相连接,施工方便。但价格相对较高,且铜的析出量容易超标。适用于饮用水、生活冷热水的给水系统以及民用天然气、煤气及对铜无腐蚀作用的其他介质的管道系统;也适用供热系统用管道。

技术要求:无缝铜水管的表面质量、拉伸性能、硬度、扩口(或压扁)性能、弯曲性能及气密性等技术要求应符合现行国家标准《无缝铜水管和铜气管》GB/T 18033—2017 的有关规定。

5. 建筑给排水用金属管材的选用

给水、排水系统用金属管道的管材及管件应根据建筑物标准、使用要求、管材材质等因素合理选用,同一给水、排水系统宜选用同一种金属管材,并应符合现行行业标准《建筑给水金属管道工程技术规程》CJJ/T 154—2011 和《建筑排水金属管道工程技术规程》CJJ 127—2009 的有关规定。具体选用见表 6-3 和表 6-4。

表6-3 给水系统用金属管材的选用表(CJJ/T154—2011)

用 途	适用的金属管材与管件
室内明装或暗敷	薄壁不锈钢管、铜管或经防腐处理的钢管等。
小区埋地敷设	球墨铸铁管、有衬里的铸铁给水管(宜采用内涂敷水泥或衬覆塑料衬里)或经防腐处理的钢管等。
输送偏碱性水	TP2牌号铜管。
输送偏酸性水或经软化处理的水	宜采用薄壁不锈钢管。
输送介质中氯化物含量较高的水	S30403或S31603不锈钢管材和管件;当采用焊接连接方式时,宜采用S30403、S31608或超低碳不锈钢管材
消防管道系统	热镀锌钢管、焊接钢管或薄壁不锈钢管。

表6-4 建筑排水用金属管材的选用表(CJJ127—2009)

管材类别	适用范围	连接方式
柔性接口排水铸铁管	建筑室内重力流生活排水、通气,单层和多层建筑的重力流雨水排水管道系统。	卡箍式或法兰式
镀锌焊接钢管	高层建筑的雨水系统,建筑物或小区内排水的提升,卫生器具的排水支管及空调冷凝水排水管道系统;超高层建筑的雨水系统可采用镀锌无缝钢管。	沟槽式、焊接式、法兰式或螺纹式
不锈钢管和碳素涂塑钢管	虹吸式屋面雨水排水管道系统;当工程对管道的防腐蚀性能要求较高时,宜选用。	焊接式、法兰式或沟槽式
球墨铸铁管	高层和超高层建筑的重力流雨水管道系统及建筑物或小区内排水的提升等;当工程对管道的防腐蚀性能要求较高时,宜选用。	K形接口

6. 金属管材的运输与存储管理

管材、管件应存放在通风良好的库房,室温不宜高于40℃;堆放场地应平整,底部应有支撑,管材外悬臂长度不宜 >0.5 m;管材堆放高度不宜 >1.5 m,管件堆放高度不宜 >2.0 m;直管材应成捆包装,端口宜设有护套,每捆重量应适于现场搬运;管材、管件在运输、装卸和搬运时应小心轻放、防止重压,不得抛、摔、滚、拖,应防止雨淋、污染、长期露天堆放和阳光曝晒。

6.2 塑料管材

给排水工程用塑料管材种类繁多。目前我国所使用的塑料管材按其化学成分可分为聚氯乙烯(PVC)、聚乙烯(PE)、聚丁烯(PB)、聚丙烯(PP)、丙烯腈-丁二烯-苯乙烯(ABS)等类。

常用塑料管材与管件

1. PVC类管材及管件

目前我国建筑给排水工程常用的PVC类管材主要有硬聚氯乙烯(PVC-U)和抗冲改性聚氯乙烯(PVC-M)管材及管件。

1)硬聚氯乙烯(PVC-U)管材及管件

PVC-U管材按其使用功能分为给水用硬聚氯乙烯管材、排水用芯层发泡硬聚氯乙烯管材、水井用硬聚氯乙烯管材和无压埋地排污、排水用硬聚氯乙烯管材等类。

PVC－U 管材具有较高的硬度、刚度和许用应力；抗老化能力好，使用寿命可达 50 年；耐腐蚀；价廉；易于连接，安装方便简捷；密封性好；自熄；可回收，但不抗撞击。

给水用 PVC－U 管材：以聚氯乙烯树脂为主要原料，经挤出成形的给水用硬聚氯乙烯管材。其公称外径为 DN20～DN1000；按其公称压力 PN（系列 S）分为 PN0.63（S16）、PN0.8（S12.5）、PN1.0（S10）、PN1.25（S8）、PN1.6（S6.3）、PN2.0（S5）、PN2.5（S4）七个等级（系列）；其长度一般为 4m 或 6m；按连接方式不同分为弹性密封圈式和溶剂粘接式两种。

适用于温度≤40℃的一般用途的压力输水和生活饮用水的输送。不适用于灭火系统和非水介质的流体输送系统。

给水用 PVC－U 管材的外观、尺寸偏差、不圆度、弯曲度、密度、维卡软化温度（VST）、耐高温性、耐化学腐蚀、抗冲击性、耐液压、连接密封性及卫生性应符合现行国家标准《给水用硬聚氯乙烯（PVC－U）管材》GB/T 10002.1—2006 的有关规定。

排水用芯层发泡 PVC－U 管材：以聚氯乙烯树脂为主要原料，加入一定的添加剂，经复合共挤成形的芯层发泡复合管材。按管材环刚度分为 SN2、SN4、SN8 三个等级；其公称外径为 DN40～DN500；长度一般为 4m 或 6m；按管材连接形式不同分为弹性密封圈连接型管材和胶粘剂粘接型管材。

SN2 型管材适用于建筑物内外排水用管材；SN4、SN8 型管材适用于埋地排水用管材，也可用于建筑物内外排水。在考虑管材许可的耐化学性和耐温性条件下，也可用于工业排污用管材。

排水用芯层发泡 PVC－U 管材的技术要求应符合现行国家标准《排水用芯层发泡硬聚氯乙烯（PVC－U）管材》GB/T 16800—2008 的有关规定。

无压埋地排污、排水用 PVC－U 管材：其公称外径为 DN110～DN1000；长度一般为 4m或 6m；按公称环刚度分为 SN2、SN4、SN8 三个等级；按管材连接形式不同分为弹性密封圈连接型管材（适用 DN110～DN1000）和胶粘剂连接型管材（适用 DN110～DN200）。

适用于无压埋地排污、排水用管材。在考虑材料的耐化学性和耐热性条件下，也可用于工业用无压埋地排污用管材。不适用于建筑内埋地的排污、排水管道系统。

无压埋地排污、排水用 PVC－U 管材的技术要求应符合现行国家标准《无压埋地排污、排水用硬聚氯乙烯（PVC－U）管材》GB/T 20221—2006 的有关规定。

2）抗冲改性聚氯乙烯（PVC－M）管材及管件

PVC－M 管材及管件是以聚氯乙烯树脂为主要原料，通过物理改性经挤出成形的给水用抗冲改性聚氯乙烯管材和注塑成形的管件。

管材公称外径为 DN63～DN800；长度一般为 4m 或 6m；按其公称压力 PN（系列 S）分为PN0.63（S25）、PN0.8（S20）、PN1.0（S16）、PN1.25（S12.5）、PN1.6（S10）、PN2.0（S8）六个等级（系列）；按连接方式不同分为弹性密封圈式和溶剂粘接式两种。

PVC－M 管材兼具 PVC－U 管材的优点和 PE 管材的高抗冲性能，是综合性能优异的管材。具有良好的柔韧性、耐腐蚀，使用寿命在 50 年以上。适用于温度≤40℃的一般用途的压力输水和生活饮用水的输送。不适用于灭火系统。

给水用 PVC－M 管材的技术要求应符合现行行业标准《给水用抗冲改性聚氯乙烯（PVC－M）管材及管件》CJ/T 272—2008 的有关规定。

2. PE 类管材及管件

目前我国建筑给排水工程常用的 PE 类管材主要有聚乙烯(PE)和耐热聚乙烯(PE - X 或 PE - RT)等管材及管件。

1)聚乙烯(PE)管材与管件

聚乙烯(PE)管材按其用途分为给水用聚乙烯(PE)管材、埋地用聚乙烯(PE)双壁波纹管材、埋地用聚乙烯(PE)缠绕结构壁管材及埋地排水用钢带增强聚乙烯(PE)螺旋波纹管材等类。

给水用聚乙烯(PE)管材：按照管材类型分为单层实壁管材和带可剥离层管材(在单层实壁管材外壁包覆可剥离热塑性防护层的管材)。管材的公称外径为 DN16 ~ DN2500,长度一般为 6 m、9 m、12 m。按其材料类型和分级数分为 PE80 和 PE100 二级。各级根据其标准尺寸比 SDR(管材公称外径与公称壁厚的比值)、管系列 S 及公称压力 PN 分类见表 6 - 5。

表 6 - 5 聚乙烯管材的规格与公称压力(GB/T 13663.2—2018)

标准尺寸比		SDR9	SDR11	SDR13.6	SDR17	SDR21	SDR26	SDR33	SDR41
管系列		S4	S5	S6.3	S8	S10	S12.5	S16	S20
公称压力 PN/MPa	PE80 级	1.6	1.25	1.0	0.8	0.6	0.5	0.4	0.32
	PE100 级	2.0	1.6	1.25	1.0	0.8	0.6	0.5	0.4

市政饮用水用 PE 管材的颜色为蓝色或黑色,黑色管材上应沿管材纵向共挤出至少三条蓝色色条,且色条应沿管材圆周方向均匀分布。其他用途用 PE 管材可为蓝色或黑色,但曝露在阳光下的管道(如地上管道)必须是黑色,蓝色管材仅用于暗敷。管材的连接采用电熔焊接和热熔对接。

PE 管材具有无毒,不含重金属添加剂,不结垢,不滋生细菌,柔韧性好,抗冲击强度高,耐强震、扭曲,施工方便,且可回收再利用等特点。适用于温度 ≤40℃,最大工作压力(MOP)≤2.0 MPa 的一般用途的压力输水及生活饮用水的输送。不适用于灭火系统和非水介质的流体输送系统。

给水用 PE 管材的尺寸偏差、静压强度、断裂伸长率、耐高温性、卫生性能等技术要求应符合现行国家标准《给水用聚乙烯(PE)管道系统 第 1 部分：总则》GB/T 13663.1—2017 及《给水用聚乙烯(PE)管道系统 第 2 部分：管材》GB/T 13663.2—2018 的有关规定。

埋地用聚乙烯(PE)双壁波纹管：其公称外径为 DN110 ~ DN1200；其有效长度一般为 6 m；按管材环刚度分为 SN2(2 kN/m²)、SN4、SN6.3、SN8、SN12.5 和 SN16 六个等级；其连接方式为弹性密封圈连接,也可采用其他连接方式。适用于长期温度不超过 45℃的埋地排水和通讯套管用管材,亦可用于工业排水、排污用管材。

埋地用 PE 双壁波纹管的外观、尺寸偏差、环刚度、抗冲击性、环柔性、耐高温性及连接密封性应符合现行国家标准《埋地用聚乙烯(PE)结构壁管道系统 第 1 部分 聚乙烯双壁波纹管材》GB/T 19472.1—2004 的有关规定。

埋地用聚乙烯(PE)缠绕结构壁管材：以聚乙烯(PE)为主要原料,以相同或不同材料作为辅助支撑结构,采用缠绕成形工艺,经加工制成的结构壁管材、管件(或实壁管件)。管材、管件的颜色应为黑色,且应色泽均匀。

管材的公称外径为 DN150~DN3000，有效长度一般为 6m；按管材环刚度分为 SN2、SN4、SN6.3、SN8、SN12.5 和 SN16 六个等级；其连接方式可采用弹性密封件连接、承插口电熔焊接连接，也可采用双向承插弹性密封件连接、位于插口的密封件连接、承插口焊接连接、热熔对焊连接、V 型焊接连接、热收缩套连接、电热熔带连接及法兰连接的连接方式。适用于长期温度在 45℃以下的埋地排水、埋地农田排水等工程用管道系统。

埋地用 PE 缠绕结构壁管材的外观、尺寸偏差、环刚度、抗冲击性、环柔性、耐高温性、连接密封性及焊接或熔接接头的拉伸强度应符合现行国家标准《埋地用聚乙烯（PE）结构壁管道系统 第 2 部分 聚乙烯缠绕结构壁管材》GB/T 19472.2—2017 的有关规定。

2）耐热聚乙烯管材

耐热聚乙烯管材分为交联聚乙烯（PE－X）和耐热聚乙烯（PE－RT）管材。是以交联聚乙烯（PE－X）或耐热聚乙烯（PE－RT）树脂为原料，经挤出成形的管材。

管材的公称外径为 DN16~DN160；按尺寸分为 S6.3、S5、S4、S3.2 四个系列；按使用条件级别分为 1（供应 60℃热水用）、2（供应 70℃热水用）、4（地板采暖和低温散热器采暖用）、5（高温散热器采暖用）四个级别；按设计压力（P_D）分为 0.4、0.6、0.8、1.0（MPa）四个等级。管材与管材及管材与管件的连接方式采用电熔连接。

PE－X 管材具有优良的耐温性能，使用温度为－70~90℃；优良的隔热性能和耐压力；导热系数低，热量损失小，节约能源；较长的使用寿命，可安全使用 50 年以上；抗振动，耐冲击；不含任何毒素，也不释放有害物质，焚烧后只产生水和二氧化碳，绿色环保。

PE－RT 管材既具有 PE 管材的性能，还具有接近 PE－X 管材的长期耐热性能，同时他还具有独特的柔韧性，是一种节能、环保型的塑料管材，且可回收再利用。

PE－X 和 PE－RT 管材适用于建筑物内冷热水管道系统，包括工业及民用冷热水、饮用水和采暖系统等。不适用于灭火系统和非水介质的流体输送系统。

PE－X 和 PE－RT 管材的外观、尺寸偏差、耐静液压、耐高温性、卫生性及连接后系统适用性（耐静液压、热循环、循环压力冲击、耐拉拔、弯曲、真空）等技术要求应符合现行国家标准《冷热水用交联聚乙烯（PE－X）管道系统 第 2 部分 管材》GB/T 18992.2—2003 及现行行业标准《冷热水用耐热聚乙烯（PE－RT）管道系统》CJ/T 175—2002 的有关规定。

3. 聚丁烯（PB）管材及管件

聚丁烯（PB）管材是以聚丁烯树脂为主要原料，经挤出成形的的管材。

管材的公称外径为 DN12~DN160；按尺寸分为 S10、S8、S6.3、S5、S4、S3.2 六个系列；按使用条件级别分为 1、2、4、5 四个级别（各级别含义同耐热聚乙烯管材）；按设计压力分为 0.4、0.6、0.8、1.0（MPa）四个等级。管材与管材及管材与管件的连接方式采用电熔连接。

PB 管材具有良好的耐温性能，其长期使用温度为≤90℃（系指管道在此温度范围内使用寿命达 50 年）；耐压性能、抗蠕变（指在一定温度和较小的恒定外力作用下，其形变随时间逐渐增大的现象）能力、韧性、耐冲击性、抗腐蚀能力极强；较好的隔热性能；无毒；重塑性强；施工方便等特点。适用于建筑物内冷热水管道系统，包括工业及民用冷热水、饮用水和采暖系统等。不适用于灭火系统和非水介质的流体输送系统。

PB 管材的外观、尺寸偏差、耐静液压、耐高温性、卫生性及连接后系统适用性（耐静液压、热循环、循环压力冲击、耐拉拔、弯曲、真空）等技术要求应符合现行国家标准《冷热水用聚丁烯（PB）管道系统 第 2 部分 管材》GB/T 19473.2—2004 的有关规定；与其相匹配的管件的技术要求应符合现行国家标准《冷热水用聚丁烯（PB）管道系统 第 3 部分 管件》GB/T 19473.3—2004 的有关规定。

4. 聚丙烯（PP）类管材

聚丙烯管材是由聚丙烯热塑性树脂为主要原料，经挤出成形的管材。

聚丙烯类管材主要有无规共聚聚丙烯（PP－R）管材和耐冲击共聚聚丙烯（PP－B）管材两种。

管材的公称外径为 DN20～DN160，长度一般为 4 m 或 6 m；按尺寸分为 S5、S4、S3.2、S2.5、S2 五个系列；管材与管材及管材与管件的连接方式可采用热熔、电熔或法兰连接。

PP－R 管材：市面上销售的 PP－R 管主要有白色、咖喱色和绿色三种颜色。该管材具有良好的卫生性能，较好的耐热性能，使用寿命长，管材最高工作温度可达 95℃，在 1.0 MPa 压力下长期使用温度为 70℃，满足热水供应的上限温度，常温下使用寿命可达 100 年以上；具有导热性低、柔韧性好、弹性模量较小、耐腐蚀、防水垢、管道阻力小、可修补、可回收再利用等优点。但是管材造价较高、刚性和抗冲击性能比金属管道差、线膨胀系数较大、明敷或架空敷设所需管道支吊架较多、施工工艺要求高、易老化、可燃等缺点。主要应用于冷热水系统、直饮水系统、采暖系统（包括地板辐射采暖）。适合嵌墙和地坪面层内的直埋暗敷管道系统；也适用中央（集中）空调系统，输送或排放化学介质等工业用管道系统和气缸传送的气路等管道系统。但不适用消防给水管道系统。

PP－B 管材：具有无毒、无味、无害、不结垢；良好的耐热性能；良好的刚性；优异的低温抗冲击性能。作为压力用管材，其缺点是抗蠕变性能欠佳。适用建筑内冷、热水供水、低温地板辐射采暖、空调、园林等工程领域；也适用于埋地排水、下水管道系统、室内污废水系统等领域。但不适用消防给水管道系统。

PP－R 和 PP－B 管材的技术要求及应用应符合现行行业标准《建筑给水塑料管道工程技术规程》CJJ/T 98—2014 的有关规定。

5. ABS 管材

ABS 管材是以丙烯腈－丁二烯－苯乙烯（ABS）树脂为主要原料，经挤出成形的压力管材，也称工程塑料管材。

管材的公称外径为 DN12～DN400，有效长度一般为 4 m 或 6 m；按尺寸分为 S20、S16、S12.5、S10、S8、S6.3、S5、S4 八个系列；管材与管件的连接可采用粘接或焊接方式。

ABS 管材和管件具有抗冲击、高强度、耐腐蚀、无毒、耐低温、使用寿命长等优点。适用于承压给排水输送、污水处理与水处理、石油、化工、电力电子、冶金、采矿、电镀、造纸、食品饮料、空调、医药等工业及建筑领域粉体、液体和气体等流体的输送。当用于输送易燃易爆介质时，应符合防火、防爆的有关规定。

ABS 管材的技术要求应符合现行国家标准《丙烯腈－丁二烯－苯乙烯（ABS）压力管道系统 第 1 部分：管材》GB/T 20207.1—2006 的有关规定；与其相匹配的管件的技术要求应符合现行国家标准《丙烯腈－丁二烯－苯乙烯（ABS）压力管道系统 第 2 部分：管件》GB/T 20207.

2—2006 的有关规定。

6. 塑料管材的运输与存储管理

管材、管件在运输、装卸和搬运时应轻放，不得与尖锐物品接触或沾染污物。长距离运输时应堆放密实，不得相互间激烈碰撞。不得抛、摔、滚、拖。

管材、管件应按品种、规格存放在温度不高于40℃、通风良好的库房内，不得长期露天堆放或阳光曝晒。小口径盘状管材应保持成箱包装；直管应成捆包扎，每捆重量不宜大于50 kg。带承口的塑料管材，运输及堆放时管材承口应交替放置。

管材堆放场地应平整，底部应有支垫，支垫物的间距不宜 >1.0 m，宽度不应 <0.15 m，管材外悬臂长度不宜 >0.5 m；管材堆放高度不宜 >1.5 m，管件堆放高度应≤2.0 m，金属管件的堆放高度应≤1.2 m；弹性密封圈应按规格码放整齐，不得无规则堆放。存放的库房、场地应远离热源，严禁明火，且应设有消防设施。

6.3　复合管材

常用复合管材与管件

复合管是指采用两种或两种以上的材料，经复合工艺而制成为整体的圆管。目前我国建筑给排水工程常用的复合管材包括涂塑钢管、衬塑钢管、涂塑铸铁管、铝合金衬塑复合管、钢塑复合螺旋管和加强型钢塑复合螺旋管等品种。

1. 涂塑复合钢管

生产：涂塑钢管是以钢管为基管，以塑料粉末为涂层材料，通过吸涂、喷涂等涂塑工艺在其内表面熔融涂敷塑料层、在其外表面熔融涂敷塑料层或用另外工艺在外表面涂敷上其他材料防腐层的钢塑复合管材，代号为 SP。

品种规格：管材按内涂层材料分为聚乙烯（PE）涂层和环氧树脂（EP）涂层两种；按外涂（镀）层材料分为热镀锌层、环氧树脂涂层和聚乙烯涂层三种。其公称外径为 DN15 ~ DN2000；管长一般为 6 m。

特性与应用：该管材不但具有钢管的高强度、易连接、耐水流冲击等优点，还克服了钢管遇水易腐蚀、污染、结垢及塑料管强度不高、消防性能差等缺点，设计寿命可达50 年。主要缺点是安装时不得进行弯曲，热加工和电焊切割等作业时，切割面应用生产厂家配有的无毒常温固化胶涂刷。该管材属于国家推广使用的环保管材。主要用于输送温度 <45℃ 的饮用水，也可用于雨水、生活污水及其他介质流体的输送。

技术要求：给水用涂塑复合钢管的内外壁应平整光滑、色泽均匀、无伤痕、针孔和粘附异物等缺陷。其尺寸偏差、涂层厚度、涂层附着力、管材的弯曲性能、抗压扁性能、抗冲击性能及卫生性能等技术要求应符合现行行业标准《给水涂塑复合钢管》CJ/T 120—2016 的有关规定。

2. 钢塑复合压力管

生产：钢塑复合压力管是以焊接钢管为中间层，内外层为聚乙（丙）烯塑料，采用专用热熔胶，通过挤出成形方法复合成一体的管材，简称钢塑管或钢塑复合管，代号为 PSP。

规格型号：管材的公称外径为 DN16 ~ DN400，标准长度为 4 m、5 m、6 m、9 m 或 12 m。钢塑复合压力管的分类见表 6 - 6。

表 6 - 6　钢塑复合压力管的分类（CJ/T183—2008）

用途	管材外表颜色	用途代号	塑料代号	长期工作温度 T_0 /℃，≤	公称压力 PN/MPa			
					1.25	1.60	2.00	2.50
					最大允许工作压力 P_0/MPa			
冷水、饮用水	白色或带蓝色色条的黑色	L	PE	40	1.25	1.60	2.00	2.50
热水、供暖	白色或带橙红色色条的黑色	R	PE - RT、PE - X、PPR	80	1.00	1.25	1.60	2.00
燃气	黄色或带黄色色条的黑色	Q	PE	40	0.50	0.60	0.80	1.00
特种液体①	黄色或带红色色条的黑色	T	PE	40	1.25	1.60	2.00	2.50
			PE - RT、PE - X、PPR	80	1.00	1.25	1.60	2.00
排水	白色或黑色	P	PE	65②	1.25	1.60	2.00	2.50
保护套管	白色或黑色	B	PE、PE - RT、PE - X					

注：① 特种流体系指和复合管接触的塑料抗化学药品性能一致的液体；② 瞬时排水温度不超过 95℃。

特性与应用：钢塑复合管相对塑料管具有承压高、抗冲击力强等特点；内外层的塑料起到了防腐蚀作用，具有内壁光滑、耐化学腐蚀、无污染、流体阻力小、不结垢、不滋生微生物、使用寿命高达 50 年；线膨胀系数小、明装不变形、埋地管容易探测等优点。适用于城镇和建筑内外冷热水、饮用水、供暖、燃气、特种流体（包括工业废水、腐蚀性流体，煤矿井下供水、排水、压风等）、排水（包括重力污、废水和虹吸式屋面雨水排放系统）以及电力电缆、通讯电缆、光缆保护套管等。

技术要求：钢塑复合管材的外表面应色泽均匀，无明显划伤、气泡，无针眼、脱皮和其他影响使用的缺陷；内表面应平滑，无斑点、异味、异物，无针眼，无裂纹。管材的尺寸偏差、物理力学性能、卫生性能等技术要求应符合现行行业标准《钢塑复合压力管》CJ/T183—2008的有关规定。

3. 铝塑复合压力管

生产：铝塑复合压力管是指用对焊铝合金（或铝）管作为嵌入增强金属层，通过热熔胶与内、外层聚乙烯烃材料复合而成的管材，简称铝塑管或铝塑复合管，代号 CPAP。

规格型号：管材按公称外径分为 DN16、DN20、DN25、DN32、DN40 和 DN50；直管长度一般为 4m，DN16、DN20、DN25 盘管长度一般为 100 m，DN32 盘管长度一般为 50 m；按输送流体类别分类见表 6 - 7。

表 6 – 7　铝塑复合压力管的分类（CJ/T159—2015）

流体类别		管材外层颜色	用途代号	铝塑管代号	长期工作温度 T_0 /℃，≤	最大允许工作压力 P_0/MPa
水	冷水	黑色、蓝色或白色室外用为黑色	L	PAP3、PAP4	40	1.40
				XPAP1、XPAP2、RPAP5、RPAP6		2.00
	冷热水	白色或橙红色室外用为黑色	R	XPAP1、XPAP2、RPAP5	75	1.50
				XPAP1、XPAP2、RPAP5	95	1.25
燃气	天然气	黄色室外用为黑色	Q	PAP4	40	0.40
	液化石油气					0.40
	人工煤气					0.20

注：①在输送易在管内产生相变的流体时，在管道系统中因相变产生的膨胀力不应超过最大允许工作压力；② XPAP1（1 型铝塑管）——聚乙烯/铝合金/交联聚乙烯；XPAP2（2 型铝塑管）——交联聚乙烯/铝合金/交联聚乙烯；PAP3（3 型铝塑管）——聚乙烯/铝/聚乙烯；PAP4（4 型铝塑管）——聚乙烯/铝合金/燃气用聚乙烯；RPAP5（5 型铝塑管）——耐热聚乙烯/铝合金/耐热聚乙烯；RPAP6（6 型铝塑管）——无规共聚聚丙烯/铝合金/无规共聚聚丙烯。

特性与应用：铝塑管具有良好的耐腐蚀性能，抗老化能力好，经久耐用，寿命可达 50 年；化学性能稳定，无毒无味；水力性能和卫生性能好，内壁光滑，不易结垢，不滋生微生物；机械性能、阻氧渗透性较高；保温性、抗冻性、耐高温性均较 PVC – U 管好；抗振动、耐冲击，能有效缓冲管路中的水锤作用，减少管内水流噪声；安装容易，可以弯曲而不反弹，弯曲操作简单，管线连接方便，使用专用铜质管配件，可与现行其他管材、管配件等相配接；质量轻，易于搬运等优点。适用于冷水、热水的饮用水输配系统和给水输配系统；采暖系统、地下灌溉系统、燃气等管道系统。

技术要求：铝塑复合管材的表面应清洁、光滑，不应有气泡、明显的划痕、凹陷、杂质、表面颜色不均等缺陷。管材的尺寸、物理力学性能和卫生性能等技术要求应符合现行行业标准《铝塑复合压力管（对接焊）》CJ/T159—2015 的有关规定。

4. 铝合金衬塑复合管材与管件

生产：铝合金衬塑复合管材是一种外管为铝合金管，内管为热塑性塑料（PP – R、PB、PE – RT）管，经预应力复合而成的两层结构的管材。

规格型号：管材的公称外径为 DN20～DN160，管长一般为 4m。按使用环境条件分为 1、2、4、5 四个级别（详见"耐热聚乙烯管材"）；管材与管件采用电热熔承插连接方式进行连接。

特性与应用：铝合金衬塑复合管材的优缺点同铝塑复合管材。适用于冷热水管道系统，包括工业与民用冷热水、热水采暖、中央空调及饮用水管道系统。在考虑到材料的耐化学和耐热条件下，也可用于各种化学流体及气体输送管道系统。

技术要求：管材的表面应光滑，不应有裂纹、腐蚀和外来夹杂物；管件表面不应有裂纹、气泡、脱皮和明显的杂质、严重的缩形以及色泽不均、分解变色等缺陷，管件不应透光。管材、管件的尺寸、卫生性能、系统适用性能等技术要求应符合现行行业标准《铝合金衬塑复合管材与管件》CJ/T 321—2010 的有关规定。

5. 超高分子量聚乙烯钢骨架复合管材

生产：超高分子量聚乙烯钢骨架复合管材是以超高分子量聚乙烯内管为基础，以碳素弹簧钢丝和优质碳素结构钢冷轧钢带为骨架，以辐射交联聚乙烯热收缩胶带或超高分子量聚乙烯管套为保护层，通过热熔胶复合而成的管材，代号为SRUPE。

规格型号：管材的公称外径为DN108～DN1000，管材标准长度一般为6 m、8 m、10 m、12 m或14 m，管材颜色一般为黑色，公称压力为PN1.0～PN5.0。按用途分为给水用复合管（S）、燃气用复合管（Q）和特种工业流体用复合管（T）三类，S、T类管材工作温度应≤65℃，Q类管材工作温度应≤40℃；按连接方式分为焊接、法兰连接、U型承插三种连接方式。

特性与应用：超高分子量聚乙烯（UPE）钢骨架复合管材管道是采用超高分子量聚乙烯树脂连续挤出成形的，具有高耐磨性、高耐腐蚀性、高柔韧性、高抗冲击性、耐低温性、不易结垢、抗老化、节能、环保、重量轻、易连接、安装方便、经济等优点。使用寿命高于钢管6倍以上、普通复合管4倍以上。适用于输送介质温度在－40～65℃的城镇供水、建筑给水、消防给水、特种流体（包括适合使用的工业废水、腐蚀性气体溶浆、固体粉末等）输送用管材，也适用于输送石油、天然气行业油气污水输送及混输复合管材，城镇燃气可参照采用。

技术要求：管材的内外表面应清洁、光滑、颜色均一，不允许有气泡、杂质和深度＞2 mm的沟纹及颜色不均等缺陷，且不能有钢丝裸露。管材外表面允许呈螺纹状自然收缩状态，允许有少量轻微的自然收缩造成的小凹凸，管材两端应切割平整，并与管轴线垂直。管材的尺寸、物理力学性能、卫生性能、耐候性等技术要求应符合现行行业标准《超高分子量聚乙烯钢骨架复合管材》CJ/T 323—2015的有关规定。

6. 埋地双平壁钢塑复合缠绕排水管

生产：双平壁钢塑复合缠绕排水管是用聚乙烯（PE）预制成T型板带，在管道成形机上缠绕熔接成管内壁的同时，将轧成的波型钢带嵌入两板带之间的槽中，并在钢带上包覆聚乙烯成为管道外壁，形成的双平壁钢塑缠绕复合管材。

规格型号：管材的公称外径为DN300～DN3000，管材有效长度为6 m，颜色一般为黑色。按管材环刚度分为SN8、SN12.5及SN16三个等级；连接方式分为电热熔带焊接和卡箍式弹性连接。

特性与应用：该复合管材具有安全无毒、水流阻力小、使用寿命长（使用寿命可达50～100年）、绿色环保、可回收再利用；燃烧时只有二氧化碳和水汽产生，无其他有害气体排放；安装方便，适应非开挖施工；工程总体造价低等优点。适用于长期输送介质温度在45℃以下的无压埋地城镇雨水、污水、工业废水的排水及农田排灌等工程用管材。

技术要求：管材的外观、尺寸偏差、环刚度、环柔性、耐高温性能、蠕变比率、焊缝的拉伸强度、系统连接的密封性能等技术要求应符合现行行业标准《埋地双平壁钢塑复合缠绕排水管》CJ/T 329—2010的有关规定。

7. 埋地排水用钢带增强聚乙烯（PE）螺旋波纹管

生产：以聚乙烯（PE）树脂为基体，用表面涂敷粘接树脂的钢带成形为波形作为主要支撑结构，并与内外层聚乙烯复合成整体，内壁平直的钢带增强螺旋波纹管。

规格型号：波纹管的公称外径为DN300～DN2600；管材长度一般为6 m、9 m、10 m、12 m，颜色一般为黑色。按管材环刚度分为SN8、SN10、SN12.5及SN16四个等级。

连接方式：螺旋形端口管材可采用热熔挤出焊接、电热熔带焊接和热收缩管（带）连接等方式；平面形端口管材可采用法兰连接、法兰端热熔对接、锥形承插焊接或承插式密封圈等连接方式。

特性与应用：钢带增强聚乙烯（PE）螺旋波纹管具有环刚度高、埋设深、耐腐蚀性好、输水能力强、使用寿命在 50 年以上、施工连接方便快捷等优点。适用于输送介质温度≤40℃的雨水、污水等埋地排水管道系统。

技术要求：管材的技术要求应符合现行行业标准《埋地排水用钢带增强聚乙烯（PE）螺旋波纹管》CJ/T 225—2011 的有关规定。

8. 建筑给排水用复合管材的选用

建筑给排水用复合管材及管件应根据管道系统设计压力、工作水温和使用环境等因素合理选用。室内明装或暗敷的复合管道，应选用耐腐蚀性能好和安装连接方便的管材；室内、外埋地敷设的复合管道，应选用耐腐蚀性能好和能承受相应地面荷载的管材。具体选用可参照现行行业标准《建筑给水复合管道工程技术规程》CJJ/T 155—2011 和《建筑排水复合管道工程技术规程》CJJ/T 165—2011 的有关规定进行。

9. 复合管材的运输与存储管理

（1）公称直径＜50 mm 的管材应按不同规格捆扎后，再用包装袋包装。管件应按不同品种和不同规格用包装袋包装后再分别装箱，不得散装。

（2）公称直径≥50 mm 的管材在装卸时吊索应采用较宽的柔韧皮带、吊带或绳吊索，不得采用钢丝绳或铁链直接接触吊装管材。管材宜采用两个吊点起吊，严禁用吊索贯穿管材两端进行装卸。

（3）复合管管端在出厂时宜采用塑料盖封堵。

（4）在运输、装卸、搬运和堆放管材和管件时，应小心轻放，不得划伤，避免油污和化学品污染，严禁剧烈撞击和与尖锐物品碰触，不得抛、摔、滚、拖。

（5）管材和管件应存放在通风良好的库房或有顶的棚内，不得受阳光直射、暴晒。储存的环境温度不宜超过 40℃，距热源不得小于 1 m。

（6）管材应水平堆放在干净、平整的场地上，不得弯曲管材；堆放高度不宜＞1.5 m，端部悬臂长度不应＞0.5 m，并应采取防滚动、防拥塌的措施。

（7）管件应逐层码堆，堆放高度不宜＞1.2 m。

（8）胶粘剂、清洁剂丙酮或酒精等易燃品宜存放在危险品仓库中，运输时应远离火源，存放处应安全可靠、阴凉干燥、通风良好，严禁明火。

（9）橡胶密封圈应存放在阴凉、干燥、通风和热源不接触的无腐蚀性气体的场所。

6.4 混凝土管材

常用混凝土管材

给排水用混凝土管材分为混凝土管、钢筋混凝土管和预应力混凝土管。

混凝土管是指管壁内不配置钢筋骨架的混凝土圆管，代号为 CP；钢筋混凝土管是指管壁内配置有单层或多层钢筋骨架的混凝土圆管，代号为 RCP；预应力混凝土管是指在混凝土管壁内建立有双向预应力的预制混凝土圆管。

1. 混凝土和钢筋混凝土管

混凝土和钢筋混凝土管是采用离心、悬辊、芯模振动、立式挤压等工艺浇注成形的管材。

混凝土管的公称内径 D_0 为 100～600 mm，有效长度≥1.0 m；管材按外压荷载分为 Ⅰ（8～21 kN/m）、Ⅱ（12～24 kN/m）两级；施工方法为开槽施工。

钢筋混凝土管的公称内径 D_0 为 200~3500 mm,有效长度≥2.0 m;管材按外压荷载分为Ⅰ(18~210 kN/m)、Ⅱ(23~347 kN/m)、Ⅲ(29~482 kN/m)三级;按施工方法分为开槽施工和顶进施工管(DRCP)等。

混凝土管和钢筋混凝土管按连接方式分为柔性接头和刚性接头管。其中柔性接头管又分为承插口(A、B、C 型)、钢承口(A、B、C 型)、企口、双插口和钢承插口管。

混凝土管和钢筋混凝土管具有节省钢材,价格低廉(与金属管材相比),防腐性能好,不会减少水管的输水能力,能够承受比较高的压力,具有较好的抗渗性、耐久性,能就地取材等优点。其缺点是管子质量大而质地较脆,装卸和搬运困难,管配件缺乏,日后维修难度大。适用于雨水、污水、引水及农田排灌等重力流管道系统用管材。

混凝土管和钢筋混凝土管的混凝土强度要求:开槽施工管应≥C30;顶进施工管应≥C40。

混凝土管和钢筋混凝土管的外观质量要求:管内外表面应平整,无粘皮、麻面、蜂窝、坍落、露筋、空鼓,局部凹坑深度应≤5 mm;混凝土管不允许有裂缝;钢筋混凝土管外表面不允许有裂缝,内表面裂缝宽度应≤0.05 mm;管子合缝处不应漏浆。按标准规定,在不影响管子其他性能的情况下,可对管材的局部缺陷进行修补。

管材的尺寸偏差、耐内水压力、耐外压荷载及钢筋保护层厚度等技术要求应符合现行国家标准《混凝土和钢筋混凝土排水管》GB/T 11836—2009 的有关规定。

2. 预应力混凝土管

预应力混凝土管按成形工艺分为振动挤压工艺成形的一阶段管[传统一阶段管(YYG)、逊他布一阶段管(YYGS)]和采用管芯缠丝工艺生产的三阶段管[传统三阶段管(SYG)、罗克拉三阶段管(SYGL)];按管子接头密封型式分为滚动密封胶圈柔性接头(如 YYG、YYGS、SYG)和滑动密封胶圈柔性接头(如 SYGL)。管子的公称内径为 200~3500 mm,有效长度为5.0 m;管线运行工作压力或静水头应≤1.2 MPa,管顶覆土深度应≤10 m。

预应力混凝土管适用于城市给水系统、排水系统、工业和水利输水管线、农田灌溉、工厂管网及深覆土涵管等领域。

一阶段管管体混凝土强度等级应≥C50;三阶段管管芯混凝土强度等级应≥C40;管体混凝土内由纵向预应力钢筋建立的纵向预应力值应≥2.0 MPa。管材的外观质量、尺寸偏差、抗渗性能、抗裂性能及管子接头允许转角应符合现行国家标准《预应力混凝土管》GB 5696—2006 的有关规定。

混凝土和钢筋混凝土管及预应力混凝土管的质量检验应按现行国家标准《混凝土输水管试验方法》GB/T15345—2017、《混凝土和钢筋混凝土排水管试验方法》GB/T16752—2017 及《给水排水管道工程施工及验收规范》GB 50268—2008 的有关规定进行。

6.5　管材与管件的验收

给排水工程用管材、管件在使用前应按有关设计标准、产品标准、施工验收标准等有关规定,分批次、批量对其质量进行抽样检验,检验合格的方可验收和使用。管材验收批的划分、出厂检验项目及检验样品的抽取见表6-8。管件出厂检验项目主要是外观质量和系统适用性检验。

表 6-8　给排水用管材验收批的划分及出厂检验项目

管材类别	验收批与批量		出厂检验项目及试样数量
无缝钢管	同牌号、同炉号、同规格、同一热处理工艺组成一批。DN>76，且厚度不大于3 mm时，400根/批；DN>351时，50根/批；其他尺寸，200根/批。不足亦为一批		外观逐根；尺寸、拉伸试验、冷弯试验、压扁试验、镀锌层、液压试验每批各2根
焊接钢管	同一牌号、同一炉号、同一规格、同一热处理工艺、同一镀锌层组成一批。DN≤33.7时，1000根/批；DN>33.7~60.3时，750根/批；DN>60.3~168.3时，500根/批；DN>168.3~323.9时，200根/批；DN>323.9时，100根/批。不足亦为一批		
不绣钢管	同牌号、同尺寸、同制造工艺组成一批 DN≤35时，500根/批；DN>35时，300根/批。不足亦为一批		外观逐根；尺寸、水压试验、气密性试验、拉伸试验每批2根
铸铁管	同公称直径、同接口型式、同管壁厚度、同标准长度及同一次化学成分分析结果组成一批。50根/批。不足亦为一批		外观、尺寸、水压试验、气密性试验、涂覆层质量逐根；拉伸试验每批2根
球铁管	同公称直径、同接口型式、同管壁厚度、同标准长度及同退火工艺组成一批。DN40~DN300时，200根/批；DN350~DN600时，100根/批；DN700~DN1000时，50根/批；DN1100~DN2600时，25根/批。不足亦为一批		外观逐根；尺寸、水压试验、气密性试验、涂覆层质量、拉伸试验与硬度试验每批各1根
铜水管	同牌号、同状态、同规格组成一批。5 t/批。不足亦为一批		拉伸试验、扩口（压扁）性能、弯曲性能每批各2根
PVC-U管	相同原料、相同配方和相同工艺生产的同一规格的管材为一批	DN≤63时，50 t/批；DN>63时，100 t/批。不足亦为一批	外观逐根；尺寸、液压试验、纵向回缩率、落锤冲击试验每批各3根
PVC-M管		DN50~DN63时，50 t/批；DN75~DN160时，100 t/批；DN180~DN355时，150 t/批；DN400~DN800时，200 t/批。不足亦为一批	外观逐根；尺寸、液压试验、纵向回缩率、二氯甲烷浸渍试验每批各3根
PE管		100 t/批。不足亦为一批	外观逐根；尺寸、液压试验、断裂伸长率、氧化诱导时间试验每批各3根
PE波纹管		DN≤500时，60 t/批；DN>500时，300 t/批。不足亦为一批	外观逐根；尺寸、环刚度、环柔性、耐高温性试验各3根
PE缠绕管			外观逐根；尺寸、纵向回缩率、烘箱试验、环刚度、环柔性及缝的拉伸强度试验每批各3根
PE-X管		15 t/批。不足亦为一批	外观逐根；尺寸、液压试验、交联度试验每批各3根
PE-RT管		90 km/批。不足亦为一批	外观逐根；尺寸、液压试验、纵向回缩率、熔体质量流动速率试验每批各3根
PB管		50 t/批。不足亦为一批	外观逐根；尺寸、液压试验、纵向回缩率试验每批3根

续上表

管材类别	验收批与批量		出厂检验项目及试样数量
PP - R 管 PP - B 管	相同原料、相同配方和相同工艺生产的同一规格的管材为一批	90 km/批。不足亦为一批	外观逐根；尺寸、液压试验、纵向回缩率、熔体质量流动速率试验每批各3根
ABS 管		50 t/批。不足亦为一批	外观逐根；尺寸、液压试验、纵向回缩率、落锤冲击试验每批各3根
涂塑复合钢管		DN < 50 时，2000 根/批；DN ≥ 50 时，1000 根/批。不足亦为一批	外观逐根；尺寸、钻孔试验每批2根；附着力、弯曲试验、压扁试验、冲击试验每批各1根
钢塑复合管		90 km/批。不足亦为一批	外观逐根；尺寸、爆破强度、层间粘结强度、钢管焊缝强度、表面电阻、酒精喷灯燃烧性及交联度试验每批各3根
铝塑复合管		90 km/批。不足亦为一批	外观逐根；尺寸、管环径向拉伸性能、复合强度、气密性和通气性能、静液压强度及交联度试验每批各3根
铝合金衬塑复合管	相同原料、相同配方和相同工艺生产的同一规格的管材为一批	50 t/批。不足亦为一批	外观逐根；尺寸、表面防腐层厚度、静液压试验每批各3根
聚乙烯钢骨架复合管		20 km/批。不足亦为一批	外观逐根；尺寸、短期静液压强度、复合层静液压稳定性每批各3根
钢带增强 PE 螺旋波纹管		300 t/批。不足亦为一批	外观逐根；尺寸、纵向回缩率、烘箱试验、环刚度、环柔性及管材层压壁的拉伸强度试验每批各3根
混凝土和钢筋混凝土管	相同材料、相同生产工艺生产的同一规格、同一接头型式、同一外压荷载的管子组成一批。砼管：$D_0100 \sim D_0300$ 时，3000 根/批；$D_0350 \sim D_0600$ 时，2500 根/批。钢筋砼管：$D_0200 \sim D_0500$ 时，2500 根/批；$D_0600 \sim D_01000$ 时，2000 根/批；$D_01500 \sim D_02200$ 时，1500 根/批；$D_02400 \sim D_03500$ 时，1000 根/批。不足亦为一批		外观、尺寸每批 10 根；内水压力、外压荷载试验每批各1根
预应力混凝土管	相同材料、相同生产工艺生产的同一规格的管子组成一批。200 根/批。不足亦为一批		外观逐根；尺寸、抗渗性试验每批10根；抗裂内压试验每批2根

注：管材试样长度要求，砼、钢筋砼和预应力砼管为整根成品管；其他管材除外观、尺寸为整根成品管外，其他检测项目试样长度为 0.5~1.0 m。

复习思考题

1. 给排水工程用金属管材主要品种有哪些？

2. 给排水工程用塑料管材按其化学成分分为哪几类？

3. 给排水工程常用复合管材有哪些？

4. 给排水工程用混凝土管材有哪些？

5. 给排水工程用管材的选用原则是什么？

6. 室内明装或暗敷用给水管宜采用什么管材？

7. 小区埋地敷设用给水管宜采用什么管材？

8. 建筑室内重力流生活排水、通气，单层和多层建筑的重力流雨水排水管，宜采用什么管材？

9. 高层建筑的雨水系统，建筑物或小区内排水的提升、卫生器具的排水支管及空调冷凝水排水管宜采用什么管材？

10. 城市排水、排污系统宜采用什么管材？

模块七　装饰装修工程材料

【内容提要】　本模块主要介绍建筑装饰装修工程用木材、竹材、石膏、陶瓷、玻璃、石材、金属、塑料及其制品、涂料、壁纸、壁布、绝热材料的品种、特性、技术要求、应用与存储等有关知识。

建筑装饰装修是指为保护建筑物的主体结构、完善建筑物的使用功能和美化建筑物，采用装饰装修材料或饰物，对建筑物的内外表面及空间进行的各种处理过程。

用于建筑装饰装修材料不仅要具有应对使用环境下的各种物理、化学和生物方面的侵蚀作用，保护主体结构工程不被腐蚀和美化建筑物的功能，而且要具有改善建筑物的使用条件（如光线、温度、湿度）、吸声、隔音、防火、安全、环保等功能。

7.1　木材及其制品

7.1.1　概述

木材是天然生长的有机高分子材料，也是人类使用最早的建筑材料之一。根据树叶的外观形状，木材可分为针叶树和阔叶树两大类。

针叶树树叶细长，呈针状，多为常绿树，树干通直且高大，纹理顺直，材质均匀，木质较软而易于加工，故又称为软木材。针叶树材强度较高，表观密度和胀缩变形较小，耐腐蚀性较强，是土木建筑工程中的主要用材。常用树种有红松、白松、杉木、柏树等。

阔叶树树叶宽大，呈片状，多为落叶树，树干通直部分较短，材质坚硬，加工比较困难，故又称硬木材。阔叶树材表观密度大，强度高，胀缩和翘曲变形大，易开裂，在建筑工程中不适合用于承重构件，但他坚硬耐磨，纹理美观，适用于制作家具或作室内装修。常用树种有榆木、水曲柳、柞木等。

木材具有轻质高强（表观密度平均为 1550 kg/m^3 左右）、抗震性好（良好的韧性和弹性）、导热系数小［0.30 $W/(m \cdot K)$ 左右］、装饰性好（具有美丽的天然纹理）、耐久性好（通风干燥环境中不易腐蚀）、易于加工（可锯、刨、雕刻）等优点。其缺点是各向异性、胀缩变形大、易腐、易燃、天然疵病（如木节、斜纹、裂纹、腐蚀、虫害、弯曲等）多等。这些缺陷的存在，对木材的应用有较大影响。

木材按用途和加工程度的不同可分为原条、枋材和板材（包括人造板材）三类。

原条是指除去树皮、根、树梢，尚未按一定尺寸加工成规定直径和长度的木材，主要用于建筑工程的脚手架等用材。

板材是指宽度为厚度的 3 倍或 3 倍以上的木料，按板材的厚度不同，分为薄板、中板、厚板、特厚板，主要用于家具、桥梁、车辆、造船等。

枋材是指宽度不足3倍厚度的木料，按枋材的体积大小分为小枋、中枋、大枋，主要用于门窗、家具、楼梯扶手等。

由于木材以其特殊的质感给人以自然美的享受，使室内空间产生温暖与亲切感，故在建筑室内装饰工程中被广泛使用。常用的木材制品有木质地板、木线条、人造板材等。

7.1.2 木质地板

木质地板具有自重轻，弹性好，脚感舒适，导热性小，故冬暖夏凉，且易于清洁等优点。木地板被公认为优良的室内地面装饰材料，适用于办公室、会议室、旅馆、住宅、幼儿园等场所。目前常用的木质地板有实木地板、实木复合地板、浸渍纸层压木质地板、抗静电木质活动地板等品种。

1. 实木地板

实木地板指未经拼接、覆贴的单块木材直接加工而成的地板。

地板按表面形态分为为平面实木地板和非平面实木地板（具有凹凸、模压、锯痕、拉丝等独特表面）；按表面有无涂饰分为涂饰和未涂饰实木地板；按表面涂饰类型分为漆饰和油饰实木地板；按加工工艺分为普通实木地板和仿古实木地板（如表面为平面、凹凸面、拉丝面等结构和特殊色泽）。

平面实木地板按其外观质量、物理力学性能分为优等品、一等品和合格品；非平面实木地板不分等级。

实木地板的长度应≥250 mm，宽度应≥40 mm，厚度应≥8 mm，榫舌宽度应≥3.0 mm；其宽度方向翘曲度应≤0.20%；拼装离缝最大值应≤0.30 mm；拼装高度差最大值应≤0.20 mm（非平面实木地板不作要求）。

实木地板的外观质量、尺寸偏差、含水率及漆饰地板的漆膜表面耐磨性、漆膜附着力、漆膜硬度等技术要求应符合现行国家标准《实木地板第1部分：技术要求》GB/T 15036.1—2018的有关规定。

2. 实木复合地板

实木复合地板是指以实木拼板或单板（含重组装饰单板）为面层，以实木拼板、单板或胶合板为芯层或底层，经不同组合层压加工而成的地板。以面板树种来确定地板树种名称（面板为不同树种的拼花地板除外）。按其面板材料分为天然整张单板为面板的实木复合地板、天然拼接（含拼花）单板为面板的实木复合地板、重组装饰单板为面板的实木复合地板和调色单板为面板的实木复合地板；按其结构分为二层、三层和多层结构实木复合地板；按其涂饰方式分为油饰面、油漆饰面和未涂饰实木复合地板；按其外观质量分为优等品、一等品和合格品。地板的宽度为60～220 mm，长度为300～2200 mm，厚度为8～22 mm。

面板树种有栎（lì）木、核桃木、樱桃木、水曲柳、桦（huà）木、槭木、楸（qiū）木、柚木、筒状非洲楝（dòng）木等。拼花地板允许使用不同的树种。二层和三层结构实木复合地板的面板厚度应≥2 mm；多层结构实木复合地板的面板厚度通常应≥0.6 mm。

同一批三层结构实木复合地板芯层的树种应一致或材性相近，芯层板条之间的缝隙应≤5 mm。

实木复合地板的外观质量、尺寸偏差、含水率、静曲强度（抗折强度）、弹性模量及漆饰地板的漆膜表面耐磨性、漆膜附着力、表面耐污染性、甲醛释放量等技术要求应符合现行国家标准《实木复合地板》GB/T 18103—2013的有关规定。

3. 浸渍纸层压木质地板

浸渍纸层压木质地板是指以一层或多层专用纸浸渍热固性氨基树脂，铺装在刨花板、高密度纤维板等人造板基材表面，背面加平衡层、正面加耐磨层，经热压、成形的地板。商品名称为强化木地板。按其用途分为商用级（耐磨性≥9000转）、家用Ⅰ级（耐磨性≥6000转）和家用Ⅱ级（耐磨性≥4000转）；按地板基材分为刨花板和高密度纤维板浸渍纸层压木质地板；按其装饰层分为单层浸渍装饰纸和热固性树脂浸渍纸高压装饰层积板层压木质地板；按其表面的模压形状分为浮雕面和平面浸渍纸层压木质地板；按其甲醛释放量分为 E_0 级和 E_1 级；按其外观质量、理化性能分为优等品和合格品。地板的幅面尺寸为（600～2430）mm ×（60～600）mm；厚度为 6～15 mm；榫（sǔn）舌宽度应≥3 mm。

浸渍纸层压木质地板的外观质量、尺寸偏差、含水率、静曲强度、内结合强度、密度、表面胶合强度、吸水厚度膨胀率、抗冲击性能、表面耐磨性、表面耐冷热循环、表面耐划痕、表面耐龟裂、表面耐污染腐蚀性、甲醛释放量等技术要求应符合现行国家标准《浸渍纸层压木质地板》GB/T 18102—2007 的有关规定。

4. 抗静电木质活动地板

抗静电木质活动地板是以木质材料为基材，与其他材料组合而成的具有抗静电功能的可拆装活动地板。其幅面尺寸为 500 mm × 500 mm、600 mm × 600 mm；厚度分为 20、25、30、35、40 mm 等；系统高度（地板上表面到安装平面的距离）为 175～350 mm，可调范围为 ±20 mm；安装高度（地板下表面到安装平面的距离）应≥150 mm。适用于计算机房、通讯枢纽机房、金融数据中心、电力调度中心及其他需要防静电和布线的活动地板。

抗静电木质活动地板的外观质量、尺寸偏差、吸水厚度膨胀率、表面耐冷热循环性、表面耐污染性、表面耐磨性、脚轮磨损、抗冲击性、集中载荷和滚动载荷作用下的变形量、系统电阻（活动地板的板面与支架接地处之间的电阻值）、燃烧性能、甲醛释放量等技术要求应符合现行行业标准《抗静电木质活动地板》LY/T 1330—2011 的有关规定。

7.1.3　木线条

装饰用木线条是采用材质较好的树材加工而成。木线条种类繁多，立体造型各异。按其形状分为角线条、边线条和工艺线条；按其使用材料不同分为实木、指接材（采用齿型接合而成的较长木材）、人造板和木塑复合材线条等。建筑室内采用木线条装饰，可增添古朴、高雅、亲切的美感。主要用于建筑物室内的墙、洞口、门框装饰线及高级家具的镶边等。其外观质量、尺寸偏差、含水率、甲醛释放量等技术要求应符合现行国家标准《木线条》GB/T 20446—2006 的有关规定。

7.1.4　木质人造板材

以木材或非木材植物纤维材料为主要原料，加工成各种材料单元，施加（或不施加）胶粘剂和其他添加剂，组坯胶合而成的板材或成形制品。主要包括普通胶合板、纤维板、刨花板、表面装饰板及抗菌防霉木质装饰板等产品。

1. 普通胶合板

普通胶合板是由木段旋切成单板或由木方刨切成薄木，再用胶粘剂胶合而成的三层或多层的板状材料，通常用奇数层单板，并使相邻层单板的纤维方向互相垂直胶合而成。

胶合板按其使用环境分为Ⅰ类胶合板（供室外条件下使用的耐气候胶合板）、Ⅱ类胶合板（供潮湿条件下使用的耐水胶合板）、Ⅲ类胶合板（供干燥条件下使用的不耐潮胶合板）；按其表面加工状况分为未砂光板和砂光板；按成品板面板上可见的材质缺陷和加工缺陷的数量和范围分为优等品、一等品和合格品三个等级。

胶合板的幅面宽度为 915 mm 或 1220 mm，幅面长度为 915 mm、1220 mm、1830 mm、2135 mm 或 2440 mm，板厚一般有 3 mm、5 mm、9 mm、12 mm、15 mm、18 mm 等。

胶合板提高了木材的利用率，并且材质均匀，强度高，吸湿变形小，不翘曲开裂，板面具有美丽的木纹，装饰性好。可用于室内隔墙、顶棚板、门面板、家具等装修。

胶合板的外观质量、尺寸偏差、含水率、胶合强度及甲醛释放量等技术要求应符合现行国家标准《普通胶合板》GB/T 9846—2015 的有关规定。

2. 细木工板

细木工板是指由木条沿顺纹方向组成板芯，两面与单板或胶合板组坯胶合而成的人造板，俗称大芯板、木芯板。

细木工板按板芯拼接状况分为胶拼和不胶拼细木工板；按表面加工状况分为单面砂光、双面砂光和不砂光细木工板；按层数分为三层、五层和多层细木工板。按外观质量分为优等品、一等品和合格品。

细木工板的幅面宽度为 915 mm 或 1220 mm，长度为 915、1220、1830、2135 或 2440 mm，常用的板厚有 15、18、25 mm 等。

细木工板具有板面美观、幅面宽大、质轻、吸声、绝热、易加工、握钉力好、不易变形、给人以实木感等优点，是室内装修和家具制作的较理想材料。

细木工板的外观质量、尺寸偏差、垂直度、边直度、平整度、波纹度、含水率、横向静曲强度、表面胶合强度及甲醛释放量等技术要求应符合现行国家标准《细木工板》GB/T 5849—2016 的有关规定。

3. 纤维板

纤维板又名密度板。是以木质纤维或其他植物素纤维为原料，施加脲醛树脂或其他适用的胶粘剂制成的人造板。制造过程中可以施加胶粘剂和（或）添加剂。

按板的密度分为低、中和高密度纤维板，用途最广的是中密度纤维板。

中密度纤维板是指以木质纤维或其他植物素纤维为原料，经纤维制备，施加合成树脂，在加热加压条件下，压制成厚度 ≥1.5 mm，名义密度范围在 0.65 ~ 0.80 g/cm^3 之间的板材。按其使用环境条件分为干燥、潮湿、高湿度、室外用中密度纤维板；按其使用功能分为普通型、家具型和承重型中密度纤维板；按其附加功能分为阻燃（FR）、防虫害（I）和抗真菌（F）等类型；按其外观质量分为优等品和合格品。板材幅面长度为 2440 mm，幅面宽度为 1220（或 1830）mm。

中密度纤维板结构均匀，密度和强度适中，有较好的再加工性，产品厚度范围较宽，具有多种用途，如家具、装修等用板材。

难燃中密度纤维板是经过阻燃处理，燃烧性能达到难燃等级的纤维板。按其用途分为难燃普通型、难燃家具型和难燃承压型中密度纤维板三类；按燃烧性能等级分为难燃 B1 - B 级和难燃 B1 - C 级中密度纤维板；按板材的外观质量分为优等品和合格品。难燃中密度纤维板除了具有普通中密度纤维板的优点外，还具有良好的阻燃性。

纤维板具有材质均匀、纵横强度差小、不易开裂等优点。但纤维板的背面有网纹,造成板材两面表面积不等,吸湿后因产生膨胀力差异而使板材翘曲变形;硬质板材表面坚硬,钉钉困难,耐水性差;干法纤维板虽然避免了某些缺点,但成本较高。

中密度纤维板的外观质量、尺寸偏差、密度、含水率、静曲强度、弹性模量、内结合强度、吸水厚度膨胀率、甲醛释放量等技术要求应符合现行国家标准《中密度纤维板》GB/T 11718—2009的有关规定。

难燃中密度纤维板的技术要求应符合现行国家标准《难燃中密度纤维板》GB 18958—2013和《中密度纤维板》GB/T 11718—2009的有关规定。

4. 刨花板

刨花板是将木材或非木材植物纤维原料加工成刨花(或碎料),施加胶粘剂(和其他添加剂),组坯成形并经热压而成的人造板材。

刨花板按用途分为干燥状态下使用的普通型刨花板(P1型,如展览会用的临时展板、隔墙板等)、家具型刨花板(P2型)、承载型刨花板(P3型,如室内地板、搁板、屋顶板、墙面板、普通结构用板等)、重载型刨花板(P4型,如工业用地板、搁板、梁等),潮湿状态下使用的普通型刨花板(P5型)、家具型刨花板(P6型)、承载型刨花板(P7型)、重载型刨花板(P8型)以及高湿状态下使用的普通型刨花板(P9型)、家具型刨花板(P10型)、承载型刨花板(P11型)、重载型刨花板(P12型);按功能分为阻燃型、防虫害型和抗真菌型刨花板。

幅面标准尺寸为1220 mm×2440 mm,其他尺寸可由供需双方协商确定,板厚度有4、6、8、10、12、14、16、19、22、25、30(mm)等。其外观质量、尺寸偏差、密度、含水率、翘曲度、弹性模量、内结合强度、吸水厚度膨胀率、甲醛释放量等技术要求与质量检验应符合现行国家标准《刨花板 第1部分 对所有板型的共同要求》GB/T 4897—2015的有关规定。

刨花板具有良好的绝热、吸声性能;内部为交叉错落结构的颗粒状,各部方向的性能基本相同,横向承重力好;表面平整,纹理逼真,密度均匀,厚度误差小,耐污染,耐老化,美观,可进行各种贴面;在生产过程中,用胶量较小,环保系数相对较高等优点。但有释放游离甲醛污染环境的缺点。

5. 浸渍胶膜纸饰面胶合板

浸渍胶膜纸饰面装饰板俗称生态板或免漆板。他是以纤维板、刨花板为基材,以浸渍胶膜纸为饰面材料的装饰板材。现在市面上畅销的还有饰面胶合板和饰面大芯板。

浸渍胶膜纸饰面装饰板按基材分为浸渍胶膜纸饰面纤维板和浸渍胶膜纸饰面刨花板;按装饰面分为单饰面板和双饰面板;按表面状态分为平面板和浮雕板;按产品的外观质量分为优等品、一等品和合格品。板的尺寸同纤维板、刨花板、细木工板。

浸渍胶膜纸饰面胶合板具有天然质感,木纹清晰,可以与原木媲美,且产品表面无色差、离火自熄、耐洗、耐磨、防潮、防腐、防酸碱、不粘灰尘、不因为墙体潮湿而产生发霉发黑现象,施工方便,可锯可刨,修边使用配套免漆线条胶水粘合,无须为打钉后补灰而烦恼,且不必油漆,可节省施工后油漆的人工及漆费,避免油漆对人体产生不健康的气味及致癌物质,不但节约一笔长期保养护理的费用,而且缩短施工时间,效果既高雅,成本又降低,因此是绿色环保、无毒、无味、无污染的新一代免漆装饰材料。

浸渍胶膜纸饰面胶合板的外观质量、尺寸偏差、理化性能、甲醛释放量等技术要求应符合现行国家标准《浸渍胶膜纸饰面纤维板和刨花板》GB/T 15102—2017的有关规定。

6. 木塑装饰板

木塑装饰板是利用聚乙烯、聚丙烯和聚氯乙烯等代替通常的树脂胶粘剂，与超过35% ~ 70%以上的木粉、稻壳、秸秆等废植物纤维混合成新的木质材料，再经热挤压成形的板材(含线条)。

木塑装饰板按其表面是否有装饰层分为饰面(浸渍胶膜纸饰面、聚氯乙烯薄膜饰面、涂饰饰面等)和裸面木塑装饰板；按其使用场所分为室外用(W)和室内用(N)木塑装饰板；按其耐老化性能分为Ⅰ类(耐1000 h老化)、Ⅱ类(耐500 h老化)、Ⅲ类(耐300 h老化)三类。

木塑装饰板具有防水、防潮、防虫、防白蚁、不长真菌、耐酸碱；多姿多彩，既具有天然木质感和木质纹理，又可以根据自己的个性来定制需要的颜色；可塑性强，能非常简单的实现个性化造型；高环保性、无污染、无公害、可循环利用；高防火性，能有效阻燃，防火等级达到B1级，遇火自熄，不产生任何有毒气体；不龟裂，不膨胀，不变形，无需维修与养护，便于清洁，节省后期维修和保养费用；吸音效果好，节能性好，使室内节能高达30%以上；可加工性好，可钉、刨、锯、钻，表面可上漆等优点。主要用于室内非结构型的墙板、壁板和天花等的装饰。

木塑装饰板的的外观质量、规格尺寸及偏差、物理力学性能、有害物质限量、防火性能等技术要求应符合现行国家标准《木塑装饰板》GB/T 24137—2009的有关规定。

7.1.5　木材及其制品的运输与存储

产品在运输和存储过程中应平整堆放，应轻拿轻放，防止磕碰、变形、污损，不得受潮、雨淋和曝晒。存储时不得与地面直接接触，应按类别、规格、等级分别堆放在通风干燥的库房中，远离火源和其他化学腐蚀物，并应有明显的标识。

7.2　竹材及其制品

建筑用竹材主要是毛竹，又称楠竹，属草本植物。与木材相比，竹材具有色泽柔和、纹理清晰、手感光滑、富有弹性，给人以良好的视觉、嗅觉和触觉感受，生长快、产量高、成材早，质量轻、韧性好、强度高、硬度大，导热系数小[0.30 W/(m·K)左右]；经高温蒸煮和烘干，成形后尺寸稳定(不易膨胀或收缩，不易弯曲)等优点。3 ~ 5年成材的毛竹，其静压弯曲强度、弹性模量、抗拉强度、抗压强度是一般木材的2倍，其主要力学性能可与硬阔叶树材相媲美。原竹可作为建筑结构用材料(受力构件)、脚手架及装饰用材料等，也可加工成屋面用材料(如半回竹瓦、片状竹瓦、竹席波形瓦等)和人造板材(如竹地板、竹编胶合板、竹刨花板、竹层压板等)等建筑装饰用材料。建筑装饰用竹材制品主要有竹地板、竹编胶合板和竹材刨花板。

7.2.1　竹集成材地板

竹集成材地板是将精刨竹条纤维方向相互平行，宽度方向拼宽，厚度方向层积一次胶合加工成的或层板厚度方向层积胶合加工而成的企口地板。竹集成材地板具有色泽清新自然、平整光滑、强度大、韧性好、耐磨损等特点，广泛应用于室内装修。

竹集成材地板按其结构分为水平型(表板纤维方向与芯板纤维方向相互平行或垂直，地板表面与层板厚度方向层积胶合的胶层相互平行)、垂直型(地板表面与竹条层积胶合的胶层相互垂直)和组合形地板(水平竹集成材与垂直竹集成材组合结构);按表面有无涂饰分为涂饰和未涂饰地板;按其表面颜色分为本色、漂白和炭化(竹片经湿热处理后制成的褐色竹地板)地板;按其外观质量、理化性能分为优等品、一等品和合格品。

地板常用规格尺寸为:长度 450 ~ 2200 mm;宽度 75 ~ 200 mm;厚度 8 ~ 18 mm。

竹集成材地板的外观质量、尺寸偏差、含水率、浸渍剥离性能、静曲强度、表面漆膜耐磨性、表面漆膜附着力、表面漆膜耐污染性、表面抗冲击性能及甲醛释放量等技术要求应符合现行国家标准《竹集成材地板》GB/T 20240—2017 的有关规定。

7.2.2　竹质人造板材

1. 竹编胶合板

竹编胶合板是指竹蔑(miè)席或以竹蔑席为表层、以竹帘添加少量竹碎料为芯层,经施加胶粘剂、热压而成的板材。

竹编胶合板按其胶粘性能分为Ⅰ类板(耐气候竹编胶合板)和Ⅱ类板(耐水竹编胶合板);按其厚度分为薄型板(公称厚度≤6 mm)和厚型板(公称厚度>6 mm);按其结构分为竹蔑席竹编胶合板和以竹蔑席为表层、以竹帘添加少量竹碎料为芯层竹编胶合板及浸渍纸覆面竹编胶合板;按其外观质量、理化性能分为优等品、一等品和合格品。板材幅面尺寸有 1830 mm ×915 mm、2135 mm ×1000 mm 和 2440 mm ×1200 mm 三种规格。

竹编胶合板具有材质密实、抗拉强度高、冲击韧性好,比木质胶合板耐水、耐候、防蛀、耐腐蚀,可钉可锯等优点。表面层竹席若由经过染色和漂白的薄篾编织成精细、美丽图案者,称装饰竹编胶合板,可供家具和室内装修使用;表面层竹席为普通薄篾编织而成,称为普通竹编胶合板,薄板主要用做包装板,厚板也可用做车厢底板和建筑混凝土模板。

竹编胶合板的外观质量、尺寸偏差、含水率、静曲强度、弹性模量、冲击韧性、水煮 - 干燥处理后的静曲强度及水浸 - 干燥处理后的静曲强度等技术要求应符合现行国家标准《竹编胶合板》GB/T 13123—2003 的有关规定。

2. 竹刨花板

竹刨花板是以竹材刨花为构成单元,或以竹材刨花和竹帘为芯层、竹席为表层,经施胶、组坯、热压而成的板材。

竹刨花板按其构成单元分为 A 类(以竹材刨花为构成单元)和 B 类(以竹材刨花和竹帘为芯层、竹席为表层)板;按其表面有无处理(B 类板)分为Ⅰ型(表面未覆膜)和Ⅱ型(表面覆膜)板。板材幅面尺寸为 2440 mm ×1220 mm;厚度有 6 mm、9 mm、12 mm、15 mm、18 mm、20 mm 五种规格。主要用于家具和室内装修用板材。

竹刨花板的外观质量、尺寸偏差、含水率、静曲强度、弹性模量、吸水厚度膨胀率、内结合强度、握螺钉力、表面耐磨性(B 类板)及甲醛释放量等技术要求应符合现行行业标准《竹材刨花板》LY/T 1842—2009 的有关规定。

7.2.3　竹材及其制品的运输与存储

产品在运输和存储过程中应平整堆放,应轻拿轻放,防止磕碰、变形、污损,不得受潮、雨淋和曝晒。存储时不得与地面直接接触,应按类别、规格、等级分别堆放在通风干燥的库房中,远离火源和其他化学腐蚀物,并应有明显的标识。

7.3 石膏及其制品

7.3.1 建筑石膏的生产、特性与应用

建筑石膏是由天然石膏($CaSO_4 \cdot 2H_2O$)或工业副产石膏，经脱水处理制得的以 β 半水硫酸钙($\beta - CaSO_4 \cdot 1/2H_2O$)为主要成分，不预加任何外加剂或添加物的粉状气硬性无机胶凝材料。天然二水石膏在非密闭的窑炉中加热至 107℃ ~170℃，经脱水后可制得 β 型半水石膏。其反应式如下：

$$CaSO_4 \cdot 2H_2O \xrightarrow{107-170℃} CaSO_4 \cdot \frac{1}{2}H_2O + \frac{3}{2}H_2O$$

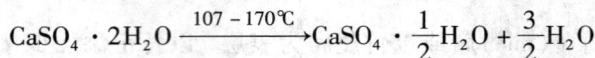

建筑石膏具有凝结硬化块(3~5 min 内达到初凝，30 min 内达到终凝)、硬化后体积微膨胀(膨胀率为 0.05%~0.15%)、质量轻(多孔结构)、强度低(抗压强度为 3~6 MPa)、保温性好[导热系数为 0.121~0.205 W/(m·K)]、吸声性好、具有一定的调温调湿性(吸湿性强)、防火性好、装饰性和可加工性好等优点。因半水石膏($CaSO_4 \cdot 1/2H_2O$)吸湿性强，吸水后生成的二水石膏($CaSO_4 \cdot 2H_2O$)微溶于水，强度会明显下降，故半水石膏的耐水性、抗冻性差。

建筑石膏按其生产原材料不同分为天然建筑石膏(N)、脱硫建筑石膏(S)和脱磷建筑石膏(P)三类；按其 2h 的抗折强度分为 3.0、2.0、1.6(MPa)三个等级。密度为 2.6~2.75 g/cm³。

建筑石膏的组分中 $CaSO_4 \cdot 1/2H_2O$ 的含量(质量分数)应≥60.0%；细度(0.2 mm 方孔筛筛余)应≤10%；初凝时间应≥3 min，终凝时间应≤30 min；抗折抗压强度应符合现行国家标准《建筑石膏》GB/T 9776—2008 的有关规定；建筑石膏中放射性核素镭-226，钍-232、钾-40 的内照射指数 I_{Ra} 和外照射指数 I_r($I_{Ra} = \frac{C_{Ra}}{200}$；$I_r = \frac{C_{Ra}}{370} + \frac{C_{Th}}{260} + \frac{C_K}{4200}$；$C_{Ra}$、$C_{Th}$、$C_K$ 分别为建筑材料中天然放射性核素镭-226，钍-232、钾-40 的放射性比活度)应符合现行国家标准《建筑材料放射性核素限量》GB 6566—2010 的有关规定。

半水石膏粉可用作室内抹灰、粉刷、油漆打底等材料，还可用于制作建筑装饰制品、石膏板、石膏线条等。

石膏板材具有质轻、强度高、吸湿、防蛀、防火、隔热、吸声、可锯、刨、钉、钻等优点，不仅可以用作吊顶材料，也可以用来做墙体、管线的防护材料，甚至可以用作地面上地板的基层铺装材料。

石膏线、石膏柱、石膏浮雕、石膏饰角、石膏花饰、石膏壁挂等产品则显得大方、美观，用在室内装饰装修中具有明显的异国情调。

7.3.2 石膏板材

1. 装饰石膏板

装饰石膏板是以建筑石膏为主要原料，掺入适量纤维增强材料和外加剂，与水一起搅拌成均匀的料浆，经浇注成形、干燥而成的不带护面纸的装饰板材。

装饰石膏板为正方形，其棱（léng）边断面形状有直角型和倒角型两种。按其正面形状分为平板（P）、孔板（K）和浮雕板（D）三种；按其防潮性能分为普通板和防潮板两种；按板的规格尺寸分为 500 mm×500 mm×9 mm 和 600 mm×600 mm×11 mm 两种。主要用于室内墙面装饰和吊顶装饰。

装饰石膏板正面不应有影响装饰效果的气孔、污痕、裂纹、缺角、色彩不均匀和图案不完整等缺陷。其尺寸允许偏差，不平度和直角偏离度、单位面积质量、含水率、吸水率、断裂荷载及受潮挠度等技术要求应符合现行行业标准《装饰石膏板》JC/T 799—2016 的有关规定。

2. 嵌装式装饰石膏板

嵌装式装饰石膏板是以建筑石膏为主要原料，掺入适量的纤维增强材料和外加剂，与水一起搅拌成均匀的料浆，经浇注成形干燥而成的不带护面纸的板材。板材背面四边加厚，并带有嵌装企口，板材正面为平面、带孔或带浮雕图案。

嵌装式装饰石膏板为正方形，其棱边断面形状有直角型和倒角型两种。按其使用功能分为普通嵌装式装饰石膏板（QP）和吸声用嵌装式装饰石膏板（QS）两类。板的规格尺寸有边长为 600 mm×600 mm、边厚大于 28 mm 和边长为 500 mm×500 mm、边厚大于 25 mm 两种，其他形状和规格的板材，可由供需双方商定。主要用于室内吊顶装饰。

嵌装式装饰石膏板的技术要求应符合现行行业标准《嵌装式装饰石膏板》JC 800—2007 的有关规定。对于吸声用嵌装式装饰石膏板，其对 125、250、500、1000、2000、4000（Hz）六个频率混响室法的平均吸声系数 $\alpha \geq 0.3$，对于每种吸声石膏板产品必须附有贴实和采用不同构造安装的吸声频谱曲线。

3. 纸面石膏板

纸面石膏板是以建筑石膏为主要原料，并掺入适量纤维（有机合成纤维或耐火无机纤维等）增强材料和外加剂（普通型或耐水型）等，与水搅拌均匀后，浇注于护面纸（普通型、耐水型）的面纸和背纸之间，并与护面纸牢固地粘结在一起的建筑板材。

纸面石膏板按其功能分为普通纸面石膏板（P）、耐水纸面石膏板（S）、耐火纸面石膏板（H）及耐水耐火纸面石膏板（SH）四种；按其棱边形状分为矩形（J）、倒角形（D）、楔（xiē）形（C）和圆形（Y）四种。板材的公称长度分为 1500、1800、2100、2400、2440、2700、3000、3300、3600、3660（mm）十种；公称宽度分为 600、900、1200、1220（mm）四种；公称厚度分为 9.5、12.0、15.0、18.0、21.0、25.0（mm）六种。适用于建筑用非承重内隔墙体和吊顶装饰用板材。

纸面石膏板板面应平整，不应有影响使用的波纹、沟槽、亏料、漏料和划伤、破损、污痕等缺陷。其尺寸允许偏差，不平度和直角偏离度、面密度、断裂荷载、硬度、抗冲击性、护面纸与芯材粘结性、受潮挠度及含水率、表面吸水率、遇火稳定性（仅对 S 和 SH 板材）等技术要求应符合现行国家标准《纸面石膏板》GB/T 9775—2008 的有关规定。

4. 石膏空心条板

石膏空心条板是以建筑石膏为主要原料，掺以无机轻集料、无机纤维增强材料，加入适量添加剂制成的空心条板，产品代号为 SGK。

板的长度为 2100～3000 mm、宽度为 600 mm、厚度为 60 mm 或 90 mm；长度为 2100～3600 mm、宽度为 600 mm、厚度为 120 mm。其他规格可由供需双方协商解决。

石膏空心条板具有质量轻、隔热、隔声、防水、防火、调湿、节能环保、可锯、可刨、可钻、施工简便、施工效率高、可有效降低建筑造价等特点。主要用于工业与民用建筑的内隔墙板，其墙面可做喷浆、涂料、贴瓷砖、贴壁纸等各种饰面。

板的外观质量、尺寸允许偏差、面密度、抗弯性能、抗冲击性能和单点吊挂力等技术要求应符合《石膏空心条板》JC/T 829—2010 的有关规定。

7.3.3 艺术装饰石膏制品

艺术装饰石膏制品是采用优质的建筑石膏以纤维增强材料、胶粘剂等，与水拌匀制成料浆，经注模成形、硬化、干燥而成。主要有浮雕艺术石膏角线、板线、灯圈、石膏柱、石膏壁炉、花饰、壁挂等品种。主要用于建筑室内的装饰装修。

7.3.4 建筑石膏及其制品的运输与存储

建筑石膏在运输和存储时，不得受潮和混入杂物。在正常运输和存储条件下，自生产之日起存储期不应超过 3 个月。

石膏制品在运输过程中应立放、贴紧，避免撞击破损，并应有遮蓬措施，防止雨淋和受潮。存储时应按不同型号、规格竖放在坚实、平整和干燥的库房中，并用垫条使板材和地面隔开，且堆高不得超过 2 m，防止板材在堆放时变形、受潮。

7.4 陶瓷制品

陶瓷是由陶瓷黏土、石英及碳酸盐或镁硅酸盐等天然矿物原料，经配料、球磨、制坯、干燥、焙烧而成的。

陶瓷制品按所用原料及烧结程度不同分为陶、瓷、炻（shí）三类。

陶：其生产原料含杂质较多，烧结程度低，孔隙率较大（吸水率 >10%），断面粗糙无光，不透明，敲击时声音粗哑。

瓷：他是由较纯的瓷土烧结而成，坯体已完全烧结，完全玻化，因此坯体很致密，基本不吸水（吸水率 ≤0.5%），断面有一定的半透明性，敲击时声音清脆。

炻（shí）：是介于陶和瓷之间的制品，其孔隙率比陶小（吸水率 <10%），但烧结程度和密实度不及瓷，坯体大多带有灰、黄或红等颜色，断面不透明，但其热稳定性好，成本较瓷低。

陶瓷具有强度高、耐久性好、耐腐蚀、耐磨、防水、防火、易清洗以及花色品种多、装饰性好等优点，因此在建筑装饰工程中得到了广泛的应用。

7.4.1 陶瓷砖

陶瓷砖是由黏土、长石和石英为主要原料制造的用于覆盖墙面和地面的板状或块状建筑陶瓷制品。砖面通常为正方形或长方形。

1. 分类

1）按吸水率和成形方法分

陶瓷砖按其吸水率和成形方法分类见表 7-1。

表7-1　陶瓷砖按吸水率和成形方法分类

按吸水率(E)分		低吸水率砖(Ⅰ类)		中吸水率砖(Ⅱ类)		高吸水率砖(Ⅲ类)
		$E \leqslant 0.5\%$ 瓷质砖	$0.5\% < E \leqslant 3\%$ 炻瓷砖	$3\% < E \leqslant 6\%$ 细炻砖	$6\% < E \leqslant 10\%$ 炻质砖	$E > 10\%$ 陶质砖
按成形方法分	挤压砖(A)	AⅠa类	AⅠb类	AⅡa类	AⅡb类	AⅢ类
	干压砖(B)	BⅠa类	BⅠb类	BⅡa类	BⅡb类	BⅢ类(有釉砖)

2)按表面特性分

陶瓷砖按其表面特性又分为有釉砖(釉面砖,代号为GL)和无釉砖(代号为UGL)。

有釉砖是在砖的坯体表面经过施釉高温烧制处理的陶瓷砖,这种瓷砖是由土胚和表面的釉面(釉是不透水的玻化覆盖层)两个部分构成,釉面的作用主要是增强瓷砖的美观和防污作用。按其表面装饰效果分为单色釉面砖、彩釉砖、仿古砖、印花釉面砖与字画砖等;按其表面光泽效果分为亮光釉面砖和哑光釉面砖。

仿古砖:是从彩釉砖演化而来的,实质上是上釉的瓷质砖,与普通的釉面砖相比,其差别主要表现在釉料的色彩上面,所谓仿古,指的是砖的效果,应该叫仿古效果的瓷砖。他是通过样式、颜色、图案营造出怀旧的氛围,仿造以往的样式做旧,用带着古典的独特韵味吸引着人们的目光,体现岁月的沧桑,历史的厚重。

亮光釉面砖:釉面光洁干净,光的反射性良好。这种砖比较适合于铺贴在厨房的墙面。

哑光釉面砖:表面光洁度差,对光的反射效果差,给人的感觉比较柔和舒适。

釉面砖色彩图案丰富、防污、防腐、耐磨、耐热性好、易清洁,主要用于卫生间、厨房的墙面和地面及室外墙面的装饰装修。

无釉砖也称通体砖。该类砖的表面不上釉,而且正面和反面的材质、色泽一致,因此而得名。通体砖均属于耐磨砖,虽然现在还有渗花通体砖等品种,但相对来说,其花色比不上釉面砖。包括抛光砖和玻化砖。

抛光砖:是将通体砖坯体的表面经过打磨抛光成镜面的砖种,属于通体砖的一种衍生产品,在运用渗花技术的基础上,抛光砖也可做出各种仿石、仿木效果。抛光砖表面光洁、坚硬、耐磨,但抛光后,砖的闭口微气孔成为开口孔,所以耐污染性相对较弱。适合在除洗手间、厨房以外的墙面和室内地面的装饰装修。

玻化砖:是一种高温烧制的瓷质砖,坯体烧结完全,完全玻化,吸水率 $E \leqslant 0.5\%$,是所有瓷砖中最硬的一种。玻化砖的生产工艺比抛光砖要求更高,用高温烧制而成,具有天然石材的质感,质地比抛光砖更硬、更耐磨,表面不需要抛光处理就很亮,吸水率低,色差少,以及色彩丰富等优点。一般用于客厅地面装饰装修。

3)按性能等级分

陶瓷砖按产品的尺寸偏差、表面质量和物理性能的要求不同分为精细砖和普通砖。

4)按用途分

陶瓷砖按其用途不同分为墙砖(室内、室外用)和地砖(室内、室外用)。

2.规格尺寸

用于内墙装饰的釉面砖的厚度为6~8 mm,幅面尺寸常用的规格有150 mm×150 mm、

150 mm×200 mm、300 mm×450 mm 和 300 mm×600 mm 等；用于内墙装饰的抛光砖的厚度为 8～12 mm，幅面尺寸常用的规格有 600 mm×900 mm，也可根据设计要求切割成需要的尺寸。

用于外墙装饰的釉面砖的厚度为 6～8 mm，幅面尺寸常用的规格有 45 mm×95 mm、45 mm×145 mm、45 mm×195 mm、50 mm×200 mm、60 mm×240 mm、95 mm×95 mm、100 mm×100 mm、100 mm×200 mm、200 mm×400 mm 等；用于外墙装饰的干挂陶板的厚度为 8～12 mm，幅面尺寸常用的规格有 600 mm×600 mm、600 mm×900 mm、800 mm×800 mm 等。

用于地面装饰的陶瓷砖的厚度为 8～12 mm，幅面尺寸常用的规格有 300 mm×300 mm、600 mm×600 mm、800 mm×800 mm 等，也可根据设计要求切割成需要的尺寸。

3. 技术要求

陶瓷砖的外观质量（表面平整度、边直度、直角度等）、尺寸偏差、吸水率、破坏强度、断裂模数（破坏强度除以沿破坏断裂面的最小厚度的平方得出的量值，单位为 N/mm^2）、抗釉裂性（GL 砖）、表面耐磨性、抗冲击性、耐污染性及耐化学腐蚀性等技术要求应符合现行国家标准《陶瓷砖》GB/T 4100—2015 的有关规定；陶瓷砖的放射性核素限量应符合现行国家标准《建筑材料放射性核素限量》GB 6566—2010 的有关规定。

7.4.2 陶瓷马赛克

陶瓷马赛克是指可拼贴成联的或可单独铺贴的小规格陶瓷砖。他是由多块表面面积不大于 49 cm² 的陶瓷砖拼贴在铺贴衬材（板状、网状或其他类似形状的辅助材料）上而成联。按其表面性质分为有釉、无釉两种；按砖联颜色分为单色、混色和拼花三种；砖联分正方形、长方形和其他形状，特殊要求可由供需双方商定；按其尺寸允许偏差和外观质量分为优等品和合格品两个等级。

陶瓷马赛克具有色泽多样，质地坚硬，经久耐用，耐酸、耐碱、耐火、耐磨，抗压力强，吸水率小，不渗水，易清洗等特点。可用于工业与民用建筑的洁净车间、门厅、走廊、餐厅、厕所、浴室、工作间、化验室等处的地面和内墙面，并可作高级建筑物的外墙饰面材料。

陶瓷马赛克不允许出现夹层、釉裂、开裂，表面不应有明显的斑点、粘疤、起泡、坯粉、麻面、波纹、缺釉、桔釉、棕眼、落脏、溶洞、缺角、缺边、变形等影响装饰效果的缺陷。成联陶瓷马赛克的色差目测应基本一致，合格品目测稍有色差。其吸水率、耐磨性、抗热震性、抗冻性、耐化学腐蚀性，成联陶瓷马赛克铺贴衬材的粘结性、铺贴衬材的剥离性、铺贴衬材的露出等技术要求应符合现行行业标准《陶瓷马赛克》JC/T 456—2015 的有关规定。

7.4.3 琉璃制品

建筑琉璃制品是以黏土为主要原料，经成形、施釉、烧成而得的用于建筑物的瓦类（板瓦、筒瓦、滴水瓦、沟头瓦、J 形瓦、S 形瓦和其他异形瓦等）、脊类（扣脊、正吻等）、饰件类（兽、博古、花窗、栏杆等）陶瓷制品。

琉璃制品是具有中华民族文化特色与风格的传统建筑装饰材料，其表面色彩鲜艳、光亮夺目、质地坚密、造型古朴典雅、经久耐用。主要用于建造纪念性仿古建筑及园林建筑中的亭、台、楼、阁等装饰。

瓦之间及配件搭配使用时必须保证搭接合适；对以拉挂为主铺设的瓦，应有 1 ~ 2 个孔，能有效拉挂的孔为 1 个以上，钉孔或钢丝孔铺设后不能漏水；瓦的正面或背面可以有加固、挡水等为目的加强筋、凹凸纹等。其表面不应有明显的磕碰、釉粘、缺釉、斑点、落脏、棕眼、溶洞、图案缺陷、烟熏、釉缕、釉泡、釉裂、变形、裂纹、分层等影响装饰效果的缺陷；其吸水率、弯曲破坏荷载、抗冻性、耐急冷急热性等技术要求及质量检验应符合现行行业标准《建筑琉璃制品》JC/T 765—2015 的有关规定。

7.4.4 装饰陶瓷制品的运输与存储

陶瓷产品在搬运、装卸过程中应轻拿轻放，严禁扔、摔，运输过程中应避免碰撞。贮存场地应平整、坚实，并应按品种、规格、色号分别整齐堆放。有纸盒包装的陶瓷砖产品在室外存放时应有防雨措施。陶瓷马赛克必须存放在干燥的室内，严禁受潮或雨淋。

7.5 玻璃及其制品

玻璃是由石英砂、纯碱、长石及石灰岩等在 1600℃ 左右高温熔融后经拉制或压制而成。若在玻璃中加入某些金属氧化物、化合物，或经特殊工艺处理后，又可制得具有某些特殊功能的玻璃。

玻璃及制品

玻璃的种类很多，按其化学成分分为钠钙玻璃、钾玻璃、硼砂玻璃、铅玻璃和石英玻璃等；按其功能和用途可分为普通平板玻璃、装饰平板玻璃、安全玻璃、节能玻璃等。

7.5.1 普通平板玻璃

普通平板玻璃是板状的钠钙硅玻璃。按其颜色属性分为无色透明平板玻璃和本体着色平板玻璃（蓝色、茶色、灰色、绿色、金色等）；按其厚度不同可分为 2、3、4、5、6、8、10、12、15、19、22、25（mm）12 种规格（毫米俗称为"厘"）；按其外观质量分为合格品、一等品和优等品。

平板玻璃的尺寸一般不小于 600 mm × 400 mm，最大尺寸可达 3000 mm × 2400 mm。

平板玻璃是典型的脆性材料，其抗拉强度远小于抗压强度，硬度高，耐磨性好，耐化学腐蚀性好，通常情况下，对酸、碱、盐及化学试剂和气体有较强的抵抗能力，但长期遭受侵蚀性介质的作用也能导致其质变和破坏，如玻璃的风化和发霉都会导致外观的破坏和透光能力的降低；尺寸稳定性好，其膨胀系数为 $(8 ~ 10) × 10^{-6}/K$，但受急冷急热时，易发生爆裂。

无色透明玻璃具有良好的透光性和透视性，对太阳光中紫外线的透过率较低，具有一定的隔声和保温性能，其导热系数为 0.73 ~ 0.82 W/(m·K)。主要用于建筑物的门窗、墙面、室内装饰等。

本体着色玻璃，也称彩色玻璃。是在玻璃生产过程中，在其原料中加入适量的着色剂（金属氧化物）而使玻璃呈现一定颜色的平板玻璃，分为透明和不透明两种。透明彩色玻璃的透光性、透视性均比无色透明玻璃要差，但阻隔紫外线的透射效果好，主要用于建筑物的内外墙面、门窗及对光波有特殊要求的采光部位；不透明彩色玻璃主要用于建筑装饰及对光波有特殊要求的采光部位。

平板玻璃的外观质量、尺寸偏差、弯曲度及光学性能等技术要求应符合现行国家标准

《平板玻璃》GB 11614—2009 的有关规定。

7.5.2 装饰平板玻璃

装饰平板玻璃是将普通平板玻璃的表面在生产过程中或后期进行特殊处理，使其具有一定的颜色、图案和质感等，以满足建筑装饰对玻璃的不同要求。装饰平板玻璃常用的有压花玻璃、磨(喷)砂玻璃、喷花玻璃、刻花玻璃、冰花玻璃、乳花玻璃、光栅玻璃等。

1. 压花玻璃

压花玻璃又称花纹玻璃或滚花玻璃。是用压延法生产的表面带有花纹图案、透光但不透明的平板玻璃。厚度有 3、4、5、6、8(mm)五种规格，其理化性能与透明平板玻璃基本相同，仅在光学上具有透光不透明的特点，可使光线柔和，并具有隐私的屏护作用和一定的装饰效果。按其外观质量分为一等品和合格品。

压花玻璃适用于建筑的室内间隔、卫生间门窗、宾馆、办公楼、会议室的门窗及需要阻断视线的各种场合。

压花玻璃的技术要求应符合现行行业标准《压花玻璃》JC/T 511—2002 的有关规定。

2. 磨(喷)砂玻璃

磨(喷)砂玻璃又称毛玻璃。他是用普通平板玻璃经研磨、喷砂加工，使表面成为均匀粗糙的平板玻璃。用硅砂、金刚砂或刚玉砂等作研磨材料，加水研磨制成的称为磨砂玻璃；用压缩空气将细砂喷射到玻璃表面而成的，称为喷砂玻璃。

这类玻璃易使光线产生漫反射，透光而不透视，他可以使室内光线柔和而不刺目。主要用于需要隐蔽的浴室、卫生间、办公室的门窗及隔断。也可用作灯箱透光片和黑板。

3. 喷花玻璃

喷花玻璃又称为胶花玻璃，是在平板玻璃表面贴以图案，抹以保护层，经喷砂处理形成透明与不透明相间的图案而成。喷花玻璃给人以高雅、美观的感觉，适用于室内门窗、隔断和采光。

4. 刻花玻璃

刻花玻璃是由平板玻璃经涂漆、雕刻、围蜡与酸蚀、研磨而成。图案的立体感非常强，似浮雕一般，在室内灯光的照射下，更是熠熠生辉。刻花玻璃主要用于高档场所的室内隔断或屏风。

5. 冰花玻璃

冰花玻璃是一种利用平板玻璃经特殊处理形成具有自然冰花纹理的玻璃。它对通过的光线有漫射作用，如作门窗玻璃，犹如蒙上一层纱帘，看不清室内的景物，却有着良好的透光性能，具有良好的装饰效果。

冰花玻璃可用无色、茶色、蓝色、绿色等彩色玻璃制造。其装饰效果优于压花玻璃，给人以清新之感，是一种新型的室内装饰玻璃，可用于宾馆、酒楼等场所的门窗、隔断、屏风和家庭装饰。

6. 乳花玻璃

乳花玻璃是新近出现的装饰玻璃，它是在平板玻璃的一面贴上图案，抹以保护层，经化学处理蚀刻而成。它的花纹清新、美丽，富有装饰性。适用于室内门窗、隔断和采光。

7. 光栅玻璃

光栅玻璃俗称镭射玻璃。他是以平板玻璃为基材，用特种材料采用特殊工艺处理，在玻璃表面构成全息光栅或其他几何光栅的平板玻璃。该玻璃在光源的照射下，能产生物理衍射的七彩光。光栅玻璃可依据不同需要，利用电脑设计，激光表面处理，编入各种色彩、图形及各种色彩变换方式，在普通玻璃上形成全息光栅或其他光栅，凹与凸部形成四面对应分布或散射分布，构成不同质感、空间感，不同立面的透镜，加上玻璃本身的色彩及射入的光源，致使无数小透镜形成多次棱镜折射，从而产生不时变换的色彩和图形，具有很高的观赏与艺术装饰价值。

光栅玻璃按其结构分为普通夹层光栅玻璃、钢化夹层光栅玻璃和单层光栅玻璃；按品种分为透明光栅玻璃、印刷图案光栅玻璃、半透明半反射光栅玻璃和金属质感光栅玻璃；按耐化学稳定性分为 A 类光栅玻璃和 B 类光栅玻璃。

光栅玻璃耐冲击性、防滑性、耐腐蚀性均好，适用于家居及公共设施和文化娱乐场所的大厅、内外墙面、门面招牌、广告牌、顶棚、屏风、门窗等美化装饰。

光栅玻璃的技术要求应符合现行行业标准《光栅玻璃》JC/T 510—1993 的有关规定。

8. 玻璃镜

玻璃镜是以平板玻璃为基片，镀覆反射层和保护层，具有成像和改变光照功能的玻璃制品。目前使用的玻璃镜主要有镀银玻璃镜和无铜镀银玻璃镜两类。

镀银玻璃镜是在平板玻璃基片上镀有一层反光银层，银层上镀一层铜膜，再以镜背漆为保护层的镜子，代号为 SGM。主要用于室内装饰。

无铜镀银玻璃镜是以平板玻璃为基片，镀覆不含铜的反射层和保护层。具有反光率高、晶莹剔透、耐腐蚀、防水、经久耐用、不含铅、不含铜，有效地克服了传统镀银工艺中使用硫酸铜铁粉置换反应而造成的环境污染等优点。适用于高档家具、高级浴室镜子、化妆镜、高级商业场所、豪华酒店、宾馆、商场、体育馆、健身房等场所。

在室内装饰中，利用玻璃镜子的反射和折射，可达到增加空间感和距离感，或改变光照的效果。

玻璃镜按其颜色分为无色和有色两种；按其厚度分为 2、3、4、5、6、8、10 mm 七种规格。其外观质量、尺寸偏差、反射层银含量、保护层的铅含量、保护层铅笔硬度、保护层的附着力、耐湿热性能、可见光反射率、光学变形等技术要求应符合现行行业标准《镀银玻璃镜》JC/T 871—2000 和现行国家标准《无铜镀银玻璃镜》GB/T 28804—2012 的有关规定。

7.5.3 安全玻璃

建筑用安全玻璃是指经剧烈振动或撞击不破碎或即使破碎也不易伤人的玻璃。包括钢化玻璃、夹丝玻璃、夹层玻璃等品种。安全玻璃具有良好的安全性、抗冲击性和抗穿透性，具有防盗、防爆、防冲击等功能。

1. 钢化玻璃

钢化玻璃是经热处理工艺之后的玻璃。他是将优质的浮法玻璃加热接近软化点时，将玻璃表面急速冷却，在玻璃表面形成永久压应力层，并具有特殊的碎片状态的玻璃制品。

玻璃经钢化后，其抗弯强度是普通玻璃的 3～5 倍，挠度比普通玻璃大 3～5 倍，抗冲击强度是普通玻璃的 5～10 倍。因为有强大的表面压应力，使外压所产生的拉应力被玻璃强大的压应力所抵消，从而提高了玻璃的承载能力，增强玻璃自身抗风压、耐热抗冲击等性能，增强了玻璃的安全性。钢化玻璃破坏时呈无锐角的小碎片，对人体的伤害极大地降低了。钢化玻璃的耐急冷急热性较普通玻璃有 2～3 倍的提高，一般可承受 150℃以上的温差变化，对防止热炸裂有明显的效果。但是，钢化后的玻璃不能再进行切割和加工；钢化玻璃的强度虽然比普通玻璃高，但是钢化玻璃在温差变化大时有自爆（自己破裂）的可能性。

钢化玻璃自爆原因是玻璃制造过程中混入硫与镍杂质，在高温下生成硫化镍。硫化镍有二种结晶，高温时（>380℃）为 α 相、低温时为 β 相。在钢化时由于急速冷却，α 相来不及转变成 β 相，在使用过程中，常温亚稳定的 α 相慢慢转变成稳定的 β 相，伴随约 4% 的体积膨胀才引起钢化玻璃自爆的。为了消除钢化玻璃自爆的危害，在钢化过程中将玻璃进行均质化处理，使硫化镍 α 相彻底转变为 β 相。经均质化处理后的钢化玻璃称为均质钢化玻璃，也称热浸制钢化玻璃，简称 HST。钢化玻璃按其形状不同分为平面钢化玻璃和曲面钢化玻璃。

钢化玻璃适用于建筑物的室内隔断、浴室、玻璃地板、楼梯挡板或踏板、吊顶、门窗、幕墙、天棚、观光电梯；阳台、平台走廊的栏板和中庭内栏板、公共建筑物的出入口门、大厅门等部位。

建筑用钢化玻璃和均质钢化玻璃的外观质量、弯曲度、抗冲击性能等技术要求应分别符合现行国家标准《建筑用安全玻璃 第 2 部分：钢化玻璃》GB 15763.2—2005 和《建筑用安全玻璃 第 4 部分：均质钢化玻璃》GB15763.4—2009 的有关规定。

2. 夹丝玻璃

夹丝玻璃也称防碎玻璃或钢丝玻璃。它是由压延法生产的，即在玻璃熔融状态下将经预热处理的钢丝或钢丝网压入玻璃中间，经退火、切割而成。夹丝玻璃表面可以是压花的或磨光的，颜色可以制成无色透明或彩色的。

夹丝玻璃按其表面状态分为夹丝压花玻璃和夹丝磨光玻璃；按产品厚度分为 6、7、10 mm 三中规格；按等级分为优等品、一等品和合格品；产品尺寸一般不小于 600 mm ×400 mm，不大于 2000 mm×1200 mm。

夹丝玻璃由于钢丝网的骨架作用，不仅提高了玻璃的强度，而且当受到冲击或温度骤变而破坏时，碎片也不会飞散，避免了碎片对人的伤害；当出现火情时，夹丝玻璃即使受热炸裂，但由于金属丝网的作用，玻璃仍能保持固定，起到隔绝火焰的作用。故夹丝玻璃具有良好的安全性和防火性。适用于公共建筑物的门、窗、隔墙、厂房天窗、各种采光顶、以及有防火、防震等要求的部位。

夹丝玻璃所用的钢丝网和金属丝线分为普通钢丝和特殊钢丝两种，普通钢丝直径应≥0.4 mm，特殊钢丝直径应≥0.3 mm，夹丝网应采用经过处理的点焊金属网；夹丝玻璃产品的长度和宽度尺寸允许偏差为 ±4.0 mm；夹丝压花玻璃产品的弯曲度应≤1.0%，夹丝磨光玻璃产品的弯曲度应≤0.5%；玻璃产品边部凸出、缺口的尺寸应≤6 mm，偏斜的尺寸应≤4 mm，一片玻璃只允许有一个缺角，且缺角的深度应≤6 mm。产品的外观质量、防火性能等技术要求应符合现行行业标准《夹丝玻璃》JC 433—1991 的有关规定。

3. 夹层玻璃

夹层玻璃是指玻璃与玻璃和/或塑料等材料，用中间层分隔，并通过处理使其粘结为一体的复合材料的统称。常见和大多使用的是玻璃与玻璃，用离子性中间层或 PVB、SGP、EVA 塑料中间层分隔，并通过处理使其粘结为一体的玻璃产品。

夹层玻璃按中间层材质不同有 PVB(聚乙烯醇缩丁醛树脂)和 EVA(乙烯 – 聚醋酸乙烯共聚物)等夹层玻璃;按其形状不同分为平面夹层玻璃和曲面夹层玻璃;按其霰(xiàn)弹袋冲击性能分为Ⅰ类夹层玻璃(对霰弹袋冲击性能不做要求的夹层玻璃,该类玻璃不能作为安全玻璃使用)、Ⅱ–1 类夹层玻璃(霰弹袋冲击高度可达 1200 mm,冲击结果玻璃未破坏和/或安全破坏)、Ⅱ–2 类夹层玻璃(霰弹袋冲击高度可达 750 mm)及Ⅲ类夹层玻璃(霰弹袋冲击高度可达 300 mm)四类。厚度为 9.0 ~ 100 mm。

夹层玻璃具有透明、抗冲击、耐热、耐湿、耐寒、防紫外线、隔声等特点。玻璃即使碎裂,碎片也会被粘在薄膜上,破碎的玻璃表面仍保持整洁光滑,有效防止了碎片扎伤和穿透坠落事件的发生,确保了人身安全。适用于高层建筑的门窗、天窗、楼梯栏板和有抗冲击作用要求的商店、银行、橱窗、隔断及水下工程等安全性能高的场所或部位等。

夹层玻璃不允许存在裂口、脱胶、皱痕和条纹,爆边长度或宽度不得超过玻璃的厚度,其他技术要求应符合现行国家标准《建筑用安全玻璃 第 3 部分:夹层玻璃》GB 15763.3—2009 的有关规定。

4. 防火玻璃

防火玻璃是采用物理与化学的方法,对平板玻璃进行处理而得到的。按其结构分为单片防火玻璃(由单层玻璃构成,并满足相应耐火性能要求的特种安全玻璃,代号为 DFB)和复合防火玻璃(由两层或两层以上玻璃复合而成,或由一层玻璃和有机材料复合而成,并满足相应耐火性能要求的特种安全玻璃,代号为 FFB)两种;按其耐火性能分为隔热型防火玻璃(A)和非隔热型防火玻璃(C)两种;按其耐火极限分为 0.50、1.00、1.50、2.00、3.00(h)五个等级。

防火玻璃在 1000℃ 火焰冲击下能保持 0.5 ~ 3 h 不炸裂,从而有效地阻止火焰与烟雾的蔓延,是一种措施型的防火材料,其防火的效果以耐火性能进行评价。

A 类防火玻璃适用于建筑装饰钢木防火门、窗、上亮、隔断墙、采光顶、挡烟垂壁、透视地板及其他需要既透明又防火的建筑组件中;C 类防火玻璃适用于无隔热要求的防火玻璃隔断墙、防火窗、室外幕墙等。

防火玻璃的技术要求应符合现行国家标准《建筑用安全玻璃 第 1 部分:防火玻璃》GB 15763.1—2009 的有关规定。

7.5.4 节能玻璃

节能玻璃是指能有效地反射太阳光线,包括对太阳光中的红外线有较高反射比的玻璃及玻璃制品。建筑用节能玻璃及制品主要有阳光控制镀膜玻璃、低辐射镀膜玻璃、中空玻璃、空心玻璃砖等。

1. 阳光控制镀膜玻璃

阳光控制镀膜玻璃也称热反射玻璃。是指对波长范围 300 ~ 2500 nm 的太阳光具有选择性反射和吸收作用的镀膜玻璃。他是采用真空磁控溅射法或化学气相沉积法制造工艺,在平板玻璃的表面镀上一层金、银、铜、铝、铬、镍和铁等金属或金属氧化物薄膜的玻璃制品。

阳光控制镀膜玻璃按其是否进行热处理或热处理种类分为非钢化、钢化和半钢化阳光控制镀膜玻璃;按镀膜层耐高温性能分为可钢化和不可钢化阳光控制镀膜玻璃;颜色有金色、茶色、灰色、紫色、褐色、青铜色和浅蓝色等。规格尺寸与普通平板玻璃相同。

阳光控制镀膜玻璃具有单向透视和映像功能，并且能有效地反射太阳光线，包括大量红外线。因此在日照时，能使室内的人感到清凉舒适，具有良好的节能和装饰效果。适用于对阳光有控制要求的建筑幕墙、外门窗等部位。

阳光控制镀膜玻璃的外观质量、尺寸偏差、光学性能、耐磨性、耐酸碱性等技术要求应符合现行国家标准《镀膜玻璃 第1部分 阳光控制镀膜玻璃》GB/T 18915.1—2013 的有关规定。

2. 低辐射镀膜玻璃

低辐射镀膜玻璃又称低辐射玻璃、"Low - E"玻璃，是一种对波长范围在 4.5 ~ 25 μm 的红外线有较高反射比的镀膜玻璃。

低辐射镀膜玻璃按镀膜层耐高温性能分为可钢化和不可钢化阳光控制镀膜玻璃。规格尺寸与平板玻璃相同。

低辐射镀膜玻璃具有较高的可见光透过率，其反射光的颜色较淡，几乎难以看出，并且具有优异的隔热、保温性能。它的主要功能是降低室内外红外线的辐射能量传递，而允许太阳能辐射尽可能多地进入室内，从而维持室内的温度。适用于对阳光辐射有控制要求的建筑幕墙、外门窗等部位。

低辐射镀膜玻璃的外观质量、尺寸偏差、光学性能、耐磨性、耐酸碱性等技术要求应符合现行国家标准《镀膜玻璃 第2部分低辐射镀膜玻璃》GB/T 18915.2—2013 的有关规定。

3. 中空玻璃

中空玻璃是将两片或多片玻璃以有效支撑均匀隔开并粘接密封，使玻璃层间形成有干燥气体空间的玻璃制品。中空玻璃可采用平板玻璃、镀膜玻璃、夹层玻璃、钢化玻璃、防火玻璃、半钢化玻璃和压花玻璃等加工制作。支撑材料可为铝隔条、不锈钢隔条、复合材料隔条、复合胶条等。

中空玻璃按形状分为平面中空玻璃和曲面中空玻璃；按中空腔内气体种类不同分为普通中空玻璃(中空腔内为空气)和充气中空玻璃(中空腔内充入氩气、氦气等气体)。

中空玻璃具有良好的隔热、隔音、防盗、防火效果，适用于建筑外墙门窗、冷藏等场所。

中空玻璃的外观质量要求见表 7 - 2。

表 7 - 2　中空玻璃的外观质量(GB/T 11944—2012)

项目	要求
边部密封	内道密封胶应均匀连续，外道密封胶应均匀整齐，与玻璃充分粘结，且不超出玻璃边缘
玻璃	宽度≤0.2 mm、长度≤30 mm 的划伤允许 4 条/m²，0.2 mm<宽度≤1 mm、长度≤50 mm 的划伤允许 1 条/m²；其他缺陷应符合相应玻璃标准要求
间隔材料	无扭曲，表面平整光滑；表面无污痕、斑点及片状氧化现象
中空腔	无异物
玻璃内表面	无妨碍透视的污渍和密封胶流淌

中空玻璃的外道密封胶宽度应≥5 mm；复合密封胶条的胶层宽度应为(8±2)mm；内道丁基胶层宽度应≥5 mm，特殊规格或有特殊要求的产品由供需双方商定；露点(玻璃表面局

部冷却达到一定温度后,内部水气在冷点部位结露,该温度为露点)应< -40℃;水气密封耐久性能(水分渗透系数 $I \leqslant 0.25$,平均值 $I_{aw} \leqslant 0.20$);尺寸偏差、耐紫外线、耐久性能等技术要求应符合现行国家标准《中空玻璃》GB/T 11944—2012 的有关规定。

4. 空心玻璃砖

空心玻璃砖是以烧熔的方式将两片玻璃胶合在一起,再用白色胶与水泥搅和将边隙密封而成。

空心玻璃砖按外形分为正方形、长方形和异型;按其颜色分为无色和本体着色。其常见规格有 145 mm×145 mm×80(95)mm、190 mm×190 mm×80(95)mm、190 mm×90 mm×80 mm等。

由于空心玻璃砖的中间是密闭的腔体并且存在一定的微负压,具有透光、不透明、隔音、热导率低、强度高、耐腐蚀、保温、隔潮、装饰效果高贵典雅、富丽堂皇等特点。主要应用于银行、办公、医院、学校、酒店、机场、车站、景观、影墙、民用建筑、室内隔断、舞台等场所的装饰。

空心玻璃砖正外表面最大凸起应≤2.0 mm,最大凹进应≤1.0 mm;不允许有贯通裂缝;熔接缝补允许高出砖外边缘;不允许有缺口;正面应无明显偏离主色调的色带或色道,同一批次的产品之间,其正面颜色应无明显色差;砖的平均抗压强度应≥7.0 MPa,单块最小值应≥6.0 MPa;砖的尺寸偏差、抗冲击性、抗热震性等技术要求应符合现行行业标准《空心玻璃砖》JC/T 1007—2006 的有关规定。

7.5.5 玻璃的运输与存储

玻璃在搬运过程中应防止剧烈晃动、碰撞和倾倒,并应有防雨淋措施。贮存时应立放,且必须贮存在干燥通风的库房内,避免受潮和雨淋,远离酸碱等腐蚀性化学品,以免玻璃发霉和腐蚀。

7.6 装饰用石材

建筑装饰用石材分为天然石材和人造石材两种。

装饰石材

7.6.1 天然石材

天然石材是指经选择和加工而成的特殊尺寸或形状的天然岩石。按照材质分主要有大理石、花岗石、石灰石、砂岩、板石等。建筑装饰用天然建筑石材主要有天然大理石、天然花岗石和天然砂岩建筑板材等。

1. 天然大理石建筑板材

天然大理石板材是用天然大理石荒料(形状大致规则的大块石料),经锯切、研磨、抛光后裁切为一定规格的板材。按其形状分为毛光板(MG)、普型板(PX:正方形或长方形平板)、圆弧板(HM)和异型板(YX)四种;按其表面加工程度分为镜面板(JM:表面平整,具有镜面光泽)和粗面板(CM);按其加工质量和外观质量分为 A 级(优等品)、B 级(一等品)和 C 级(合格品)三个等级。

天然大理石板材硬度小,易于加工和磨光,其纹理因生成时所含的杂质分布不匀,形成

仿佛山水的天然纹路，具有极高的观赏感，且耐久年限可达150年左右，是用于建筑物室内高级饰面的材料，可用于墙面、地面、柱面、栏杆、踏步等。当用于室外时，因碳酸钙在大气中受硫化物及水的作用，容易被腐蚀，使面层很快变色，失去光泽，并逐渐破损。所以只有少数几种，如汉白玉、艾叶青等质地纯、杂质少的品种，可用于室外饰面。

天然大理石建筑板材的外观质量、尺寸偏差、体积密度、吸水率、干燥压缩强度、弯曲强度及耐磨度等技术要求应符合现行国家标准《天然大理石建筑板材》GB/T 19766—2016 的有关规定。

2. 天然花岗石建筑板材

天然花岗石建筑板材是用天然花岗岩荒料加工制成的板状产品。按其形状分为毛光板（MG：有一面经抛光具有镜面效果的毛板）、普型板（PX）、圆弧板（HM）、异型板（YX）四种；按其表面加工程度分为镜面板（JM）、哑光板（YG）和粗面板（CM）三种，而粗面板按加工方法不同又分为剁斧板（用斧头加工而成）、锤击板（用花锤加工而成）、烧毛板（用火焰法加工而成）和机刨板（机刨法加工而成）四种；按其加工和外观质量分为优等品（A）、一等品（B）和合格品（C）三个等级。

天然花岗石板材具有构造致密、强度高、密度大、吸水率极低、质地坚硬、耐磨、耐久性好、耐酸性好、色泽多样等优点。适用于建筑物室内外墙面、地面、柱面、栏杆、踏步等装饰。

天然花岗石建筑板材的技术要求应符合现行国家标准《天然花岗石建筑板材》GB/T 18601—2009 的有关规定。

3. 天然砂岩建筑板材

天然砂岩建筑板材是用天然砂岩荒料加工制成的板状产品。按其矿物组成种类分为杂砂岩（石英含量为50%～90%）、石英砂岩（石英含量>90%）和石英岩（经变质的石英砂岩）三类；按其形状分为毛光板（MG）、普型板（PX）、圆弧板（HM）、异型板（YX）四种；按其加工和外观质量分为优等品（A）、一等品（B）和合格品（C）三个等级。

砂岩具有防潮、防滑、吸音、吸光、无味、无辐射、不褪色、冬暖夏凉、温馨典雅、通风透气的特点，是一种暖色调的装饰用材，具有石的质地，木材的纹理，还有壮观的山水画面，色彩丰富，贴近自然，古朴典雅。适用于公共建筑、别墅、家装、酒店宾馆的装饰、园林景观及城市雕塑等。

天然砂岩建筑板材的技术要求应符合现行国家标准《天然砂岩建筑板材》GB/T 23452—2009 的有关规定。

7.6.2　人造石材

人造石材是以不饱和树脂为粘结剂，配以天然大理石或花岗石、白云石、硅砂、玻璃粉等无机物粉料，以及适量的阻燃剂、颜料等，经配料混合、瓷铸、振动压缩、挤压等方法成形固化制成的。

人造石材按其生产所用胶结剂不同分为树脂型（不饱和聚脂树脂）、复合型（水泥和树脂）、水泥型和烧结型人造板材等。建筑装饰工程常用的有人造大理石板材、人造花岗石板材、水磨石等。

水磨石是将大理岩或花岗岩碎石与水泥和水，根据需要也可加入颜料，拌合均匀，浇筑养护硬化后，用专用磨光机进行水磨抛光而成。主要用于室内地面的装饰。

　　人造石材与天然石材相比，人造石材具有色彩艳丽、光洁度高、颜色均匀一致，强度高、耐磨性好、韧性好、结构致密、硬度高、耐磨、耐腐蚀、质量轻、不吸水、颜色丰富、色差小且不褪色、放射性低、加工性能好等优点。

　　人造大理岩、人造花岗岩板材和线条主要用于建筑物室内外的装饰。室内装饰工程中采用的人造石材主要是树脂型的。建筑装饰用人造石板材的技术要求应符合《人造花岗石建筑板材》DB35/T 1156—2011 及《人造大理石建筑板材》DB35/T 1157—2011 的有关规定。

7.6.3　石材的运输与存储

　　天然岩石板材和人造岩石板材在运输和搬运过程中应避免碰撞、滚摔。板材应按品种、规格、等级或工程安装部位分别码放在室内，室外存储应加遮盖。

7.7　金属制品

　　金属材料具有独特的光泽与颜色，作为建筑装饰材料，其庄重华贵、经久耐用，优于其他各类建筑装饰材料。装饰用金属材料主要有铝及铝合金制品、钢材制品、不锈钢制品等。

金属装饰材料

7.7.1　铝及铝合金制品

　　铝属于金属中的轻金属，密度为 2.7 g/cm³，银白色。固态铝塑性很好，易加工成各种管材、板材、薄壁空腹型材。铝的抛光面对白光反射率达 80%，对紫外线、红外线也有较强的反射能力。

　　在铝中添加镁、锰、硅、铜、锌等元素组成铝合金，可使其机械强度大大提高，并保持质轻的优点。铝合金还可以进行阳极氧化和电解着色，使表面获得良好的装饰效果。

　　由于铝及铝合金具有以上优异性能，在建筑装饰工程中得到广泛运用。除门窗大量采用铝合金外，外墙贴面、外墙装饰、室内装饰、建筑回廊、城市大型隔音壁、亭阁等也大量采用铝合金制品。

　　1. 铝合金装饰板

　　铝合金装饰板属现代流行的建筑装饰材料。他具有质轻、耐久性好、施工方便、装饰华丽等优点，其中冲孔板还具有防震、防水、吸音性能。主要品种有建筑装饰用铝单板、铝及铝合金花纹板、铝及铝合金波纹板、铝及铝合金压型板等。

　　1) 建筑装饰用铝单板

　　建筑装饰用铝单板是以铝或铝合金板(带)为基材，经加工成形且装饰表面具有保护性和装饰性涂层或阳极氧化膜的建筑装饰用单层板。按膜的材质不同分为氟碳漆涂层(FC)、聚酯涂层(PET)、丙烯酸涂层(AC)、陶瓷涂层(CC)和阳极氧化(AF)等类；按成膜工艺分为辊涂(GT)、液体喷涂(YPT)、粉末喷涂(FPT)和阳极氧化(YH)四类；按使用环境分为室外用(W)和室内用(N)两种；按其表面装饰花纹分为无花纹板、冲孔板、仿木纹板、仿大理石板、镂空板等。铝单板适用于民用建筑和公共建筑的墙体、梁、柱、顶棚、雨棚等部位的装饰。其外观质量、尺寸偏差、膜的光泽度、膜的附着力、膜的铅笔硬度(用不同硬度的铅笔，在规定的荷载作用下，对漆膜表面进行刻画，观察漆膜划破情况）、耐化学腐蚀性能、耐磨性、耐冲击性和耐候性等技术要求与质量检验应符合现行国家标准《建筑装饰用铝单板》GB/T 23443—2009 的有关规定。

2）铝合金花纹板

铝合金花纹板是采用防锈铝合金坯料，用特别的花纹轧辊轧制而成。按其防滑面花纹型式分为方格型、扁豆型、五条型、三条型、指针型、菱型、四条型和星月型等。其具有花纹图案美观大方、不易磨损、防滑性能好、防腐蚀性能强等优点。广泛用于现代建筑物的墙面装饰、楼梯踏步板及车站、船舶、飞机等防滑部位。其外观质量、尺寸偏差、拉伸性能、弯曲性能等技术要求与质量检验应符合现行国家标准《铝及铝合金花纹板》GB/T 3618—2006 的有关规定。

3）铝合金压型板

铝合金压型板是用防锈铝毛坯料轧制而成，板型有波纹型和瓦楞型。具有质轻、外形美观、耐久、耐腐蚀、容易安装等优点。通过表面处理，可以得到各种色彩的压型板。铝合金压型板主要用于屋面和墙面的装饰。其外观质量、尺寸偏差、拉伸性能、弯曲性能等技术要求与质量检验应符合现行国家标准《铝及铝合金压型板》GB/T 6891—2018 的有关规定。

2. 铝合金型材

将铝合金经热挤压成形状复杂的型材和管材后，将其表面再经阳极氧化、电泳涂漆、粉末喷涂或氟碳漆喷涂进行电解着色或有机着色而制成的建筑用型材。

建筑用铝合金型材所使用的铝合金，主要是铝镁硅合金，他具有良好的耐蚀性能和机械加工性能，广泛用于加工各种门窗、建筑幕墙的框架及建筑工程的内外装饰制品。目前建筑装饰用铝合金型材主要有阳极氧化型材、电泳涂漆型材、粉末喷涂型材、氟碳漆喷涂型材和隔热型材。

1）阳极氧化型材

阳极氧化型材是将铝合金经热挤压成型后，将其表面再经阳极氧化、电解着色或染色、封孔制成的建筑用型材。按阳极氧化膜膜厚级别不同分为 AA10 级（平均模厚≥10 μm，局部模厚≥8 μm）、AA15 级（平均模厚≥15 μm，局部模厚≥12 μm）、AA20 级（平均模厚≥20 μm，局部模厚≥16 μm）和 AA25 级（平均模厚≥25 μm，局部模厚≥20 μm）四级；按表面处理方式不同分为阳极氧化加封孔、阳极氧化加电解着色加封孔和阳极氧化加染色加封孔三种。

阳极氧化型材具有很强的耐磨性、耐候性、耐蚀性，可以在基材表面形成多种色彩且硬度高的优点。建筑用阳极氧化型材的技术要求应符合现行国家标准《铝合金建筑型材 第2部分 阳极氧化型材》GB/T 5237.2—2017 的有关规定。

2）电泳涂漆型材

电泳涂漆型材是将铝合金经热挤压成型后，将其表面再经阳极氧化和电泳涂漆复合处理制成的建筑用型材。按复合膜厚级别不同分为 A 级（EA21，表面漆膜为有光或消光透明漆膜）、B 级（EB16，表面漆膜为有光或消光透明漆膜）和 S 级（ES21，表面漆膜为有光或消光有色漆膜）三级。按复合膜耐盐雾腐蚀性、加速耐候性、紫外盐雾联合试验结果分为 Ⅱ、Ⅲ、Ⅳ 三个性能等级。Ⅱ级适用于太阳光辐射强度一般，大气腐蚀轻微的环境；Ⅲ级适用于太阳光辐射较强，大气腐蚀严重的环境；Ⅳ级适用于太阳光辐射强烈，大气腐蚀严重的环境。

电泳涂漆型材具有色彩丰富，对喷涂而言，绝不会出现边角、凹面的露底现象；具有很强的漆膜硬度、抗冲击力强；具有很高的漆膜附着力，不易脱落老化；比氧化铝型材有更强的耐磨性、耐候性、耐碱性的优点。

建筑用电泳涂漆型材的技术要求应符合现行国家标准《铝合金建筑型材 第3部分 电永涂漆型材》GB/T 5237.3—2017 的有关规定。

3）粉末喷涂型材

粉末喷涂型材是将铝合金经热挤压成型后，将其表面再经阳极氧化和喷涂热固性有机聚合物粉末涂层复合处理而制成的建筑用型材。

粉末喷涂型材按膜层类型分为聚酯类（GA40）、聚氨酯类（GU40）、氟碳类（GF40）和其他类（GO40），其中代号后的40为最小局部膜厚应≥40 μm；按膜层加速耐候性的试验结果分为Ⅰ、Ⅱ、Ⅲ三个性能等级。Ⅰ级适用于太阳辐射强烈环境；Ⅱ级适用于太阳辐射较强环境；Ⅲ级适用于太阳辐射强度一般环境。

粉末喷涂型材具有颜色品种繁多，美观大方，极富高档欧式建筑情调；抗腐蚀性能好，耐盐雾性能特好；耐候性能好，涂层可保持30年以上不粉化，失光率和变色率至少达到一级；耐磨性能好，涂层铅笔硬度大于2H；抗灰浆腐蚀；涂层结合力好，型材弯曲加工时，涂层不开裂，适合各种形状造型；不易附着油腻物，易于清洁擦洗等优点。

建筑用粉末喷涂型材的技术要求应符合现行国家标准《铝合金建筑型材 第4部分 粉末喷涂型材》GB/T 5237.4—2017 的有关规定。

4）氟碳漆喷涂型材

氟碳漆喷涂型材是将铝合金经热挤压成型后，将其表面再经阳极氧化和喷涂聚偏二氟乙烯漆涂层复合处理而制成的建筑用型材。

氟碳漆喷涂型材按膜层类型分为二涂层（LF2-25，膜层由底漆加面漆组成，膜层最小局部厚度应≥25 μm）、三涂层（LF3-34，膜层由底漆、面漆加清漆组成，膜层最小局部厚度应≥34 μm）、四涂层（LF4-55，膜层由底漆、阻挡漆、面漆加清漆组成，膜层最小局部厚度应≥55 μm）。

氟碳漆喷涂型材具有抵挡恶劣天气的超凡功能及不受臭氧的侵袭；具有抗紫外线降解，抗粉化性能好，能长期保持固有颜色和光泽；具有抗酸、碱的侵蚀及不受空气污染、酸雨的侵袭；具有极佳的耐冲击性、耐腐性及优良的漆膜柔韧性；耐湿性优良；具有不积尘埃、污垢的特性。

建筑用氟碳漆喷涂型材的技术要求应符合现行国家标准《铝合金建筑型材 第5部分 氟碳漆喷涂型材》GB/T 5237.5—2017 的有关规定。

5）隔热型材

隔热型材按复合形式不同分为穿条式隔热型材（通过开齿、穿条、滚压，将聚酰胺型材穿入铝合金型材穿条槽口内，并使之被铝合金型材咬合的复合铝合金型材）和浇注式隔热型材（将液态隔热材料注入铝合金型材浇注槽内并固化，切除铝合金型材浇注槽内的连接桥，使之断开金属连接，通过隔热材料将铝合金型材断开的两部分结合在一起的复合铝合金型材）；按剪切失效类型分为A类（复合部分剪切失效后不影响横向抗拉性能，一般为穿条型材）、B类（复合部分剪切失效将影响横向抗拉性能，一般为浇注型材）、O类［因特殊要求（如为解决门扇的热拱现象）而有意设计的无纵向抗剪性能或纵向抗剪性能较低的穿条型材］三类；按隔热效果分为Ⅰ、Ⅱ、Ⅲ、Ⅳ级。Ⅰ级适用于温和地区或对产品隔热性能要求不高的环境(如昆明);Ⅱ级适用于夏热冬暖地区(如广州、厦门);Ⅲ级适用于夏热冬冷地区(如上海、重庆);Ⅳ级适用于严寒和寒冷地区(如哈尔滨、北京)。

隔热型材具有良好的保温、隔音、耐冲击、气密性、水密性和防火性等优点。适用于建筑门窗、幕墙等用型材。

建筑用隔热型材的铝合金型材除应符合 GB/T 5237.1 ~ GB/T 5237.5—2017 的规定外,其外观质量、纵向抗剪特征值、横向抗拉特征值、穿条式隔热型材耐高温持久负荷性能、浇注型隔热型材抗热循环性能等技术要求应符合现行国家标准《铝合金建筑型材 第6部分 隔热型材》GB/T 5237.6—2017 的有关规定及现行行业标准《建筑用隔热铝合金型材》JG 175—2011 的有关规定。

3.其他铝合金制品

1)铝合金集成吊顶

铝合金集成吊顶是由装饰模块(具有装饰及遮挡功能的模数化铝合金吊顶板)、功能模块(具有采暖、通风或照明灯器具单元)及构配件(龙骨、平顶筋、吊挂件、紧固件等)组成的,在工厂预制的、可自由组合的多功能一体化装置。

集成吊顶的常用尺寸模数为 300、350、400、450、500、550、600 mm。

集成吊顶具有质轻、不锈蚀、美观、防火、安装方便等优点,适用于较高档的室内吊顶。

集成吊顶的外观、尺寸、承载性能、耐湿热性能等技术要求应符合现行行业标准《建筑用集成吊顶》JG/T 413—2013 的有关规定。

2)铝及铝合金箔

铝箔是纯铝或铝合金加工成的 0.0045 ~ 0.2000 mm 的薄片制品。铝及铝合金箔不仅是优良的装饰材料,还具有防潮、绝热的功能。因此铝及铝合金箔以全新多功能的绝热材料和防潮材料广泛用于民用建筑装饰及工业防潮、绝热等工程中。

铝箔的外观质量、尺寸偏差、化学成分、拉伸性能、粘附性能、表面润湿张力、直流电阻等技术要求应符合现行国家标准《铝及铝合金箔》GB/T 3198—2010 的有关规定。

7.7.2 钢材制品

建筑装饰用钢材制品主要有彩色涂层钢板及型材、不锈钢板及型材和不锈钢管等。

1.彩色涂层钢板及钢带

彩色涂层钢板是在经过表面预处理的基板上连续涂覆有机涂料(正面至少为二层),然后进行烘烤固化而成,以提高普通钢板的装饰性能及防腐蚀性的产品,简称彩涂板。

彩涂板的牌号由彩涂代号(T)、基板特性代号(冷轧电镀基板 DC、冷轧热镀基板)和基板类型代号三个部分组成,其中基板特性代号和基板类型代号之间用"+"号连接。按基板类型不同分为热镀锌基板(Z)、热镀锌铁合金基板(ZF)、热镀铝锌合金基板(AZ)、热镀锌铝合金基板(ZA)和电镀锌基板(ZE)等类型;按用途不同分为建筑外用(JW)、建筑内用(JN)、家电用(JD)和其他用(QT)等类型;按其涂层表面状态不同分为涂层板(TC)、压花板(YA)和印花板(YI)等类型;按面漆种类不同分为聚酯(PE)、硅改性聚酯(SMP)、高耐久性聚酯(HDP)和聚偏氟乙烯(PVDF)等类型。适用于建筑室内外的装饰。

彩色涂层钢板的外观质量,尺寸偏差,涂层种类、厚度、色差、光泽度、硬度、柔韧性、附着力及耐久性等技术要求应符合现行国家标准《彩色涂层钢板及钢带》GB/T 12754—2019的有关规定。

2. 彩色压型钢板

彩色压型钢板是采用彩色涂层钢板，经辊压冷弯成形各种波型的压型板。这些彩色压型钢板可以单独使用，用于不保温建筑的外墙、屋面或装饰，也可以与岩棉或玻璃棉组合成各种保温屋面及墙面。他具有质轻、高强、色泽丰富、施工方便快捷、抗震、防火、防雨、寿命长、免维修等特点。

3. 建筑用轻钢龙骨

建筑用轻钢龙骨是以连续热镀锌钢板（带）或以连续热镀锌钢板（带）为基材的彩色涂层钢板（带）作原料，采用冷弯工艺生产的薄壁型钢，简称龙骨。

建筑用轻钢龙骨按其用途不同分为墙体龙骨（代号为 Q，用于墙体骨架，由 U 型横龙骨、CH 型或 C 型竖龙骨、U 型通贯龙骨及支撑卡等组成）和吊顶龙骨（用于吊顶骨架，由 U 型、T 型、H 型、V 型、C 型、L 型或 CH 型龙骨及吊、挂件等组成）两类。适用于以纸面石膏板、装饰石膏板、矿（岩）棉吸声板等轻质板材作饰面的非承重墙体和吊顶用轻钢龙骨。

建筑用轻钢龙骨的外观质量、尺寸偏差、表面防锈、截面形状、墙体抗冲击性、吊顶龙骨的吊挂力（静载荷试验）等技术要求应符合现行国家标准《建筑用轻钢龙骨》GB/T 11981—2008 的有关规定。

4. 不锈钢板及型材

1）建筑装饰用不锈钢板

建筑装饰用不锈钢板按生产用钢种的组织特征不同分为奥氏体和铁素体等类型；按生产方法不同分为热轧和冷轧钢板两种；按表面特征不同可分为银白色无光泽（亚光）、银白色有光泽（镜面光泽）、彩色无光泽、彩色有光泽、表面有花纹、表面拉丝等品种。

不锈钢板表面光洁，有较高的塑性、韧性和机械强度，不易生锈、耐酸、碱性气体、溶液和其他介质的腐蚀等优点。适用于建筑室内外的墙体、梁、柱、顶棚及家具等部位的装饰。

2）不锈钢建筑型材

不锈钢建筑型材是由不锈钢板材、带材经冷弯成形的建筑型材。按其表面状态不同分为1 类（表面光亮，代号为 G）、2 类（表面发纹，代号为 F）、3 类（表面喷涂，代号为 P）、4 类（表面镀饰，代号为 D）；按其外形不同可分为角钢、槽钢和其他异型材等。适用于建筑装饰、吊顶用龙骨、建筑门窗等领域。

不锈钢建筑型材的表面质量，尺寸偏差，化学成分，型材弯曲度、扭拧度、平面间隙、壁厚等技术要求应符合现行行业标准《建筑用钢门窗型材》JG/T 115—2018 的有关规定。

5. 装饰用焊接不锈钢管

装饰用焊接不锈钢管按其截面形状不同可分为圆管（R）、方管（S）和矩形管（Q）三种；按其表面交货状态不同可分为表面未抛光（SNB）、表面抛光（SB）、表面磨光（SP）和表面喷砂（SA）四种。钢管长度范围为 1~8 m。适用于建筑装饰、家具、市政设施、车船制造、道桥护栏、钢结构网架等领域的装饰用管材。

装饰用焊接不锈钢管的外观质量，尺寸偏差，化学成分，拉伸性能、硬度、压扁性能、扩口性能、弯曲性能、表面粗糙度等技术要求应符合现行行业标准《装饰用焊接不锈钢管》YB/T 5363—2016的有关规定。

7.7.3　金属制品的运输与存储

产品在运输和搬运过程中，应按照出厂时的状态进行运输和搬运，不能随意拆卸原有包装，应采取必要的防护措施，防止包装产生压痕或碰伤；应轻拿轻放、平放，严禁摔扔、碰撞，防止产品变形和损伤。

产品应按品种、规格、颜色分别堆放在干燥通风的室内，注意防潮；储存场地的地面应平坦、无硬物并有足够的承重能力；产品堆放时，底部需用适当数量的方木垫高 100 mm 以上，防止产品变形，堆放高度不宜超过 1.8 m；避免高温及日晒雨淋，远离腐蚀性介质，防止产品表面损伤。

7.8　塑料制品

塑料装饰材料

塑料即是以合成树脂或天然树脂为主要原料，在一定温度和压力下塑制成形，且在常温下保持产品形状不变的材料。

塑料作为建筑装饰材料具有优良的可加工性能，比强度大，良好的电绝缘性及化学稳定性，具有保温、隔热、隔声等优点。

塑料的品种很多，按照受热后塑料的变化情况来分，可以把塑料分为热塑性塑料，如聚氯乙烯等；热固性塑料，如环氧树脂，酚醛树脂等。建筑装饰常用的塑料制品有塑料地板、塑料型材、塑料扣板等。

7.8.1　塑料地板

塑料地板品种很多，分类方法各异。按照生产塑料地板所用树脂不同可以分为聚氯乙烯卷材地板，半硬质聚氯乙烯块状地板等。

塑料地板的装饰性好，其色彩、图案不受限制，能满足各种用途的需要，也可仿制天然材料，十分逼真。塑料地板施工铺设方便，可以粘贴在水泥混凝土或木材等基层上，构成饰面层；耐磨性好，使用寿命较长；便于清扫；脚感舒适且有多种功能，如隔声、隔热、隔潮和绝缘等。使用时，应根据使用环境条件合理选择。

1. 聚氯乙烯卷材地板

聚氯乙烯（PVC）卷材地板是以聚氯乙烯树脂为主要原料，加入适当助剂，在片状连续基材上，经涂敷工艺生产的有基材有背涂层聚氯乙烯卷材地板。分为非同质聚氯乙烯卷材地板和同质聚氯乙烯卷材地板两类。

非同质聚氯乙烯卷材地板由耐磨层和其他层组成，可含有加强层或稳定层的多层结构地板，耐磨层与其他层在成分和功能上不同。同质聚氯乙烯卷材地板在产品厚度方向上由相同成分、色彩和图案组成，表面可带有涂层。

非同质聚氯乙烯卷材地板按结构分为致密型（CB）和发泡型（FB）。非同质和同质聚氯乙烯卷材地板按耐磨性分为 T 级、P 级、M 级和 F 级。卷材地板的宽度有 1800 mm、2000 mm，每卷长度 20 mm、30 mm，总厚度有 1.5 mm、2 mm 等规格。

聚氯乙烯卷材地板的外观质量、尺寸偏差、单位面积质量偏差、加热尺寸变化率、加热翘曲性、色牢度、抗剥离性、残余凹陷度、耐磨性、有害物质含量等技术要求应符合现行国家标准《聚氯乙烯卷材地板 第 1 部分：非同质聚氯乙烯卷材地板》GB/T 11982.1—2015 和《聚氯乙烯卷材地板 第 2 部分：同质聚氯乙烯卷材地板》GB/T 11982.2—2015 的有关规定。

2. 半硬质聚氯乙烯块状地板

半硬质聚氯乙烯块状地板按其结构分为同质地板(HT)和非同质地板(CT)；按耐磨性分为 T 级、P 级、M 级和 F 级。其规格有 300 mm×300 mm×1.5 mm、600 mm×600 mm×2.0 mm 等。

半硬质聚氯乙烯块状地板的外观不允许出现缺损、龟裂、皱纹、孔洞、胶印、分层、剥离(非同质地板)等缺陷，地板不应有明显的杂质、气泡、擦伤、变色等缺陷，地板的尺寸偏差、单位面积质量偏差、加热尺寸变化率、加热翘曲性、耐磨性、有害物质含量等技术要求应符合现行国家标准《半硬质聚氯乙烯块状地板》GB/T 4085—2015 的有关规定。

3. 阻燃聚氯乙烯地板

阻燃聚氯乙烯地板按其结构形式分为块状阻燃聚氯乙烯地板(简称 PVC 块材)、卷状阻燃聚氯乙烯地板(简称 PVC 卷材)。规格尺寸由供需双方协商确定。

阻燃聚氯乙烯地板除了具有普通聚氯乙烯地板的特性外，还具有阻燃作用，其技术要求与质量检验应符合现行行业标准《橡塑铺地材料 第 3 部分：阻燃聚氯乙烯地板》HG/T 3747.3—2014 的有关规定。

7.8.2 塑料型材

塑料型材主要有建筑门窗用型材和护角条等。

1. 门窗用型材

建筑门窗用型材主要品种有未增塑聚氯乙稀(PVC－U)彩色型材和玻璃纤维增强塑料拉挤中空型材两种。

1)未增塑聚氯乙稀(PVC－U)彩色型材

未增塑聚氯乙稀(PVC－U)彩色型材是以未增塑聚氯乙烯型材为基材，以共挤、覆盖、涂装、通体着色工艺加工而成的建筑门窗用塑料型材。

按型材颜色及工艺分为白色通体(BT)、覆膜(FM)、共挤(GJ)、涂装(TZ)和非白色通体(FBT)五类；按型材老化时间长短分为 M 级(4000 h，适用于内门、窗)和 S 级(6000 h，适用于外门、窗)两个级别；按主型材保温性能分为 1 级(传热系数≤2.0)、2 级(传热系数≤1.6)和 3 级(传热系数≤1.0)。

建筑门窗用未增塑聚氯乙烯彩色型材的技术要求与质量检验应符合现行国家标准《门、窗用未增塑聚氯乙烯(PVC－U)型材》GB/T 8814—2017 和现行行业标准《建筑门窗用未增塑聚氯乙烯彩色型材》JG/T 263—2010 的有关规定。

2)玻璃纤维增强塑料拉挤中空型材

玻璃纤维增强塑料拉挤中空型材是以树脂为基体材料，以玻璃纤维为增强材料，经拉挤工艺加工而成的建筑门窗用塑料型材，也称玻璃钢型材。

建筑门窗用玻璃纤维增强塑料拉挤中空型材的技术要求与质量检验应符合现行行业标准《门窗用玻璃纤维增强塑料拉挤型材》JC/T 941—2016 的有关规定。

2. 护角条

建筑装饰用护角条主要是 PVC 护角条。按其用途不同分为墙角用直角形角条(阳角条、阴角条）和瓷砖用角条（正面为圆弧面）两大类。

护角条是一种在墙体上作业使用的，使墙角更加整洁美观的一种型材。具有耐腐蚀、抗冲击、防老化，粘接性好，与腻子充分结合等优点，大大增强了墙角的抗冲击性，保持墙角的长期美观而不被破坏，避免墙角出现凹痕和其他损坏。使用过程中无需使用靠尺板，操作简便，施工效率是一般的 2～5 倍，简化了施工程序，加快了施工速度，降低了工程成本，提高了工程质量。

7.8.3 塑料扣板

PVC 塑料扣板是以聚氯乙烯（PVC）树脂为基料，加入一定量抗老化剂、改性剂等助剂，经混炼、压延、真空吸塑等工艺而制成的吊顶材料。这种 PVC 扣板特别适用于厨房、卫生间的吊顶装饰，具有质量轻、防潮湿、隔热保温、不易燃烧、不吸尘、易清洁、可涂饰、易安装、价格低等优点。

PVC 扣板吊顶图案品种较多，可供选择的花色品种有乳白、米黄、湖蓝等；图案有昙花、蟠桃、熊竹、云龙、格花、拼花等种类。

PVC 吊顶型材若发生损坏，更新十分方便，只要将一端的压条取下，将板逐块从压条中抽出，用新板更换破损板，再重新安装好压条即可。

7.8.4 塑料制品的运输与存储

卷状塑料地板在运输和搬运过程中，不应扔摔、冲击、日晒、雨淋。存储时应分别直立存储在温度≤40℃的干燥、洁净、无腐蚀性介质、通风良好的库房内，距热源应≥1 m。块状塑料地板的堆放高度应≤2 m。

装饰用塑料型材和板材在运输和搬运时应轻装轻卸，避免重压。产品应平整堆放在温度≤40℃的干燥、通风、无腐蚀性介质的库房内，避免阳光直射；堆放高度不宜超过 1.5 m；贮存期一般不超过两年。

7.9 涂料

涂敷于物体表面能与基体材料很好粘结并形成完整而坚韧的保护膜的物料称作涂料。装饰涂料是一种常见的建筑装饰材料，他简便、经济且维修重涂方便，涂装在材料表面，不仅可以使建筑物内外整洁美观，而且保护被涂覆的建筑材料，延长其使用寿命。

涂料基本上由主要成膜物质（胶粘剂或固着剂）、次要成膜物质（主要是指涂料中所用的颜料）和辅助成膜物质（主要包括溶剂和催干剂、增塑剂、固化剂、乳化剂、稳定剂、紫外线吸收剂等辅助材料）组成。

涂料按涂层使用的部位可分为外墙涂料、内墙涂料、地面涂料等；按主要成膜物质可分为无机涂料、有机高分子涂料、有机无机复合涂料；按涂料所使用的稀释剂不同可分为溶剂型涂料（以有机溶剂作为稀释剂）和水溶型涂料（以水作为稀释剂）；按涂料使用功能不同可分为防火涂料、防水涂料、防霉涂料、防结露涂料等。

7.9.1 外墙用涂料

外墙涂料主要是装饰和保护建筑物的外墙面,使建筑物外貌整洁美观,从而达到美化城市环境的目的,同时能够起到保护建筑物外墙壁的作用,延长使用时间,从而获得良好的装饰和保护效果。

由于建筑外墙长期处于风吹、日晒、雨淋的恶劣环境中,所以外墙涂料必须具有足够好的耐水性、耐候性、耐沾污性和耐冻融性,才能保证外墙体有较好的装饰效果和耐久性。外墙涂料也可用于内墙涂刷。

目前常用的建筑外墙用涂料主要有合成树脂乳液外墙涂料、合成树脂乳液砂壁状建筑涂料、外墙无机建筑涂料、复层建筑涂料、建筑外表面用热反射隔热涂料等品种。

1. 合成树脂乳液外墙涂料

合成树脂乳液外墙涂料是以合成树脂乳液为基料,与颜料、体质颜料(底漆可不添加颜料或体质颜料)及各种助剂配制而成的、施涂后能形成表面平整的薄质涂层的外墙涂料,包括底漆、中涂漆和面漆。面漆按其使用性能要求分为优等品、一等品和合格品三个等级;底漆按其抗泛盐碱性和不透水性要求的高低分为Ⅰ型和Ⅱ型。涂料在容器中的状态、施工性、低温稳定性、涂膜外观、干燥时间、对比率(白色和浅色)、耐水性(96 h)、耐碱性(48 h)、耐洗刷性等技术要求应符合现行国家标准《合成树脂乳液外墙涂料》GB/T 9755—2014的有关规定。

2. 合成树脂乳液砂壁状建筑涂料

合成树脂乳液砂壁状建筑涂料是以合成树脂乳液为主要粘结剂,以砂粒、石材微粒和石粉为骨料,在建筑物表面上形成具有石材质感饰面涂层的建筑涂料。这种涂料质感丰富,色彩鲜艳且不易褪色、变色,而且耐水性、耐气候性优良。

合成树脂乳液砂壁状建筑涂料按其用途可分为内墙型和外墙型;按外观分为透明型和非透明型。其技术要求应符合现行行业标准《合成树脂乳液砂壁状建筑涂料》JG/T 24—2018的有关规定。

3. 外墙用无机建筑涂料

外墙无机建筑涂料是以硅酸钾、硅酸钠等碱金属硅酸盐(俗称水玻璃)或硅溶胶为主要粘结剂的外墙无机建筑涂料。采用涂刷、喷涂或滚涂的施工方法,在建筑物外墙表面形成薄质装饰涂层。具有健康环保、防火、抗污、防霉、抗碱、耐老化、不褪色、粘结力强,抗冲击力强等优点。

外墙无机建筑涂料按其主要粘结剂种类分为碱金属硅酸盐类(Ⅰ类)和硅溶胶类(Ⅱ类);按其耐人工老化性分为Ⅰ型(耐800 h老化)和Ⅱ型(耐500 h老化)两种。其技术要求应符合现行行业标准《外墙无机建筑涂料》JG/T 26—2002的有关规定。

4. 复层建筑涂料

复层建筑涂料是由底漆、中层漆和面漆组成的具有多种装饰效果的质感涂料。

底漆是以合成高分子材料为主要成分,用于封闭基层、加固底材及增强主涂层与底材附着能力的涂料。底漆分为渗透型(能渗透到底材内部)和封闭型(能在底材表面连续成膜)。

中层漆是以水泥系、硅酸盐系或合成树脂乳液系等胶结料及颜料和骨料为主要原料,用于形成立体或平面装饰效果的薄质或厚质涂料。

面漆是用于增加装饰效果、提高涂膜性能的涂料。

复层建筑涂料按使用部位分为内墙（N）和外墙（W）用；根据功能性分为普通型（P）和弹性型（T）；根据面漆组成分为水性（S）和溶剂型（R）；根据施工厚度和产品类型分为Ⅰ型（薄涂，施工厚度＜1 mm，有单色型和多彩型）、Ⅱ型（厚涂，施工厚度≥1 mm，有原浆型、岩片型和砂粒型等）和Ⅲ型（施工厚度≥1 mm，复合型，任意Ⅰ型和Ⅱ型的配套使用）。

单色型是以水泥系、硅酸盐系或合成树脂乳液系等胶结料及颜料和骨料为主要原料，通过刷涂、辊涂或喷涂等施工方法，在建筑表面形成单一色装饰效果的涂料。

多彩型是以水性成膜物质（合成树脂乳液等）、水性着色胶颗粒、颜填料、水、助剂等构成的体系制成的多彩料，通过喷涂等施工方法，在建筑物表面形成具有仿石等装饰效果的涂料。

原浆型是以水泥系、硅酸盐系或合成树脂乳液系以及各种颜料、体质颜料、助剂为主要原料，通过刮涂、辊涂或喷涂等施工方法，在建筑表面形成具有立体造型艺术质感效果的质感涂料。

岩片型是以合成树脂乳液为主要成膜物质，由彩色岩片和砂、助剂等配制而成，通过喷涂等施工方法，在建筑物表面上形成具有仿石效果的质感涂料。

砂粒型是以合成树脂乳液为基料，由颜料、不同色彩和粒径的砂石等填料及助剂配制而成，通过喷涂、刮涂等施工方法，在建筑物表面上形成具有仿石等艺术效果的质感涂料。

复合型是由两种或两种以上的中层漆组成，分多道施工，并与底漆和面漆配套使用，形成具有质感效果的涂料。

复层建筑涂料的技术要求应符合现行国家标准《复层建筑涂料》GB/T9779—2015 的有关规定。

5. 建筑外表面用热反射隔热涂料

建筑外表面用热反射隔热涂料是具有较高太阳反射比和较高红外发射率的涂料。按其组成可分为水性（W）和溶剂型（S）两类。

这种涂料用于建筑物时可以减少建筑物和构筑物的热载荷，降低太阳辐射热造成的建筑物内部温度上升，节约制冷空调费用，营造舒适的环境等，是一种节能环保的新产品。

建筑外表面用热反射隔热涂料的技术要求应符合现行行业标准《建筑外表面用热反射隔热涂料》JC/T1040—2007 的有关规定。

7.9.2 内墙用涂料

内墙涂料是用于建筑物室内装修的涂料的总称。在选用内墙涂料时，应考虑基层性质、功能要求、装饰效果和施工性能等因素。如混凝土和水泥基层，要求涂料有良好的耐碱性和遮盖性，可选乳胶漆、耐擦洗内墙涂料、多彩花纹涂料等；对石灰和石膏墙面就不要选择仿瓷涂料等；在木制基层上应选用非碱性涂料为好。厨房、卫生间等潮湿部位应选用耐水性较好的涂料；而卧室、起居室等部位应选择装饰效果好、图层细腻、有一定耐擦洗性能的涂料、多彩涂料等。一般认为家庭装饰应优先考虑单组分水溶性的涂料，施工方法最好能刷涂，这类涂料气味小、操作简便，若使用溶剂型涂料则要求有较好的通风条件，如果您选用双组分涂料一要注意配比要准确，二要在规定时间内使用完，不能长时间存放。

乳胶漆即乳液性涂料，按照基材的不同，分为聚醋酸乙烯乳液和丙烯酸乳液两大类。乳胶漆以水为稀释剂，是一种施工方便、安全、耐水洗、透气性好的的涂料，他可根据不同的配色方案调配出不同的色泽。目前常用的内墙涂料主要有合成树脂乳液内墙涂料和水溶性内墙涂料。

1. 合成树脂乳液内墙涂料

合成树脂乳液内墙涂料是以合成树脂乳液为基料，与颜料、体质颜料及各种助剂配制而成的、施涂后能形成表面平整的薄质涂层的内墙涂料，包括底漆和面漆，俗称乳胶漆。面漆按照使用要求分为优等品、一等品和合格品三个等级。涂料的技术要求应符合现行国家标准《合成树脂乳液内墙涂料》GB/T 9756—2018 的有关规定。

合成树脂乳液内墙涂料是以水为分散介质，随着水分的蒸发而干燥成膜，无毒；涂膜透气性好，因而可以避免因涂膜内外温差而鼓泡，可以在新建的建筑物水泥砂浆或混凝土面上涂刷，无结露现象。但不宜用于厨房、卫生间、浴室等潮湿墙面。

2. 水溶性内墙涂料

水溶性内墙涂料是以水溶性化合物为基料，加入一定量的填料、颜料和助剂经过研磨、分散后而成的水溶性内墙涂料。这种涂料具有无毒、无味、不燃、绿色环保、施工方便等优点，但耐久性、耐擦洗性差，一般用于建筑物内墙装饰，分为Ⅰ类(浴室、厨房内墙用)和Ⅱ类(室内一般墙面用)。

水溶性内墙涂料的黏度、细度、遮盖力、涂膜外观、白度(白色涂料)、耐水性(24 h)、附着力、耐洗刷性等技术要求应符合现行行业标准《水溶性内墙涂料》JC/T 423—1991 的有关规定。

7.9.3 涂料的运输与存储

涂料产品在运输和搬运过程中，水乳型产品按一般运输方式办理；溶剂型产品按危险品运输方式办理；产品在运输时应防止碰撞、雨淋和曝晒。产品应分类贮存在温度为 5～40℃ 的通风、干燥的库房内，防止日光直接照射，冬季应采取防冻措施；溶剂型产品应按危险品有关规定贮存；贮存期按产品类型确定，并在包装标识上明示。

7.10 壁纸与壁布

1. 壁纸

壁纸又称墙纸，主要以纸为基材，通过胶粘剂贴于墙面或天花板上的装饰材料。

按材质不同分为纯纸壁纸、纯无纺纸壁纸、纸基壁纸和无纺纸基壁纸。

纯纸壁纸又称纸面层壁纸，是以纸为原料，直接涂布、印刷、轧花而制成的壁纸。

纯无纺纸壁纸又称无纺纸面层壁纸，是以无纺纸为原料，直接涂布、印刷、轧花而制成的壁纸。

纸基壁纸是以纸为基材，以聚氯乙烯塑料、金属材料或两者的复合材料为面层，经压延或涂布以及印刷、轧花或发泡复合而制成的壁纸。

无纺纸基壁纸是以无纺纸为基材，以聚氯乙烯塑料、金属材料或两者的复合材料为面层，经压延或涂布以及印刷、轧花或发泡复合而制成的壁纸。

按壁纸的外观不同可分为印花壁纸、压花壁纸、发泡(浮雕)壁纸、印花压花壁纸、印花发泡壁纸、压花发泡壁纸、印花压花发泡壁纸等。

常用的壁纸主要为聚氯乙烯（PVC）塑料壁纸。塑料壁纸原材料便宜，花色多样，具有耐腐蚀、难燃烧、可擦洗、装饰性好等优点，因此广泛用于民用住宅等建筑物的室内墙面装饰。

成品壁纸的宽度为 500～530 mm 或 600～1400 mm。500～530 mm 宽的成品壁纸的面积应为 $(5.326 \pm 0.03) \, m^2$；10 m/卷的成品壁纸每卷为 1 段，15 m/卷或 50 m/卷的成品壁纸每卷段数及段长应符合表 7-3 的规定。

表 7-3　成品壁纸每卷最多段数和每段最小段长

项目	指标		
	优等品	一等品	合格品
每卷段数/段，≤	2	3	5
最小段长/m，≥	5	3	3

壁纸的外观质量、色差、褪色性、耐摩擦色牢度、遮蔽性、湿润拉伸荷载、可洗性等技术要求应符合现行行业标准《建筑装饰用无纺墙纸》JG/T 509—2016 或《壁纸》QB/T 4034—2010 的有关规定。

2. 壁布

壁布也称墙布或纺织壁纸。是以天然纤维或合成纤维纺织物为面层，纸或布及其他复合材料为基底的室内墙面装饰材料。壁布以色彩与图纹设计组合为特征，具有视觉舒适、触感柔和、吸音、透气、亲和性佳、耐洗刷、典雅、高贵等优点。

壁布按材料的层次构成可分为单层和复合型两种。

单层壁布即由一层材料编织而成，或丝绸，或化纤，或纯绵，或布革，其中一种锦缎壁布最为绚丽多彩，由于其缎面上的花纹是在三种以上颜色的缎纹底上编织而成，因而更显古典雅致。

复合型壁布是由两层以上的材料复合编织而成，分为表面材料和背衬材料，背衬材料主要有发泡和低发泡两种，除此之外，还有防潮性能良好、花样繁多的玻璃纤维壁布，其中一种浮雕壁布因其特殊的结构，具有良好的透气性而不易滋生霉菌，能够适当地调节室内的微气候，在使用时，如果不喜欢原有的色泽，还可以涂上自己喜爱的有色乳胶漆来更换房间的铺装效果。

玻璃纤维壁布是以定长玻璃纤维纱或玻璃纤维变形纱的机织物为基材，经表面涂覆处理而成的，用于建筑内墙装饰装修的玻璃纤维织物。其外观质量、尺寸偏差、单位面积质量、可燃物含量、拉伸断裂强力、可溶出有害物质限量等技术要求应符合现行行业标准《玻璃纤维壁布》JC/T 996—2006 的有关规定。

无缝壁布是墙布的一种，也称无缝墙布，是近几年来国内开发的一款新的墙布产品，他是根据室内墙面的高度设计的，可以按室内墙面的周长整体粘贴的墙布，一般幅宽在 2.7～3.10 m 的墙布都称为无缝墙布，可根据居室周长定剪，墙布幅宽大于或等于房间的高度，一个房间用一块布粘贴，无需拼接。

无缝壁布按底基材料划分为布面纸底、布面胶底、布面浆底和布面针刺棉底等种类；按其功能不同可划分为阻燃型、节能型、防霉型、防静电型和抗菌型等种类。

无缝壁布与普通壁布相比，无缝壁布可以无缝拼接，方便快捷，与壁纸相比，无缝壁布款式丰富、色彩缤纷、色泽稳定、质感柔和、吸音透气、不易爆裂、护墙耐磨、裱贴简单、更换容易和可用水清洗等优点，并有阻燃、保温节能、吸音、隔音、抗菌、防霉、防水、防油、防污、防尘、抗静电等功能，是现代室内墙面较为高档的装饰材料。

壁布的技术要求应符合现行行业标准《纺织面墙纸（布）》JG/T 510--2016 的有关规定。

3. 壁纸、壁布的运输与存储

壁纸与壁布产品在运输和搬运时，应防止重压和机械碰撞及日晒雨淋，应轻装轻放，严禁从高处扔下。产品应存储在清洁、阴凉、干燥的库房内，应堆放整齐，远离热源和腐蚀性介质，并保持包装完整。

7.11　绝热材料

绝热材料是指用于建筑围护或者热工设备，阻抗热流传递的材料或者材料的复合体，既包括保温材料，也包括保冷材料。绝热材料一方面满足了建筑空间或热工设备的热环境，另一方面也节约了能源。用于绝热的材料应选用质量轻、孔隙率大，且封闭微细孔多、导热系数小$[\lambda \leqslant 0.23 \ \mathrm{W/(m \cdot K)}]$、吸湿性小、耐火性好、温度稳定性好、耐老化的材料。绝热材料按其成分分为无机绝热材料和有机绝热材料两大类。

7.11.1　常用无机绝热材料及其制品

无机绝热材料是由矿物材料制成的，呈纤维状、散粒状或多孔构造，可制成片、板、卷材或壳状等形式的制品。无机绝热材料的表观密度较大，但不易腐朽，不会燃烧，有的能耐高温。常用的无机绝热材料有岩棉及其制品、玻璃棉及其制品、膨胀蛭石及其制品、膨胀珍珠岩及其制品、膨胀玻化微珠及其制品、硅酸钙绝热制品等。

1. 岩棉及其制品

岩棉是用优质玄武岩、白云石为主要原料，外加一定的助剂（石灰岩等），经高温熔化，以压缩空气或蒸汽喷吹而成短纤维材料。

建筑用岩棉绝热制品按外形分为岩棉板和岩棉条；产品按垂直于表面的抗拉强度分，岩棉条分为 TR100（抗拉强度≥100 kPa），岩棉板分为 TR15、TR10 和 TR7.5。

建筑用岩棉绝热制品的岩棉纤维平均直径≤6.0 μm；渣球（粒径>0.25 mm 球团）含量≤7.0%；质量吸湿率≤1.0%；憎水率≥98.0%；表观密度为40～200 kg/m³；常温下岩棉板的导热系数≤0.040 W/(m·K)，岩棉条的导热系数≤0.046 W/(m·K)；使用温度可达700℃。

建筑用岩棉绝热制品具有质轻、耐久、不燃、不腐、不受虫蛀等优点，是优良的隔热保温、吸声材料。适用于在建筑物围护结构和具有保温功能的建筑构件及地板上使用；不适用于外墙外保温薄抹灰系统使用。

建筑外墙外保温用岩棉板和岩棉带适用于薄抹灰外墙外保温系统。

建筑用岩棉制品的外观、渣球含量、纤维平均直径、表观密度、热阻（或导热系数）、燃烧性能、压缩强度、施工性能及吸湿率等技术要求应符合现行国家标准《建筑用岩棉绝热制品》GB/T 19686—2015 和《建筑外墙外保温用岩棉制品》GB/T 25975—2018 的有关规定。

2. 玻璃棉及其制品

玻璃纤维是由玻璃熔融物经高速离心或喷吹而形成乱向纤维，组织蓬松，类似棉絮，常称作玻璃棉。

玻璃棉的纤维直径约为 12 μm，长度为 50～150 mm，表观密度为 100～150 kg/m³，导热系数为 0.035～0.058 W/(m·K)。含碱玻璃棉最高使用温度为 300℃，无碱玻璃棉为 600℃。与岩棉相似，也可制成沥青玻璃棉毡和酚醛树脂玻璃棉板、带、管壳等制品。玻璃棉具有大量微小的空气孔隙，使其起到保温隔热、吸声降噪及安全防护等作用，是钢结构建筑保温隔热、吸声降噪的最佳材料。

建筑绝热用玻璃棉及其制品的技术要求应符合现行国家标准《建筑绝热用玻璃棉制品》GB/T 17795—2008 的有关规定。

3. 膨胀蛭石及其制品

蛭石是一种天然矿物，在 850～1000℃ 的温度下煅烧时，体积急剧膨胀，单个颗粒的体积能膨胀 8～20 倍，蛭石在热膨胀时很像水蛭（蚂蟥）蠕动，因此而得名。煅烧膨胀后为膨胀蛭石。

膨胀蛭石的堆积密度为 100～300 kg/m³，导热系数为 0.046～0.070 W/(m·K)，可在 −30～900℃ 下使用，不蛀，不腐，但吸水性较大。膨胀蛭石可以呈松散状，铺设于墙壁、楼板和屋面等夹层中，作为隔热、隔声之用。使用时应注意防潮，以免吸水后影响隔热效果。

膨胀蛭石也可与水泥、水玻璃等胶凝材料配合浇注成板，用于墙体、楼板和屋面等构件的隔热。膨胀蛭石水泥制品的表观密度为 300～400 kg/m³，相应的导热系数为 0.08～0.10 W/(m·K)，抗压强度为 0.2～1.0 MPa，耐热温度达 600℃。膨胀蛭石水玻璃制品的表观密度为 300～400 kg/m³，相应的导热系数为 0.079～0.084 W/(m·K)，抗压强度为 0.35～0.65 MPa，耐热温度达 900℃。

建筑绝热用膨胀蛭石及其制品的技术要求应符合现行行业标准《膨胀蛭石》JC/T 441—2009 及《膨胀蛭石制品》JC/T 442—2009 的有关规定。

4. 膨胀珍珠岩及其制品

膨胀珍珠岩是由天然珍珠岩煅烧膨胀而得，呈蜂窝泡沫状的白色或灰白色颗粒，是一种高效能的绝热材料。具有表观密度小、导热系数低、低温绝热性好、吸声强、施工方便等特点。建筑上广泛用于围护结构、低温及超低温保冷设备、热工设备等处的保温绝热，也用于制作吸声材料。

膨胀珍珠岩制品是以膨胀珍珠岩为骨料，配合适量胶凝材料(如水泥、水玻璃、沥青、磷酸盐等)，经过搅拌、成形、养护，干燥或焙烧而制成的具有一定形状的板、块、管壳等制品。膨胀珍珠岩制品按产品密度分为 200 和 250 kg/m³；按产品有无憎水性分为普通型和憎水型(Z)；按用途分为建筑物用膨胀珍珠岩绝热制品(J)，设备及管道、工业炉窑用膨胀珍珠岩绝热制品(S)；按制品外形分为平板(P)、弧形板(H)和管壳(G)。常温下其导热系数 ≤0.070 W/(m·K)，抗压强度为 0.35～0.5 MPa。以水玻璃为胶结材料可获得表观密度和导热系数更低的膨胀珍珠岩制品。

建筑绝热用膨胀珍珠岩及其制品的技术要求应符合现行行业标准《膨胀珍珠岩》JC/T 209—2012 及现行国家标准《膨胀珍珠岩绝热制品》GB/T 10303—2015 的有关规定。

214

5. 膨胀玻化微珠及其制品

膨胀玻化微珠是由玻璃质火山熔岩矿砂经膨胀、玻化等工艺制成，表面玻化封闭、呈不规则球状，内部为多孔空腔结构的无机颗粒保温材料。

膨胀玻化微珠按堆积密度大小分为 Ⅰ 类（堆积密度 < 80 kg/m³）、Ⅱ 类（堆积密度在 80 ~ 120 kg/m³）、Ⅲ 类（堆积密度 > 120 kg/m³）。常温下其导热系数 ≤ 0.070 W/（m·K），筒压强度 ≥ 50 kPa，体积吸水率 ≤ 45%，体积漂浮率 ≥ 80%，表面玻化闭孔率 ≥ 80%，表面应有玻璃光泽，颜色均匀一致。其他技术要求应符合现行行业标准《膨胀玻化微珠》JC/T 1042—2007 的有关规定。

由于膨胀玻化微珠颗粒表面玻化形成一定的颗粒强度，理化性能十分稳定，耐老化耐候性强，具有优异的绝热、防火、吸音性能，适合诸多领域中作轻质填充骨料和绝热、防火、吸音、保温材料。在建筑行业中，常用玻化微珠作为轻质骨料与水泥等配制而成的玻化微珠水泥砂浆，适用于薄抹灰内墙内保温系统。也可制成保温板、管壳等制品。膨胀玻化微珠砂浆的技术要求应符合行业标准《膨胀玻化微珠轻质砂浆》JG/T 283—2010 的有关规定。

6. 硅酸钙绝热制品

硅酸钙绝热制品是以氧化硅（石英砂粉、硅藻土等）、氧化钙（也有用消石灰、电石渣等）和增强纤维（如石棉、玻璃纤维等）为主要原料，经过搅拌、成形、蒸压处理和烘干等工艺过程而制成的具有绝热功能的瓦块或板材。

硅酸钙绝热制品按材料最高使用温度分为 Ⅰ 型（650℃）、Ⅱ 型（1000℃）；按产品密度（kg/m³）Ⅰ 型分为 240、220 和 170 号，Ⅱ 型分为 270、220、170 和 150 号；按制品外形分为平板、弧形板和管壳。其导热系数为 0.058 ~ 0.130 W/（m·K），抗压强度 ≥ 0.32 MPa，含水率 ≤ 7.5%，线收缩率 ≤ 2%。

硅酸钙绝热制品具有耐热度高，绝热性能好，耐久性好，无腐蚀，无污染等优点。可用于建筑工程的围护结构及管道的保温，其效果较水泥膨胀珍珠岩和水泥膨胀蛭石好。特别是近几年城市集中供热采用的地下直埋管道工艺，选用硅酸铝、硅酸钙、聚氨酯等复合保温，增强了保温材料的性能，提高了管道的使用寿命，减少了地上附着物，增强了城市的美化。

建筑绝热用硅酸钙制品的技术要求应符合现行国家标准《硅酸钙绝热制品》GB/T 10699—2015 的有关规定。

7.11.2　常用有机绝热材料及其制品

1. 泡沫塑料及其制品

泡沫塑料是以各种合成树脂为基料，加入一定剂量的发泡剂、催化剂、稳定剂等辅助材料经加热发泡而成的一种新型绝热、吸声、防震材料。

建筑绝热用泡沫塑料主要有聚苯乙烯泡沫塑料和硬质聚氨酯泡沫塑料等。泡沫塑料可用来制作各种绝热保温用泡沫塑料板材和配制保温砂浆等。

1）聚苯乙烯泡沫塑料

聚苯乙烯泡沫塑料是以聚苯乙烯树脂或其共聚物为主要成分，添加少量添加剂，通过加热挤塑成形而制得的具有闭孔结构的硬质泡沫塑料。

聚苯乙烯泡沫塑料具有闭孔结构，吸水性小，质量轻（密度为 15 ~ 30 kg/m³），导热系数小［λ ≤ 0.035 W/（m·K）］，机械强度好，缓冲性能优异，加工性好，易于模塑成形，着色性好，温度适应性强，抗放射性优异等优点，而且尺寸精度高，结构均匀，因此，在外墙保温中其占有率很高，但燃烧时会放出污染环境的苯乙烯气体。适用于使用温度不超过75℃的场所。

用于建筑保温隔热的聚苯乙烯泡沫塑料的技术要求应符合现行国家标准《绝热用挤塑聚苯乙烯泡沫塑料(XPS)》GB/T 10801.2—2018的有关规定。

2)硬质聚氨酯泡沫塑料

建筑绝热用硬质聚氨酯泡沫塑料按用途分为Ⅰ类(适用于无承载要求的场合)、Ⅱ类(适用于有一定承载要求，且有抗高温和抗压缩蠕变要求的场合)、Ⅲ类(适用于有更高承载要求，且有抗压、抗压缩蠕变要求的场合)；按燃烧性能分为B、C、D、E、F五个等级(见《建筑材料及制品燃烧性能分级》GB 8624—2012)。

硬质聚氨酯泡沫塑料板材的密度为25~35 kg/m³，压缩强度为80~180 kPa，导热系数为0.022~0.026 W/(m·K)。硬质聚氨酯泡沫塑料板具有绝热效果好、质量轻、比强度大、施工方便等优良特性，同时还具有隔音、防震、电绝缘、耐热、耐寒、耐溶剂等特点。适用于建筑保温系统用绝热材料，不适用于喷涂和管道用绝热材料。

建筑绝热用硬质聚氨酯泡沫塑料的技术要求应符合现行国家标准《建筑绝热用硬质聚氨酯泡沫塑料》GB/T 21558—2008的有关规定。

3)硬质酚醛泡沫制品

硬质酚醛泡沫制品(PF)是由苯酚和甲醛的缩聚物(如酚醛树脂)与固化剂、发泡剂、表面活性剂和填充剂等混合制成的多孔型硬质泡沫塑料。

硬质酚醛泡沫制品按其压缩强度和外形分为Ⅰ类、Ⅱ类和Ⅲ类。

Ⅰ类制品为管材或异型构件，压缩强度<0.10 MPa，用于管道、设备、通风管道等的绝热层。

Ⅱ类制品为板材，压缩强度≥0.10 MPa，用于墙体、空调风管、屋面、夹芯板等的绝热层。

Ⅲ类制品为板材、异型构件，压缩强度≥0.25 MPa，用于地板、屋面、管道支撑等的绝热层。

酚醛泡沫材料具有较高的压缩比、耐酸腐蚀、导热系数低、耐老化、适用温度范围广、使用寿命长、较强的隔震性等特点。但某些酚醛泡沫在有液态水的环境下，长期与未做表面处理的金属直接接触可能会对金属表面有影响，在使用时可要求供方提供技术指导。

酚醛泡沫制品表面应清洁，无明显收缩变形和膨胀变形，无明显分层、开裂，切口平直，切面整齐。制品的规格尺寸及允许偏差、平整度、垂直度、直线度、燃烧性能、导热系数及力学性能等技术要求应符合现行国家标准《绝热用硬质酚醛泡沫制品(PF)》GB/T 20974—2014的有关规定。

2. 软木及软木板

软木俗称木栓或栓皮。软木板是以橡树皮或黄菠萝树皮为原料，经适当破碎后，以皮胶、沥青或合成树脂为胶料，经模压和热处理制得的板材。软木板的毛体积密度为105~437 kg/m³，导热系数为0.044~0.079 W/(m·K)。软木板具有密度低、可压缩、有弹性、不透气、隔水、防潮、耐油、耐酸、减振、隔音、隔热、阻燃、绝缘、耐磨、防霉等一系列优良特性。软木板多用于冷藏库隔热。

7.11.3 绝热材料的运输与存储

绝热材料产品应使用干燥防雨的工具运输，运输时应轻拿轻放，避免人为损伤。存储时应按品种、规格分别存储在干燥通风的库房内，应垫高堆放，且应避免重压。有机绝热材料产品在运输和贮存中尚应远离火源、热源和化学溶剂，避免日光曝晒。

复习思考题

1. 胶合板与天然原木板相比，具有那些优点？
2. 装饰用石膏制品具有哪些特点？
3. 陶瓷制品按所用原料及烧结程度不同分为哪几类？各自有什么特点？
4. 陶瓷砖按其表面特性和用途分有哪些品种？
5. 什么是陶瓷马赛克？其品种有哪些？
6. 琉璃制品有哪些特点？适用于哪些场所？
7. 建筑装饰用平板玻璃按生产工艺不同分为哪些品种？适用于哪些场所？
8. 什么是安全玻璃？主要品种有哪些？
9. 什么是节能玻璃？主要品种有哪些？
10. 为什么大理石装饰板材不宜用于室外？
11. 建筑用铝合金型材按生产工艺不同分为哪些品种？
12. 建筑装饰用涂料按主要成膜物质、稀释剂、用途和使用功能分，有哪些品种？
13. 建筑装饰用壁纸与壁布有何区别？
14. 什么是绝热材料？常用的无机绝热材料有哪些？

模块八　路基填筑工程材料

【内容提要】　本模块主要介绍路基填筑用土的形成、分类、技术要求及检验样品的抽取；路基填筑用级配碎石的技术要求；路基填筑用土工合成材料的品种、规格、技术要求、特性、应用、运输与存储及检验样品的抽取等有关知识。

8.1　基本概念

路基是指按照路线位置和一定技术要求修筑的作为路面基础的带状土工构筑物，承受由路面传递的行车荷载。

路基根据其断面形式可分为路堤、路堑、半路堑和半堤半堑等。路基断面示意图见图 8 - 1。

路堤是指在原地面上，用土、石填筑的高于原地面的路基。

路堑是指自原地面向下开挖的路基。

半堤半堑是指当原地面横坡大，且路基较宽，需一侧开挖另一侧填筑而形成的路基，也称半填半挖路基。在丘陵或山区中挖填结合是路基横断面的主要形式。

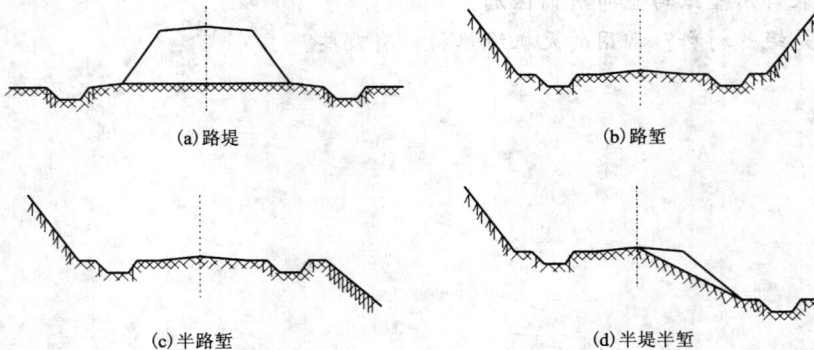

(a)路堤　　(b)路堑　　(c)半路堑　　(d)半堤半堑

图 8 - 1　路基断面示意图

路基按填筑材料分为土方路基、石方路基、土石混填和特殊路基。

8.2　路基填筑用土

8.2.1　土的形成与特性

1. 土的形成

天然岩石经过物理、化学风化作用所形成的矿物颗粒(有时还含有机物质)堆积在一起，中间贯串着孔隙，孔隙中还有水和气体(空气和其他气体)，这种松散的固体颗粒、水和气体的集合体就叫作土。广义的土包括岩石在内。

物理风化不改变土的矿物成分，产生了象碎石和砂等颗粒较粗的土，这类土的颗粒之间没有粘结作用(即内聚力为零)，呈松散状态，称为无黏性土。

化学风化产生颗粒很细的土，这类土的颗粒之间因为有粘结力而相互黏结，干时结成硬块，湿时有黏性，称为黏性土。这两类土由于成因不同，因而物理性质和工程性质也不一样。

2. 土的特性

为了方便研究土的特性，常将土的固体颗粒(土粒)、颗粒之间空隙中的水和气体这三部分称为土的三相，即固相、液相和气相。土的三相比例随着周围环境条件的改变而变化。干土是由固相和气相组成，而饱和土则是由固相和液相组成的，故干土和饱和土都属于两相土。

土的三相组成物质中，固体部分一般由矿物质组成，有时含有机质(腐植质及动物残骸等)，其构成土的骨架主体，是最稳定、变化最小的部分；液体部分实际上是化学溶液而不是纯水。三相之间的相互作用，固相一般居主导地位，而且还不同程度地限制水和气体的作用，如不同大小土粒与水相互作用，水可呈不同类型(矿物成分水、强结合水、弱结合水、毛细水、重力水等)。从本质上讲，土的工程地质特性主要取决于土粒大小和矿物类型，即土的颗粒级配与矿物成分，水和气体一般是通过其起作用的。当然，土中液相部分对土的性质影响也较大，尤其是细粒土(黏性土和粉土)，土粒与水相互作用可形成一系列特殊的物理性质。具体表现为如下特性：

1)具有较大的压缩性

由于土的固体颗粒之间有空隙，当受外力作用时，这些空隙大大缩小，使土具有较大压缩性。这个特性是引起路基沉降的内因。

2)土颗粒之间具有相对移动性

土体受剪时，其抗剪强度是由土颗粒之间表面的摩擦力和内聚力组成的。而一般建筑材料受剪时，其抗剪强度则由材料本身的抗剪裂能力而产生。土颗粒之间的联结(表面摩擦力和内聚力)比颗粒本身的强度低得多，因此，土的抗剪强度就比一般建筑材料低得多。土颗粒之间这种相对移动性是引起路基丧失稳定，产生滑动破坏的内因。

3)水对黏性土的性质有明显影响

由于无黏性土(粗粒土)具有很强的透水性，故水对无黏性土的性质没有明显影响。而黏性土随着其含水率的不同会表现出不同的状态(流态、塑态、半固态、固态)。饱水土柔软、强度低或无强度，干土则坚硬、强度高；有些黏性土遇水会产生沉陷(湿陷)，有些黏性土遇水则产生膨胀(膨胀土)，湿陷和膨胀均将导致土体失稳，故水对黏性土的性质有着重要影响。

液限和塑限是两个重要含水率特征值，它们是区分土的塑性状态、流动状态和半固体状态的界限含水率。黏性土的可塑性和软硬状态可用塑性指数和液性指数来衡量。

液限(w_L)是指黏性土从流动状态转变为可塑状态时的界限含水率。

塑限(w_p)是指黏性土由可塑状态过渡到半固体状态时的界限含水率。

塑性指数(I_p)按式(8-1)计算：

$$I_p = w_L - w_P \tag{8-1}$$

一般认为，$I_p > 4$ 的土才具有塑性；而砂土的 $I_p < 4$，不具备可塑性；$I_p > 17$ 的土为黏土；$10 < I_p \leq 17$ 的土为粉质黏土。

液性指数(I_L)按式(8-2)计算：

$$I_L = \frac{w_0 - w_P}{w_L - w_P} \qquad (8-2)$$

式中：w_0——黏性土的天然含水率，%。

$I_L \leq 0$ 的土为坚硬状态；$0 < I_L \leq 0.25$ 的土为硬塑状态；$0.25 < I_L \leq 0.75$ 的土为可塑状态；$0.75 < I_L \leq 1$ 的土为软塑状态；$I_L > 1$ 的土为流塑状态。

8.2.2 土的工程分类

1. 土颗粒的粒组划分

土颗粒的粗细对土的性质影响也很大。颗粒愈细，单位体积内颗粒的表面积就愈大，与水接触的面积就愈大，颗粒相互作用的能力就愈强。颗粒粒径的大小称为粒度，把粒度相近的颗粒合为一组，称为粒组。一般地说，同一粒组的土，其物理性质大致相同，不同粒组的土，其物理性质则有较大差别。土的颗粒粒组划分见表 8-1。

表 8-1 土颗粒粒组划分表

粒径/mm	200		60	20		5	2	0.5		0.25	0.075	0.002（0.005）	
	巨 粒 组			粗 粒 组							细 粒 组		
	漂石（块石）	卵石（碎石）	砾粒				砂粒				粉粒	黏粒	
			粗砾	中砾	细砾		粗砂	中砂	细砂				

注：①《铁路路基设计规范》TB10001—2016 中规定：母岩饱和单轴抗压强度 <20 MPa 的粗粒和巨粒按细粒组考虑；②括号中的数字为铁路行业用。

2. 公路工程对土的分类

《公路土工试验规程》JTG E40—2007 将土分为巨粒土、粗粒土、细粒土和特殊土四大类。

1）巨粒土

当巨粒含量 >75% 时，称为巨粒土。其中漂石含量大于卵石含量的为漂石（块石）；漂石含量小于等于卵石含量的为卵石（碎石）。

当 50% < 巨粒含量 ≤75% 时，称为混合巨粒土。其中漂石含量大于卵石含量的为混合土漂石（块石）；漂石含量小于或等于卵石含量的为混合土卵石（碎石）。

当 15% < 巨粒含量 ≤50% 时，称为巨粒混合土。其中漂石含量大于卵石含量的为漂石（块石）混合土；漂石含量小于或等于卵石含量的为卵石（碎石）混合土。

2）粗粒土

粗粒组含量大于 50% 的土为粗粒类土。包括砾类土和砂类土。

当细粒含量 <5% 时称为砾类土，其中 $C_u \geq 5$、$1 \leq C_c \leq 3$ 时，为级配良好的砾类土，否则为级配不良的砾类土。

土的不均匀系数（C_u）是限制粒径与有效粒径的比值。它是反映组成土的颗粒粒径分布均匀程度的一个指标，按式（8-3）计算：

$$C_u = \frac{d_{60}}{d_{10}} \qquad (8-3)$$

式中：d_{60}——限制粒径。粒径分布曲线（见图 8-2）上该粒径土的通过百分率为 60%，mm；

d_{10}——有效粒径。粒径分布曲线（见图8-2）上该粒径土的通过百分率为10%，mm。

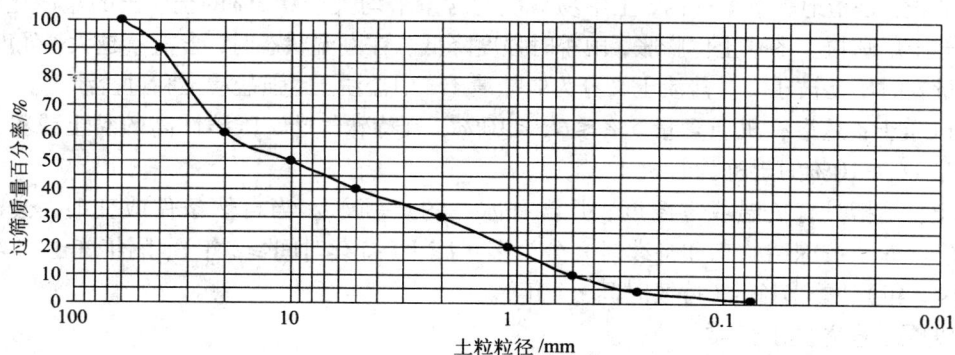

图8-2　土样颗粒级配曲线

曲率系数（C_c）是描述土颗粒粒径分布曲线整体形态的指标，按式（8-4）计算：

$$C_c = \frac{d_{30}^2}{d_{10} \cdot d_{60}} \tag{8-4}$$

式中：d_{30}——粒径分布曲线（见图8-2）上该粒径土的通过百分率为30%，mm。

C_u值一般都大于1。C_u值愈接近于1，表明土颗粒愈均匀，级配曲线陡。$C_u < 5$，$C_c \neq 1 \sim 3$的土称为匀粒土，级配不良；$C_u \geq 5$，$1 \leq C_c \leq 3$的土，级配良好，级配曲线平缓。C_u越大，表示粒组分布越广，但过大，表示可能缺失中间粒径，属不连续级配。

当5%≤细粒含量<15%时称为含细粒土砾。

当15%≤细粒含量<50%时，其中细粒组中粉粒含量≤50%的称为黏土质砾，细粒组中粉粒含量>50%的称为粉土质砾。

粒径>0.5 mm的颗粒多于总土质量50%的为粗砂；粒径>0.25 mm的颗粒多于总土质量50%的为中砂；粒径>0.075 mm的颗粒多于总土质量75%的为细砂。

3）细粒土

细粒组颗粒含量≥总土质量50%的土称为细粒土。

细粒土中粗粒组质量≤总土质量25%的土称为粉质土或黏质土。

细粒土中粗粒组质量为总土质量25%～50%（含50%）的土称为含粗粒的粉质土或含粗粒的黏质土。液限≥50%的为高液限细粒土；液限<50%的为低液限细粒土。

当细粒土中的砾粒组质量多于砂粒组质量时，称为含砾细粒土。

当细粒土中的砂粒组质量多于或等于砾粒组质量时，称为含砂细粒土。

4）特殊土

特殊土包括黄土、膨胀土、红黏土、盐渍土、冻土、软土及有机质土和有机土。

黄土：主要是由粉粒组成，呈棕黄或黄褐色，具有大孔隙和垂直节理特征的土。

湿陷性土：是指在一定压力下，浸水后产生附加沉降，其湿陷系数≥0.015的土。

膨胀土：是指土中黏粒成分主要由亲水性矿物组成，同时具有显著的吸水膨胀和失水收缩特性，其自由膨胀率≥40%的高塑性黏土。

红黏土：是指由碳酸盐系的岩石，经红土化作用而形成的富含铁铝氧化物的褐红色粉土或黏土，其液限一般大于50%。红黏土经再搬运后仍保留其基本特征，其液限>45%的土为次生红黏土。

盐渍土：是指地表下 1 m 内，土中易溶盐的含量平均大于 0.3% 的土。土的盐渍化使结构破坏以至土层疏松。冬季土体膨胀，雨季时强度降低。在潮湿状态时，含盐量越大，强度越低。且含盐量高时不易被压实。盐渍土又分为弱盐渍土、中盐渍土、强盐渍土和过盐渍土。

有机质土：是指有机质含量 $5\% \leqslant O_m < 10\%$，有特殊气味，压缩性高的黏土或粉土。有机质含量 $O_m \geqslant 10\%$ 的土称为有机土。

冻土：是指具有负温或零温度，并含有冰晶的土（石）。当自然条件改变时，会产生冻胀、融陷。冻土按冻结状态和持续时间分为多年冻土（持续时间 $\geqslant 2$ 年）、隔年冻土（1 年 $\leqslant$ 持续时间 < 2 年）和季节冻土（持续时间 < 1 年）。

3. 铁路工程对土的分类

《铁路路基设计规范》TB 10001—2016，根据对原土料的使用方法或加工工艺分为普通填料、物理改良土（将原土料经过破碎、筛分或掺入砂、砾石、碎石等拌和均匀，以改变填料的颗粒级配、改善工程性能的混合土）、化学改良土（在原土料中掺入石灰、水泥、矿物掺合料等拌和均匀，以改变填料的化学成分、改善其工程性能的混合土）和级配碎石。铁路路基填筑用普通填料根据其工程性质和级配特征又分为 A（A1、A2）、B（B1、B2、B3）、C（C1、C2、C3）、D（D1、D2）组。铁路路基填筑用巨粒土、砾石土、砂类土和细粒土的详细分类分别见表 8-2、表 8-3、表 8-4、表 8-5。

表 8-2 铁路路基填筑用巨粒土分类（TB 10001—2016）

类 别		名 称	说 明	$\leqslant 0.075$ mm 细粒含量/%	填料组别
岩块	块石类	硬块石土	粒径 >200 mm 颗粒的质量超过总土质量的 50%，不易风化，尖棱状为主	<5	无论土的级配如何均为 C1 组
				$5 \sim 15$	
				$15 \sim 30$	
				$30 \sim 50$	粉土为 C1 组、黏土为 C2 组
		漂石土	粒径 >200 mm 颗粒的质量超过总土质量的 50%，浑圆或圆棱状为主	<5	无论土的级配如何均为 C1 组
				$5 \sim 15$	
				$15 \sim 30$	
				>30	粉土为 C1 组、黏土为 C2 组
	碎石类	卵石土	粒径 >60 mm 颗粒的质量超过总土质量的 50%，浑圆或圆棱状为主	<5	级配良好为 A2 组；间断级配为 B1、B2 组；均匀级配为 B2 组
				$5 \sim 15$	
				$15 \sim 30$	粉土为 B2、B3 组；黏土为 B3、C1 组
				>30	粉土为 C1 组、黏土为 C2 组
		碎石土	粒径 >60 mm 颗粒的质量超过总土质量的 50%，尖棱状为主	<5	级配良好为 A2 组；间断级配为 B1、B2 组；均匀级配为 B2 组
				$5 \sim 15$	
				$15 \sim 30$	粉土为 B2、B3 组；黏土为 B3、C1 组
				>30	粉土为 C1 组、黏土为 C2 组

注：①良好级配是指 $C_u \geqslant 10$ 且 $1 \leqslant C_c \leqslant 3$ 的土；间断级配是指 $C_u \geqslant 10$ 且 $C_c < 1$ 或 $C_c > 3$ 的土；均匀级配是指 $C_u < 10$ 的土。②在间断级配，粒径 <5 mm 颗粒含量 $>35\%$ 的土（冲蚀稳定）为 B1 组，其他为 B2 组。③在细粒含量为 15% ~ 30% 的粉土中，当粒径 0.075 mm ~ 5 mm 颗粒含量 $\geqslant 15\%$ 时为 B2 组，否则为 B3 组。④在细粒含量为 15% ~ 30% 的黏土中，当粒径 0.075 mm ~ 5 mm 颗粒含量 $\geqslant 15\%$ 时为 B3 组，否则为 C1 组。

表 8 - 3 铁路路基填筑用砾石土分类（TB 10001—2016）

类别		名 称	说 明	≤0.075 mm 细粒含量/%	填料组别
粗粒土	砾石类	粗圆砾土	粒径 >20 mm 颗粒的质量超过总土质量的50%，浑圆或圆棱状为主	<5	级配良好为 A2 组；间断级配为 B1、B2 组；均匀级配为 B2 组
				5 ~ 15	
				15 ~ 30	粉土为 B2、B3 组；黏土为 B3、C1 组
				30 ~ 50	粉土为 C1 组、黏土为 C2 组
		粗角砾土	粒径 >20 mm 颗粒的质量超过总土质量的50%，尖棱状为主	<5	级配良好为 A1 组；间断级配为 B1、B2 组；均匀级配为 B2 组
				5 ~ 15	
				15 ~ 30	粉土为 B2、B3 组；黏土为 B3、C1 组
				30 ~ 50	粉土为 C1 组、黏土为 C2 组
		中圆砾土	粒径 >5 mm 颗粒的质量超过总土质量的50%，浑圆或圆棱状为主	<5	级配良好为 A2 组；间断级配为 B1、B2 组；均匀级配为 B2 组
				5 ~ 15	
				15 ~ 30	粉土为 B2、B3 组；黏土为 B3、C1 组
				30 ~ 50	粉土为 C1 组、黏土为 C2 组
		中角砾土	粒径 >5 mm 颗粒的质量超过总土质量的50%，尖棱状为主	<5	级配良好为 A1 组；间断级配为 B1、B2 组；均匀级配为 B2 组
				5 ~ 15	
				15 ~ 30	粉土为 B2、B3 组；黏土为 B3、C1 组
				30 ~ 50	粉土为 C1 组、黏土为 C2 组
		细圆砾土	粒径 >2 mm 颗粒的质量超过总土质量的50%，浑圆或圆棱状为主	<5	级配良好为 A2 组；间断级配为 B1、B2 组；均匀级配为 B2 组
				5 ~ 15	
				15 ~ 30	粉土为 B2、B3 组；黏土为 B3、C1 组
				30 ~ 50	粉土为 C1 组、黏土为 C2 组
		细角砾土	粒径 >2 mm 颗粒的质量超过总土质量的50%，尖棱状为主	<5	级配良好为 A1 组；间断级配为 B1、B2 组；均匀级配为 B2 组
				5 ~ 15	
				15 ~ 30	粉土为 B2、B3 组；黏土为 B3、C1 组
				30 ~ 50	级配良好为 A2 组；间断级配为 B1、B2 组；均匀级配为 B2 组

注：①在间断级配，粒径 <5 mm 颗粒含量 >35% 的土（冲蚀稳定）为 B1 组，其他为 B2 组；②在细粒含量为 15% ~ 30% 的粉土中，当粒径 0.075 mm ~5 mm 颗粒含量≥15% 时为 B2 组，否则为 B3 组；③在细粒含量为 15% ~ 30% 的黏土中，当粒径 0.075 mm ~5 mm 颗粒含量≥15% 时为 B3 组，否则为 C1 组。

细粒土含量小于10%、渗透系数 $K_{20} > 1 \times 10^{-5}$ cm/s 的岩块、粗粒土（细砂除外）则称为渗水土。

填料按冻胀敏感性分为不敏感［如：填料中细粒含量≤5% 的碎石类土、砂类土（粉砂除外）］、弱敏感［如：填料中细粒含量在 5% ~ 15% 的碎石类土、砂类土（粉砂除外）］、敏感［如：填料中细粒含量 >15% 的碎石类土、砂类土（含粉砂）］和强敏感（如：细粒土）填料。严寒地区在路基冻结影响范围内，宜选用冻胀不敏感填料。

土的类别鉴定可通过对土样的颗粒分析、界限含水率等试验结果来综合确定。

表 8 - 4 铁路路基填筑用砂类土分类(TB 10001—2016)

类别		名称	说明	≤0.075 mm 细粒含量/%	填料组别
粗粒土	砂类	砾砂	粒径 > 2 mm 颗粒的质量超过总土质量的 25% ~ 50%	< 5	级配良好为 B1 组；间断级配为 B2 组；均匀级配为 B3 组
				5 ~ 15	
				15 ~ 30	粉土为 B2 组；黏土为 B3 组
				30 ~ 50	粉土为 C1 组、黏土为 C2 组
		粗砂	粒径 > 0.5 mm 颗粒的质量超过总土质量的 50%	< 5	级配良好为 B1 组；间断级配为 B2 组；均匀级配为 B3 组
				5 ~ 15	
				15 ~ 30	粉土为 B2 组；黏土为 B3 组
				30 ~ 50	粉土为 C1 组、黏土为 C2 组
		中砂	粒径 > 0.25 mm 颗粒的质量超过总土质量的 50%	< 5	级配良好为 B1 组；间断级配为 B2 组；均匀级配为 B3 组
				5 ~ 15	
				15 ~ 30	粉土为 B2 组；黏土为 B3 组
				30 ~ 50	粉土为 C1 组、黏土为 C2 组
		细砂	粒径 > 0.075 mm 颗粒的质量超过总土质量的 85%	< 5	级配良好为 C2 组；其他为 C3 组
				5 ~ 15	
		粉砂	粒径 > 0.075 mm 颗粒的质量超过总土质量的 50%	15 ~ 30	无论级配如何均为 C3 组
				30 ~ 50	

表 8 - 5 铁路路基填筑用细粒土分类(TB 10001—2016)

类别	主成分	名称	液、塑限描述	粗粒含量/%	粗粒成分	填料组别
细粒土	粉土(M)	低液限粉土(ML)	液塑图中 A 线以下，$I_p < 10$，$\omega_L < 40$	< 30	—	C3 组
				30 ~ 50	砾	
					砂	
		高液限粉土(MH)	液塑图中 A 线以下，$I_p < 10$，$\omega_L \geqslant 40$	< 30	—	D2 组
				30 ~ 50	砾	D1 组
					砂	
	黏土(C)	低液限黏土(CL)	液塑图中 A 线以下，$I_p \geqslant 10$，$\omega_L < 40$	< 30	—	C3 组
				30 ~ 50	砾	
					砂	
		高液限黏土(CL)	液塑图中 A 线以下，$I_p \geqslant 10$，$\omega_L \geqslant 40$	< 30	—	D2 组
				30 ~ 50	砾	D1 组
					砂	
	软岩土(母岩饱水单轴抗压强度 < 20 MPa)		液塑图中 A 线以下，$I_p < 10$，$\omega_L < 40$		低液限软岩粉土	C3
			液塑图中 A 线以下，$I_p < 10$，$\omega_L \geqslant 40$		高液限软岩粉土	D2
			液塑图中 A 线以下，$I_p \geqslant 10$，$\omega_L < 40$		低液限软岩黏土	C3
			液塑图中 A 线以下，$I_p \geqslant 10$，$\omega_L \geqslant 40$		低液限软岩黏土	D2

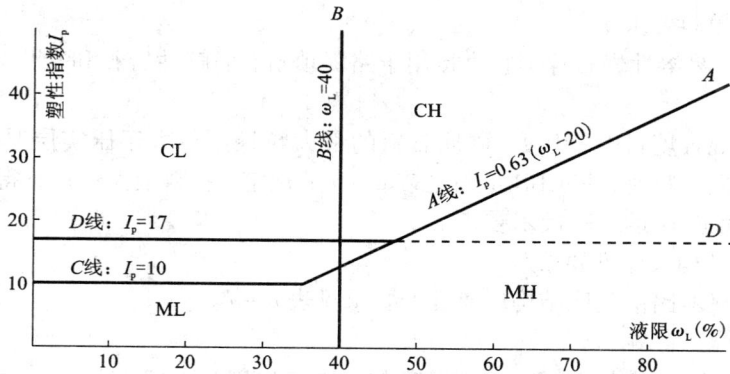

图8-3 细粒土液塑图

注：①图中液限试验采用圆锥仪法，圆锥仪总质量为76 g，液入锥深度为10 mm。

②A线方程中的w_L按去掉%符合后的数值进行计算。

8.2.3 路基填筑用土的技术要求

1. 公路路基填筑用填料的技术要求

《公路路基施工技术规范》JTG F10—2006对路基填筑用材料的技术要求如下：

填方路基（路堤）应优先选用级配较好的砾类土、砂类土等粗粒土作为填料，填料的最大粒径应＜150 mm。

1）一般要求

①含草皮、生活垃圾、树根、腐殖质的土严禁作为填料。

②泥碳、淤泥、冻土、强膨胀土、有机质土及易溶盐超过允许含量的土及液限w_L>50%、塑性指数I_p>26、含水率不适宜直接击实的细粒土，不得直接用于填筑路基；需要使用时，必须采取技术措施进行处理（如掺入适量石灰、水泥或砂砾进行改良），经检验满足设计要求后方可使用。

③粉质土不宜直接用于填筑路床，不得直接填筑于冰冻地区的路床及浸水部分的路堤。

④填料的强度（承载比CBR）和粒径应符合表8-6的规定。

表8-6 路基填筑用填料的最小强度和最大粒径（JTG F10—2006）

项目分类 （路床顶面以下深度）		填料最小强度（CBR）/%			填料最大粒径 /cm
		高速公路、 一级公路	二级公路	三、四级公路	
路堤	上路床（0~30 cm）	8.0	6.0	5.0	10
	下路床（30~80 cm）	5.0	4.0	3.0	10
	上路堤（80~150 cm）	4.0	3.0	3.0	15
	下路堤（>150 cm）	3.0	2.0	2.0	15
零填及 挖方路基	0~30 cm	8.0	6.0	5.0	10
	30~80 cm	5.0	4.0	3.0	10

注：① 表中所列强度为浸水96 h的CBR试验测定值；② 三、四级公路铺筑沥青混凝土和水泥混凝土路面时，应采用二级公路的规定；③ 表中上、下路堤填料最大粒径15 cm的规定，不适用于填石路堤和土石路堤；④CBR是标准贯入杆贯入土样中深度达2.5 mm时的压力与标准压力7000 kPa的百分比或贯入深度达5.0 mm时的压力与标准压力10500 kPa的百分比。

2）土石路堤填料要求

①膨胀岩石、易溶性岩石等不宜直接用于路堤填筑，崩解性岩石和盐化岩石等不得直接用于路堤填筑。

②天然土石混合填料中，中硬、硬质石料的最大粒径不得大于压实层厚的2/3；石料为强风化石料或软质石料时，其CBR应符合表8-6的规定，石料最大粒径不得大于压实层厚。

2. 铁路路基填筑用填料的技术要求

1）路基基床结构层厚度要求

不同铁路等级对路基基床结构层厚度的要求见表8-7。

表8-7　常用路基基床结构层厚度（TB10001—2016）

铁路等级		基床表层/m	基床底层/m	总厚度/m
客货共线铁路		0.6	1.9	2.5
城际铁路	有砟轨道	0.5	1.5	2.0
	无砟轨道	0.3	1.5	1.8
高速铁路	有砟轨道	0.7	2.3	3.0
	无砟轨道	0.4	2.3	2.7
重载铁路	设计轴重250 kN、270 kN	0.6	1.9	2.5
	设计轴重300 kN	0.7	2.3	3.0

2）基床表层用填料要求

铁路路基基床表层填筑用填料应根据铁路设计等级及设计时速来合理选用。具体选用参照表8-8的规定。

表8-8　基床表层填料选用标准（TB10001—2016）

铁路等级及设计时速		粒径限值/mm	可选填料类别
客货共线铁路及城际轨道	200 km/h	≤60	级配碎石
	160 km/h	≤100	宜选用砾石类、碎石类中的A1、A2组填料，其次为砾石类、碎石类及砂类土中的B1、B2组填料，有经验时可采用化学改良土
	≤120 km/h		优先选用砾石类、碎石类中的A1、A2组填料，其次为砾石类、碎石类及砂类土中的B1、B2组填料，有经验时可采用化学改良土
	无砟轨道		级配碎石
高速铁路		≤60	级配碎石
重载铁路			应采用级配碎石及A1、A2组填料

注：①有砟轨道及非冻土地区无砟轨道基床表层采用Ⅰ型级配碎石。②冻结深度>0.5 m的冻土地区以及多雨地区无砟轨道基床表层采用Ⅱ型级配碎石。级配要求见表8-10。

3）基床底层用填料要求

铁路路基基床底层填筑用填料应根据铁路设计等级及设计时速来合理选用。具体选用参照表8-9的规定。

表 8 – 9 基床底层填料选用标准（TB10001—2016）

铁路等级及设计时速		粒径限值/mm	可选料类别
客货共线铁路及城际轨道	200 km/h	≤100	砾石类、碎石类及砂类土中的 A、B 组填料或化学改良土
	160 km/h	≤200	砾石类、碎石类及砂类土中的 A、B 组填料或化学改良土
	≤120 km/h		砾石类、碎石类及砂类土中的 A、B、C1、C2 组填料或化学改良土
	无砟轨道	≤60	砾石类、砂类土中的 A、B 组填料或化学改良土
高速铁路		≤60	砾石类、砂类土中的 A、B 组填料或化学改良土
重载铁路		≤100	砾石类、碎石类及砂类土中的 A、B 组填料或化学改良土

注：①无砟轨道及严寒、寒冷地区有砟轨道冻结深度影响范围内基床表层填料的细粒含量应≤5%，渗透系数应 >5 × 10^{-5} cm/s。②在有可靠资料和工程经验的情况下，采取加固或封闭措施，设计速度 160 km/h 铁路基床底层可采用 C 组填料。

4) 基床以下路堤填料要求

①重载铁路和设计速度为 200 km/h 及以下的有砟轨道可采用 A、B、C 组填料或化学改良土。

②无砟轨道和设计速度为 200 km/h 以上的有砟轨道宜选用 A、B、C1、C2 组填料或化学改良土。

③设计速度为 200 km/h 以下的有砟轨道采用 D 组填料时应进行改良或采取加固措施。

④路堤浸水部位应结合铁路等级、轨道类型等采用水稳性好的填料或采取封闭、隔水措施，长期浸水部位应采用渗水土填料。

⑤寒冷地区有害冻胀深度范围内的路基，宜采用冻胀不敏感填料。

⑥重载铁路、设计速度为 200 km/h 以下的有砟轨道，填料的最大粒径不应大于摊铺厚度的 2/3，且应≤300 mm。

⑦设计速度为 200 km/h 的有砟轨道，填料最大粒径应≤150 mm。

⑧无砟轨道及设计速度为 200 km/h 以上的有砟轨道，填料最大粒径应≤75 mm。

⑨当采用 C2 组中的砂类土及 C3 组填料时，应采取加强防护措施。

8.2.4 路基填筑用土检测样品的抽取

检测用土样可在试坑、平洞、竖井、去植被后的天然地面及钻孔中采取。对同一土质每 5000 m³ 应抽样进行一次检验，最少取样数量应≥200 kg。常规检测项目为界限含水率、颗粒分析、承载比（CBR）、击实试验等。

8.3 级配碎石

级配碎石可由开山块石、天然卵石或砂砾石经破碎筛选而成，是由各种大小不同粒级的岩石颗粒和石粉组成的混合料，当其级配符合有关技术规范的规定时，则称其为级配碎石。

1. 路基基床表层用级配碎石

《铁路路基设计规范》TB 10001—2016 规定，铁路路基基床表层填筑用级配碎石分为 Ⅰ型和 Ⅱ型。级配碎石中粒径 >1.7 mm 颗粒的洛杉矶磨耗率应≤30%，硫酸钠溶液浸泡质量损失率应≤6%；粒径<0.5 mm的细颗粒的液限应≤25%，塑性指数应<6；颗粒中细长及扁平颗粒含量应≤20%；压碎指标应≤16%；黏土团及有机物含量应≤2%；级配碎石的不均匀系数 $C_u \geqslant 15$，曲率系数 $C_C = 1 \sim 3$；Ⅰ型级配碎石中0.02 mm以下颗粒质量百分率应≤3%，在压实系数为0.97情况下，其渗透系数应<1×10^{-6}m/s；Ⅱ型级配碎石中0.075 mm以下颗粒质量百分率应≤3%，压实后0.075 mm颗粒含量应≤5%，持水率（能保持的含水率）应≤5%，渗透系数应>5×10^{-5}m/s；Ⅰ型和Ⅱ型级配碎石的颗粒级配应符合表8-10的规定。

表8-10　基床表层用级配碎石的级配要求（TB 10001—2016）

方孔筛孔边长/mm	0.075	0.5	1.7	7.1	22.4	31.5	45	60	类型
过筛质量百分率/%	0~7	19~32	33~46	53~75	79~91	89~100	100	—	Ⅰ
	0~3	8~20	16~33	37~53	63~79	73~89	85~100	100	Ⅱ

2. 路基基床表层以下过度段用级配碎石

过度段是指路基与桥台、横向结构物（如涵洞）、隧道及路堤与路堑等衔接处，需作特殊处理的地段。

为了避免路基与桥隧等其他结构物、不同路基结构、不同地基处理形式的衔接处可能出现沉降变形及刚度差异，导致衔接处出现台阶（不均匀沉降，俗称错台）、路基顶面不平顺，影响行车安全，故应设置过度段，过度段的长度应符合有关标准和设计要求。

《铁路路基设计规范》TB 10001—2016规定，用于铁路路基基床表层以下过度段级配碎石中针状、片状颗粒总含量应≤20%；质软、易破碎的碎石含量应≤10%；黏土团及有机物含量应≤2%；颗粒级配应符合表8-11的规定。过度段浸水部分所填级配碎石，压实后细粒土含量应小于10%、渗透系数应大于1×10^{-5}cm/s。

表8-11　过渡段用级配碎石的级配要求（TB 10001—2016）

级配类型	圆孔筛孔径/mm 过筛质量百分率/%									
	50	40	30	25	20	10	5	2.5	0.5	0.075
1	100	95~100	—		60~90		30~65	20~50	10~30	2~10
2	—	100	95~100		60~90		30~65	20~50	10~30	2~10
3			100	95~100		50~80	30~65	20~50	10~30	2~10

过渡段级配碎石中宜掺用强度等级为42.5或32.5级、初凝时间≥30min、终凝时间≥6.0h的普通硅酸盐水泥或矿渣硅酸盐水泥，水泥的安定性用沸煮法检验应合格。不得使用快硬水泥、早强水泥。

级配碎石在使用前需要采用重型击实试验测得其最大干密度和最佳含水率。

8.4　土工合成材料

土工合成材料是岩土工程应用的土工织物、土工膜、土工复合材料、土工特种材料的总称。它是以人工合成的聚合物(如塑料、化纤、合成橡胶等)为原料，制成各种类型的产品，置于土体内部、表面或各种土体之间，发挥加强或保护土体的作用。

路基填筑工程中常用的土工合成材料主要有土工布、土工格栅、土工格室、土工网垫等。

8.4.1　土工布

土工布又称土工织物。它是由涤纶、腈纶、锦纶等高分子聚合物的合成纤维，通过针刺或编织而成的透水性土工合成材料，成品为布状。

1.品种规格

土工布按织造方式分为织造(有纺)和非织造(无纺)土工织物两种。

织造土工织物是由纤维纱或长丝按一定方向排列机织的土工织物。

非织造土工织物是由短纤维或长丝按随机或定向排列制成的薄絮垫，经机械、热力或化学等联结方式而制成的织物。

长丝纺粘针刺非织造土工布按断裂强度(kN/m)分为：4.5、7.5、10、15、20、25、30、40、50等，幅宽和单位面积质量作为辅助。

长丝机织土工布按纵向断裂强度(kN/m)分为：35、50、60、80、100、120、140、160、200、250等，幅宽和单位面积质量作为辅助。

短纤针刺非织造土工布按单位面积质量(g/m^2)分为：100、150、200、250、300、350、400、450、500、600、800等，幅宽作为辅助。

机织/非织造复合土工布按断裂强度(kN/m)分为：30、40、50、60、70、80、100、120、140。

2.技术要求

土工布的厚度、单位面积质量、断裂强度、标称(或断裂)伸长率、撕破强力、CBR顶破强力、垂直渗透系数、等效孔径O_{90}或O_{95}等技术要求应分别符合现行国家标准《土工合成材料　长丝纺粘针刺非织造土工布》GB/T 17639—2008、《土工合成材料　长丝机织土工布》GB/T 17640—2008、《土工合成材料　短纤针刺非织造土工布》GB/T 17638—2017、《土工合成材料 机织/非织造复合土工布》GB/T 18887—2002、《土工合成材料　塑料扁丝编织土工布》GB/T 17690—1999 的有关规定。

厚度：土工织物的厚度是指其在承受一定压力(一般为2 kPa)的情况下，织物上下两个平面之间的距离，单位为mm。土工织物的厚度在承受压力时变化很大，且随加压持续时间的延长而减少，故测定时应对其施加规定的压力，并持续到规定的加压时间(30 s)后读取数据。土工织物的厚度对计算其水力特性指标影响很大。

单位面积质量：是指1 m^2 土工织物的质量有多少克。它既能反映土工织物的均匀程度，还能反映土工织物的抗拉强度、顶破强度和渗透系数等多方面特性。

等效孔径：也称有效孔径。是指能有效通过土工织物的近似最大颗粒直径。通常以O_{90}、

O_{95}来表示土工织物的等效孔径。如O_{90}表示土工织物中90%的孔径大于该值。

等效孔径用于表示织物型土工合成材料孔隙大小的指标。土工织物的透水性、导水性和保持土粒的性能都与其孔隙通道的大小和数量有关。

拉伸断裂强度：是试验中试样被拉伸至断裂时每单位宽度的最大拉力，以kN/m表示。

伸长率：是指拉伸试验中对应于最大拉力时的应变量，以百分率表示。

土工合成材料的工程应用中，加筋、隔离和减荷作用等都直接利用了材料的抗拉能力，相应的工程设计中也需要用到材料的抗拉强度。因此抗拉强度是土工合成材料最基本也是最重要的力学特性指标。

土工合成材料的拉伸断裂强度和伸长率与原材料的种类、结构形式、单位面积质量、厚度及生产工艺等因素有关。

撕破强力：是指撕破试样所需的最大力。它反映土工织物抵抗撕裂的能力，也能间接反映土工织物的抗拉能力。

顶破强力：是指用直径为50mm的圆柱形顶压杆，以60 mm/min的速率垂直顶压土工织物，直至顶破时所需的最大力。它反映土工织物抵抗坚硬物体的顶破能力。

垂直渗透系数：是指水流垂直于土工织物平面，水力梯度等于1时的渗透流速。垂直渗透系数k按式(8-5)计算：

$$k = \frac{V_w \cdot \delta}{A \cdot t \cdot \Delta h} = \frac{v \cdot \delta}{\Delta h} = \frac{v}{i} \tag{8-5}$$

式中：V_w——t时间内通过土工织物渗透的水量，mm^3；

δ——土工织物的厚度，mm；

A——过水面积，mm^2；

Δh——土工织物上下两侧的水位差（即水头），mm；

v——垂直土工织物平面水的流速，mm/s；

i——土工织物上下两侧的水力梯度，$i = \Delta h / \delta$。

3. 特性与应用

土工布整体连续性好，可做成较大面积的整体。具有质量轻、施工方便、抗拉强度高、抗冷冻、耐老化、耐腐蚀等特性。具有优秀的过滤、排水、隔离、加筋、防护等作用。

土工布主要用于铁路、公路、机场的路基填筑，水利堤坝的填筑、隧洞、建筑、环保等工程中，可起到过滤、排水、隔离、防护、加筋的作用。

4. 储存

土工布应储存在干燥、阴凉、清洁、周围不得有酸、碱等腐蚀介质的库房内，不得长期暴晒，并注意防火等事宜。产品自生产日期起，保存期为12个月。

8.4.2　土工格栅

土工格栅是由有规则的网状抗拉条带形成的用于加筋的土工合成材料。其开孔可容周围土石或其他土工材料穿入。土工格栅形状见图8-4。

1. 品种规格

土工格栅按生产材料不同分为塑料土工格栅、钢塑土工格栅、玻璃纤维土工格栅和玻纤聚酯土工格栅四大类。按受力特性分为单拉土工格栅（单向拉伸）和双拉土工格栅（双向拉

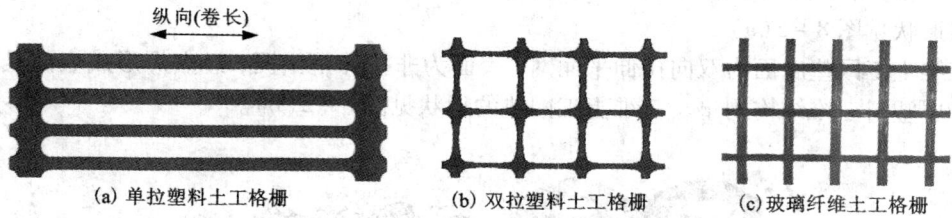

（a）单拉塑料土工格栅　　　（b）双拉塑料土工格栅　　　（c）玻璃纤维土工格栅

图 8-4　土工格栅

伸）两种。

塑料土工格栅是用聚丙烯、高密度聚氯乙烯等高分子聚合物经热塑或模压而成的二维网格状或具有一定高度的三维立体网格屏栅。单拉土工格栅按单向拉伸强度（kN/m）分为：35、50、80、120、160、200 等规格；双拉土工格栅按双向拉伸强度（kN/m）分为：15×15、20×20、25×25、30×30、35×35、40×40、45×45、50×50 等规格。

钢塑土工格栅由高强度钢丝通过高密度聚乙烯包裹成高强度条带，按平面经纬成直角，经超声波焊接成形的土工合成材料。

玻璃纤维土工格栅以玻璃纤维无碱无捻粗纱为主要原料，采用一定的编织工艺制成的网状结构材料，为保护玻璃纤维和提高整体使用性能，经过特殊的涂覆处理工艺而形成新型优良的土工合成材料。按双向断裂强度（kN/m）分为：30×30、50×50、60×60、80×80、100×100、120×120、150×150 等规格。

2. 技术要求

土工格栅的网眼尺寸、拉伸强度、2% 和 5% 伸长率时的拉伸强度（塑料格栅）、断裂伸长率、耐高温性（玻纤格栅）等技术要求应分别符合现行国家标准《土工合成材料　塑料土工格栅》GB/T 17689—2008、《玻璃纤维土工格栅》GB/T 21825—2008 的有关规定。

3. 特性与应用

土工格栅具有拉伸强度大、变形小、蠕变（在恒定负荷下，试样的变形随时间的变化）小、摩擦系数大、耐腐蚀、寿命长、抗老化和抗氧化性能强，可耐酸、碱、盐等恶劣环境的腐蚀，尺寸稳定性好等性能。双向土工格栅在纵向和横向上都具有很大的拉伸强度；单向土工格栅具有相当高的拉伸强度和拉伸模量。

双向拉伸塑料土工格栅适用于各种路基和堤坝补强、边坡防护、挡墙和路面抗裂、洞壁补强，大型机场、停车场、码头货场等永久性承载的地基补强；单向土工格栅用于加固软弱地基、加筋沥青或水泥路面、加固江河海堤、处理垃圾掩埋场等。

4. 储存

塑料土工格栅不得露天存放，应避免日光长期照射，并离热源大于 5 m。产品自生产日期起，保存期为 12 个月。玻纤土工格栅应贮存在无腐蚀气体、无粉尘和通风良好干燥的室内。

8.4.3　土工格室与网垫

土工格室与土工网垫都是用合成材料特制的二维和三维结构。

塑料土工格室由长条形的塑料片材，通过超声波焊接等方法连接而成，展开后为蜂窝状的立体网格，未展开时，在同一条片材的同一侧。长条片材的宽度即为格室的高度。塑料土工格室形状见图8-5(a)。

三维土工网垫底面为双向拉伸平面网，表面为非拉伸挤出网，经点焊形成表面呈凹凸泡状的多层塑料三维结构网垫。三维土工网垫的形状见图8-5(b)。

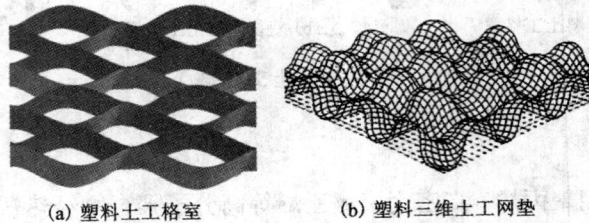

(a) 塑料土工格室　　　　(b) 塑料三维土工网垫

图8-5　土工格室与土工网垫

1. 品种

塑料土工格室按片材类型分为聚丙烯土工格室(代号PP)和聚乙烯土工格室(代号PE)。

塑料三维土工网垫按层数可分为二层(EM2)、三层(EM3)、四层(EM4)、五层(EM5)。

2. 技术要求

塑料土工格室的外观、格室片材的拉伸屈服强度、焊接处抗拉强度、格室间连接处抗拉强度等技术要求应符合现行国家标准《土工合成材料 塑料土工格室》GB/T 19274—2003 的有关规定。

塑料三维土工网垫的厚度、单位面积质量、纵横向拉伸强度等技术要求应符合现行国家标准《土工合成材料 塑料三维土工网垫》GB/T 18744—2002 的有关规定。

3. 特性与应用

土工格室伸缩自如，运输时可缩叠起来，使用时张开并充填岩土或混凝土，构成具有强大侧向限制和大刚度的结构体。

三维土工网垫的底层为一高模量基础层，能防止变形和水土流失，表层为起泡层，填入土壤，种上草籽，在草皮没有长成之前，可以保护土地表面免遭风雨的侵蚀，同时在播种初期稳固草籽；植物生长起来后组成的复合保护层可经受高水位，大流速的雨水冲刷；可替代混凝土、沥青、抛石等坡面防护材料，是非常理想的土壤植被防护材料。

土工格室用于加固公路、铁路的路基与软土地基、边坡防护与绿化结构、修建挡土墙等。土工格室最大特点是可以完成岩土工程中常规方法难以处理的多种疑难问题，如桥头跳车、软基沉陷、翻浆、塌方和沙漠路基等。同时，施工也很方便。

三维土工网垫主要用于公路、铁路、河道、堤坝、山坡等坡面保护，可有效地防止水土流失、增加绿化面积，改善生态环境。

4. 储存

塑料土工格室和塑料三维土工网垫产品应贮存在干燥、阴凉、清洁的库房内，远离热源、火源，并防止阳光直接照射，贮存期限从生产之日起不超过1年。若暴露存放，则不得超过3个月。

232

8.4.4 土工膜

土工膜是由聚合物或沥青制成的一种相对不透水薄膜。

1.品种规格

土工膜分为单层土工膜和复合土工膜(多层土工膜)。由于单层土工膜抗拉强度低,且抗穿孔能力差,故工程上常用的土工膜为复合土工膜。

以塑料薄膜作为防渗基材,与无纺布复合而成的土工防渗材料,称为非织造布复合土工膜。无纺布作为土工膜的保护层,保护防渗层不受损坏。其防渗性能主要取决于塑料薄膜的防渗性能。

非织造布复合土工膜按膜材分为聚氯乙烯(PVC)、高密度聚乙烯(PE-HD)或中密度聚乙烯(PE-MD)、氯化聚乙烯(CPE)、乙烯-醋酸乙烯共聚物(EVA)等复合土工膜;按基材分为短纤针刺非织造布复合土工膜、长丝纺粘针刺非织造布复合土工膜;按结构分为一布一膜、一布二膜、二布二膜、多布多膜等复合土工膜;按断裂强度(kN/m)分为 5.0、7.5、10、12、14、16、18、20 等规格。

2.技术要求

非织造布复合土工膜按膜的纵横向断裂强度、纵横向标称断裂强度对应伸长率、CBR顶破强力、纵横向撕破强力、耐静水压力、垂直渗透系数、剥离强度等技术要求应符合现行国家标准《土工合成材料 非织造布复合土工膜》GB/T 17642—2008 的有关规定。

3.特性与应用

单层土工膜具有比重较小,延伸性较强,适应变形能力高,耐腐蚀,耐低温,抗渗性能好。但抗拉强度低、抗穿孔能力差。

复合土工膜具有强度高,延伸性能较好,变形模量大,耐酸碱、抗腐蚀,耐老化,防渗性能好等特点。

土工膜适用于水利、市政、建筑、交通、地铁、隧道、堤坝、遂洞、沿海滩涂、围垦、环保等工程的防渗及废料场的防污处理。

4.储存

聚氯乙烯和聚乙烯土工膜应贮存在干燥、阴凉、清洁的库房内,同时保持包装的完整,膜卷不应堆放过高,堆码高度不超过 1.5 m,并远离热源和化学污染。贮存期限从生产之日起不超过 2 年。非织造布复合土工膜应保证不破损、不沾污、不受潮、防雨淋,且不得长期暴晒。

8.4.5 排水材料

1.品种

排水材料按应用种类分为排水带(DD)、长丝热粘排水体(DC)、透水软管(DR)和透水硬管(DY)四类。

排水带是以透水土工织物(土工布)作为滤材,包裹不同形状的具有纵向排水通道的高分子聚合物芯板,组合成的具有一定宽度的复合型带状排水结构体,又称排水板。见图 8-6(a)。

长丝热粘排水体是由高分子聚合物长丝热粘堆缠成不同几何形状的排水芯体,外包土工织物(土工布)作为滤材,组合成的具有一定断面尺寸的排水结构体,又称速排龙。见图 8-6(b)。

透水软管是以经防腐处理、外覆高分子聚合物的弹簧钢丝或其他高强材料丝圈为骨架,

(a)塑料排水带

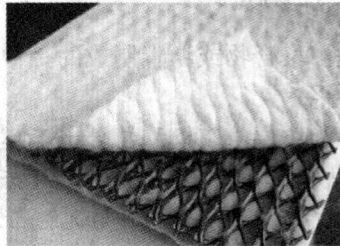
(b)长丝热粘排水体

(c)软式透水管

(d)硬式透水管

图 8 - 6　排水材料

外管壁采用复合土工织物包裹组成的土工透水管，又称软式透水管。见图 8 - 6(c)。

透水硬管是以高分子聚合物或其他材料制成的多孔管材为排水芯体，外包土工织物为滤材，组合成的圆形或矩形土工复合硬式管状制品，又称硬式透水管。见图 8 - 6(d)。

2. 技术要求

排水带芯板的尺寸偏差、纵向通水量、纵向拉伸强度、延伸率、抗弯折性能；长丝热粘排水体芯条的尺寸偏差、纵向通水量、耐压力、塑丝抗弯折性能、实体孔隙率；透水软管的尺寸偏差、纵向通水量、扁平耐压力；透水硬管的尺寸偏差、纵向通水量、管壁开孔率、环刚度等技术要求应符合现行行业标准《公路工程土工合成材料 排水材料》JT/T 665—2006 的有关规定。

3. 特性与应用

排水板具有的凹凸中空立筋结构，具有导水能力强、承受压力大、耐化学生物作用和抗老化性等特点。与土工布组成一个排水系统，形成一个具有渗水、贮水和排水功能的系统，可以快速有效导出雨水，大大减少甚至消除防水层的静水压力，通过这种主动导水原理达到主动防水的效果，是淤泥、淤质土、冲填土等饱和黏性土及杂填土运用排水固结法进行软基处理的良好垂直通道，大大缩短了软土固结时间。

长丝热粘排水体具有三层特殊结构，中间筋条刚性大，纵向排列，形成排水通道，上下交叉排列的筋条形成支撑，防止土工布嵌入排水通道，即使在很高的荷载下也能保持很高的排水性能，具有反滤、排水、透气、保护的综合性能，是目前最理想的排水材料。

透水软管的防锈弹簧圈形成高抗压软式管体结构，外包土工织物作过滤层，使泥砂杂质不能进入管内，从而达到透水、过滤、排水为一体的目的。

透水硬管的特点类似于透水软管，但他的抗压能力和柔韧性不如透水软管。

长丝热粘排水体、透水软管、透水硬管适用于公路、铁路、建筑、水利、机场、环保、农业等领域的地下渗排水工程(如渗沟、盲沟等),可替代传统的砂粒和砾石层排水材料。

4.储存

排水材料产品在装卸运输过程中,不得抛摔,避免与尖锐物品混装运输,避免剧烈冲击,且运输工具应有遮蓬等防雨与防晒措施。存储时,产品不得露天存放,应避免日光长期照射,并离热源大于 15 m;掺加防老化助剂的排水材料累积暴露存放不得超过 1 个月,未掺加防老化助剂的排水材料不得暴露存放。

8.4.6 土工合成材料检测样品的抽取

土工合成材料在使用前应分批次对其质量进行抽样检测。检测样品的抽取见表 8-12。

表 8-12 土工合成材料质量检验样品的抽取

材料名称	组批规则	最少抽样数量	抽样方法
土工布 非织造布复合土工膜	同一生产单位生产的同一品种、同一规格为一批	≤50 卷时为 2 卷 >50 卷时为 3 卷	从批样(抽取的卷)的每一卷中,距端部不少于 3m 的部位,随机剪取产品幅宽不少于 1m 长作为检测样品
土工格栅	同一原料、同一配方、相同工艺生产的同一规格为一批,且每批不超过 500 卷。当 7 d 生产尚不足 500 卷时,则以 7 d 生产量为一批	每批 1 卷	从每批中随机抽取 1 卷,去掉外层长度 500 mm 后,截取产品幅宽不少于 1 m 长作为检测样品
土工格室	同一原料、同一配方、相同工艺生产的同一规格为一批,且每批不超过 500 组。当 7 d 生产尚不足 500 组时,则以 7 d 生产量为一批	≤150 组时为 8 组;151~200 组时为 13 组	从批样(抽取的组)的每一组中,随机剪取产品不少于 1 m² 作为检验样品
排水材料	同一生产单位、同一牌号的原料、配方、规格和生产工艺,并稳定连续生产一定数量的产品为一批,每批数量不超过 500 卷(根)则以 5 日产量为一批。不足数量的亦为一批。	每批 2 卷(根)	从每批中随机抽取 2 卷(根)作为检验样品

复习思考题

1.路基按其断面形式可分为哪几种?

2.无黏性土与黏性土的区别是什么?

3.什么是土的三相组成?

4.如何评价土颗粒的级配情况?

5.什么是土的液限、塑限?

6.什么是级配碎石?主要用于哪些地方?

7.什么是土工合成材料?常用的土工合成材料有哪些?

8.土工格栅与土工格室有什么区别?

模块九　公路路面工程材料

【内容提要】　本模块主要介绍公路底基层、基层用无机结合料稳定材料的分类、技术要求与配合比设计；水泥混凝土路面面层混凝土用材料的技术要求与配合比设计；沥青路面用沥青混合料的材料组成与技术要求、混合料的技术性质与影响因素、热拌沥青混合料配合比的设计及沥青与沥青混合料的储运与质量检验样品的抽取等有关知识。

公路路面是指在公路路基上车行道范围内铺筑的层状结构物。按照层位及其作用可分为面层、基层和底基层三个主要层次。有的路面只采用面层和基层两个结构层，甚至只采用一个面层的结构。面层按使用材料分主要有水泥混凝土面层和沥青混合料面层等。

基层是直接位于沥青路面面层下的主要承重层或直接位于水泥混凝土面板下的结构层。

底基层是在沥青路面基层下铺筑的次要承载层或在水泥混凝土路面基层下铺筑的辅助层。

9.1　基层、底基层用稳定材料

9.1.1　稳定材料的概念与分类

在粉碎的或原来松散的材料（包括各种粗、中、细粒土）中，掺入适量的无机结合料（水泥、石灰粉、粉煤灰）和水，经拌合得到的混合料，在压实和养生后，当其无侧限抗压强度符合规定要求时，称为无机结合料稳定材料。

稳定材料按所用无机结合料的品种分为水泥稳定材料、石灰稳定材料和综合稳定材料等。

水泥稳定材料是指以水泥为结合料，通过加水与被稳定材料共同拌合形成的混合料，包括水泥稳定级配碎石、水泥稳定级配砾石、水泥稳定石屑、水泥稳定砂和水泥稳定土。

石灰稳定材料是指以石灰为结合料，通过加水与被稳定材料共同拌合形成的混合料，包括石灰稳定碎石土、石灰土等。

综合稳定材料是指以两种或两种以上材料为结合料，通过加水与被稳定材料共同拌合形成的混合料，包括水泥石灰稳定材料、水泥粉煤灰稳定材料、石灰粉煤灰稳定材料等。

无机结合料稳定材料具有稳定性好、抗冻性强、结构本身自成板体等优点，但其强度低、耐磨性差。主要用于公路路面的基层和底基层的填筑，也可用于铁路、公路等土方填筑工程的不良土质的改良，以及桥涵与土路基过渡段的填筑。

9.1.2　稳定材料的技术要求

1. 原材料的技术要求

1) 水泥及添加剂

32.5 或 42.5 的通用硅酸盐水泥均可用，但初凝时间应 >3 h，终凝时间应 >6 h 且 <10 h，其他技术要求应符合现行国家标准《通用硅酸盐水泥》GB 175—2007 的有关规定。在水泥稳定材料中掺加缓凝剂或早强剂时，应对混合料进行试验验证。缓凝剂或早强剂的技术要求应符合现行行业标准《公路水泥混凝土路面施工技术细则》JTG/T F30—2014 的有关规定。

2) 石灰

石灰可采用生石灰粉或消石灰粉，其技术要求应符合现行行业标准《公路路面基层施工技术细则》JTG/T F20—2015 的有关规定，主要技术要求见表 9-1。

表 9-1　石灰的技术要求 (JTG/T F20—2015)

项目	指标											
	钙质生石灰粉			镁质生石灰粉			钙质消石灰粉			镁质消石灰粉		
	Ⅰ	Ⅱ	Ⅲ	Ⅰ	Ⅱ	Ⅲ	Ⅰ	Ⅱ	Ⅲ	Ⅰ	Ⅱ	Ⅲ
有效(氧化钙 + 氧化镁)含量/%，≥	85	80	70	80	75	65	65	60	55	60	55	50
未消化残渣含量/%，≤	7	11	17	10	14	20	—	—	—	—	—	—
含水率/%，≤	—	—	—	—	—	—	4	4	4	4	4	4
0.60 mm 方孔筛筛余/%，≤	—	—	—	—	—	—	0	1	1	0	1	1
0.15 mm 方孔筛筛余/%，≤	—	—	—	—	—	—	13	20	—	13	20	—
氧化镁含量/%	≤5			>5			≤4			>4		

对于高速公路和一级公路用石灰应采用不低于 Ⅱ 级；二级公路用石灰不应低于 Ⅲ 级，二级以下公路用石灰宜不低于 Ⅲ 级。二级以下公路使用等外石灰时，石灰的有效氧化钙含量应 >20%，且混合料强度应满足设计要求。

3) 粉煤灰

干排和湿排的硅铝粉煤灰和高钙粉煤灰均可用。粉煤灰中 SiO_2、Al_2O_3 和 Fe_2O_3 的总含量应 >70%；烧失量应 ≤20%；比表面积宜 >2500 cm^2/g；0.3mm 筛孔的通过率应 >90%，0.075 mm 筛孔的通过率应 >70%；湿粉煤灰的含水率应 ≤35%。

各等级公路的底基层、二级及二级以下公路的基层使用的粉煤灰的通过率指标不满足规定要求时，应进行混合料的强度试验，达到设计要求的强度指标时，方可使用。

4) 水

拌合、养护用水应符合生活饮用水标准或《混凝土用水标准》JGJ63—2006 中的素混凝土用水的规定。

5) 粗集料

基层、底基层用粗集料宜采用各种硬质岩石或砾石(卵石)加工成的碎石，也可直接采用天然砾石，其颗粒级配应符合表 9-2 的规定，当不能满足规定要求时，可采用多个级配进行掺配处理，使其符合规定要求。其他技术要求应符合表 9-3 中 Ⅰ 类的规定，用作级配碎石的粗集料应符合表 9-3 中 Ⅱ 类的规定。

采用级配碎石或砾石作基层时的公称最大粒径，对于高速和一级公路应≤26.5 mm，二级及二级以下公路应≤31.5 mm；用作底基层时，其公称最大粒径应≤37.5 mm。级配碎石或砾石中不应有黏土块、有机物。

高速公路、一级公路的底基层和二级及二级以下公路的基层、底基层采用天然砾石时，其技术要求宜满足表9-3的要求，并应级配稳定、塑性指数应≤9。

表9-2　粗集料的颗粒级配要求（JTG/T F20—2015）

规格名称	工程粒径/mm	通过下列筛孔(mm)的质量百分率/%								
		53	37.5	31.5	26.5	19.0	13.2	9.5	4.75	2.36
G1	20～40	100	90～100	—	—	0～10	0～5	—	—	—
G2	20～30		100	90～100	—	0～10	0～5	—	—	—
G3	20～25			100	90～100	0～10	0～5	—	—	—
G4	15～25			100	90～100	—	0～10	0～5	—	—
G5	15～20				100	90～100	0～10	0～5	—	—
G6	10～30		100	90～100	—	—	—	0～10	0～5	—
G7	10～25			100	90～100	—	—	0～10	0～5	—
G8	10～20				100	90～100	—	0～10	0～5	—
G9	10～15					100	90～100	0～10	0～5	—
G10	5～15					100	40～10	0～10	0～5	
G11	5～10						100	90～100	0～10	0～5

表9-3　粗集料的技术要求（JTG/T F20—2015）

指标	层位	高速、一级公路				二级及二级以下公路	
		极重、特重交通		重、中、轻交通			
		Ⅰ类	Ⅱ类	Ⅰ类	Ⅱ类	Ⅰ类	Ⅱ类
压碎值/%，≤	基层	22[a]	22	26	26	35	30
	底基层	30	26	30	26	40	35
针片状颗粒含量/%，≤	基层	18	18	22	18	—	20
	底基层	—	20	—	20	—	20
0.075 mm以下粉尘含量/%，≤	基层	1.2	1.2	2	2	—	—
	底基层	—	—	—	—	—	—
软石含量/%，≤	基层	3	3	5	5	—	—
	底基层	—	—	—	—	—	—

注：[a]——对于花岗岩骨料，其压碎值可放宽至25%。

6）细集料

细集料可采用天然砂或机制砂，应洁净、无杂质、无风化，其级配应符合表9-4的规定，超尺寸颗粒应筛除，其他技术要求应符合表9-5的规定。

级配碎石或砾石细集料的塑性指数应≤12，当不能满足要求时可掺加适量的石灰、无塑性的砂或石屑进行处理。

表 9 - 4　细集料的颗粒级配要求 (JTG/T F20—2015)

规格名称	工程粒径/mm	通过下列筛孔(mm)的质量百分率/%							
		9.5	4.75	2.36	1.18	0.60	0.30	0.15	0.075
XG1	3 ~ 5	100	90 ~ 100	0 ~ 15	0 ~ 5	—	—	—	—
XG2	0 ~ 3		100	90 ~ 100	—	—	—	—	0 ~ 15
XG3	0 ~ 5	100	90 ~ 100	—	—	—	—	—	0 ~ 20

注：①对于 XG2、XG3 细集料应分别严格控制 >2.36 mm 和 >4.75 mm 的颗粒含量，对于 XG1 细集料应严格控制 <2.36 mm 的颗粒含量；②细集料中小于 0.075 mm 的颗粒含量，对于高速公路和一级公路应≤15%，二级及二级以下公路应≤20%。

表 9 - 5　细集料的技术要求 (JTG/T F20—2015)

项目	水泥稳定[a]	石灰稳定	石灰粉煤灰综合稳定	水泥粉煤灰综合稳定
颗粒级配	满足级配要求			
塑性指数[b]	≤17	15 ~ 20	12 ~ 20	—
有机质含量/%	<2	≤10	≤10	<2
硫酸盐含量/%	≤0.25	≤0.8	—	≤0.25

注：[a]——包含水泥石灰综合稳定；[b]指 0.075 mm 以下颗粒的塑性指数。

2. 稳定材料的强度要求

稳定材料的 7d 无侧限抗压强度标准值应符合表 9 - 6 的规定。

表 9 - 6　7 d 龄期无侧限抗压强度标准值 R_d (JTG/T F20—2015) /MPa

层位	水泥稳定 (水泥粉煤灰综合稳定)						石灰稳定	
	高速和一级公路			二级和二级以下公路			高速一级公路	二级二级以下公路
	极重、特重	重	中、轻	极重、特重	重	中、轻		
基层	5.0 ~ 7.0 (4.0 ~ 5.0)	4.0 ~ 6.0 (3.5 ~ 4.5)	3.0 ~ 5.0 (3.0 ~ 4.0)	4.0 ~ 6.0 (3.5 ~ 4.5)	3.0 ~ 5.0 (3.0 ~ 4.0)	2.0 ~ 4.0 (2.5 ~ 3.5)	—	≥0.8
底基层	3.0 ~ 5.0 (2.5 ~ 3.5)	2.5 ~ 4.5 (2.0 ~ 3.0)	2.0 ~ 4.0 (1.5 ~ 2.5)	2.5 ~ 4.5 (2.0 ~ 3.0)	2.0 ~ 4.0 (1.5 ~ 2.5)	1.0 ~ 3.0 (1.0 ~ 2.0)	≥0.8	0.5 ~ 0.7

注：括号中的数字为水泥粉煤灰综合稳定材料的要求。

无侧限抗压强度试验采用高径比为 1∶1 的圆柱体试件。细粒材料应为 $\phi100$ mm × 100 mm；中、粗粒材料应为 $\phi150$ mm × 150 mm。按标准方法制作标准试件，在温度为 (20 ± 2)℃、相对湿度≥95% 的标准养护室中养生 7 d，最后一天浸水养护，所测得的无侧限抗压强度代表值作为评定依据。

9.1.3　稳定材料目标配合比的设计

无机结合料稳定材料目标配合比设计包括原材料的检验、材料组成设计、试料制备、击实试验、强度验证、配合比的确定等步骤。

1. 原材料的检验

根据无机结合料稳定材料的用途确定无机结合料类型，选取合适的原材料并进行品质检验。

2. 材料组成设计

根据所确定的结合料类型、目标级配和计划采用的原材料，依据各集料的筛析结果，对被稳定材料的颗粒级配进行掺配合成，使其级配符合现行行业标准《公路路面基层施工技术细则》JTG/T F20—2015 所规定的级配范围，并确定结合料的剂量（掺量）。结合料的剂量可参照表 9-7 由试验确定。

表 9-7 无机结合料推荐剂量（JTG/T F20—2015）

被稳定材料	条件		无机结合料剂量/%	
			水泥稳定	石灰稳定
级配碎石或砾石	基层	$R_d \geqslant 5.0$ MPa	5、6、7、8、9	—
		$R_d < 5.0$ MPa	3、4、5、6、7	—
土、砂、石屑等		塑性指数 < 12	5、7、9、11、13	10、12、14、16、18
		塑性指数 > 12	8、10、12、14、16	12、14、16、18、20
级配碎石或砾石	底基层	—	3、4、5、6、7	3、4、5、6、7
土、砂、石屑等		塑性指数 < 12	4、5、6、7、8	8、10、11、12、14
		塑性指数 > 12	6、8、10、12、14	10、12、14、16、18
碾压贫混凝土	基层	—	7、8.5、10、11.5、13	

3. 试料制备

分别按表 9-7 规定的五种结合料剂量配制同一种被稳定材料、不同结合料剂量的混合料。将被稳定的材料先行风干，并测定其含水率。根据所采用的击实方法，参照表 9-8 称取每个试件所需材料的风干质量不少于 6 份备用，然后按每份试样的含水率依次相差在 0.5%～1.5% 以内，且至少两个大于最佳含水率和两个小于最佳含水率，称量每份试料所需的用水量，在每份试料中加入预定的水并拌合均匀后，装入塑料袋中密封好，浸润至规定时间，再进行击实试验。浸润时间要求：黏质土为 12～24 h；粉质土为 6～8 h；砂类土、砂砾土、级配砂砾为 4 h；含土很少的未筛分碎石、砂砾、砂为 2 h。无机结合料若为水泥、粉煤灰应在准备击实试验时加入，若为石灰可以在备料时一并加入。

表 9-8 结合料稳定材料击实试验方法及所需试料量

击实方法	击实仪规格				锤击层数	每层锤击次数	容许最大公称粒径/mm	适用土类	每份试料风干质量/kg	
	击锤质量/kg	锤击面直径/mm	击锤落高/mm	试筒尺寸/mm					细粒土	中粒土
甲法	4.5	50	450	$\phi 100 \times 127$	5	27	19.0	细粒土中粒土	2.0	2.5
乙法				$\phi 152 \times 120$	5	59			4.4	5.5
丙法					3	98	37.5	粗粒土	5.5	

4. 击实试验

（1）按选定的击实方法，依据《公路工程无机结合料稳定材料试验规程》JTG E51—2009 的有关规定进行击实试验，并按式(9-1)计算击实后的结合料的湿密度ρ，精确至0.01 g/cm³：

$$\rho = \frac{m_1 - m_2}{V} \qquad (9-1)$$

式中：m_1——试筒与湿试样的总质量，g；

　　　m_2——试筒的质量，g；

　　　V——试筒的容积，cm³。

（2）用脱模器脱去试筒，同时取试件中部的稳定材料进行含水率测定（烘干法），然后按式(9-2)计算结合料的干密度ρ_d，精确至0.01 g/cm³：

$$\rho_d = \frac{\rho}{1 + 0.01w} \qquad (9-2)$$

式中：w——稳定材料的实测含水率，%。

（3）绘制含水率与干密度曲线图。以干密度(ρ_d)为纵坐标，以含水率(w)为横坐标绘制$\rho_d - w$关系曲线图，曲线图上的峰值点所对应的含水率和干密度即为最佳含水率w_0和最大干密度ρ_{dm}，见图9-1所示。

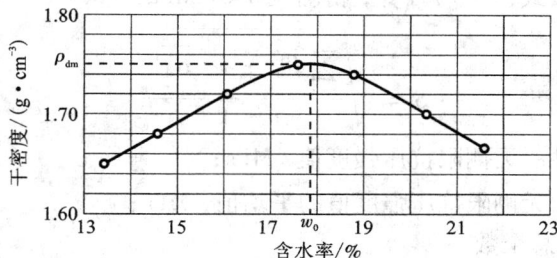

图9-1　$\rho_d - w$关系曲线图

5. 强度验证试件的制作与养生

1）试料用量的计算

根据击实试验所测得的结合料稳定材料的最大干密度和最佳含水率、施工要求的压实度及所采用的标准试件的规格，按式(9-3)计算出一个预定干密度试件所需的干料质量：

$$m_1 = \rho_{dm} \cdot V(1 - 0.01P) \cdot K \qquad (9-3)$$

式中：m_1——一个试件所需的干土质量，g；

　　　V——试模的体积，cm³；

　　　P——无机结合料的剂量，%；

　　　K——无机结合料稳定材料施工要求的压实度（压实后混合料的实测干密度与理论最大干密度的百分比），%。

一个预定干密度试件所需无机结合料的质量m_2(g)按式(9-4)计算：

$$m_2 = m_1 \cdot P/100 \qquad (9-4)$$

一个预定干密度试件所需用水量m_w(g)按式(9-5)计算：

$$m_w = (m_1 + m_2)w_0/100 \qquad (9-5)$$

2）试件数量要求

每种剂量所需强度试验的最少试件数量应符合表9−9的规定。

表9−9　强度试验所需最少试件数量(JTG/T F20—2015)

土类	试件数量/个			公称最大粒径/mm
	强度变异系数 $C_v < 10\%$	强度变异系数 $C_v = 10\% \sim 15\%$	强度变异系数 $C_v = 15\% \sim 20\%$	
细粒材料	6	9	—	<16
中粒材料	6	9	13	≥16，<26.5
粗粒材料	—	9	13	≥26.5

注：表中的最少试件数量是采用容许误差为10%和90%概率确定的。

强度变异系数(C_v)按式(9−6)计算，精确至1%：

$$C_v = \frac{S}{\overline{R_d}} \times 100\% \tag{9-6}$$

强度标准偏差(S)按式(9−7)计算，精确至0.01 MPa：

$$S = \sqrt{\frac{\sum_{i=1}^{n} R_d^{i2} - n \cdot \overline{R_d}^2}{n - 1}} \tag{9-7}$$

式中： R_d^i ——第 i 个试件的无侧限抗压强度值，MPa；

　　　 $\overline{R_d}$ ——n 个试件的无侧限抗压强度值的平均值，MPa；

　　　 n ——强度试件的总个数。

3)试料制备

称取每个试件所需干集料(或土)、无机结合料和加水量，拌合均匀后，装入密闭容器或塑料袋内(封口)浸润备用，浸润时间要求同击实试验试料的制备。

注：①无机结合料若为水泥，应在成形试件时再加入，其他结合料可在浸润时加入；②对于细粒土(特别是黏性土)，浸润时的含水率应比最佳含水率小3%；对于中粒土和粗粒土可按最佳含水率加水；对于水泥稳定类材料，加水量应比最佳含水率小1%~2%。剩余的水在试件成形前1 h内再加入。

4)试件成形

在试件成形前1 h内，加入预定数量的水泥并拌合均匀。在拌合过程中，应将所预留的水加入土中，使混合料达到最佳含水率。拌合均匀的加有水泥的混合料应在1 h内完成试件的成形，超过1 h的水泥混合料应作废，其他混合料虽不受此限，但也应尽快成形试件。

成形试件前，事先在试模的内壁及上下压柱的底面涂一薄层机油。将试模配套的下压柱放入试模的下部，但需外露2 cm左右，将制备好的混合料分2~3次灌入试模中(利用漏斗)，每次灌入后用夯棒轻轻均匀插实，然后将配套的上压柱放入试模内，也应使其外露2 cm左右(即上、下压柱露出试模外的部分应该相等)。

将整个试模(连同上、下压柱)放到反力框架内的千斤顶上(千斤顶下应放一扁球座)或放到压力试验机的下压板上，以1 mm/min的加载速率加压，直到上、下压柱都压入试模为止，并维持压力2 min。

解除压力后，取下试模，并放到脱模器上将试件顶出。用水泥稳定有粘结性的材料(如黏性土)时,制件后可以立即脱模;用水泥稳定无粘结性的材料时,制件后最好过 2～4 h 再脱模;对于中、粗粒材料,也最好过 2～6 h 再脱模。

脱模后,称取试件的质量(m_3), $\phi100$ mm × 100 mm 的试件应准确至 0.01 g, $\phi150$ mm × 150 mm 的试件应准确至 0.1 g。然后用游标卡尺测量试件的高度(h_1),准确至 0.1 mm。检查试件的高度和质量,不满足成形标准的试件应作废。试件的高度误差要求:小试件为 −1～1.5 mm;大试件为 −1～2.0 mm。试件的质量损失要求: $\phi100$ mm 的试件应不超过标准质量 25 g; $\phi150$ mm 的试件应不超过标准质量 50 g。

5)养生

试件从试模内脱出并称量后,应立即放到塑料袋中,排净袋内空气后扎紧袋口,放入温度为(20 ± 2)℃、相对湿度 ≥95% 的标养室内进行养护,试件表面应保持有一层水膜,并避免用水直接冲淋。养护龄期为 7 d,但在最后一天,应将试件浸泡在水中。在浸水之前,应观察试件的边角有无磨损和缺块,并称取试件的质量(m_4)和测量试件的高度(h_2)。在养生期间,试件质量的损失应符合下列规定:小试件不超过 4 g;大试件不超过 10 g。质量损失超过此规定的试件应作废。

6. 强度测定与结果整理

(1)将已浸泡一昼夜的试件从水中取出,用软的旧布吸去试件表面的可见自由水,并称取试件的质量(m_5);用游标卡尺测量试件的高度(h_3),准确到 0.1 mm。

(2)将试件放到路面材料强度试验仪的升降台上(台上先放一扁球座),或在压力试验机上进行抗压试验。试验过程中,应使试件的形变等速增加,并保持速率约为 1 mm/min,记录试件破坏时的最大荷载。

(3)从试件内部取有代表性的样品(经过打碎)测定其含水率(w)。

(4)按式(9 − 8)计算每个试件的无侧限抗压强度值 R_d^i,精确至 0.1 MPa:

$$R_d^i = \frac{F_m^i}{A} \tag{9 − 8}$$

式中:F_m^i——第 i 个试件破坏时的最大荷载,N;

A——试件受压面积(根据试件的直径计算),mm^2。

(5)计算强度平均值($\overline{R}_d$)、标准差(S)、变异系数(C_v),并按式(9 − 9)计算强度代表值(R_d^0),精确至 0.1 MPa:

$$R_d^0 = \overline{R}_d(1 − Z_a \cdot C_v) \tag{9 − 9}$$

式中:Z_a——标准正态分布表中随保证率(或置信度 α)而变的系数,高速公路和一级公路应取 95% 保证率,即 $Z_a = 1.645$;其他公路取 90% 保证率,即 $Z_a = 1.282$。

强度试验结果处理时,宜按 3 倍标准差的标准剔除异常结果值,且同一组试件强度异常值剔除数量应 ≤2 个。否则,应增加试件数量重新试验,将新、老试验结果一并重新进行统计评定,直至符合规定要求。

7. 配合比的确定

根据设计强度标准值(R_d)和配合比试验的抗压强度代表值(R_d^0),选定合适的结合料的剂量,此剂量结合料的抗压强度代表值应满足 $R_d^0 \geq R_d$ 的要求。若 $R_d^0 < R_d$,则应重新进行配合比设计与试验。

所确定的抗压强度满足设计要求的结合料的最小剂量应符合表 9 − 10 的规定。

表 9－10 结合料的最小剂量要求/%

表 9－10 结合料的最小剂量要求/%

稳定土类	拌合方法	
	路拌法	集中厂拌法
中粒土和粗粒土	4	3
细粒土	5	4

工地实际采用的无机结合料的剂量应比室内试验确定的剂量增加 0.5% ~1.0%；采用集中厂拌法施工时，可只增加 0.5%；采用路拌法施工时，宜增加 1%。

9.2 路面混凝土

9.2.1 原材料技术要求

1. 水泥

《公路水泥混凝土路面施工技术细则》JTG/T F30—2014 中规定：极重、特重、重交通荷载等级公路面层水泥混凝土应采用旋窑生产的道路硅酸盐水泥、硅酸盐水泥或普通硅酸盐水泥，中、轻交通荷载等级公路面层水泥混凝土可采用矿渣硅酸盐水泥。高温期施工宜采用普通硅酸盐水泥，低温期施工宜采用早强型水泥。水泥的技术要求除应满足现行《道路硅酸盐水泥》GB 13693—2017 或《通用硅酸盐水泥》GB 175—2007 的有关规定外，各龄期的实测抗折、抗压强度尚应符合表 9—11 的规定。

表 9－11   面层水泥混凝土用水泥各龄期的实测强度（JTG/T F30—2014）

混凝土设计弯拉强度标准值/MPa	5.5 a		5.0		4.5		4.0	
龄期/d	3	28	3	28	3	28	3	28
水泥实测抗折强度/MPa，≥	5.0	8.0	4.5	7.5	4.0	7.0	3.0	6.5
水泥实测抗压强度/MPa，≥	23.0	52.5	17.0	42.5	17.0	42.5	10.0	32.5

注：a 本栏也适用于设计弯拉强度为 6.0 MPa 的纤维混凝土。

各交通荷载等级公路面层水泥混凝土用水泥的物理指标应符合表 9－12 的规定。

表 9－12   各交通荷载等级公路面层水泥混凝土用水泥的物理指标要求（JTG/T F30—2014）

水泥物理性能		极重、特重、重交通荷载等级	中、轻交通荷载等级
安定性		雷氏夹和蒸煮法检验均必须合格	蒸煮法检验均必须合格
凝结时间/h	初凝时间，≥	1.5	0.75
	终凝时间，≤	10	10
标准稠度需水量/%，≤		28.0	30.0
比表面积/(m²·kg⁻¹)		300 ~450	300 ~450
细度(80 μm 筛余)/%，≤		10.0	10.0
28 d 干缩率/%，≤		0.09	0.10
耐磨性/(kg·m⁻²)，≤		2.5	3.0

采用散装水泥时，高温期施工水泥的入罐最高温度应≤60℃，低温期施工水泥入罐前的温度应≥10℃。

2. 掺合料

使用道路硅酸盐水泥或硅酸盐水泥时，可在混凝土中单独或复配掺入适量的低钙粉煤灰、矿渣粉或硅灰等掺合料，不得掺入结块或潮湿的粉煤灰、矿渣粉和硅灰；粉煤灰的质量不应低于表 9 – 13 中的 Ⅱ 级要求，不得掺用高钙粉煤灰或Ⅲ级及Ⅲ级以下低钙粉煤灰。使用其他水泥时，不应掺入粉煤灰。

表 9 – 13　低钙粉煤灰的技术要求（JTG/T F30—2014）

粉煤灰等级	细度（45 μm 筛余）/%，≤	烧失量/%，≤	需水量比/%，≤	含水率/%，≤	游离氧化钙含量/%，<	三氧化硫含量/%，≤	混合砂浆强度活性指数/%，≥	
							3 d	28 d
Ⅰ	12.0	5.0	95.0	1.0	1.0	3.0	75	85（75）
Ⅱ	25.0	8.0	105.0				70	80（62）
Ⅲ	45.0	15.0	115.0				—	—

注：括号中的数值适用于混凝土的强度等级 <C40 的路面混凝土。

使用矿渣水泥时不得再掺入矿渣粉，高温期施工不宜掺用硅灰。路面混凝土用矿渣粉和硅灰中的氯离子含量应 <0.06%、游离氧化钙含量应 <1.0%，其他技术要求应符合表 9 – 14 的规定。

各种掺合料在使用前均应进行混凝土配合比试验与掺量优化，确认混凝土的弯拉强度、工作性、抗磨性、抗冰冻性、抗盐冻性等指标满足设计要求。

表 9 – 14　矿渣粉、硅灰的技术要求（JTG/T F30—2014）

掺合料品种		比表面积/(m²·kg⁻¹)≥	密度/(g·cm⁻³)≥	烧失量/%，≤	流动度比/%，≥	含水率/%，≤	玻璃体含量/%，≥	三氧化硫含量/%，≤	混合砂浆强度活性指数/%，≥	
									3 d	28 d
矿渣粉	S105	500	2.80	3.0	95.0	1.0	85.0	4.0	95	105
	S95	400							75	95
硅灰		15000	2.10	6.0	—	3.0	90.0	—		105

3. 外加剂

采用滑模摊铺施工的混凝土宜掺入引气型高效减水剂；高温施工混凝土拌合物的初凝时间 <3 h 时，宜掺入缓凝引气型高效减水剂；低温施工混凝土拌合物的终凝时间 >10 h 时，宜掺入早强引气型高效减水剂。有抗冻、抗盐冻要求时，各级公路混凝土面层及暴露结构混凝土应掺入引气剂；无抗冻要求地区的二级及二级以上公路混凝土面层宜掺入引气剂。

处于海水、海风、氯离子环境或冬季撒除冰盐的路面或桥面钢筋混凝土、钢纤维混凝土中可掺用或复配阻锈剂。

外加剂和阻锈剂的技术要求应符合现行国家标准《混凝土外加剂》GB 8076—2008 和行业标准《钢筋阻锈剂应用技术规程》JGJ/T 192—2009 及《公路水泥混凝土路面施工技术细则》

JTG/T F30—2014 的有关规定。

4. 粗集料

粗集料应使用质地坚硬、耐久、洁净、不含碱活性矿物的碎石、破碎卵石或卵石。极重、特重、重交通荷载等级公路面层混凝土用粗集料的技术要求应不低于表9－15中Ⅱ级的要求；中、轻交通荷载等级公路可使用Ⅲ级粗集料。

表9－15　面层混凝土用粗集料的技术要求（JTG/T F30—2014）

指标		技术要求		
		Ⅰ级	Ⅱ级	Ⅲ级
压碎指标/%，≤	碎石	18.0	25.0	30.0
	卵石	21.0	23.0	26.0
坚固性（按质量计）/%，≤		5.0	8.0	12.0
针片状颗粒含量（按质量计）/%，≤		8.0	15.0	20.0
含泥量（按质量计）/%，≤		0.5	1.0	2.0
泥块含量（按质量计）/%，≤		0.2	0.5	0.7
吸水率（按质量计）/%，≤		1.0	2.0	3.0
硫酸盐含量（按 SO_3 质量计）/%，≤		0.5	1.0	1.0
洛杉矶磨耗损失/%，≤		28.0	32.0	35.0
岩石抗压强度/MPa，≥		100（岩浆岩）；80（变质岩）；60（沉积岩）		
表观密度/(kg·m^{-3})，≥		2500		
松散堆积密度/(kg·m^{-3})，≥		1350		
有机质含量（比色法）		合格		

粗集料的最大粒径宜符合表9－16的规定。

表9－16　面层混凝土用粗集料的最大粒径（JTG/T F30—2014）/mm

交通荷载等级	极重、特重、重		中、轻	
面层类型	水泥混凝土	纤维混凝土、配筋混凝土	水泥混凝土	碾压混凝土、砌块混凝土
碎石	26.5	16.0	31.5	19.0
破碎卵石	19.0	16.0	26.5	19.0
卵石	16.0	9.5	19.0	16.0
再生粗集料	—	—	26.5	19.0

粗集料的级配宜符合表9－17的规定。

表 9 – 17　面层混凝土用粗集料的级配范围（JTG/T F30—2014）

方孔筛尺寸/mm		2.36	4.75	9.5	16.0	19.0	26.5	31.5	37.5
级配类型		累积筛余（按质量计）/%							
合成级配	4.75 ~ 16.0	95 ~ 100	85 ~ 100	40 ~ 60	0 ~ 10	—	—	—	—
	4.75 ~ 19.0	95 ~ 100	85 ~ 95	60 ~ 75	30 ~ 45	0 ~ 5	—	—	—
	4.75 ~ 26.5	95 ~ 100	90 ~ 100	70 ~ 90	50 ~ 70	25 ~ 40	0 ~ 5	0	—
	4.75 ~ 31.5	95 ~ 100	90 ~ 100	75 ~ 90	60 ~ 75	40 ~ 60	20 ~ 35	0 ~ 5	0
单粒级级配	4.75 ~ 9.5	95 ~ 100	80 ~ 100	0 ~ 15	0	—	—	—	—
	9.5 ~ 16.0	—	95 ~ 100	80 ~ 100	0 ~ 15	0	—	—	—
	9.5 ~ 19.0	—	95 ~ 100	85 ~ 100	40 ~ 60	0 ~ 15	0	—	—
	16.0 ~ 26.5	—	—	95 ~ 100	55 ~ 70	25 ~ 40	0 ~ 10	0	—
	16.0 ~ 31.5	—	—	95 ~ 100	85 ~ 100	55 ~ 70	25 ~ 40	0 ~ 10	0

5. 细集料

细集料应使用质地坚硬、耐久、洁净、不含碱活性矿物的天然砂或机制砂。极重、特重、重交通荷载等级公路面层混凝土用天然砂和机制砂的技术要求应不低于表 9 – 18 中Ⅱ级的要求；中、轻交通荷载等级公路可使用Ⅲ级天然砂。

表 9 – 18　面层混凝土用细集料的技术要求（JTG/T F30—2014）

指标		技术要求		
		Ⅰ级	Ⅱ级	Ⅲ级
坚固性（按质量计）/%，≤		6.0	8.0	10.0
含泥量（按质量计）/%，≤		1.0	2.0	3.0
泥块含量（按质量计）/%，≤		0	0.5	1.0
氯离子含量（按质量计）/%，≤		0.02(0.01)	0.03(0.02)	0.06
云母含量（按质量计）/%，≤		1.0		2.0
吸水率（按质量计）/%，≤		2.0		
硫化物及硫酸盐含量（按 SO_3 质量计）/%，≤		0.5		
轻物质含量（按质量计）/%，≤		1.0		
结晶石二氧化硅含量/%，≥		25.0		
机制砂单级最大压碎指标/%，≤		20.0	25.0	30.0
机制砂母岩的抗压强度/MPa，≥		80.0	60.0	30.0
机制砂母岩的磨光值，≥		38.0	35.0	30.0
机制砂中石粉含量/%，<	MB 值 <1.40 或合格	3.0	5.0	7.0
	MB 值 ≥1.40 或不合格	1.0	3.0	5.0
表观密度/(kg·m⁻³)，≥		2500		
松散堆积密度/(kg·m⁻³)，≥		1400		
有机质含量（比色法）		合格		

注：括号中的数值为机制砂的要求，其他为天然砂和机制砂的共同要求。

细集料的级配范围宜符合表 9 – 19 的规定。面层混凝土用天然砂的细度模数宜在 2.0 ~ 3.7 之间，机制砂的细度模数宜在 2.3 ~ 3.1 之间。

表 9 – 19　面层混凝土用细集料的级配范围（JTG/T F30—2014）

类别	分级	细度模数	方孔筛尺寸/mm							
			9.5	4.75	2.36	1.18	0.60	0.30	0.15	0.075
			通过各筛孔的质量百分率/%							
天然砂	粗砂	3.1 ~ 3.7	100	90 ~ 100	65 ~ 95	35 ~ 65	15 ~ 30	5 ~ 20	0 ~ 10	0 ~ 5
	中砂	2.3 ~ 3.0	100	90 ~ 100	75 ~ 100	50 ~ 90	30 ~ 60	8 ~ 30	0 ~ 10	0 ~ 5
	细砂	1.6 ~ 2.2	100	90 ~ 100	85 ~ 100	75 ~ 100	60 ~ 84	15 ~ 45	0 ~ 10	0 ~ 5
机制砂	I 级	2.3 ~ 3.1	100	90 ~ 100	80 ~ 95	50 ~ 85	30 ~ 60	10 ~ 20	0 ~ 10	—
	II、III 级	2.8 ~ 3.9	100	90 ~ 100	50 ~ 95	30 ~ 65	15 ~ 29	5 ~ 20	0 ~ 10	—

6. 水

能够饮用的水可直接用于混凝土的搅拌和养护，非饮用水应符合《混凝土用水标准》JGJ63—2006 中的钢筋混凝土用水的有关规定，且应与蒸馏水进行水泥凝结时间与胶砂强度的对比试验，对比试验的水泥凝结时间差应 ≤30 min，胶砂强度比应 ≥90%。

7. 钢筋

水泥混凝土、钢筋混凝土及连续配筋混凝土面层所用钢筋、钢筋网、传力杆（横缝连接钢筋）、拉杆（纵缝连接钢筋）等应符合国家现行有关标准的规定。

传力杆钢筋应无毛刺，两端应加工成圆锥形或半径为 2 ~ 3 mm 的圆倒角，且应采取喷塑、镀锌、电镀或涂防锈漆等防锈措施，防锈层不得局部缺失。拉杆钢筋应在中部 ≥100 mm 范围内采取涂防锈漆等防锈措施。

8. 纤维

用于路面混凝土的纤维可采用钢纤维、玄武岩短切纤维或合成纤维（聚丙烯腈、聚丙烯、聚酰胺和聚乙烯醇等材料制成的纤维）。

钢纤维的长度应为 25 ~ 50 mm、等效直径在 0.3 ~ 0.9 mm、杂质含量应 < 1.0%、抗拉强度等级应 ≥600 级，钢纤维表面不应有油污及妨碍水泥粘结及凝结硬化的物质，结团、粘结成片的不得使用，钢丝切断型钢纤维或波形、带倒钩的钢纤维不宜使用。

玄武岩纤维的公称长度应为 20 ~ 35 mm，外观应为金褐色，均匀、表面无污染，SiO_2 含量应在 48% ~ 60% 之间，抗拉强度应 ≥1500 MPa，弹性模量应 ≥8.0×10^5 MPa，含水率应 ≤ 0.2%，表面浸润剂应为亲水型。

合成单纤维的长度应为 20 ~ 50 mm、当量直径应为 4 ~ 65 μm、单丝抗拉强度最小值应 ≥ 450 MPa。

9.2.2　路面混凝土配合比的设计

1. 设计依据

路面用普通混凝土配合比的设计，应根据现行行业标准《公路水泥混凝土路面施工技术细则》JTG F30—2014 的有关要求进行。

2. 适用范围

利用经验公式法进行的路面用水泥混凝土的配合比设计适用于滑模摊铺机、三辊轴机组及小型机具施工的水泥混凝土、钢筋混凝土及连续配筋混凝土。

3. 设计要求

路面用水泥混凝土的配合比设计应满足弯拉强度、工作性及耐久性的要求，并兼顾经济性。

1）弯拉强度

（1）混凝土的设计强度以混凝土标准养护 28 d 龄期的弯拉强度（即抗折强度）为标准。各级交通要求的混凝土设计弯拉强度标准值（f_r）不得低于表 9-20 的规定。

表 9-20　混凝土设计弯拉强度（JTG D40—2011）/MPa

交通等级	极重、特重、重	中等	轻
水泥混凝土弯拉强度标准值	≥5.0	4.5	4.0
钢纤维混凝土弯拉强度标准值	≥6.0	5.5	5.0

注：JTG D40—2011 为《公路水泥混凝土路面设计规范》的标准号。

（2）应按式（9-10）计算配制 28d 弯拉强度的平均值：

$$f_c = \frac{f_r}{1 - 1.04C_v} + t \cdot S \qquad (9-10)$$

式中：f_c——配制 28 d 弯拉强度的平均值，MPa；

f_r——设计弯拉强度标准值，MPa；

S——弯拉强度试验样本的标准差，MPa。无试验数据时，可按公路等级及设计弯拉强度，参考表 9-22 确定；

t——保证率系数，由样本数、判别概率和公路等级确定，见表 9-21；

C_v——弯拉强度变异系数，应按统计数据取值，小于 0.05 时取 0.05；无统计数据时，可在表 9-22 的规定范围内取值，其中，高速、一级公路变异水平应为低，二级公路变异水平应不低于中。

表 9-21　保证率系数 t（JTG/T F30—2014）

公路技术等级	判别概率 p	样本数 n（组）			
		6~8	9~14	15~19	≥20
高速公路	0.05	0.79	0.61	0.45	0.39
一级公路	0.10	0.59	0.46	0.35	0.30
二级公路	0.15	0.46	0.37	0.28	0.24
三、四级公路	0.20	0.37	0.29	0.22	0.19

表 9-22　各等级公路水泥混凝土面层弯拉强度试验样本的标准偏差与变异系数

公路等级	高速	一级	二级	三级	四级
弯拉强度保证率/%	95	90	85	80	70
目标可靠指标	1.645	1.28	1.04	0.84	0.52
弯拉强度标准偏差 S/MPa	$0.25 \leqslant S \leqslant 0.50$		$0.45 \leqslant S \leqslant 0.67$	$0.40 \leqslant S \leqslant 0.80$	
弯拉强度变异水平等级	低		中	高	
C_v 允许变化范围	$0.05 \sim 0.10$		$0.10 \sim 0.15$	$0.15 \sim 0.20$	

2）工作性

滑模摊铺机、三辊轴机组、小型机具摊铺的路面混凝土坍落度及最大单位用水量，应满足表 9-23 的规定。

表 9-23　不同施工工艺混凝土坍落度及最大单位用水量

施工工艺	滑模摊铺机		三辊轴机组		小型机具	
粗骨料类别	碎石	卵石	碎石	卵石	碎石	卵石
摊铺坍落度 S_L/mm	$10 \sim 30$	$5 \sim 20$	$20 \sim 40$		$5 \sim 20$	
振动粘度系数 η/(N·s·m^{-2})	$200 \sim 500$		—		—	
最大单位用水量/kg	160	155	153	148	150	145

注：① 表中的最大单位用水量系采用中砂、粗细集料为风干状态的取值，采用细砂时，应使用减水率较大的（高效）减水剂；② 使用碎卵石时，最大单位用水量可取碎石与卵石中值。

3）耐久性

（1）为了确保面层混凝土的抗冻性，提高其工作性，应掺加适量的引气剂。混凝土拌合机出口拌合物的含气量均值及允许偏差宜符合表 9-24 的规定；钻芯法实测混凝土的最大气泡间距系数宜符合表 9-25 的要求。

表 9-24　拌合机出口拌合物的含气量均值及允许偏差/%

最大公称粒径/mm	无抗冰冻要求	有抗冰冻要求	有抗盐冻要求
9.5	4.5 ± 1.0	5.0 ± 0.5	$6.0 \pm .5$
16.0	4.0 ± 1.0	4.5 ± 0.5	5.5 ± 0.5
19.0	4.0 ± 1.0	4.0 ± 0.5	5.0 ± 0.5
26.5	3.5 ± 1.0	3.5 ± 0.5	4.5 ± 0.5
31.5	3.5 ± 1.0	3.5 ± 0.5	4.0 ± 0.5

表9-25 混凝土面层最大气泡间距系数/μm

环 境		高速、一级公路	其他公路
严寒地区	冰冻	275 ± 25	300 ± 35
	盐冻	225 ± 25	250 ± 35
寒冷地区	冰冻	325 ± 45	350 ± 50
	盐冻	275 ± 45	300 ± 50

（2）各交通等级路面混凝土满足耐久性要求的最大水灰比和最少单位水泥用量应符合表9-26的规定。最大单位水泥用量宜≤420 kg/m³；掺掺合料时，最大单位胶凝材料总量宜≤450kg/m³。

表9-26 混凝土满足耐久性要求的最大水灰（胶）比和最少单位水泥用量

技术要求 \ 公路等级		高速、一级	二级	三、四级
最大水灰（胶）比		0.44	0.46	0.48
抗冻要求最大水灰（胶）比		0.42	0.44	0.46
抗盐冻要求最大水灰（胶）比		0.40	0.42	0.44
最少单位水泥用量/（kg·m⁻³）	52.5级	300	300	290
	42.5级	310	310	300
	32.5级	—	—	315
有抗冰冻、抗盐冻要求时最少单位水泥用量/（kg·m⁻³）	52.5级	310	310	300
	42.5级	320	320	315
	32.5级	—	—	325
掺粉煤灰时最少单位水泥用量/（kg·m⁻³）	52.5级	250	250	245
	42.5级	260	260	255
	32.5级	—	—	265
抗冰冻、抗盐冻要求且掺粉煤灰时最少单位水泥用量/（kg·m⁻³）	52.5级	265	260	255
	42.5级	280	270	265

注：① 掺粉煤灰，并有抗冰（盐）冻性要求时，不得使用32.5级水泥；② 处在除冰盐、海风、酸雨或硫酸盐等腐蚀性环境中、或在大纵坡等加减速车道上的混凝土，最大水灰（胶）比宜比表中数值降低0.01～0.02。

（3）路面混凝土抗冻等级要求：严寒地区的高速、一级公路的基准配合比应≥F300，现场取芯应≥F250，其他公路基准配合比应≥F250，现场取芯应≥F200；寒冷地区的高速、一级公路的基准配合比应≥F250，现场取芯应≥F200，其他公路基准配合比应≥F200，现场取芯应≥F150。

（4）在海风、酸雨、除冰盐或硫酸盐等腐蚀环境中的路面混凝土，在使用硅酸盐水泥或道路硅酸盐水泥时，宜掺加适量的粉煤灰、磨细矿渣粉、硅灰或复合掺合料；桥面混凝土中宜掺加矿渣粉与硅灰，不宜掺粉煤灰。

（5）面层混凝土的磨损量：高速、一级公路磨损量应≤3.0 kg/m²；二级公路磨损量应≤3.5 kg/m²；三、四级公路磨损量应≤4.0 kg/m²。

4. 配合比参数的计算

高速和一级公路路面混凝土的配合比设计宜采用正交试验方法进行配合比优选。

二级及二级以下公路采用经验公式法时，按下列方法进行：

1）水灰比的计算和确定

（1）根据粗集料的种类，水灰比可分别按下列公式计算。

碎石或碎卵石混凝土按式（9－11）计算：

$$\frac{W}{C} = \frac{1.5684}{f_c + 1.0097 - 0.3595f_s} \tag{9-11}$$

卵石混凝土按式（9－12）计算：

$$\frac{W}{C} = \frac{1.2618}{f_c + 1.5492 - 0.4709f_s} \tag{9-12}$$

式中：W/C——水灰比；

f_s——水泥实测 28 d 抗折强度，MPa；

（2）掺用矿渣粉或硅灰时，应按等量取代法计算；掺用粉煤灰时，宜按超量取代法进行计算。并用水胶比 $\frac{W}{B} = \frac{W}{F+C}$（$F$ 为矿渣粉、硅灰或粉煤灰的用量）代替水灰比 $\frac{W}{C}$。

（3）应在满足弯拉强度计算值和耐久性（表 9－26）两者要求的水灰比中取小值。

2）砂率的确定

砂率应根据砂的细度模数和粗集料种类，按表 9－27 取值。在软做抗滑槽时，砂率可在表 9－27 基础上增大 1%～2%。

表 9－27　水泥混凝土的砂率

砂的细度模数 μ_f		2.2～2.5	2.5～2.8	2.8～3.1	3.1～3.4	3.4～3.7
砂率 β_s /%	碎 石	30～34	32～36	34～38	36～40	38～42
	卵 石	28～32	30～34	32～36	34～38	36～40

注：① 细度模数相同时，机制砂宜偏低限取用；② 破碎卵石可在碎石与卵石之间内插取值。

3）单位用水量的确定

根据粗集料种类和表 9－23 中适宜的坍落度，分别按经验式（9－13）或（9－14）计算单位用水量（砂石料以自然风干状态计）：

碎石或碎卵石：　　$m_{w0} = 104.97 + 0.309S_L + 11.27\frac{C}{W} + 0.61\beta_s \tag{9-13}$

卵石：　　$m_{w0} = 86.89 + 0.370S_L + 11.24\frac{C}{W} + 1.00\beta_s \tag{9-14}$

式中：m_{w0}——不掺外加剂和掺合料混凝土的单位用水量，kg；

S_L——坍落度，mm；

β_s——砂率，%；

$\dfrac{C}{W}$——灰水比，水灰比之倒数。

掺外加剂的混凝土单位用水量应按式(9-15)计算：

$$m_w = m_{w0}\left(1 - \dfrac{\beta}{100}\right) \tag{9-15}$$

式中：m_w——掺外加剂混凝土的单位用水量，kg；

β——所用外加剂剂量的实测减水率，%。

若计算出的单位用水量大于表9-23中规定的最大用水量时，应掺用减水率更高的外加剂来降低单位用水量。

4）单位水泥用量的确定

单位水泥用量m_{c0}应由式(9-16)计算，并取计算值与表9-26规定值两者中的大值：

$$m_{c0} = m_{w0}\left(\dfrac{C}{W}\right) \tag{9-16}$$

5）粗细集料用量的确定

砂石料用量可按质量法或体积法计算(具体参照本教材模块二中2.4.4普通混凝土配合比的计算方法)。

按质量法计算时，混凝土单位质量可取2400~2450 kg；按体积法计算时，应计入设计含气量。采用超量取代法掺用粉煤灰时，超量部分应代替砂，并折减用砂量。经计算得到的配合比，应验算单位粗集料填充体积率(粗集料所占的体积百分率)，且不宜小于70%。

6）粉煤灰用量的确定

路面混凝土掺粉煤灰时，其配合比计算应按超量取代法进行。粉煤灰掺量应根据水泥中原有的掺合料数量和混凝土弯拉强度、耐磨性等要求由试验确定。Ⅰ、Ⅱ级粉煤灰的超量系数可按表9-28初选。代替水泥的粉煤灰掺量：Ⅰ型硅酸盐水泥宜≤30%；Ⅱ型硅酸盐水泥宜≤25%；道路水泥宜≤20%。粉煤灰总掺量应通过试验确定。

表9-28 粉煤灰的超量系数

粉煤灰等级	超量系数 K
Ⅰ	1.1~1.4
Ⅱ	1.3~1.7
Ⅲ	1.5~2.0

5.试拌、调整、验证与修正

初步配合比的试拌、调整、验证与修正参照本教材模块二中2.4.4的第二、三条有关规定进行。

强度验证所采用的3个配合比，其中一个为试拌配合比，另两个配合比的水灰比则分别增加和减少0.03，用水量不变，砂率分别增加和减少1%，再分别计算出另2个配合比，用3个配合比制备抗弯拉强度试件各1~3组，经标准养护28 d后，测定其弯拉强度，掺粉煤灰混凝土还应实测56 d的弯拉强度均值，然后根据实测弯拉强度和水灰比来确定试验室配合比。有耐久性要求的尚应进行耐久性检验。

6.设计计算实例

某高速公路普通混凝土路面板，混凝土抗压强度设计等级为C30，弯拉强度设计值为f_r

$=5.0$ MPa，施工要求混凝土抗弯拉强度样本的标准差为 0.4 MPa，样本数量 $n=9$。路面混凝土施工采用三辊轴机组摊铺。混凝土用材料：P.O42.5 水泥，表观密度 $\rho_c=3.1$ g/cm³，实测 28 d 抗折强度为 8.7 MPa；粉煤灰为 I 级，表观密度 $\rho_f=2.2$ g/cm³，掺量为 $\beta_f=10\%$；河砂细度模数为 2.7，表观密度 $\rho_s=2.65$ g/cm³；5~31.5 mm 连续级配碎石，表观密度 $\rho_g=2.7$ g/cm³，紧密密度 $\rho_g'=1.7$ kg/m³。路面处于无冻害地区，试确定该混凝土配合比。

设计计算步骤如下：

(1)计算配制弯拉强度 f_c：查表 9-21 得保证率系数 $t=0.61$；由表 9-22 查得 $C_v=0.05$ ~0.10，取中值 0.075。再由式(9-10)计算配制弯拉强度如下：

$$f_c=\frac{f_r}{1-1.04C_v}+t\cdot S=\frac{5}{1-1.04\times0.075}+0.61\times0.4=5.67(\text{MPa})$$

(2)计算水灰比 W/C：

$$\frac{W}{C}=\frac{1.5684}{f_c+1.0097-0.3595f_s}=\frac{1.5684}{5.67+1.0097-0.3595\times8.7}=0.44$$

经检查，W/C 未超过表 9-26 规定的最大水灰比，符合耐久性要求。

(3)确定砂率 β_s：根据砂的细度模数 $\mu_f=2.7$ 查表 9-27 得 $\beta_s=34\%$。

(4)计算单位用水量 m_{w0}：按出机坍落度 $S_L=30$ mm 设计，由式(9-13)计算单位用水量。

$$m_{w0}=104.97+0.309S_L+11.27\frac{C}{W}+0.61\beta_s$$

$$=104.97+0.309\times30+11.27\times\frac{1}{0.44}+0.61\times34=161(\text{kg})$$

因计算所得 m_{w0} 大于表 9-23 规定的最大单位用水量，故应取 $m_{w0}'=153$ kg。

(5)计算掺粉煤灰前单位水泥用量 m_{c0}：

$$m_{c0}=m_{w0}\left(\frac{C}{W}\right)=153\div0.44=348(\text{kg})$$

(6)计算掺粉煤灰前 1 m³ 混凝土中砂子、石子用量 m_{s0}、m_{g0}

按体积法计算：

$$\frac{348}{3100}+\frac{m_{s0}}{2650}+\frac{m_{g0}}{2700}+\frac{153}{1000}+0.01\times1=1$$

$$\frac{m_{s0}}{m_{s0}+m_{g0}}=0.34$$

解方程组得：$m_{s0}=661$ kg；$m_{g0}=1283$ kg。

(7)计算掺粉煤灰后单位水泥用量 m_{c0}'：
$$m_{c0}'=m_{c0}(1-0.01\beta_f)=348\times(1-0.1)=313(\text{kg})。$$

计算所得掺粉煤灰后单位水泥用量大于表 9-26 规定的最小单位水泥用量 260 kg，满足耐久性要求。

(8)计算粉煤灰单位用量 m_{f0}：按超量取代法计算，查表 9-28，取超量系数 $K=1.2$，则粉煤灰单位用量如下：

$$m_{f0}=m_{c0}\times\beta_f\times K=348\times0.1\times1.2=42(\text{kg})$$

(9)计算粉煤灰水泥浆体积的增加量 ΔV：
$$\Delta V=(m_{f0}-m_{c0}\cdot\beta_f)/\rho_f=(42-348\times0.1)/2200=0.0033(\text{m}^3)$$

（10）计算取代后 $1\ m^3$ 混凝土中砂子、石子用量 m'_{s0}、m'_{g0}：

$$m'_{s0} = m_{s0} - \rho_s \cdot \Delta V = 661 - 2650 \times 0.0033 = 652(kg)$$

$$m'_{g0} = m_{g0} = 1283\ kg$$

计算所得初步配合比归纳如下：

$$m'_{c0} : m'_{f0} : m'_{s0} : m'_{g0} : m'_{w0} = 313 : 42 : 652 : 1283 : 153 = 1 : 0.13 : 2.08 : 4.10 : 0.49$$

单位粗集料填充体积率为 $1283/1700 = 75.5\%$，大于 70%，符合要求。

（11）试拌、调整与强度和耐久性验证（具体可参照模块二中的 2.4.4 中的方法）。

9.3　沥青与沥青混合料

沥青是一种有机胶凝材料，他是由高分子碳氢化合物及其非金属（氧、氮、硫等）衍生物组成的混合物。沥青在常温下呈褐色或黑褐色的固体、半固体或液体状态，能溶于二硫化碳、四氯化碳、三氯甲烷等有机溶剂。

沥青是一种黏 – 弹性体，具有良好的憎水性、粘结性、塑性、不导电、耐酸、耐碱、耐腐蚀等优良性能，与钢、木、砖、石、混凝土等材料有良好的粘结性。因而广泛应用于桥梁、涵洞、建筑屋面、地下室的防水工程以及防腐蚀工程和路面工程中。

沥青按产源不同分为地沥青和焦油沥青两大类。具体分类见表 9 – 29。

表 9 – 29　沥青的分类

沥青	地沥青	天然沥青	由地表或岩石中直接采集、提炼加工后得到的沥青
		石油沥青	由石油原油经蒸馏提炼出汽油、煤油、柴油和润滑油后的残渣，再经处理而得
	焦油沥青	煤沥青	由煤焦油蒸馏后的残留物制取的沥青
		木沥青	由木材蒸馏后的残留物制取的沥青
		页岩沥青	由页岩焦油蒸馏后的残留物制取的沥青

道路和建筑工程常用的沥青是石油沥青。通常所说的沥青都是指石油沥青。

沥青混合料是由矿料（粗集料、细集料和填料）与沥青结合料拌合而成的混合料的总称。主要用于公路工程的沥青路面材料。

9.3.1　石油沥青

1. 石油沥青的组分

石油沥青的化学组分非常复杂，但对工程中使用的沥青而言，常将沥青中化学成分和物理特性相似的部分作为一个组分，从而将石油沥青分为三组分或四组分。

按三组分分为油分、树脂和沥青质；按四组分分为沥青质、胶质、芳香分和饱和分。

油分：为淡黄色至红褐色的透明黏性液体，是沥青中最轻的馏分。他能减少沥青的稠度，增大沥青的流动性，使沥青柔软、抗裂性好；同时，油分会降低沥青的黏滞度和软化点。

在氧、温度、紫外线等作用下，油分会转化为树脂，使沥青的性能发生变化。油分能溶于大多数有机溶剂，但不溶于酒精，170℃以上能挥发。油分含量多的沥青较软、易流动，而黏性和温度稳定性差。

树脂：又称沥青脂胶。为红褐色至黑褐色的黏稠状半固体，熔点低于100℃，能使沥青具有良好的粘性和塑性。树脂含量高的沥青，其粘结性和塑性较好。

沥青质：又称地沥青质。为深褐色至黑色的固体脆性粉末状微粒，他是沥青中分子量最高的组分。他决定沥青的热稳定性和粘结性，沥青质含量高的沥青，其粘结性大，热稳定性好，但低温塑性降低，硬脆性增加。

芳香分和饱和分在沥青中主要使胶质和沥青质软化，使沥青胶体体系保持稳定。

此外，沥青中含有少量的沥青酸、沥青酸酐和石蜡等。沥青酸和沥青酸酐改善了石油沥青对矿物材料的浸润性，特别是提高了对碳酸盐类岩石的粘附性，并有利于石油沥青的可乳化性，是沥青中的有益成分。而石蜡由于高温时融化，使沥青的黏度降低、温度敏感性增大、高温稳定性降低；低温时易结晶析出，使沥青变得硬脆、延展能力降低，低温抗裂性能降低；此外，石蜡还会使沥青与石料的粘附性降低，导致集料与沥青产生剥离现象；含蜡沥青还会降低路面抗滑性能，影响行车安全，故石蜡是沥青中的有害成分。

沥青中各组分的组成比例，决定着沥青的技术性能。含油分多的沥青常温下可呈半固态或流态，含油分少的沥青则呈固态；当温度升高时，易熔的树脂会转变成油分，使沥青变软、变流；反之，温度降低时，油分则会凝成脂胶，使沥青变固、变硬，甚至变脆。沥青防水工程的施工，正是利用这一性能，将沥青加热熔化后进行铺设，冷却凝固后即成防水层。

2. 石油沥青的技术性质

1）黏滞性

黏滞性是指沥青在外力作用下抵抗变形的能力。他反映了沥青的稀稠、软硬程度。含油分少的沥青呈固态，其黏滞性较大，受力不易变形；含油分多的沥青呈软质的半固态，黏滞性较小，容易受力变形；含油分再多便呈流态，容易流淌，黏滞性就更小了。

流态沥青的黏滞性用黏度表示，而固态、半固态沥青的黏滞性则用针入度表示。

黏度：是用来评价流态沥青黏滞性的指标。流态沥青在指定温度（$t = 25℃$或$60℃$）下，经指定直径（$d = 3\ mm$、$5\ mm$或$10\ mm$）的圆孔流出$50\ mL$所需的时间（s），用$C_{T,d}$表示，见图9－2。如$C_{25,10} = 30\ s$，表示该沥青液在25℃的温度下通过直径10 mm小圆孔流出50 mL需要30 s。在温度、孔径相同的条件下，黏度较大时，表示沥青较稠，黏滞性较高，流动时内阻力大。

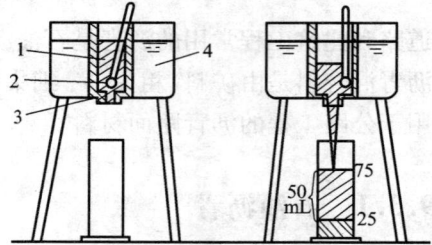

图9－2 沥青的标准黏度测定示意图
1—沥青；2—活动球塞；3—流孔；4—水

针入度：是用来评价固态和半固态沥青黏滞性的指标，也是用来划分固态和半固态沥青牌号的依据。在25℃条件下，以总质量为100 g的标准试针（连杆），在5 s内自沥青试件表面竖直自由地沉入固态或半固态沥青试件的深度来表示，以1/10 mm为1度，见图9－3。如针入深度为6.3 mm，则沥青的针入度为63度。针入度越大，说明沥青越软，黏滞性越小，抵抗剪切变形的能力就愈差。

2)塑性(延展性)

塑性指沥青在外力作用下产生变形而不断裂的性能。塑性好的沥青,其变形能力强,在使用过程中,能随着结构的变形而变形且不开裂。

沥青的塑性用延度表示。将沥青制成"8"字形试件(中部最窄处的截面积为 1 cm²),在恒温 25℃ 的水中,以 5 cm/min 的速度缓慢拉伸至断裂时的伸长量 (cm),即为沥青的延度,见图 9 - 4。沥青的延度一般在 1 ~ 100 cm 之间。延度越大的沥青,其塑性就越好。

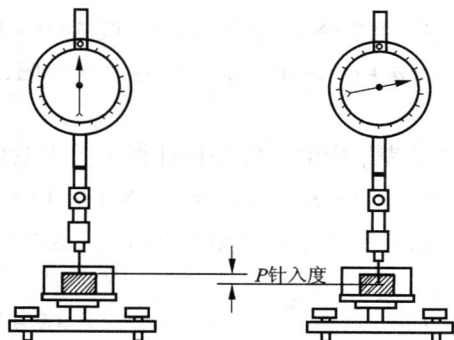

图 9 - 3 沥青的针入度测定示意图

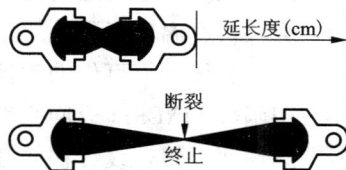

图 9 - 4 沥青的延度测定示意图

3)温度敏感性

温度敏感性也称温度稳定性。是指沥青的黏滞性和塑性随温度变化而不产生较大变化的性能。包括高温稳定性和低温抗裂性。在相同的温度范围内,黏滞性和塑性变化程度较小的沥青,其温度稳定性较好。有的沥青在夏季高温时容易变软、融化而流淌,到冬季低温时又变得硬脆而易裂,这就是温度稳定性不好。用来评价沥青高温稳定性的指标有软化点和当量软化点 T_{800};用来评价沥青低温抗裂性的指标有脆点和当量脆点 $T_{1.2}$;另外针入度指数 PI 也是用来评价沥青温度敏感性的指标。

软化点:是指沥青受热由固态转变为一定流态时的温度。软化点越高的沥青,其耐热性就越好,即高温稳定性就越好。

软化点通常用"环球法"测定。将沥青试样装入小铜环中,上面加放一个质量为 3.5 g 的小钢球,在水中(或甘油中)以 (5 ± 0.5)℃/min 的升温速度加热,随着沥青的软化,沥青连球下坠 25 mm(交通行业标准为 25.4 mm)时的温度即为沥青的软化点,见图 9 - 5。因此,软化点是沥青的受热软化至开始变为流态时的温度。一般沥青的软化点在 30 ~ 95℃ 之间。

脆点:是指沥青由黏稠状态转变为固体状态达到条件脆裂时的温度。用弗拉斯脆点仪测定。将沥青涂在标准金属片上(沥青膜厚度约 0.5 mm),然后将制好的试件放在脆点仪中,一边降温,一边将金属片反复弯曲,至沥

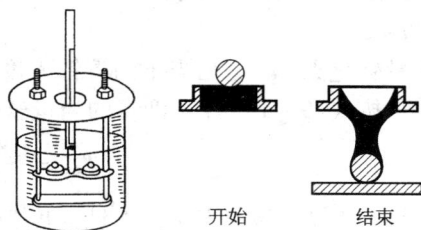

图 9 - 5 沥青的软化点测定示意图

青薄层开始出现裂缝时的温度称为脆点(℃)。

沥青的软化点愈高，脆点愈低，则沥青的温度敏感性就愈小，温度稳定性就愈好。在工程实际应用中，要求沥青具有较高的软化点和较低的脆点，否则，容易发生夏季流淌或冬季变脆甚至开裂等现象。

针入度指数 PI、当量软化点、当量脆点：针入度指数是反映沥青针入度随温度变化的程度，用来评价沥青温度敏感性的指标。即分别在15℃、25℃、30℃等3个或3个以上(必要时增加10℃、20℃等)温度条件下测定沥青的针入度后，按下列方法计算得到。若30℃时的针入度值过大，可采用5℃代替。

对不同温度条件下测试的针入度值取对数，令 $y = \lg P$，$x = T$，按式(9 – 17)的针入度对数与温度的直线关系，进行 $y = a + bx$ 一元一次方程的直线回归，求取针入度温度指数 $A_{\lg Pen}$。

具体计算可借助于计算机的 excel 电子表格中的函数进行计算。其中系数 b 用函数 LINEST(返回线性回归方程的参数)计算；常数 a 用函数 INTERCEPT(求线性回归拟合线方程的截距)计算；线性相关系数 γ 用函数 CORRET(返回两组数值的相关系数)计算。

$$\lg P = k + A_{\lg Pen} \cdot T \tag{9 – 17}$$

式中：$\lg P$——不同温度条件下测得的针入度值的对数；

$\quad\quad T$——不同试验温度，℃；

$\quad\quad k$——回归方程的常数项 a；

$\quad\quad A_{\lg Pen}$——回归方程的系数 b。

按式(9 – 17)回归时必须进行相关性检验，直线回归相关系数 γ 不得小于 0.997(置信度95%)，否则，试验无效。

按式(9 – 18)计算沥青的针入度指数 PI：

$$PI = \frac{20 - 500A_{\lg Pen}}{1 + 50A_{\lg Pen}} \tag{9 – 18}$$

针入度指数 PI 不仅可以用来评价沥青的温度敏感性，同时也可以用来判断沥青的胶体结构：当 $PI < -2$ 时，沥青属于溶胶结构，感温性大；当 $PI > 2$ 时，沥青属于凝胶结构，感温性低；介于期间的属于溶 – 凝胶结构。

不同针入度指数的沥青，其胶体结构和工程性能完全不同。一般路用沥青要求 $PI > -2$；沥青用作灌缝材料时，要求 $-3 < PI < 1$；如用作胶粘剂，要求 $-2 < PI < 2$；用作涂料时，要求 $-2 < PI < 5$。

当量软化点 T_{800} 是相当于沥青针入度为 800(1/10 mm)时的温度，用以评价沥青的高温稳定性。按式(9 – 19)计算沥青的当量软化点 T_{800}：

$$T_{800} = \frac{\lg 800 - k}{A_{\lg Pen}} = \frac{2.9031 - k}{A_{\lg Pen}} \tag{9 – 19}$$

当量脆点 $T_{1.2}$ 是相当于沥青针入度为 1.2(1/10 mm)时的温度，用以评价沥青的低温抗裂性能。按式(9 – 20)计算沥青的当量脆点 $T_{1.2}$：

$$T_{1.2} = \frac{\lg 1.2 - k}{A_{\lg Pen}} = \frac{0.0792 - k}{A_{\lg Pen}} \tag{9 – 20}$$

按式(9-21)计算沥青的塑性温度范围 ΔT：

$$\Delta T = T_{800} - T_{1.2} = \frac{2.8239}{A_{\lg Pen}} \tag{9-21}$$

4)耐久性(大气稳定性)

石油沥青在热施工时受高温的作用,以及使用时在大气、阳光、雨雪、温变等因素的长期综合作用下,其性能的稳定程度,反映出沥青的耐老化性能即耐久性能。

沥青在上述诸因素的长期作用下,一部分油分被挥发,其余分子则会氧化、缩合和聚合,导致组分逐渐递变,发生油分向脂胶转化,脂胶向沥青质转化,低分子向高分子转化,结果使油分、脂胶逐渐减少,分子量大的沥青质逐渐增多,因而使沥青的塑性降低,脆性增加,各方面性能下降,这种现象称为老化。老化是沥青的大气稳定性不良的表现,是其耐久性不好的重要原因。

沥青的抗老化性用沥青受热后的蒸发损失、针入度比和老化后的延度比来评价。即将测定了质量和针入度的沥青试样加热至(163±1)℃并恒温 5 h,测其蒸发后的质量和针入度,计算其质量减量和针入度比,同时测定老化后的延度。沥青经老化后,其质量损失百分率愈小、针入度比和延度比愈大,则表示沥青的大气稳定性愈好,即老化愈慢。

5)黏附性

黏附性是指沥青与其他材料(这里主要是指集料)的界面黏结性能和抗剥落性能。沥青与集料的黏附性直接影响沥青路面的使用质量和耐久性,所以黏附性是评价道路沥青技术性能一个重要指标。沥青裹覆集料后的抗水性(即抗剥离性)不仅与沥青的性质有密切关系,而且与集料性质有关。

评价沥青与集料黏附性最常采用的方法是水煮法和水浸法。《公路工程沥青及沥青混合料试验规程》JTG E20—2011 规定:粗集料的最大粒径 >13.2 mm 的采用水煮法, ≤13.2 mm 的采用水浸法。

水煮法是选取粒径为 13.2~19 mm、形状接近正立方体的规则集料 5 个,经沥青裹覆后,在蒸馏水中沸煮 3 min,按沥青膜剥落的情况分为 5 个等级来评价沥青与集料的黏附性。

水浸法是选取 9.5~13.2 mm 的集料 100 g 与 5.5 g 沥青在规定温度条件下拌合,配制成沥青-集料混合料,冷却后浸入 80℃的蒸馏水中保持 30 min,然后按剥落面积百分率来评定沥青与集料的黏附性。

6)施工安全性

对于固态和半固态沥青需要加热熔化后才能使用,在加热熔化沥青时,应注意加热温度的控制,避免发生火灾事故。如加热温度过高,其挥发的油气遇到火焰会发生闪火甚至燃烧,从而危及施工安全。为保证施工安全,沥青熬制温度必须低于沥青的闪点和燃点。

闪点:是初次发生闪火(着火而不能维持)时沥青的温度。对黏稠沥青用克利夫兰开口杯(简称 COC),对液体沥青用泰格开口杯(简称 TOC)测定。

燃点:是能发生燃烧(保持 5 s 以上)时沥青的温度。沥青的闪点在 180~230℃之间,而燃点只比该沥青的闪点高 10℃左右。

另外,沥青中也会含有微量的水分,在施工熔制时,所含水分蒸发成泡,容易发生溢锅现象,以致引起火灾,危及施工安全。因此,在加热熔制时,锅内沥青不要装得过满,熔制过程中要控制好温度,加强搅拌,使气泡易于上浮破裂,以确保施工安全。

9.3.2　沥青的乳化与改性

1.沥青的乳化

沥青在常温或高温下他们与水都不会互相混溶,但是当沥青经高速离心、剪切、冲击等机械作用,使其成为粒径为 $0.1 \sim 5~\mu m$ 的微粒,并分散到含有表面活性剂(乳化剂、稳定剂)的水介质中,由于乳化剂能定向吸附在沥青微粒表面,因而降低了水与沥青的界面张力,使沥青微粒能在水中形成稳定的分散体系,这就是水包油的乳状液。石油沥青与水在乳化剂、稳定剂等的作用下,经乳化加工制得的均匀沥青产品称为乳化沥青,也称沥青乳液。

在乳化沥青中,沥青比例为 50% ~70% 。用于乳化的沥青应考虑沥青的易乳化性,一般来说,针入度大(即黏滞性小)的沥青宜乳化。

乳化剂:是乳化沥青生产的关键原材料,一般占乳液总量的 0.3% ~2.0% 。乳化剂按其亲水基在水中是否电离分为离子型乳化剂(阴离子、阳离子、两性离子)和非离子型乳化剂,具体选用时应根据使用要求合理选用。

稳定剂:是保证沥青乳液在贮存、施工喷洒或拌合过程中具有良好的稳定性而不分层。稳定剂分为无机稳定剂(如:氯化铵、氯化钙等)和有机稳定剂(如:聚乙烯醇、聚丙烯酰胺等)。

水在乳化沥青中起着湿润、溶解及化学反应的作用,生产乳化沥青的水应为不含钙、镁等杂质的 pH 值约为 7.4 的纯净水。水的用量一般为 30% ~50% 。

沥青乳液可以常温使用,且可以和冷的、潮湿的石料一起使用,节约能源,保护环境;常温下有较好的流动性,能保证洒布的均匀性;沥青乳液与矿料表面具有良好的黏附性和工作性,可节约沥青用量。因沥青乳液稳定性差,故贮存期不应超过半年,贮存期过长易产生分层;又因乳化沥青破乳凝固还原为连续的沥青,水分完全蒸发需要一定的时间,故修筑路面成形期长。

乳化沥青的质量可用筛上残留物、蒸发残留物含量及残留物性质、黏度、黏附性、储存稳定性、微粒离子电荷性、破乳速度、与水泥拌合试验及与矿料拌合试验等试验结果来综合评价。

2.沥青的改性

沥青的改性是指在普通沥青(又称基质沥青)中掺加橡胶、树脂、高分子聚合物、天然沥青、磨细的橡胶粉或其他矿物填料等外掺剂(改性剂)制成的沥青结合料,从而使沥青或沥青混合料在感温性、稳定性、耐久性、黏附性、抗老化性等方面得到全面改善。

沥青的改性机理有两种:一是改变沥青化学组成;二是使改性剂均匀分布于沥青中形成一定的空间网络结构。改性后的沥青称为改性沥青。

改性沥青常用的改性剂有热塑性橡胶类[如苯乙烯-丁二烯-苯乙烯(SBS)]、橡胶类[如丁苯橡胶(SBR)和氯丁橡胶(CR)]及热塑性树脂类[如聚乙烯(PE)、聚丙烯(PP)、聚氯乙烯(PVC)、聚苯乙烯(PS)、乙烯-乙酸乙烯共聚物(EVA)]等,具体选用原则如下:

(1)为提高抗永久变形能力,宜使用热塑性橡胶类或热塑性树脂类等改性剂。

(2)为提高抗低温开裂能力,宜使用热塑性橡胶类或橡胶类改性剂。

(3)为提高抗疲劳开裂能力,宜使用热塑性橡胶类、橡胶类或热塑性树脂类改性剂。

(4)为提高抗水损害能力,宜使用各类抗剥落剂等外掺剂。

(5)改性剂与被改性沥青的基质沥青应有良好的配伍性(相溶性)。

9.3.3 沥青混合料的分类

1. 按所用集料品种分

沥青混合料按所用集料品种不同，可分为碎石、砾石、砂、钢渣、矿渣等类。以沥青碎石类混合料和沥青玛蹄脂碎石类混合料最为普遍。

沥青碎石类混合料：简称沥青碎石。由矿料和沥青组成，具有一定级配要求的混合料。按空隙率、集料最大粒径、添加矿粉数量的多少，分为密级配沥青稳定碎石（以 TAB 表示）、开级配沥青碎石（用于表面层以 OGFC 表示；用于基层以 ATPB 表示）、半开级配沥青碎石（以 AM 表示）。

沥青玛蹄脂碎石类混合料：由沥青结合料与少量的纤维稳定剂、细集料以及较多量的填料（矿粉）组成的沥青玛蹄脂，填充于间断级配的粗集料骨架的间隙组成一体的沥青混合料，简称 SMA。具有优良的高温稳定性、耐久性、表面特性和使用寿命长等特点。

2. 按矿料级配组成及空隙率分

按矿料级配组成及空隙率大小分为密实级配、开级配和半开级配沥青混合料。

密级配混合料：由连续级配的粗细集料及填料与沥青拌合而成。其中，按混合料压实后剩余空隙率的大小又分为沥青混凝土（AC，空隙率为 3 ~ 6%）和沥青碎石（ATB，空隙率为 4 ~ 10%）。

开级配混合料：矿料级配主要由粗集料嵌挤组成，细集料及填料较少，设计空隙率为 18%。如：用于表面层的开级配沥青碎石（OGFC）、用于基层的开级配沥青碎石（ATPB）。

半开级配混合料：由适当比例的粗集料、细集料及少量填料（或不加填料）与沥青结合料拌合而成，经马歇尔标准击实成形试件的剩余空隙率在 6% ~ 12% 的半开级配沥青碎石混合料（AM）。

3. 按矿料公称最大粒径分

按矿料公称最大粒径的大小分为特粗式沥青混合料（矿料公称最大粒径 > 31.5 mm）、粗粒式沥青混合料（矿料公称最大粒径 ≥ 26.5 mm）、中粒式沥青混合料（矿料公称最大粒径为 16mm 或 19 mm）、细粒式沥青混合料（矿料公称最大粒径为 9.5 mm 或 13.2 mm）和砂粒式沥青混合料（矿料公称最大粒径 < 9.5 mm）。

4. 按生产工艺分

按生产工艺分为热拌沥青混合料（HMA）、冷拌沥青混合料和再生沥青混合料。

热拌沥青混合料：采用黏稠沥青作为结合料，将沥青与矿料在热态下拌合、热态下铺筑施工的沥青混合料。由于在高温下拌合，沥青与矿质集料能形成良好的粘结，因而具有较高的强度。适用于各种等级公路的沥青路面。

冷拌沥青混合料：采用乳化沥青、稀释沥青或者低黏度的沥青材料，在常温下与集料直接拌合成混合料，在常温下摊铺、碾压成路面。这种沥青混合料由于沥青与集料裹覆性差，粘结不良，路面成形慢，强度低。一般只适用于低交通道路，或者路面局部维修。

再生沥青混合料：将回收沥青路面材料（RAP）运至沥青拌合厂（场、站），经破碎、筛分，以一定的比例与新集料、新沥青、再生剂（必要时）等拌制成的热拌再生混合料；或采用专用的就地热再生设备，对沥青路面进行加热、铣刨，就地掺入一定数量的新沥青、新沥青混合料、再生剂等，经热态拌合、摊铺、碾压等工序，一次性实现对表面一定深度范围内的旧沥青混凝土路面进行再生。

5. 按混合料组成结构分

沥青混合料根据其组成结构分为悬浮－密实结构、骨架－空隙结构和骨架－密实结构。见图9－6。

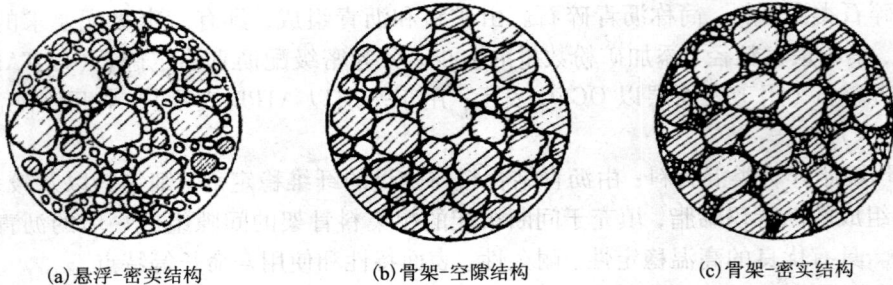

(a)悬浮-密实结构　　　　　　(b)骨架-空隙结构　　　　　　(c)骨架-密实结构

图9－6　沥青混合料的组成结构示意图

悬浮－密实结构：是指密级配的混合料结构。混合料中粒径较大的颗粒被较小的颗粒挤开，不能直接形成骨架结构，彼此分离悬浮于较小颗粒和沥青胶浆之间，而较小颗粒与沥青胶浆较为密实，形成了悬浮－密实结构。这种结构的沥青混合料密实度较大，水稳定性、低温抗裂性和耐久性较好，但热稳定性差。

骨架－空隙结构：是一种连续开级配的混合料。混合料中粗集料较多，彼此接触可以形成骨架，细集料较少不足以填满骨架空隙，压实后混合料中的空隙较大，形成骨架－空隙结构。该结构沥青混合料空隙率较大，渗透性较大，耐久性差，但热稳定性好。

骨架－密实结构：是一种间断级配的混合料。混合料中有足够的粗集料形成骨架，同时又有足够的细集料和沥青胶浆充填骨架空隙，形成骨架－密实结构。该结构沥青混合料具有上述两种结构的优点，是一种较为理想的结构类型。

9.3.4　沥青混合料组成材料的技术要求

沥青混合料是一种复合材料，主要由沥青、粗集料、细集料、填充料组成。根据需要也可加入适量的木质素纤维或矿物纤维稳定剂。

1. 沥青的技术要求

1）道路石油沥青的技术要求

道路石油沥青按针入度不同划分为160、130、110、90、70、50、30等标号。现行行业标准《公路沥青路面施工技术规范》JTG F40—2004将道路石油沥青的质量划分为A、B、C三个等级，各标号及各等级的技术要求见表9－30、表9－31。

表9-30　道路石油沥青的技术要求(JTG F40—2004)

指标	等级	沥青标号									
		160号④	130号④	110号			90号				
针入度(25℃,5s,100g)/0.1mm		140~200	120~140	100~120			80~100				
适应的气候分区⑥		注④	注④	2-1	2-2	3-2	1-1	1-2	1-3	2-2	2-3
针入度指数PI②	A	-1.5~+1.0									
	B	-1.8~+1.0									
软化点/℃,≥	A	38	40	43			45			44	
	B	36	39	42			43			42	
	C	35	37	41			42				
60℃动力黏度②/Pa·s,≥	A	—	60	120			160			140	
10℃延度②/cm,≥	A	50	50	40			45	30	20	30	20
	B	30	30	30			30	20	15	20	15
15℃延度/cm,≥	A、B	100									
	C	80	80	60			50				
蜡含量(蒸馏法)/%,≤	A	2.2									
	B	3.0									
	C	4.5									
闪点/℃,≥		230					245				
溶解度/%,≥		99.5									
密度(15℃)/(g·cm⁻³)		实测记录									
老化试验　质量变化/%,≤		±0.8									
老化试验　残留针入度比(25℃)/%,≥	A	48	54	55			57				
	B	45	50	52			54				
	C	40	45	48			50				
老化试验　残留延度(10℃)/cm,≥	A	12	12	10			8				
	B	10	10	8			6				
老化试验　残留延度(15℃)/cm,≥	C	40	35	30			20				

表 9 – 31　道路石油沥青的技术要求（JTG F40—2004）

指标	等级	沥青标号						
		70 号③					50 号③	30 号④
针入度（25℃，5 s，100 g）/0.1 mm		60 ~ 80					40 ~ 60	20 ~ 40
适应的气候分区⑥		1 – 3	1 – 4	2 – 2	2 – 3	2 – 4	1 – 4	注④
针入度指数 PI②	A	−1.5 ~ +1.0						
	B	−1.8 ~ +1.0						
60℃动力黏度②/Pa·s，≥	A	180		160			200	260
软化点/℃，≥	A	46		45			49	55
	B	44		43			46	53
	C	43					45	50
10℃延度②/cm，≥	A	20	15	25	20	15	15	10
	B	15	10	20	15	10	10	8
15℃延度/cm，≥	A、B	100					80	50
	C	40					30	20
蜡含量（蒸馏法）/%，≤	A、B、C	同表 9 – 30 中的要求						
老化试验 质量变化/%，≤		±0.8						
老化试验 残留针入度比（25℃）/%，≥	A	61					63	65
	B	58					60	62
	C	54					58	60
老化试验 残留延度（10℃）/cm，≥	A	6					4	—
	B	4					2	—
老化试验 残留延度（15℃）/cm，≥	C	15					10	
闪点/℃，≥		260						
溶解度/%，≥		99.5						

注：① 表 9 – 30、9 – 31 中各指标的试验方法按《公路工程沥青及沥青混合料试验规程》JTG E20—2011 规定的方法进行。用于仲裁试验求取 PI 时的 5 个温度的针入度关系的相关系数不得小于 0.997。② 经建设单位同意，表中 PI 值、60℃动力黏度、10℃延度可作为选择性指标，也可不作为施工质量检验指标。③ 70 号沥青可根据需要，要求供应商提供针入度范围为 60 ~ 70 或 70 ~ 80 的沥青，50 号沥青可要求提供针入度范围为 40 ~ 50 或 50 ~ 60 的沥青。④ 30 号沥青仅适用于沥青稳定基层。130 号和 160 号沥青除寒冷地区可直接在中低级公路上直接应用外，通常用作乳化沥青、稀释沥青、改性沥青的基质沥青。⑤ 老化试验以 TFOT 法（沥青薄膜加热法）为准，也可以 RTFOT 法（沥青旋转薄膜加热法）代替。⑥ 气候分区见表 9 – 32。

表9-32　沥青路面使用性能气候分区

高温分区	高温气候区	1		2		3
	气候区名称	夏炎热区		夏热区		夏凉区
	最热月平均最高气温/℃	>30		20~30		<20
低温分区	低温气候区	1	2	3		4
	气候区名称	冬严寒区	冬寒区	冬冷区		冬温区
	极端最低气温/℃	<-37.5	-37.5~-21.5	-21.5~-9.0		>-9.0
雨量分区	雨量气候区	1	2	3		4
	气候区名称	潮湿区	湿润区	半干区		干旱区
	年降雨量/mm	>1000	1000~500	500~250		<250

注：① 气候分区指标的计算方法：以当地30年内最热月平均最高气温的平均值为最热月平均最高气温；以当地30年内极端最低气温的最低值为极端最低气温；以当地30年内的年降雨量的平均值为年降雨量；② 沥青路面温度分区由高温和低温组合而成，第一个数字代表高温区，第二个数字代表低温区，数字越小表示气候因素越严重；③ 由温度和雨量组成的气候分区方法是在温度分区后加第三个数字（雨量气候区），如"1-2-2"表示夏炎热冬寒湿润区；④ 当全年高于30℃的积温较大或当地连续高温的持续时间长，以及预计重载车特别多、长大纵坡严重影响车速的路段，可将高温气候区提高一级或二级看待；对经常发生寒潮、寒流降温迅速的地区可将低温气候区提高一级；对年雨日数特别长（如梅雨季节）的地区可将雨量气候区提高一级。

在道路工程中选用沥青材料时，应根据交通量和气候特点选择合适的牌号。沥青牌号越高（即针入度越大），则黏性越小，延展性越好，而温度敏感性也随之增加。当没有合适的牌号沥青时，可采用两种不同牌号的沥青进行掺配使用，即以较高标号（或较高软化点）沥青与较低标号（或较低软化点）沥青配成符合要求的沥青标号（或软化点），其掺配比例可按下式计算：

$$低标号沥青掺量(\%) = \frac{高标号 - 要求的标号}{高标号 - 低标号} \times 100\%$$

$$高标号沥青掺量(\%) = (100 - 低标号沥青掺量)\%$$

道路石油沥青的适应范围见表9-33。

表9-33　道路石油沥青的适应范围（JTG F40—2004）

沥青等级	适用范围
A级	各个等级的公路，适用于任何场合和层次
B级	高速公路、一级公路沥青下面层及以下的层次，二级及二级以下公路的各个层次 用做改性沥青、乳化沥青、改性乳化沥青、稀释沥青的基质沥青
C级	三级及三级以下公路的各个层次

2）道路用液体石油沥青的技术要求

道路用液体石油沥青是将道路石油沥青先进行加热，然后加入汽油、煤油或轻柴油，经适当搅拌、稀释制作而成。道路用液体石油沥青的黏度、蒸馏体积变化、蒸馏后残留物性能及含水率等技术要求应符合现行行业标准《公路沥青路面施工技术规范》JTG F40—2004的有关规定。

道路用液体石油沥青宜选用针入度较大的石油沥青，使用前按先加热沥青后加稀释剂的顺序，掺配比例根据使用要求由试验确定。液体石油沥青适用于透层、粘层及冷拌沥青混合料。液体石油沥青在制作、贮存、使用的全过程中，必须通风良好，并有专人负责，确保安全。基质沥青的加热温度应严禁超过140℃，液体沥青的贮存温度不得高于50℃。

3）道路用乳化沥青的技术要求

道路用乳化沥青的技术要求应符合现行行业标准《公路沥青路面施工技术规范》JTG F40—2004 的有关规定。

道路用乳化沥青的类型应根据集料品种及使用条件选择。阳离子乳化沥青适用于各种集料品种；阴离子乳化沥青适用于碱性集料。乳化沥青的破乳速度、黏度宜根据用途与施工方法选择。对于高速公路和一级公路，制备乳化沥青的基质沥青宜选用A、B级道路石油沥青。乳化沥青的品种和适用范围宜符合表9-34的规定。

表9-34　乳化沥青的品种和适用范围（JTG F40—2004）

品种	阳离子乳化沥青				阴离子乳化沥青				非离子乳化沥青	
用途	喷洒用			拌合用	喷洒用			拌合用	喷洒用	拌合用
代号	PC-1	PC-2	PC-3	BC-1	PA-1	PA-2	PA-3	BA-1	PN-2	BN-1
破乳速度	快	慢	快或中	慢或中	快	慢	快或中	慢或中	慢	慢
适用范围	表处、贯入式路面及下封层用	透层油及基层养生用	粘层油用	稀浆封层或冷拌沥青混合料	表处、贯入式路面及下封层用	透层油及基层养生用	粘层油用	稀浆封层或冷拌沥青混合料	粘层油用	与水泥稳定集料同时使用（基层路拌或再生）

注：P为喷洒型，B为拌合型，C、A、N分别表示阳离子、阴离子、非离子乳化沥青。

4）道路用改性沥青的技术要求

改性沥青可单独或复合采用高分子聚合物、天然沥青及其他改性材料制作。制作改性沥青的基质沥青宜选用A级或B级道路石油沥青，改性沥青的加工温度不宜≥180℃。道路用聚合物改性沥青的技术要求应符合现行行业标准《公路沥青路面施工技术规范》JTG F40—2004 的有关规定，具体见表9-35。

表9-35　道路用聚合物改性沥青的技术要求（JTG F40—2004）

指标	SBS类（Ⅰ类）				SBR类（Ⅱ类）			EVA、PE类（Ⅲ类）			
	Ⅰ-A	Ⅰ-B	Ⅰ-C	Ⅰ-D	Ⅱ-A	Ⅱ-B	Ⅱ-C	Ⅲ-A	Ⅲ-B	Ⅲ-C	Ⅲ-D
针入度（25℃，100 g，5 s）/0.1mm	>100	80~100	60~80	40~60	>100	80~100	60~80	>80	60~80	40~60	30~40
延度（25℃，5 cm/min）/cm，≥	50	40	30	20	60	50	40	—			
针入度指数PI，≥	—	-1.2	-0.8	0	-1.0	-0.8	-0.6	-1.0	-0.8	-0.6	-0.4
软化点（环球法）/℃，≥	45	50	55	60	45	48	50	48	52	56	60
135℃动力黏度^{①}/Pa·s，≥	3										

续上表

指标		SBS 类（Ⅰ类）				SBR 类（Ⅱ类）			EVA、PE 类（Ⅲ类）			
		Ⅰ-A	Ⅰ-B	Ⅰ-C	Ⅰ-D	Ⅱ-A	Ⅱ-B	Ⅱ-C	Ⅲ-A	Ⅲ-B	Ⅲ-C	Ⅲ-D
闪点/℃，≥		230				230			230			
溶解度/%，≥		99				99			—			
25℃弹性恢复/%，≥		55	60	65	75	—			—			
黏韧性/N·m，≥		—				5			—			
韧性/N·m，≥		—				2.5			—			
贮存稳定性②离析，48 h 软化点差/℃，≤		2.5				—			无改性剂明显析出、凝聚			
老化试验	质量变化/%，≤	±1.0										
	残留针入度比（25℃）/%，≤	50	55	60	65	50	55	60	50	55	58	60
	延度（15℃）/cm，≥	30	25	20	15	30	20	10				

注：① 表中 135℃动力黏度可采用《公路工程沥青及沥青混合料试验规程》JTG E20—2011 中的"沥青布氏旋转黏度试验方法（布洛克菲尔德黏度计法）"进行测定。若在不改变改性沥青物理力学性质，并符合安全条件的温度下，易于泵送和拌合，或经证明适度提高泵送和拌合温度时，能保证改性沥青的质量，容易施工，可不要求测定；② 贮存稳定性指标适用于工厂生产的成品改性沥青。现场制作的改性沥青对贮存稳定性指标可不作要求，但必须在制作后，保持不间断的搅拌或泵送循环，保证使用前没有明显的离析。

2. 粗集料的技术要求

沥青混合料用粗集料包括碎石、破碎砾石（破碎卵石）、筛选砾石、钢渣、矿渣等，但高速公路和一级公路不得使用筛选砾石和矿渣。粗集料应该洁净、干燥、表面粗糙，质量应符合表 9 – 36 的规定。

表 9 – 36 沥青混合料用粗集料质量技术要求（JTG F40—2004）

指标		高速公路及一级公路		其他等级公路
		表面层	其他层次	
石料压碎值/%，≤		26	28	30
洛杉矶磨耗损失/%，≤		28	30	35
表观相对密度，≥		2.60	2.50	2.45
吸水率/%，≤		2.0	3.0	3.0
坚固性/%，≤		12	12	—
针片状颗粒含量/%，≤	混合料	15	18	20
	粒径≥9.5 mm	12	15	
	粒径<9.5 mm	18	20	
小于 0.075 mm 颗粒含量（水洗法）/%，≤		1	1	1
软石含量/%，≤		3	5	5

注：① 坚固性试验可根据需要进行；② 用于高速公路、一级公路时，多孔玄武岩的表观密度可放宽至 2450 kg/m³，吸水率可放宽至 3%，但必须得到建设单位的批准，且不得用于 SMA 路面；③ 对 S14 即 3～5 规格的粗集料，针片状颗粒含量可不予要求，<0.075 mm 含量可放宽至 3%；④ 表观相对密度是指表观密度与同温度水的密度之比值；⑤ 软石是指 4.75～9.5 mm、9.5～16 mm、>16 mm 的颗粒分别在 0.15 kN、0.25 kN、0.34 kN 荷载作用下破裂的颗粒。

粗集料的颗粒级配应符合表9-37的规定。

表9-37 沥青混合料用粗集料规格（JTG F40—2004）

规格名称	公称粒径/mm	通过下列筛孔（mm）的质量百分率/%								
		37.5	31.5	26.5	19.0	13.2	9.5	4.75	2.36	0.6
S6	15～30	100	90～100	—	—	0～15	—	0～5		
S7	10～30	100	90～100	—	—		0～15	0～5		
S8	10～25	—	100	90～100	—	0～15		0～5		
S9	10～20		—	100	90～100	—	0～15		0～5	
S10	10～15			—	100	90～100	0～15		0～5	
S11	5～15				100	90～100	40～70	0～15	0～5	
S12	5～10					100	90～100	0～15	0～5	
S13	3～10					—	100	90～100	40～70	0～20	0～5
S14	3～5						—	100	90～100	0～15	0～5

高速公路、一级公路沥青路面的表面层（或磨耗层）的粗集料的磨光值应符合表9-38的要求。除SMA、OGFC路面外，允许在硬质粗集料中掺加部分较小粒径的磨光值达不到要求的粗集料，其最大掺加比例由磨光值试验确定。

粗集料与沥青的黏附性应符合表9-38的要求，当使用不符合要求的粗集料时，宜掺加消石灰、水泥或用饱和石灰水处理后使用，必要时可同时在沥青中掺加耐热、耐水、长期性能好的抗剥落剂，也可采用改性沥青的措施，使沥青混合料的水稳定性检验达到要求。外加剂的掺量由沥青混合料的水稳定性检验确定。

表9-38 粗集料与沥青的黏附性、磨光值的技术要求（JTG F40—2004）

雨量气候区		1（潮湿区）	2（润湿区）	3（半干区）	4（干旱区）
年降雨量/mm		>1000	1000～500	500～250	<250
粗集料的磨光值PSV（高速公路、一级公路表面层），≥		42	40	38	36
粗集料与沥青的黏附性，≥	高速公路、一级公路表面层	5	4	4	3
	高速和一级公路的其他层次及其他等级公路的各个层次	4	4	3	3

采用破碎砾石作为粗集料时，破碎砾石的破碎面应符合表9-39的要求。

表9-39 粗集料对破碎面的要求（JTG F40—2004）

路面部位或混合料类型		具有一定数量破碎面颗粒的含量/%，≥	
		1个破碎面	2个或2个以上破碎面
沥青路面表面层	高速公路、一级公路	100	90
	其他等级公路	80	60
沥青路面中下层、基层	高速公路、一级公路	90	80
	其他等级公路	70	50
SMA混合料		100	90
贯入式路面		80	60

筛选砾石仅适用于三级及三级以下公路的沥青表面处治路面。

经过破碎且存放期超过 6 个月以上的钢渣可作为粗集料使用。除吸水率允许适当放宽外，各项质量指标应符合表 9–36 的要求。钢渣在使用前应进行活性检验，要求钢渣中的游离氧化钙含量不大于 3%，浸水膨胀率不大于 2%。

粗集料的质量检验按《公路工程集料试验规程》JTG E 42—2005 有关规定进行。

3. 细集料的技术要求

沥青混合料用细集料包括天然砂、机制砂、石屑。细集料应洁净、干燥、无风化、无杂质，并具有适当的颗粒级配，其质量要求应符合表 9–40 的规定。

表 9–40 沥青混合料用细集料质量要求（JTG F40—2004）

指 标	高速公路及一级公路	其他等级公路
表观相对密度，≥	2.50	2.45
坚固性（>0.3 mm 的颗粒）/%，≥	12	—
含泥量（天然砂中≤0.075 mm 颗粒的含量）/%，≤	3	5
砂当量（石屑和机制砂）/%，≥	60	50
亚甲蓝值（石屑和机制砂）/(g·kg⁻¹)，≤	25	
棱角性（流动时间）/s，≥	30	—

注：坚固性试验可根据需要进行。

天然砂可采用河砂或海砂，通常采用粗砂、中砂，其颗粒级配应符合表 9–41 的规定。砂的含泥量超过规定时，应水洗后使用，海砂中的贝壳类材料必须筛除。热拌密级配沥青混合料中天然砂的用量通常不超过集料总量的 20%，SMA 和 OGFC 混合料不宜使用天然砂。

表 9–41 沥青混合料用天然砂的规格（JTG F40—2004）

筛孔尺寸/mm		9.5	4.75	2.36	1.18	0.60	0.30	0.15	0.075
通过质量百分率/%	粗砂	100	90~100	65~95	35~65	15~30	5~20	0~10	0~5
	中砂	100	90~100	75~90	50~90	30~60	8~30	0~10	0~5
	细砂	100	90~100	85~100	75~100	60~84	15~45	0~10	0~5

石屑是采石场生产碎石时通过 4.75 mm 或 2.36 mm 的筛下部分，其颗粒级配应符合表 9–42 的要求。高速公路、一级公路的沥青混合料，宜将 S14 与 S16 组合使用，S15 可在沥青稳定碎石基层或其他等级公路中使用。机制砂的颗粒级配应符合 S16 的要求。

表 9–42 沥青混合料用机制砂或石屑的规格（JTG F40—2004）

规格	公称粒径/mm	水洗法通过各个筛孔的质量百分率/%							
		9.5	4.75	2.36	1.18	0.60	0.30	0.15	0.075
S15	0~5	100	90~100	60~90	40~75	20~55	7~40	2~20	0~10
S16	0~3	—	100	80~100	50~80	25~60	8~45	0~25	0~15

细集料的质量检验按《公路工程集料试验规程》JTG E 42—2005 有关规定进行。

4. 填料的技术要求

沥青混合料用矿粉必须采用石灰岩或岩浆岩中的强基性岩石等憎水性石料经磨细得到的矿粉，原石料中的泥土杂质应除净。矿粉应干燥、洁净，能自由地从矿粉仓流出，其技术要求应符合表 9 – 43 的规定。

表 9 – 43　沥青混合料用矿粉技术要求（JTG F40—2004）

指　标		高速公路及一级公路	其他等级公路
表观密度/(kg·m⁻³)，≥		2500	2450
含水率/%，≤		1	1
粒度范围/%	<0.6 mm	100	100
	<0.15 mm	90 ~ 100	90 ~ 100
	<0.075 mm	75 ~ 100	70 ~ 100
外观		无团粒结块	—
亲水系数		<1	
塑性指数/%		<4	
加热安定性		实测记录	

矿粉的质量检验按《公路工程集料试验规程》JTG E 42—2005 有关规定进行。

粉煤灰作为填料使用时，但用量不得超过填料总量的 50%，且粉煤灰的烧失量应小于 12%，与矿粉混合后的塑性指数应小于 4，其余技术要求与矿粉相同。高速公路、一级公路的沥青表面层不宜采用粉煤灰做填料。

5. 纤维稳定剂的技术要求

在沥青混合料中掺加的纤维稳定剂宜选用木质素纤维、矿物纤维等。木质素纤维的技术要求应符合表 9 – 44 的规定。

表 9 – 44　木质素纤维质量技术要求（JTG F40—2004）

项　目	指　标	试验方法
纤维长度/mm，≤	6	水溶液用显微镜观测
灰分含量/%	18 ±5	高温 590 ~ 600℃燃烧后测定残留物
pH 值，≥	7.5 ±1.0	水溶液用 pH 试纸或 pH 计测定
吸油率，≥	纤维质量的 5 倍	用煤油浸泡后放在筛上经振敲后称量
含水率（以质量计）/%，≤	5	105℃烘箱烘 2 h 后冷却称量

纤维在 250℃的干拌温度下应不变质、不变脆。纤维必须在混合料的拌合过程中能充分分散均匀。矿物纤维宜采用玄武岩等矿石制造，易影响环境及造成人体伤害的石棉纤维不宜直接使用。

纤维稳定剂的掺量以沥青混合料总量的质量百分率计算，通常情况下用于 SMA 路面的木质素纤维的掺量宜≥0.3%，矿物纤维的掺量宜≥0.4%，必要时可适当增加纤维用量。纤维掺量的允许误差宜不超过 ±5% 。

纤维应存放在室内或有棚盖的地方，松散纤维在运输及使用过程中应避免受潮，不结团。

9.3.5　沥青混合料的技术性质及影响因素

1. 抗剪强度及影响因素

沥青混合料的抗剪强度主要由集料颗粒之间嵌锁力（内摩阻角）以及沥青与集料之间产生的黏聚力及沥青自身的黏聚力构成，一般采用库伦公式进行分析，按式（9-22）计算：

$$\tau = c + \sigma \tan\varphi \tag{9-22}$$

式中：τ——沥青混合料的抗剪强度，MPa；

$\quad\quad c$——沥青混合料的黏聚力，MPa；

$\quad\quad \sigma$——试验时的正应力（垂直压应力），MPa；

$\quad\quad \varphi$——沥青混合料的内摩擦角，rad（弧度）。

沥青混合料的抗剪强度可通过三轴试验或直剪试验来获得。

影响沥青混合料抗剪强度的主要因素有沥青的黏度、矿料的级配类型和表面性质、沥青与矿料的化学性质、沥青用量、温度、变形速率等。

沥青黏度的影响：沥青混合料中的集料是分散在沥青中的分散系，在其他因素固定的条件下，沥青的黏度越大，则沥青混合料的黏聚力就越大，沥青混合料的强度就越高，抗变形能力就越强。

矿料的级配类型和表面性质的影响：沥青混合料有密级配、开级配和间断级配等不同组成结构类型，密级配沥青混合料的抗剪强度较高。此外，具有棱角，形状接近立方体，表面有明显的粗糙度的集料配制的沥青混合料的抗剪强度较高；集料粒径越大，配制的沥青混合料内摩阻角也就越大；相同粒径组成的集料，卵石的内摩阻角比碎石的内摩阻角小。

沥青与矿料化学性质的影响：沥青与矿料相互作用不仅与沥青的化学性质有关，而且与矿料的性质有关。研究表明，在沥青混合料中，当采用石灰岩矿料时，矿料之间更有可能通过结构沥青来连接，因而具有较大的黏聚力。

沥青用量的影响：在沥青和矿料总质量不变的情况下，沥青与矿料的比例是影响沥青混合料抗剪强度的重要因素。当沥青用量过少时，沥青不足以在矿料颗粒表面形成结构沥青薄膜来黏结矿料颗粒，混合料的抗剪强度低；当沥青用量适中时，沥青薄膜达到最佳厚度，矿料之间主要以结构沥青黏结，混合料具有最大的黏聚力；当沥青用量过多，矿料之间主要以自由沥青黏结时，矿料之间的相互嵌锁作用逐渐丧失，沥青混合料的内摩擦角逐渐减小，抗剪强度随之降低。

温度的影响：沥青混合料是一种热塑性材料，他的抗剪强度随着温度的升高而显著降低，内摩擦角同时也受温度变化的影响，但变化幅度较小。

变形速率的影响：沥青混合料是一种黏-弹性材料，在其他条件相同的情况下，变形速率对沥青混合料的内摩擦角影响较小，而对沥青混合料的黏聚力影响较为显著。试验表明，黏聚力随变形速率的减小而显著提高，而内摩擦角随变形速率的变化相对较小。

综上所述，高强度沥青混合料的基本条件是具有密实的矿物骨架、满足各项性能要求的最佳沥青用量和能与沥青起化学吸附的活性矿料。应当指出的是，最好的沥青混合料结构，不是用最高强度来衡量的，而是所需要的合理强度，这种强度应配合沥青混合料在低温下具有充分的变形能力以及耐久性。为了使沥青混合料产生较高强度，应设法使自由沥青含量尽可能地少或完全没有。但是，必须有适量的自由沥青，以保证沥青混合料应有的耐久性和最佳的塑性。

2. 高温稳定性及影响因素

沥青混合料的高温稳定性是指混合料在夏季高温（通常为 60℃）的条件下，经车辆荷载长期重复作用后，不产生车辙和波浪等病害的性能。我国现行行业标准《公路沥青路面施工技术规范》JTG F40—2004 规定，采用马歇尔稳定度试验来评价沥青混合料高温稳定性。对于高速公路、一级公路、城市快速路、主干路用沥青混合料，还应通过车辙试验检验其抗车辙能力。

马歇尔稳定度试验：用于测定沥青混合料试件[当矿料公称最大粒径 ≤26.5 mm 时，宜采用 $\phi101.6 \times 63.5$ mm 的标准试件；当矿料公称最大粒径 >26.5 mm 时，宜采用 $\phi152.4 \times 95.3$ mm 的大试件]在规定温度和加荷速率下的破坏荷载和抗变形能力。目前普遍是测定马歇尔稳定度（MS）、流值（FL）两项指标。稳定度是试件破坏时承受的最大荷载（kN）；流值是指达到最大破坏荷载时试件的垂直变形（mm）。马歇尔稳定度试验仪见图 9 - 7。

沥青混合料试件制作方法
击实法

沥青混合料马歇尔稳定度试验

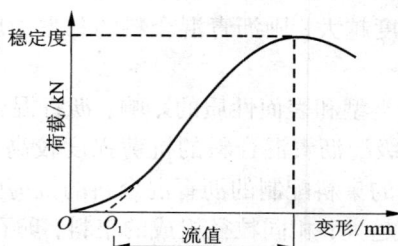

(a) 马歇尔试验仪　　　　　　(b) 马歇尔试验结果修正方法

图 9 - 7　马歇尔试验仪及试验结果修正方法

车辙试验：是一种模拟车辆轮胎在路面上滚动形成车辙的工程试验方法，试验结果较为直观，且与沥青路面车辙深度之间有着较好的相关性。目前我国的车辙试验是用标准成形方法，制成 $300 \times 300 \times (50 \sim 100)$ mm 的沥青混合料试件，在 60℃ 的温度条件下，以一定荷载的轮子在同一轨迹上作一定时间的反复行走，形成一定的车辙深度，然后计算产生 1 mm 车辙变形所需要的行走次数，即为动稳定度（次/mm）。车辙试验机见图 9 - 8。

《公路沥青路面施工技术规范》JTG F40—2004 规定：对用于高速公路、一级公路的公称最大粒径 ≤19 mm 的密级配沥青混合料及 SMA、OGFC 混合料，必须在规定的试验条件下进行车辙试验。

影响沥青混合料高温稳定性的主要因素有矿料的性质、矿料的级配、沥青混合料剩余空隙率、矿料间隙率、沥青的黏度、沥青的用量及压实程度等。

沥青混合料高温稳定性的形成主要来源于矿料颗粒间的嵌锁作用及沥青的高温黏度。

矿料性质的影响：能与沥青起化学吸附作用的矿质材料，能够提高沥青混合料的抗变形能力。如石灰岩矿质材料表面上沥青的内聚力大大超过了花岗岩矿质材料表面上沥青的内聚力。而随着沥青内聚力的增大，沥青混合料的强度和抗变形能力也将提高。使用接近立方体的有尖锐棱角和粗糙表面的碎石，可增加矿料颗粒间的嵌锁作用，从而提高沥青混合料的高温稳定性和高温下的抗变形能力。在矿质混合料中，矿粉对沥青混合料耐热性影响最大，特别是活性矿粉影响更为明显，用石灰岩矿粉配制的沥青混合料具有较高的耐热性，而含有石英岩矿粉的沥青混合料耐热性较低。

图 9 – 8　车辙试验仪

矿料级配的影响：级配良好的矿料配制的沥青混合料（中粒式、细粒式）比一般使用的沥青砂塑性小得多，因此抗剪强度较高；间断级配的矿料配制的沥青混合料虽然具有良好的抗变形能力和密实度，但拌合与摊铺离析较大。具有一定级配的矿粉对提高沥青混合料的抗变形能力将起积极影响，矿粉与沥青的比值在一定范围内（0.8~1.4）时，则沥青混合料的抗剪强度和抵抗变形的能力就愈高；比值过小时，沥青用量过多，则沥青混合料的抗剪强度将急剧下降；比值过大时，矿粉用量过多，则沥青混合料的抗变形能力将降低。

沥青混合料剩余空隙率、矿料间隙率的影响：经碾压成形后，沥青混合料剩余空隙率对其高温下的抗变形能力有很大影响。研究表明，剩余空隙率达6%~8%的沥青混合料路面和剩余空隙率大于10%的沥青碎石（表面需加密实防水层）路面，其高温稳定性较好。

空隙率较大的沥青混合料，其抗剪强度主要取决于内摩阻力，而内摩阻力基本上不随温度和加荷速度而变化，因此具有较高的热稳定性。空隙率较小的混合料，则相对来说沥青含量较大，当温度升高，沥青膨胀，由于空隙率小，无沥青膨胀之余地，集料颗粒被沥青挤开，集料间的嵌挤力减小，同时温度升高沥青黏度降低，沥青润滑作用增大，黏聚力和内摩阻力均降低，促使混合料的抗变形能力下降。空隙率小于3%的混合料发生车辙的可能性明显增大。

矿料间隙率过小，部分矿料颗粒的表面仍未被沥青完全裹覆，混合料过于干涩，施工和易性差，有水分作用时，沥青与矿料容易剥离，使混合料松散、解体，沥青混合料耐久性较差，抗疲劳能力弱，使用寿命短。矿料间隙率过大，沥青混合料路用性能的影响既有有利的方面，又有不利的方面。有利的一面是沥青混合料的抗疲劳性能较好，不易出现疲劳开裂；不利的一面是沥青混合料的高温稳定性差，容易出现车辙、拥抱、推挤等形式的病害。由此可见，在进行沥青混合料组成设计时，根据设计要达到的目的，首先确定沥青混合料的矿料间隙率，进而确定其他混合料组成参数，可使沥青混合料配合比设计针对性强、经济性好。

沥青黏度的影响：沥青的黏度越大，与矿料的黏附性就越强，沥青混合料的抗高温变形能力就越强。可以采用合适的改性剂来提高沥青的高温黏度，从而改善沥青混合料的高温稳定性。

沥青用量的影响：随着沥青用量的增加，矿料表面的沥青膜增厚，自由沥青比例增加，在高温条件下，这部分沥青在荷载作用下发生明显的流动变形，从而导致沥青混合料抗高温变形能力降低。对于细粒式和中粒式密级配沥青混合料，适当减少沥青用量有利于抗车辙能力的提高。但对于粗粒式或开级配沥青混合料，不能简单地靠采用减少沥青用量来提高抗车辙能力。

压实度的影响：压实度也是影响车辙大小的一个重要的外部因素。沥青混合料路面的碾压目的，就是提高混合料的密度，减少铺层材料间的空隙率，使路面达到规定的密实度，提高沥青路面的抗老化、高温抗车辙、低温抗开裂、耐疲劳破坏以及抗水剥离等能力。

3. 低温抗裂性及影响因素

沥青混合料的低温抗裂性是指沥青混合料在低温下抵抗断裂破坏的能力。当冬季气温降低时，沥青面层将产生体积收缩，而在基层结构与周围材料的约束作用下，沥青混合料不能自由收缩。当降温速率较慢时，不会对沥青路面产生较大的危害，但当气温骤降时，导致沥青路面出现裂缝而造成路面损坏。因此，要求沥青混合料具有一定的低温抗裂性。

影响沥青混合料低温性能的主要因素是沥青黏度和温度敏感性。因此，在沥青混合料组成设计中，应选用黏度和温度敏感性较低的沥青，以提高沥青混合料的低温抗裂能力。矿料级配对沥青混合料的低温抗裂性能没有显著的影响。

《公路沥青路面施工技术规范》JTG F40—2004 规定：采用低温弯曲试验的破坏应变指标作为评价沥青混合料的低温抗裂性的指标。

4. 耐久性及影响因素

沥青混合料的耐久性，是指其在长期使用过程中抵抗环境因素及行车荷载反复作用下保持正常使用状态而不出现剥落和松散等损坏的能力。

影响沥青混合料耐久性的因素很多，如沥青的化学性质、矿料的矿物成分、沥青混合料的组成结构（残留空隙率、沥青饱和度）等。就沥青混合料的组成结构而言，影响其耐久性的首要因素是沥青混合料的空隙率。空隙率越小，越可以有效地防止水分渗入和日光中紫外线对沥青的老化作用等，但一般沥青混合料中均应残留一定的空隙，以备夏季沥青材料膨胀。

《公路沥青路面施工技术规范》JTG F40—2004 规定：采用空隙率、饱和度和残留稳定度等指标来表征沥青混合料的耐久性。

5. 表面抗滑性及影响因素

沥青路面的抗滑性对于保障道路交通安全至关重要。沥青路面的抗滑性与所用矿料的表面性质、颗粒形状与尺寸、混合料的级配组成以及沥青用量等因素有关。为了提高沥青路面的抗滑性，配料时应选用表面粗糙、坚硬、耐磨、抗冲击性好、磨光值大的碎石或破碎砾石集料。此外，应严格控制沥青混合料中的沥青用量，特别是应选用含蜡量低的沥青，以免沥青表层出现滑溜现象。

《公路沥青路面施工技术规范》JTG F40—2004 规定：采用集料的磨光值、磨耗值、冲击值三个指标来控制沥青路面的抗滑性。

6. 水稳定性及影响因素

沥青混合料的水稳定性是指混合料经受雨水侵蚀时，矿料表面的沥青膜不产生剥落，混合料的结构和强度能保持基本不变的性能。

沥青路面的水损害与两种过程有关，首先水能侵入沥青中使部分沥青乳化，导致沥青黏附性减小，混合料的强度下降；其次水能进入沥青薄膜和集料之间，因集料表面对水的吸附力比沥青强，阻断了沥青与集料表面的相互黏结，导致沥青从集料表面剥落，集料间的黏结力丧失。剥落破坏可导致坑洞、剥蚀。

混合料水稳定性可用沥青与石料的黏附性、沥青马歇尔残留稳定度(真空饱水后的马歇尔稳定度)及冻融劈裂试验的指标来评价。

影响沥青路面水稳定性的主要因素有沥青性质以及混合料类型、集料性质、施工期的气候条件、压实程度、路面排水是否通畅等因素。

沥青黏度愈大，石蜡含量愈少，沥青与集料黏附性就愈强，抗剥离性就愈好；亲水性集料比憎水性集料更容易引起剥落；雨季施工如没有有效的防雨措施，集料潮湿容易引起剥落；施工过程压实度达不到设计要求，混合料空隙率大，水容易渗入混合料内部，将明显降低其抗剥离性能；路面排水不畅，混合料长期在水中浸泡也将加速其剥落。

7. 渗水性及影响因素

沥青路面渗水试验

沥青混合料路面的渗水是当雨水接触到沥青路面面层后，在动水压力作用下，水分在沥青混合料中连通或不连通的空隙中运动，导致沥青从集料表面剥落而形成坑洞，路面结构层的整体性被破坏。沥青混合料路面的渗水性以渗水系数的大小来评价。渗水系数愈大，则渗水愈严重，沥青混合料路面的耐久性就愈差。渗水试验仪见图9-9。

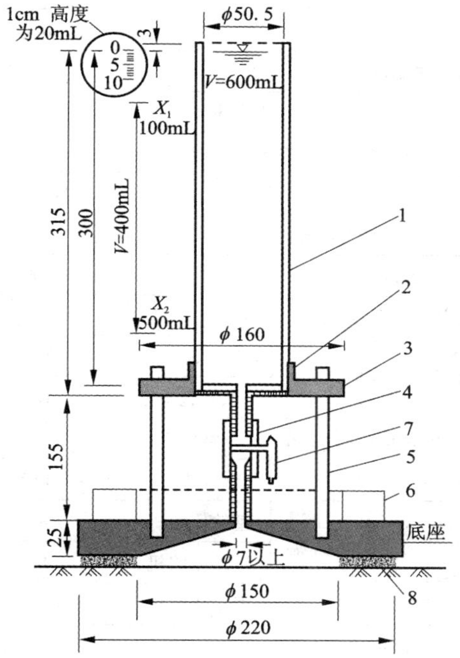

影响沥青混合料路面渗水性的主要因素是沥青混合料的空隙率。当空隙率<8%时，几乎不渗水；当空隙率>8%时，渗水现象较明显。另外，沥青混合料的离析和压实程度(压实度)对沥青混合料路面的渗水也会产生直接影响。

8. 施工和易性及影响因素

沥青混合料应具备良好的施工和易性，能够在拌合、摊铺与碾压过程中，集料颗粒保持分布均匀，表面被沥青膜完整地包裹，并被压实到规定的密度，这是保证沥青路面使用质量的必要条件。影响沥青混合料施工和易性的因素很多，诸如混合料的组成材料、当地气温、施工条件及混合料性质等。

组成材料的影响：当组成材料确定后，沥青混合料和易性的主要影响因素是矿料级配和沥青用量。在间断级配的矿质混合料中，粗细集料的颗粒尺寸相差过大，缺乏中间尺寸颗粒，沥青混合料容易离析。如果细集料太少，沥青层就不容易均匀地分布在粗颗粒表面；反之，则使拌合困难。当沥青用量过少，或矿粉用量过多时，混合料容易产生疏松且不易压实；反之，则容易使混合料黏结成团块，不易摊铺。

图9-9　渗水试验仪示意图(单位：mm)

1—透明有机玻璃筒；2—螺纹连接；3—顶板；4—阀；
5—立柱支架；6—压重钢圈；7—把手；8—密封材料

施工条件的影响：沥青混合料应在一定的温度下进行施工，以使沥青混合料达到要求的流动性，在拌合过程中能够充分均匀地黏附在矿料颗粒表面；沥青混合料需要一定的时间进行拌合，以保证各种组成材料在混合料中分布均匀，并使所有矿料颗粒全部被沥青所包裹。

此外，拌合设备、摊铺机械和压实工具都对沥青混合料的施工和易性有一定的影响，应结合施工方式和施工条件综合考虑。

9.3.6 热拌沥青混合料配合比的设计

热拌沥青混合料（HMA）的配合比设计应通过目标配合比的设计、生产配合比的确定及生产配合比验证三个阶段，以确定沥青混合料的材料品种及配合比、矿料级配、最佳沥青用量。后两个设计阶段是在目标配合比的基础上进行的，需借助于施工单位的拌合、摊铺和碾压设备来完成。热拌沥青混合料的配合比设计采用马歇尔试验配合比设计方法，该方法适用于密级配沥青混凝土及沥青稳定碎石混合料。混合料的拌合温度和试件制作温度应符合现行行业标准《公路沥青路面施工技术规范》JTG F40—2004 的有关规定，具体见表 9-45 及表 9-46。

表 9-45　热拌沥青混合料的施工温度（JTG F40—2004）/℃

施工工序		石油沥青的标号			
		50 号	70 号	90 号	110 号
沥青加热温度		160~170	155~165	150~160	145~155
矿料加热温度	间隙式拌合机	集料加热温度比沥青温度高 10~30			
	连续式拌合机	矿料加热温度比沥青温度高 5~10			
混合料出料温度		150~170	145~165	140~160	135~155
混合料贮料仓贮存温度		贮料过程中温度降低不超过 10			
混合料废弃温度，>		200	195	190	185
运输到现场温度，≥		150	145	140	135
混合料摊铺温度，≥	正常施工	140	135	130	125
	低温施工	160	150	140	130
开始碾压的混合料内部温度，≥	正常施工	135	130	125	120
	低温施工	150	145	135	130
碾压终了的表面温度，≥	钢轮压路机	80	70	65	60
	轮胎压路机	85	80	75	70
	振动压路机	75	70	60	55
开放交通时的路表温度，≤		50	50	50	45

注：① 沥青混合料的施工温度采用具有金属探测针的插入式数显温度计测量。表面温度可采用表面接触式温度计测量；② 表中未列入的 130 号、160 号及 30 号沥青施工温度由试验确定。

表 9-46　聚合物改性沥青混合料的正常施工温度范围（JTG F40—2004）/℃

工　序	聚合物改性沥青品种		
	SBS 类	SBR 类	EVA、PE 类
沥青加热温度	160~165		
改性沥青现场制作温度	165~170	—	165~170
成品改性沥青加热温度，≤	175	—	175
集料加热温度	190~220	200~210	185~195

续上表

工 序	聚合物改性沥青品种		
	SBS 类	SBR 类	EVA、PE 类
改性沥青 SMA 混合料出厂温度	170 ~ 185	160 ~ 180	165 ~ 180
混合料最高温度(废弃温度)	195		
混合料贮存温度	拌合出料后降低不超过 10		
混合料摊铺温度,≥	160		
开始碾压的混合料温度,≥	150		
碾压终了的表面温度,≥	90		
开放交通时的路表温度,≤	50		

注：① 沥青混合料的施工温度采用具有金属探测针的插入式数显温度计测量。表面温度可采用表面接触式温度计测定；② 当采用表列以外的聚合物或天然沥青改性沥青时，施工温度由试验确定；③ SMA 混合料的施工温度应视纤维品种和数量、矿粉用量的不同，在改性沥青混合料的基础上作适当提高。

一、目标配合比的设计

目标配合比设计可分为矿质混合料组成设计和最佳沥青用量的确定两部分。

1. 混合料矿料级配的确定

1) 混合料种类的确定

通常沥青路面工程设计文件或招标文件中均已确定了混合料种类，如没有具体规定，可根据公路等级、路面类型、所处结构层按表 9 - 47 选择沥青混合料种类。

表 9 - 47　热拌沥青混合料种类(JTG F40—2004)

混合料类型	密级配			开级配		半开级配	公称最大粒径/mm	最大粒径/mm
	连续级配		间断级配	间断级配		沥青碎石		
	沥青混凝土	沥青稳定碎石	沥青玛蹄脂碎石	排水式沥青磨耗层	排水式沥青碎石基层			
特粗式	—	ATB—40	—	—	ATPB - 40	—	37.5	53.0
粗粒式	—	ATB—30	—	—	ATPB - 30	—	31.5	37.5
	AC - 25	ATB - 25	—	—	ATPB - 25	—	26.5	31.5
中粒式	AC - 20	—	SMA - 20	—	—	AM - 20	19.0	26.5
	AC - 16	—	SMA - 16	OGFC - 16	—	AM - 16	16.0	19.0
细粒式	AC - 13	—	SMA - 13	OGFC - 13	—	AM - 13	13.2	16.0
	AC - 10	—	SMA - 10	OGFC - 10	—	AM - 10	9.5	13.2
砂粒式	AC - 5	—	—	—	—	—	4.75	9.5
设计空隙率/%	3 ~ 5	3 ~ 6	3 ~ 4	>18	>18	6 ~ 12	—	—

注：设计空隙率可按配合比设计要求适当调整。

2）矿料级配范围的确定

根据确定的混合料种类确定矿料级配范围。密级配沥青混合料的设计级配宜在表 9 - 48 规定的级配范围内，根据公路等级、工程性质、气候条件、交通条件、材料品种等因素，通过对条件大体相当的工程使用情况进行调查研究后调整确定，必要时允许超出规范级配范围。

表 9 - 48　密级配沥青混凝土混合料矿料级配范围（JTG F40—2004）

级配类型		通过下列筛孔（mm）的质量百分率/%												
		31.5	26.5	19.0	16.0	13.2	9.5	4.75	2.36	1.18	0.60	0.30	0.15	0.075
粗粒式	AC - 25	100	90~100	75~90	65~83	57~76	45~52	24~52	16~42	12~33	8~24	5~17	4~13	3~7
中粒式	AC - 20		100	90~100	78~92	62~80	50~72	26~56	16~44	12~33	8~24	5~17	4~13	3~7
	AC - 16			100	90~100	76~92	60~80	34~62	20~48	13~36	9~26	7~18	5~14	4~8
细粒式	AC - 13				100	90~100	68~85	38~68	24~50	15~38	10~28	7~20	5~15	4~8
	AC - 10					100	90~100	45~75	30~58	20~44	13~32	9~23	6~16	4~8
砂粒式	AC - 5						100	90~100	55~75	35~55	20~40	12~28	7~18	5~10

密级配沥青稳定碎石混合料可直接按表 9 - 49 规定的级配范围作工程设计级配范围使用。

表 9 - 49　密级配沥青稳定碎石混合料矿料级配范围（JTG F40—2004）

级配类型		通过下列筛孔（mm）的质量百分率/%													
		53	37.5	31.5	26.5	19.0	16.0	13.2	9.5	4.75	2.36	1.18	0.60	0.30	0.15	0.075
特粗粒式	ATB - 40	100	90~100	75~92	65~85	49~71	43~63	37~57	30~50	20~40	15~32	10~25	8~18	5~14	3~10	2~6
	ATB - 30		100	90~100	70~90	53~72	44~66	39~60	31~51	20~40	15~32	10~25	8~18	5~14	3~10	2~6
粗粒式	ATB - 25			100	90~100	69~80	48~68	42~62	32~52	20~40	15~32	10~25	8~18	5~14	3~10	2~6

开级配和半开级配混合料矿料级配范围详见现行行业标准《公路沥青路面施工技术规范》JTG F40—2004 的有关规定。

经确定的工程设计级配范围是配合比设计的依据，不得随意变更。

2. 材料选择与准备

配合比设计的各种矿料必须按现行行业标准《公路工程集料试验规程》JTG E42—2005 规定的方法，从工程实际使用的材料中取代表性样品。进行生产配合比设计时，取样至少应在干拌 5 次以后进行。配合比设计所用的各种材料必须符合气候和交通条件的需要。其质量应符合本模块"9.3.4 沥青混合料组成材料的技术要求"的有关规定。

3.矿料级配设计

高速公路和一级公路沥青路面矿料配合比设计宜借助计算机的 Excel 电子表格用试配法进行,其他等级公路沥青路面也可参照进行。矿料级配曲线按现行行业标准《公路工程沥青及沥青混合料试验规程》JTG E20—2011 规定的方法绘制,见"目标配合比设计实例"图 9 - 10。以原点与通过集料最大粒径 100% 的点的连线作为沥青混合料的最大密度线。

1)组成材料原始数据的测定

根据现场取样,对粗集料、细集料和矿粉进行筛分试验,确定各材料的级配组成,同时按现行行业标准《公路工程集料试验规程》JTG E 42—2005 规定的方法测出各组成材料的毛体积相对密度、表观相对密度等技术指标。

2)确定组成材料的用量比例

根据各组成材料的筛分试验结果,借助计算机的 Excel 电子表格用试配法(参照本教材模块二中的 2.2.2 节"混凝土用石子合成级配的计算"方法)进行,计算出符合要求级配范围的各组成材料的用量比例,对高速公路和一级公路,宜在工程设计级配范围内计算 1~3 组粗细不同的级配,绘制设计级配曲线,分别位于工程设计级配范围的上方、中值及下方。设计合成级配不得有太多的锯齿形交错,且在 0.3~0.6 mm 范围内不出现"驼峰"。当反复调整不能满意时,宜更换原材料重新设计。

3)合成级配矿料物理指标的计算

合成级配矿料毛体积相对密度(γ_{sb})按式(9 - 23)计算:

$$\gamma_{sb} = \frac{100}{\dfrac{P_1}{\gamma_1} + \dfrac{P_2}{\gamma_2} + \cdots + \dfrac{P_n}{\gamma_n}} \tag{9 - 23}$$

式中:P_1、P_2、$\cdots$、P_n——各种矿料成分的配合比,其和为 100;

γ_1、γ_2、$\cdots$、γ_n——各种矿料相应的毛体积相对密度。

注:①沥青混合料配合比设计时,均采用毛体积相对密度(无量纲),不采用毛体积密度,故无需进行密度的水温修正。②生产配合比设计时,当细料仓中的材料混杂各种材料而无法采用筛分替代法时,可将 0.075 mm 部分筛除后以统货实测值计算。

合成级配矿料表观相对密度(γ_{sa})按式(9 - 24)计算:

$$\gamma_{sa} = \frac{100}{\dfrac{P_1}{\gamma_1'} + \dfrac{P_2}{\gamma_2'} + \cdots + \dfrac{P_n}{\gamma_n'}} \tag{9 - 24}$$

式中:γ_1'、γ_2'、$\cdots$、γ_n'——各种矿料相应的表观相对密度。

合成级配矿料有效相对密度(γ_{se})按下列方法计算:

对非改性沥青混合料,宜以预估的最佳油石比拌合 2 组混合料,采用真空法实测混合料的最大相对密度,取平均值。然后由式(9 - 25)反算合成矿料的有效相对密度:

$$\gamma_{se} = \frac{100 - P_b}{\dfrac{100}{\gamma_t} - \dfrac{P_b}{\gamma_b}} \tag{9 - 25}$$

式中:P_b——试验采用的沥青用量(占混合料总量的百分数),%;

γ_t——试验沥青用量条件下实测得到的混合料最大相对密度,无量纲;

γ_b——沥青的相对密度(25℃/25℃),无量纲。

对改性沥青及 SMA 等难以分散的混合料,有效相对密度宜直接由矿料的合成毛体积相对密度与合成表观相对密度按式(9-26)计算确定,其中沥青吸收系数(C)值根据材料的吸水率由式(9-27)求得,材料的合成吸水率按式(9-28)计算:

$$\gamma_{se} = C \cdot \gamma_{sa} + (1 - C) \cdot \gamma_{sb} \tag{9-26}$$

$$C = 0.033 w_x^2 - 0.2936 w_x + 0.9339 \tag{9-27}$$

$$w_x = (\frac{1}{\gamma_{sb}} - \frac{1}{\gamma_{sa}}) \times 100\% \tag{9-28}$$

式中:C——合成矿料的沥青吸收系数;

w_x——合成矿料的吸水率,%;

其他符号同前。

4. 最佳沥青用量的确定

根据当地的实践经验选择适宜的沥青用量,分别制作几组级配的马歇尔试件,测定试件矿料间隙率(VMA),初选一组满足或接近设计要求的级配作为设计级配。我国现行行业标准《公路沥青路面施工技术规范》JTG F40—2004 规定的方法是采用马歇尔试验法确定沥青的最佳用量。具体步骤如下:

1)试件的制备

按确定的矿质混合料级配,计算各种矿质材料的用量。

根据经验,估算适宜的沥青用量(油石比)。以估计的沥青用量为中值或以推荐的沥青用量范围的中间值为中值,按 0.3% ~0.4% 的间隔变化,取 5 个不同的沥青用量,拌制沥青混合料,并按规定的方法制备马歇尔试件。马歇尔试件的制备及物理力学性能试验方法按《公路工程沥青及沥青混合料试验规程》JTG E20—2011 的有关规定进行。

2)物理指标的测定

按规定的试验方法测定马歇尔试件的毛体积相对密度 γ_f、吸水率、最大理论相对密度等,并按式(9-29)计算空隙率、按式(9-30)计算沥青饱和度、按式(9-31)计算矿料间隙率:

$$VV = (1 - \frac{\gamma_f}{\gamma_t}) \times 100\% \tag{9-29}$$

$$VMA = (1 - \frac{\gamma_f}{\gamma_{sb}} \times \frac{P_s}{100}) \times 100\% \tag{9-30}$$

$$VFA = \frac{VMA - VV}{VMA} \times 100\% \tag{9-31}$$

式中:VV——试件的空隙率,%;

VMA——试件的矿料间隙率,%;

VFA——试件的有效沥青饱和度,%;

γ_f——测定的试件的毛体积相对密度,无量纲;

γ_t——沥青混合料的最大理论相对密度,无量纲;

P_s——各种矿料占沥青混合料总质量的百分率之和,即 $P_s = 100 - P_b$,%;

γ_{sb}——矿料的合成毛体积相对密度,按式(9-23)计算。

3）马歇尔试验

用马歇尔稳定度仪测定沥青混合料试件的马歇尔稳定度、流值。

4）最佳沥青用量的确定

（1）以沥青用量为横坐标，以马歇尔稳定度、空隙率、毛体积密度、沥青饱和度和流值为纵坐标，绘制沥青用量与马歇尔试验结果关系图，见"目标配合比设计实例"中的图9-11所示。确定均符合规范规定的沥青混合料技术标准的沥青用量范围 $OAC_{min} \sim OAC_{max}$。选择的沥青用量范围必须涵盖设计空隙率的全部范围，并尽可能涵盖沥青饱和度的要求范围，并使密度及稳定度曲线出现峰值。如果没有涵盖设计空隙率的全部范围，试验必须扩大沥青用量范围重新进行。绘制曲线时含 VMA 指标，且应为下凹型曲线，但确定 $OAC_{min} \sim OAC_{max}$ 时不包括 VMA。

（2）根据试验曲线的走势，按下列方法确定沥青混合料的最佳沥青用量 OAC_1：

在曲线图上求取相应于密度最大值、稳定度最大值、目标空隙率（或中值）、沥青饱和度范围的中值的沥青用量 a_1、a_2、a_3、a_4（见图9-11）。按式（9-32）取平均值作为 OAC_1：

$$OAC_1 = (a_1 + a_2 + a_3 + a_4)/4 \qquad (9-32)$$

如果在所选择的沥青用量范围未能涵盖沥青饱和度的要求范围，按式（9-33）求取3者的平均值作为 OAC_1：

$$OAC_1 = (a_1 + a_2 + a_3)/3 \qquad (9-33)$$

对所选择试验的沥青用量范围，密度或稳定度没有出现峰值（最大值经常在曲线的两端）时，可直接以目标空隙率所对应的沥青用量 a_3 作为 OAC_1，但 OAC_1 必须介于 $OAC_{min} \sim OAC_{max}$ 的范围内，否则应重新进行配合比设计。

（3）以各项指标均符合技术标准（不含 VAM）的沥青用量范围 $OAC_{min} \sim OAC_{max}$ 的中值作为 OAC_2，按式（9-34）求得：

$$OAC_2 = (OAC_{min} + OAC_{max})/2 \qquad (9-34)$$

（4）通常情况下取 OAC_1 及 OAC_2 的中值作为计算的最佳沥青用量 OAC，按式（9-35）求得：

$$OAC = (OAC_1 + OAC_2)/2 \qquad (9-35)$$

（5）按式（9-35）计算的最佳油石比 OAC，从图中得出所对应的空隙率和 VMA 值，检验是否能满足表9-50或表9-51关于最小 VMA 值的要求。OAC 宜位于 VMA 凹形曲线最小值的贫油一侧。当空隙率不是整数时，最小 VMA 按内插法确定，并将其画入图中。

表9-50 密级配沥青混凝土混合料马歇尔试验技术标准（JTG F40—2004）

试验指标		高速公路、一级公路				其他等级公路	行人道路
		夏炎热区 （1-1、1-2、 1-3、1-4区）		夏热区及夏凉区 （2-1、2-2、 2-3、2-4、3-2区）			
		中轻交通	重载交通	中轻交通	重载交通		
击实次数（双面）/次		75				50	50
试件尺寸/mm		$\phi 101.6 \times 63.5$					
空隙率 （VV）/%	深约90 mm以内	3~5	4~6	2~4	3~5	3~6	2~4
	深约90 mm以下	3~6		2~4	3~6	3~6	—

续上表

试验指标	高速公路、一级公路				其他等级公路	行人道路
	夏炎热区 (1-1、1-2、1-3、1-4区)		夏热区及夏凉区 (2-1、2-2、2-3、2-4、3-2区)			
	中轻交通	重载交通	中轻交通	重载交通		
稳定度(MS)/kN, ≥	8				5	3
流值(FL)/mm	2~4	1.5~4	2~4.5	2~4	2~4.5	2~5
矿料间隙率(VMA) /% , ≥	相应于以下公称最大粒径(mm)的最小 VMA 及 VFA 技术要求					
	设计空隙率/%	26.5	19	16	13.2	9.5	4.75

设计空隙率/%	26.5	19	16	13.2	9.5	4.75
2	10	11	11.5	12	13	15
3	11	12	12.5	13	14	16
4	12	13	13.5	14	15	17
5	13	14	14.5	15	16	18
6	14	15	15.5	16	17	19

沥青饱和度(VFA)/%	55~70	65~75		70~85

注：①本表适用于公称最大粒径≤26.5 mm 的密级配沥青混凝土混合料；②对空隙率大于5%的夏炎热区重载交通路段，施工时应至少提高压实度1个百分点；③当设计的空隙率不是整数时，由内插法确定要求的 VMA 最小值；④对改性沥青混合料，马歇尔试验的流值可适当放宽。

表9-51　沥青稳定碎石混合料马歇尔试验配合比设计技术标准（JTG F40—2004）

试验指标	密级配基层(ATB)		半开级配面层 (AM)	排水式开级配 磨耗层(OGFC)	排水式开级 配基层(ATPB)
公称最大粒径/mm	26.5	≥31.5	≤26.5	≤26.5	所有尺寸
马歇尔试件尺寸/mm	φ101.6×63.5	φ152.4×95.3	φ101.6×63.5	φ101.6×63.5	φ152.4×95.3
击实次数(双面)/次	75	112	50	50	75
空隙率(VV)/%	3~6		6~10	不小于18	不小于18
稳定度(MS)/kN, ≥	7.5	15	3.5	3.5	—
流值(FL)/mm	1.5~4	实测	—	—	—
沥青饱和度(VFA)/%	55~70		40~70		
密级配基层(ATB) 的矿料间隙率(VMA)/% , ≥	设计空隙率/%	ATB-40	ATB-30	ATB-25
	4	11	11.5	12
	5	12	12.5	13
	6	13	13.5	14

注：在干旱地区，可将密级配沥青稳定碎石基层的空隙率适当放宽到8%。

（6）检查图中相应于此 OAC 的各项指标是否均符合马歇尔试验技术标准。

（7）根据实践经验和公路等级、气候条件、交通情况，调整确定最佳沥青用量 OAC。

对炎热地区公路以及高速公路、一级公路的重载交通路段，山区公路的长大坡度路段，预计有可能产生较大车辙时，宜在空隙率符合要求的范围内将计算的最佳沥青用量减小0.1%~0.5%作为设计沥青用量。此时，除空隙率外的其他指标可能会超出马歇尔试验配合比设计技术标准，配合比设计报告或设计文件必须予以说明。但配合比设计报告必须要求采

282

用重型轮胎压路机和振动压路机组合等方式加强碾压,以使施工后路面的空隙率达到未调整前的原最佳沥青用量时的水平,且渗水系数符合要求。如果试验路段试拌试铺达不到此要求时,宜调整所减小的沥青用量的幅度。

对寒区公路、旅游公路、交通量很少的公路,最佳沥青用量可以在 OAC 的基础上增加 0.1% ~0.3%,以适当减小设计空隙率,但不得降低压实度要求。

(8)按式(9-36)及式(9-37)计算沥青结合料被集料吸收的比例及有效沥青含量:

$$P_{ba} = \frac{\gamma_{se} - \gamma_b}{\gamma_{se} \cdot \gamma_{sb}} \times \gamma_b \times 100\% \tag{9-36}$$

$$P_{be} = P_b - 0.01 P_{ba} \cdot P_s \tag{9-37}$$

式中:P_{ba}——沥青混合料中被集料吸收的沥青结合料比例,%;

P_{be}——沥青混合料中的有效沥青含量,%;

其他符号同前。

(9)检验最佳沥青用量时的粉胶比和有效沥青膜厚度。

按式(9-38)计算沥青混合料的粉胶比,宜符合 0.6~1.6 的要求。对常用的公称最大粒径为 13.2~19 mm 的密级配沥青混合料,粉胶比宜控制在 0.8~1.2 范围内。

$$FB = \frac{P_{0.075}}{P_{be}} \tag{9-38}$$

式中:FB——粉胶比。沥青混合料的矿料中 0.075 mm 通过率与有效沥青含量的比值;

$P_{0.075}$——矿料级配中 0.075 mm 的通过率(水洗法),%。

按式(9-39)计算集料的比表面积(SA),按式(9-40)估算沥青混合料的沥青膜有效厚度(DA)。各种集料粒径的表面积系数按表 9-52 采用。

$$SA = \sum (P_i \times FA_i) \tag{9-39}$$

$$DA = \frac{P_{be}}{\gamma_b \times SA} \times 10 \tag{9-40}$$

式中:SA——集料的比表面积,m^2/kg;

P_i——各种粒径的通过百分率,%;

FA_i——相应于各种粒径的集料的表面积系数,见表 9-52;

DA——沥青膜有效厚度,μm;

其他符号同前。

表 9-52 集料的表面积系数表(JTG F40—2004)

筛孔尺寸/mm	>4.75	4.75	2.36	1.18	0.6	0.3	0.15	0.075
表面积系数 FA_i	0.0041	0.0041	0.0082	0.0164	0.0287	0.0614	0.1229	0.3277

注:各种公称最大粒径混合料中大于 4.75 mm 尺寸集料的表面积系数均取 0.0041,且只计算一次。

5. 配合比检验

对用于高速公路和一级公路的密级配沥青混合料,需在配合比设计的基础上按规范要求进行各种使用性能的检验,不符合要求的沥青混合料,必须更换材料或重新进行配合比设计。其他等级公路的沥青混合料可参照执行。配合比设计检验按计算确定的设计最佳沥青用量在标准条件下进行。改变试验条件时，各项技术要求均应适当调整。

1）高温稳定性检验

对公称最大粒径≤19 mm的混合料，按《公路工程沥青及沥青混合料试验规程》JTG E20—2011规定的方法进行车辙试验，动稳定度应符合表9-53的要求。

表9-53　沥青混合料车辙试验动稳定度技术要求（JTG F40—2004）

气候条件与技术指标	相应于下列气候分区要求的动稳定度/（次/mm）								
七月平均最高气温（℃）及气候分区	>30				20~30				<20
	夏炎热区				夏热区				夏凉区
	1-1	1-2	1-3	1-4	2-1	2-2	2-3	2-4	3-2
普通沥青混合料，≥	800		1000		600		800		600
改性沥青混合料，≥	2400		2800		2000		2400		1800
SMA混合料　非改性，≥	1500								
SMA混合料　改性，≥	3000								
OGFC混合料	1500（一般交通路段）、3000（重交通量路段）								

注：① 如果其他月的平均最高气温高于七月时，可使用该月平均气温；② 在特殊情况下，如钢桥面铺装、重载车特别多或纵坡较大的长距离上坡路段、厂矿专用道路，可酌情提高动稳定度的要求；③ 对气候寒冷确需使用针入度很大的沥青（如>100），动稳定度难以达到要求，或因采用石灰岩等不很坚硬的石料，改性沥青混合料的动稳定度难以达到要求等特殊情况，可酌情降低要求；④ 为满足炎热地区及重载车要求，在配合比设计时采取减少最佳沥青用量的技术措施时，可适当提高试验温度或增加试验荷载进行试验，同时增加试件的碾压成形密度和施工压实度要求；⑤ 车辙试验不得采用二次加热的混合料，试验必须检验其密度是否符合试验规程要求；⑥ 如需要对公称最大粒径≥26.5 mm的混合料进行车辙试验，可适当增加试件的厚度，但不宜作为评定合格与否的依据。

2）水稳定性检验

按《公路工程沥青及沥青混合料试验规程》JTG E20—2011规定的试验方法进行浸水马歇尔试验和冻融劈裂试验，其残留稳定度和残留强度比均必须符合表9-54的规定。

表9-54　沥青混合料水稳定性检验技术要求（JTG F40—2004）

气候条件与技术指标	相应于下列气候分区的技术要求			
年降雨量（mm）及气候分区	>1000	500~1000	250~500	<250
	1（潮湿区）	2（湿润区）	3（半干旱区）	4（干旱区）
浸水马歇尔试验残留稳定度/%，≥　普通沥青混合料	80（75）		75（70）	
浸水马歇尔试验残留稳定度/%，≥　改性沥青混合料	85（80）		80（75）	
浸水马歇尔试验残留稳定度/%，≥　SMA混合料　普通沥青	75			
浸水马歇尔试验残留稳定度/%，≥　SMA混合料　改性沥青	80			

注：① 表9-54括号中的数字为冻融劈裂试验的残留强度比；② 调整沥青用量后，马歇尔试件成形可能达不到要求的空隙率条件。当需要添加消石灰、水泥、抗剥落剂时，需重新确定最佳沥青用量后试验。

3）低温抗裂性能检验

对公称最大粒径≥19 mm的混合料，按《公路工程沥青及沥青混合料试验规程》JTG E20—2011规定的方法进行低温弯曲试验，其破坏应变宜符合表9-55的要求。

表9-55 沥青混合料低温弯曲试验破坏应变技术要求（JTG F40—2004）

气候条件与技术指标	相应于下列气候分区要求的破坏应变/$\mu\varepsilon$								
年极端最低气温（℃）及气候分区	< -37.0		-21.5 ~ -37.0			-9.0 ~ -21.5		> -9.0	
	冬严寒区		冬寒区			冬冷区		冬温区	
	1-1	2-1	1-2	2-2	3-2	1-3	2-3	1-4	2-4
普通沥青混合料，≥	2600		2300			2000			
改性沥青混合料，≥	3000		2800			2500			

4）渗水系数检验

利用轮碾机成形的车辙试件进行渗水试验检验的渗水系数宜符合表9-56的要求。

表9-56 沥青混合料试件渗水系数技术要求（JTG F40—2004）

级配类型	渗水系数/（mL/min）
密级配沥青混凝土，≤	120
SMA混凝土，≤	80
OGFC混凝土，≥	实测

5）其他

（1）钢渣活性检验：对使用钢渣的沥青混合料，应按《公路工程沥青及沥青混合料试验规程》JTG E20—2011规定的试验方法检验钢渣的活性及膨胀性试验，钢渣沥青混凝土的膨胀量不得超过1.5%。

（2）根据需要，可以改变试验条件进行配合比设计检验，如按调整后的最佳沥青用量、变化最佳沥青用量OAC±0.3%、提高试验温度、加大试验荷载、采用现场压实密度进行车辙试验，在施工后的残余空隙率（如7%～8%）的条件下进行水稳定性试验和渗水试验等，但不宜用《公路沥青路面施工技术规范》JTG F40—2004规定的技术要求进行合格评定。

6.配合比设计报告

（1）配合比设计报告应包括工程设计级配范围选择说明、材料品种选择与原材料质量试验结果、矿料级配、最佳沥青用量以及各项体积指标、配合比设计检验结果等。试验报告的矿料级配曲线应按规定的方法绘制。

（2）当采用实践经验和公路等级、气候条件、交通情况调整确定的最佳沥青用量OAC作为最佳沥青用量时，宜报告不同沥青用量条件下的各项试验结果，并提出对施工压实工艺的技术要求。

二、生产配合比的确定

在目标配合比确定之后，应利用实际施工的拌合机进行试拌以确定施工配合比。在试验前，首先应根据级配类型选择筛号，各级粒径筛孔通过率应符合设计范围要求。试验时，与目标配合比设计一样进行矿料级配计算，得出矿料用量比例，接着按此比例进行马歇尔试验。规范规定由此确定的最佳沥青用量与目标配合比设计的结果的差值，不宜超过 ±0.2%。

三、生产配合比的验证

此阶段即试拌试铺阶段。施工单位进行试拌试铺时，应报告监理部门和工程指挥部，会同设计、监理、施工人员一起进行鉴别。用拌合机按照生产配合比结果进行试拌，首先在场人员对混合料级配及沥青用量发表意见，如有不同意见，应适当调整再进行观察，力求意见一致。然后用此混合料在试验段上试铺，进一步观察摊铺、碾压过程和成形混合料的表面状况，判断混合料的级配和油石比。如不满意应适当调整，重新试拌试铺，直至满意为止；另一方面，试验室密切配合现场指挥，在拌合厂或摊铺机房采集沥青混合料试样，进行马歇尔试验，检验是否符合标准要求。同时还应进行车辙试验及浸水马歇尔试验以及高温稳定性及水稳定性验证。在试铺试验时，试验室还应在现场取样进行抽提试验，再次检验实际级配和油石比是否合适。同时按照规范规定的试验段铺设要求，进行各种试验。当全部满足要求时，便可进入正常生产阶段。

四、目标配合比的设计实例

试设计某一级公路沥青混凝土路面用沥青混合料的配合比组成。

1. 原始资料

道路等级：一级公路；路面类型：沥青混凝土；结构层位：三层式沥青混凝土的上面层（细粒式沥青混凝土）；气候条件：最低月平均气温 -8℃，最高月平均气温 31℃，属于 1 - 4 夏炎热冬冷区；沥青材料：可供应 A 级 50 号、70 号和 90 号沥青，经检验其技术性能均符合要求；矿质材料：石灰岩碎石，饱水抗压强度 120 MPa，洛杉矶磨耗率 12%、黏附性 V 级（水煮法），表观密度 2700 kg/m³；洁净中砂，含泥量及泥块量均小于 1%，表观密度 2650 kg/m³；石灰岩磨细矿粉，粒度范围符合技术要求，无团粒结块，密度 2580 kg/m³。

2. 设计步骤

1）矿质混合料组成设计

（1）确定沥青混合料类型

由于道路等级为一级公路，路面类型为沥青混凝土，路面结构为三层式沥青混凝土上面层，按表 9 - 47 选用细粒式 AC - 13 沥青混凝土混合料。

（2）矿料合成级配计算

组成材料筛分试验：根据现场取样，各组成材料的筛分结果见表 9 - 57。

组成材料配合比计算：借助计算机电子表格计算，由试算法确定的各材料用量（质量百分比）为碎石∶石屑∶砂∶矿粉 = 34∶32∶26∶8。各材料组成合成级配计算结果见表 9 - 57。

表9-57　组成材料合成级配设计计算表

材料名称		质量比/%	筛孔尺寸(方孔筛)/mm									
			16	13.2	9.5	4.75	2.36	1.18	0.60	0.30	0.15	0.075
			通过各筛质量百分率/%									
原材料级配	碎石	100	100	93	17	0	0	0	0	0	0	0
	石屑	100	100	100	100	84	14	8	4	0	0	0
	砂	100	100	100	100	100	92	82	42	21	11	4
	矿粉	100	100	100	100	100	100	100	100	100	96	87
各矿料在混合料中的级配	碎石	34	34.0	31.6	5.8	0	0	0	0	0	0	0
	石屑	32	32.0	32.0	32.0	26.9	4.5	2.6	1.3	0	0	0
	砂	26	26.0	26.0	26.0	26.0	23.9	21.3	10.9	5.5	2.9	1.0
	矿粉	8	8.0	8.0	8.0	8.0	8.0	8.0	8.0	8.0	7.7	7.0
合成级配			100	97.6	71.8	60.9	36.4	31.9	20.2	13.5	10.5	8.0
规范规定的级配范围			100	90~100	68~85	38~68	24~50	15~38	10~28	7~20	5~15	4~8
规范规定的级配中值			100	95	76	53	37	26	19	14	10	6

注：① 各矿料在混合料中某个筛的通过质量百分率等于其原材料级配在该筛的通过质量百分率乘以其在混合料中所占质量百分比。例：混合料中的碎石在13.2 mm筛上的通过质量百分率 = 93×34/100 = 31.6%；其他筛以此类推。② 合成级配中某个筛的通过质量百分率等于各矿料原材料级配在该筛的通过质量百分率乘以其在混合料中所占质量百分比之和。例：合成级配中9.5 mm筛的通过质量百分率 = (17×34 + 100×32 + 100×26 + 100×8)/100 = 71.8%；合成级配中0.6 mm筛的通过质量百分率 = (0×34 + 4×32 + 42×26 + 100×8)/100 = 20.2%；其他筛以此类推。

　　将计算得到的合成级配绘于矿料级配范围图中，见图9-10。图中合成级配曲线为一接近级配范围中值的曲线，且在0.3~0.6 mm范围内未出现"驼峰"，符合规范要求。

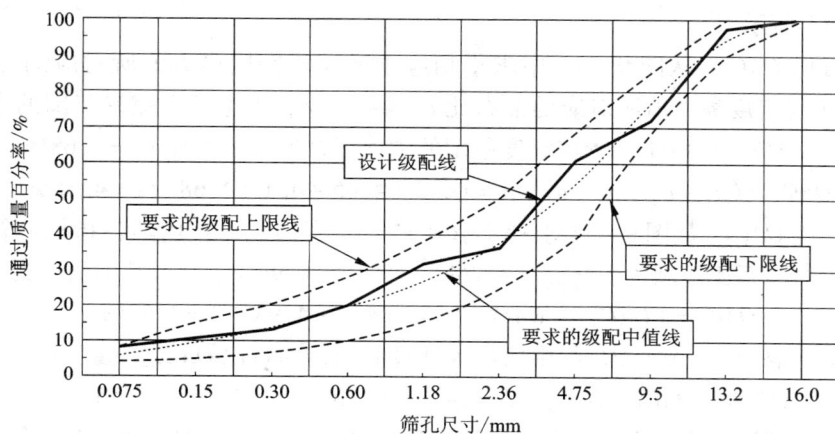

图9-10　矿料级配范围及合成级配图

2)确定最佳沥青用量(最佳油石比)

(1)试件成形

根据当地气候条件属于1-4夏炎热冬冷区，采用70号道路石油沥青。以预估的油石比

4.7%为中值，采用0.3%间隔变化，与计算的合成级配矿料制备5组试件，每组试件的数量应≥4个，按规定每面击实75次的方法成形。

（2）马歇尔试验

物理指标测定：按规定方法成形马歇尔试件，经24 h后测定其毛体积密度、空隙率、矿料间隙率、沥青饱和度等物理指标。

力学指标测定：测定物理指标后的试件，在60℃下测定其马歇尔稳定度和流值。马歇尔试验结果见表9-58，并将规范要求的一级公路用细粒式沥青混合料的各项指标的技术标准列于表9-58中供对照评定。

表9-58　马歇尔试验物理力学指标测定结果汇总表

油石比 /%	技术指标					
	毛体积密度 /(g·cm⁻³)	空隙率 (VV)/%	矿料间隙率 (VMA)/%	沥青饱和度 (VFA)/%	稳定度 /kN	流值 /0.1 mm
4.1	2.456	5.1	13.8	63	10.3	16.9
4.4	2.458	4.5	14.0	67.9	11.4	19.5
4.7	2.452	4.3	14.4	70.1	10.8	22.0
5.0	2.450	4.0	14.7	72.8	10.5	22.2
5.3	2.448	3.7	15.1	75.5	10.0	23.2
标准规定值	—	4~6	≥15	65~75	≥8	15~40

（3）马歇尔试验结果分析

绘制沥青用量与沥青混合料物理、力学性能指标关系图：根据表9-58马歇尔试验结果汇总表，绘制沥青用量与毛体积密度、空隙率、饱和度、矿料间隙率、稳定度、流值的关系图，见图9-11所示。

确定油石比 OAC_1：从图9-11中求得相应于毛体积密度最大值所对应的油石比 $a_1 = 4.3\%$；相应于稳定度最大值所对应的油石比 $a_2 = 4.45\%$；相应于空隙率范围的中值所对应的油石比 $a_3 = 4.1\%$；相应于沥青饱和度范围的中值所对应的油石比 $a_4 = 4.68\%$。

$$OAC_1 = (a_1 + a_2 + a_3 + a_4)/4 = (4.3 + 4.45 + 4.1 + 4.68)/4 = 4.38\%$$

确定油石比 OAC_2：从图9-11求得不含矿料间隙率（VMA）在内的各指标均符合沥青混合料技术指标的油石比范围为 $OAC_{min} = 4.2\%$；$OAC_{max} = 4.94\%$，并取其中值作为 OAC_2。

$$OAC_2 = (OAC_{min} + OAC_{max})/2 = (4.2 + 4.94)/2 = 4.57\%$$

通常情况下取 OAC_1 及 OAC_2 的中值作为计算的最佳油石比 OAC。

$$OAC = (OAC_1 + OAC_2)/2 = (4.38 + 4.57)/2 = 4.48\% \approx 4.5\%$$

综合确定最佳油石比 OAC：按上述方法确定的最佳油石比 $OAC = 4.5\%$，检查各项指标均能符合要求，根据实践经验和公路等级、气候条件、交通情况，调整最佳油石比为4.7%。

（4）其他性能检验

以油石比4.5%和4.7%分别按规定方法制备沥青混合料高温稳定性、水稳定性、低温抗裂性及渗水系数等试验用试件，并按规定方法进行试验，检验沥青混合料的高温稳定性、水稳定性、低温抗裂性及渗水系数是否满足规范要求，然后根据试验结果及以往工程实践经验综合确定该路面的最佳油石比(4.5%或4.7%)。

沥青混合料的物理、力学性能试验方法按《公路工程沥青及沥青混合料试验规程》JTG E20-2011有关规定进行。

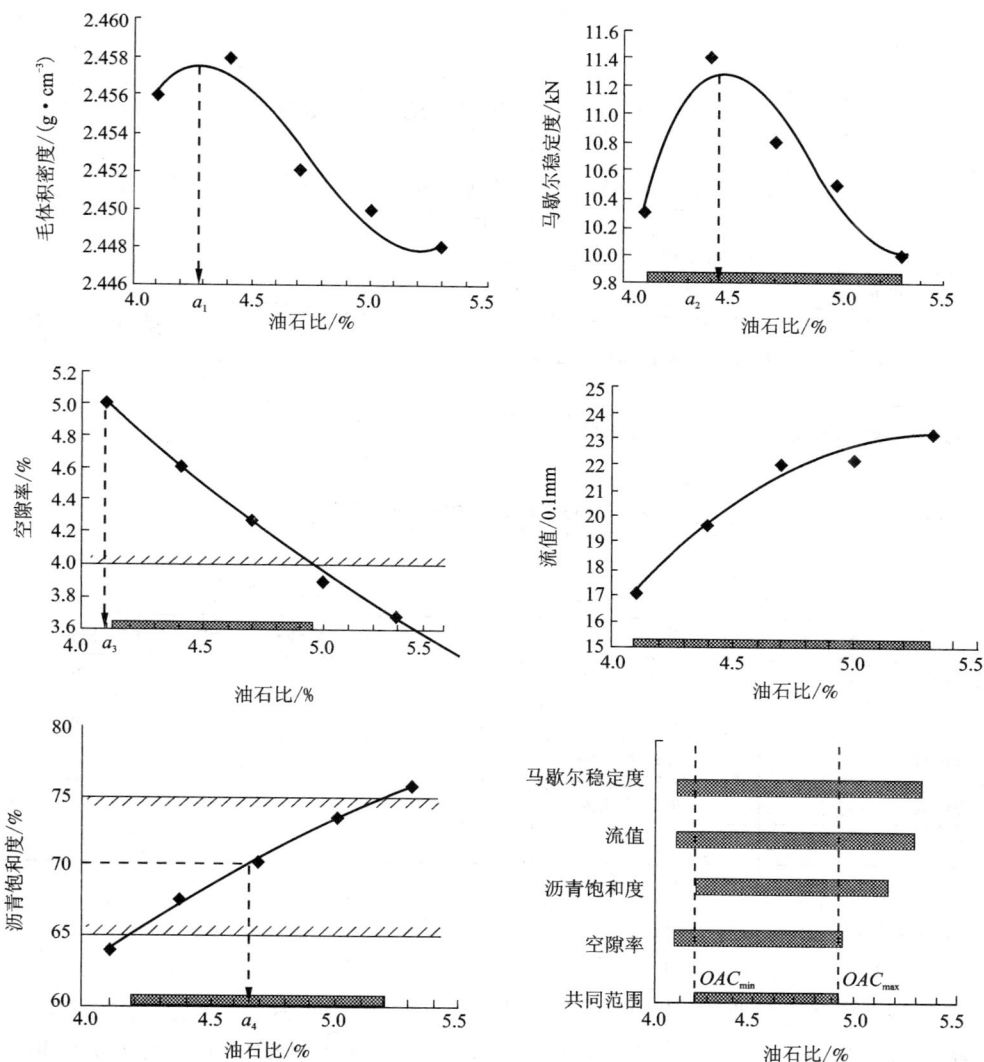

图9-11 油石比与马歇尔试验结果关系图

9.3.7 沥青及沥青混合料的储运与质量检验样品的抽取

1. 沥青产品的储运管理

沥青产品属于有机高分子化合物,在运输和存储过程中应防止阳光及雨雪的辐射和直接接触而影响产品质量。存储时应按产品的品种、性质和牌号分别堆放在通风良好的干燥库房内,并应远离火源,其他注意事项参照《石油产品包装、贮运及交货验收规则》SH0164—1992

（1998 版）的有关规定进行。

2. 沥青产品质量检验样品的抽取

沥青产品质量检验样品的取样方法应按现行国家标准《石油沥青取样法》GB/T 11147—2010 和现行行业标准《公路工程沥青及沥青混合料试验规程》JTG E20—2011 的有关规定进行。具体见表 9 – 59。

表 9 – 59　沥青检验样品的抽取方法与数量

沥青类型	取样部位与方法	最少取样数量/kg
液体沥青	从贮罐中取样时，从贮罐的上、中、下取等量沥青，混合均匀	4
	从桶中取样时，根据总桶数随机抽取规定桶数，再从抽取的桶中抽取等量沥青，混合均匀	
固体或半固体沥青	随机抽取	4

注：液体沥青（不包括乳化沥青）或半固体沥青宜采用带密封盖的广口金属容器；乳化沥青宜使用带密封盖的广口聚氯乙烯塑料桶；固体沥青可采用带密封盖的广口金属容器。

3. 沥青混合料性能检验样品的抽取

1）取样数量

常用沥青混合料的性能检测项目及所需样品数量见表 9 – 60。

表 9 – 60　常用沥青混合料的性能检验项目及样品数量

试验项目	目的	最少试样量/kg	取样量/kg
马歇尔试验、抽提筛分	施工质量检验	12	20
车辙试验	高温稳定性检验	40	60
浸水马歇尔试验	水稳定性检验	12	20
冻融劈裂试验	水稳定性检验	12	20
弯曲试验	低温性能检验	15	25

2）取样方法

（1）热拌沥青混合料试样的抽取

在沥青混合料拌合厂取样时，将一次可装 5 ~ 8 kg 的专用容器装在拌合机卸料斗下方，每放一次料取一次样，倒在干净的平板上，连续几次取样，混合均匀后，按四分法取足够数量的试样。

在沥青混合料运料车上取样时，宜在汽车装料一半后，分别从 3 辆不同的车上，用铁锹分别从不同位置的 3 个不同深度处取样，然后拌合均匀后，取出足够数量的试样。

在施工现场的运料车上取样时，应在卸料一半后，从不同方向取样，样品宜从 3 辆不同的车上抽取，混合均匀后，取出足够数量的试样。

在施工现场取样时，应在摊铺后未碾压前，摊铺宽度两侧的 1/2 ~ 1/3 位置处取样，用铁锹取该摊铺层的料，每摊铺一车料取一次样，连续 3 车取样后，混合均匀按四分法取足够数量的试样。

注：热拌沥青混合料每次取样时，都必须用温度计测量温度，准确至 1℃。

（2）乳化沥青混合料试样的抽取

乳化沥青混合料试样的抽取同热拌沥青混合料。但宜在乳化沥青破乳水分蒸发后装袋，对袋装常温沥青混合料亦可直接从储存的混合料中随机取样。取样袋数不少于3袋，试验时将3袋混合料倒出拌合均匀后，按四分法取出足够数量的试样。

（3）液体沥青常温沥青混合料试样的抽取

液体沥青常温沥青混合料试样的抽取同热拌沥青混合料。但是，当用汽油稀释时，必须在溶剂挥发后方可封袋保存；当用煤油或柴油稀释时，可在取样后即装袋保存，保存时应特别注意防火安全。

（4）从碾压成形的路面上抽取沥青混合料试样

从碾压成形的路面上抽取沥青混合料试样时，应随机选取3个以上不同地点，钻孔、切割或刨取该层混合料。需重新制作试件时，应加热拌匀按四分法取出足够数量的试样。

复习思考题

1. 无机结合料稳定材料按其所用结合料的品种分为哪几种？

2. 无机结合料稳定材料目标配合比的设计包括哪些内容？

3. 无机结合料稳定材料的强度试件，在养生期间试件质量损失有何要求？

4. 确定的无机结合料稳定材料的抗压强度和结合料的剂量应满足什么要求？

5. 路面混凝土配合比的设计要求是什么？

6. 进行路面混凝土配合比设计时，其配制弯拉强度如何确定？

7. 固态和半固态沥青的牌号是依据什么来划分的？

8. 评价沥青的高温稳定性和低温抗裂性的指标有哪些？

9. 评价沥青大气稳定性（耐久性）的指标有哪些？

10. 乳化沥青由哪些材料组成的？

11. 改性沥青的改性剂如何选用？

12. 沥青混合料的基本组成材料有哪些？

13. 沥青混合料按矿料级配组成及空隙率大小分为哪几种？

14. 评价沥青混合料的高温稳定性指标是什么？其影响因素有哪些？

15. 评价沥青混合料水稳定性的指标有哪些？

16. 热拌沥青混合料（HMA）的配合比设计包括哪三个阶段？各阶段的主要任务是什么？

17. 确定最佳沥青用量OAC_1与哪些指标有关？

18. 沥青混合料配合比设计过程中，经马歇尔试验确定OAC后，还应进行哪些性能检验？

模块十 铁路轨道工程材料

【内容提要】 本模块主要介绍有砟轨道和无砟轨道的基本概念、轨道交通用道砟、轨枕与轨道板、钢轨、道岔、钢轨用扣件与配件的品种、规格、技术要求和应用等知识。

10.1 基本概念

轨道是指路基、桥梁、隧道等线下结构物以上的线路部分，由钢轨及配件、轨枕及配件、道床、道岔及钢轨伸缩调节器等组成。

铁路轨道按道床类型分为有砟轨道和无砟轨道；按使用功能分为正线轨道和站线轨道。

道床：是轨道框架的基础。通常指的是铁路轨枕下面，路基面上铺设的道砟（石碴）垫层（称为有砟道床）或整体浇注的钢筋混凝土板（称为无砟道床）。

有砟轨道：是指采用碎石等散粒体及轨枕为轨下基础的轨道结构，见图 10-1(a)。适用于旅客列车设计速度 ≥250 km/h 的高速铁路及设计速度为 120~200 km/h 的城际铁路；旅客列车设计速度为 120~200 km/h、货物列车设计速度 ≤120 km/h 客货共线的 I 级铁路（年通过总质量 ≥20 Mt）；旅客列车设计速度 ≤120 km/h、货物列车设计速度 ≤80 km/h 客货共线的 II 级铁路（年通过总质量 10~20 Mt）；货物列车设计速度 ≤100 km/h 的重载铁路（年通过总质量 ≥40 Mt）。

无砟轨道：是指采用混凝土等整体结构为轨下基础的轨道结构，见图 10-1(b)，设计使用年限为 60 年。其中又分为板式、双块式、弹性支承块式、长枕埋入式无砟轨道。无砟轨道结构类形与应用见表 10-1。

(a)有砟轨道   (b)CRTS II 型板式无砟轨道

图 10-1 有砟轨道和无砟轨道的外形图

表 10 – 1　无砟轨道结构类形与应用（TB 10082—2017）

无砟轨道结构类形		定义	应用
板式无砟轨道	CRTS Ⅰ 型板式	在现场浇筑的钢筋混凝土底座上铺装预制轨道板，通过水泥乳化沥青砂浆（CA 砂浆）进行调整，并适应 ZPW – 2000 轨道电路的单元板式无砟轨道结构	高速铁路城际铁路道岔
	CRTS Ⅱ 型板式	在现场摊铺的混凝土支承层或现场浇筑的钢筋混凝土底座上铺装预制轨道板，通过水泥乳化沥青砂浆进行调整，并适应 ZPW – 2000 轨道电路的纵连板式无砟轨道结构	
	CRTS Ⅲ 型板式	在现场浇筑的钢筋混凝土底座上铺装带挡肩的预制轨道板，通过自密实混凝土进行调整，并适应 ZPW – 2000 轨道电路的单元板式无砟轨道结构	
CRTS 双块式		将预制的双块式轨枕组装成轨排，以现场浇筑混凝土方式将轨枕浇筑到钢筋混凝土道床内，并适应轨道电路的无砟轨道结构	高速铁路、城际铁路、重载铁路隧道
弹性支承块式		以现场浇筑混凝土方式将弹性支承块（含预制的混凝土支承块、橡胶套靴、块下垫板）浇筑到钢筋混凝土道床内，并适应轨道电路的无砟轨道结构	城际铁路、客货共线及重载铁路隧道
长枕埋入式		以现场浇筑混凝土方式将长枕浇筑到钢筋混凝土道床内，并适应轨道电路的无砟轨道结构	道岔

正线轨道：是指连接车站并贯穿或直股伸入车站的轨道线路。

站线轨道：是指站内除正线以外的到发线、驼峰溜放部分线路和其他站线及次要站线等。到发线用于接发客车和货车；驼峰溜放线用于车列解体和编组并存放车辆；其他站线包括机车走行线、车辆牵出线、货物装卸线、车辆站修线等。

10.2　道砟

道砟是由强度高、韧性和耐磨性好的天然岩石，经机械破碎、筛选，颗粒表面全部为破碎面的碎石。他是用来支撑轨枕，把轨枕上部的巨大压力均匀地传递给路基面，并固定轨枕的位置，阻止轨枕纵向或横向移动，缓冲列车经过时所产生的冲击力，减少路基的变形，同时还能快速排出雨水，保护路基不被雨水侵害。其质量应符合《铁路碎石道砟》TB/T 2140—2008 的有关规定。详见表 10 – 2、表 10 – 3、表 10 – 4 和表 10 – 5。

道砟的质量检验按《铁路碎石道砟　第 2 部分　试验方法》TB/T 2140.2—2018 有关规定进行。

表 10 – 2　道砟的技术要求（TB/T2140—2008）

性能	项目号	参数	特级	一级	单项评定
抗磨耗、抗冲击性	1	洛杉矶磨耗率（LLA）/%	≤18	18 < LLA < 27	—
	2	标准集料冲击韧度（IP）	≥110	95 < IP < 110	若两项指标不在同一等级，以高等级为准。
		石料耐磨硬度系数（$K_{干磨}$）	>18.3	18 < $K_{干磨}$ ≤18.3	
抗压碎性	3	标准集料压碎率（CA）/%	<8	8≤CA <9	—
	4	道砟集料压碎率（CB）/%	<19	19≤CB <22	—

续上表

性能	项目号	参数	特级	一级	单项评定
渗水性	5	渗透系数(P_m) /($\times 10^{-6}$cm·s^{-1})		>4.5	至少有两项满足要求。
		石粉试模件抗压强度/MPa		<0.4	
		石粉液限(LL)/%		>20	
		石粉塑限(PL)/%		>11	
抗大气腐蚀性	6	硫酸钠溶液浸泡损失率/%		<10	
稳定性	7	密度/(g·cm^{-3})		>2.55	
	8	容重/(g·cm^{-3})		>2.50	

注：道砟的最终等级以项目号1、2、3、4中的最低等级为准。特级、一级道砟均应满足5、6、7、8项目号的要求。

表10-3　特级碎石道砟粒径级配要求(TB/T2140—2008)

方孔筛筛孔边长/mm	22.5	31.5	40	50	63
过筛质量百分率/%	0~3	1~25	30~65	70~99	100
颗粒 分布	方孔筛筛孔边长/mm	31.5~50			
	颗粒质量百分率/%	≥50			

表10-4　铁路用一级碎石道砟粒径级配要求(TB/T2140—2008)

方孔筛筛孔边长/mm	16	25	35.5	45	56	63	适用铁路
过筛质量百分率/%	0~5	5~15	25~40	55~75	92~97	97~100	新建
	—	0~5	25~40	55~75	92~97	97~100	既有

表10-5　颗粒形状和清洁度(TB/T2140—2008)

性能参数	技术要求	
	特级	一级
道砟的针状指数/%	≤20	
道砟的片状指数/%	≤20	
道砟中风化颗粒和其他杂石含量/%	≤2	≤5
道砟颗粒表面洁净度(0.1 mm以下粉末的含量)/%	≤0.17	≤1

10.3　轨枕与轨道板

轨枕是铁路轨道最重要的构件之一。轨枕既要支承钢轨，又要保持钢轨的位置，还要把钢轨传递来的巨大压力再传递给道床。

10.3.1　有砟轨道用轨枕

1.类型

轨枕按生产原材料分为木枕和混凝土枕,目前木枕已很少使用,普遍使用的是混凝土枕。

木枕的弹性和绝缘性较好,受周围介质的温度变化影响小,重量轻,加工和在线路上更换简便,并且有足够的位移阻力,经过防腐处理的木枕,使用寿命在 15 年左右。

混凝土枕是由水泥、骨料(砂、碎石)、掺合料、外加剂、水和预应力钢丝组成,采用先张法成形工艺生产的预应力混凝土轨枕。与木枕相比,混凝土枕不消耗木材,使用年限更久,稳定性更高,养护更容易,损伤率和报废率更低。在无缝线路上,混凝土枕比木枕的稳定性平均提高 15% ~ 20%。缺点是刚度大、弹性差,造成道床承受的压力和震动更大,道砟粉化更快,进而容易引起轨道下沉。因此需要使用质地坚韧的道砟和加设弹性垫层。

轨枕按尺寸和用途又分为普通轨枕(普枕)、宽枕、岔枕和桥枕。常用轨枕外形见图 10 – 2。

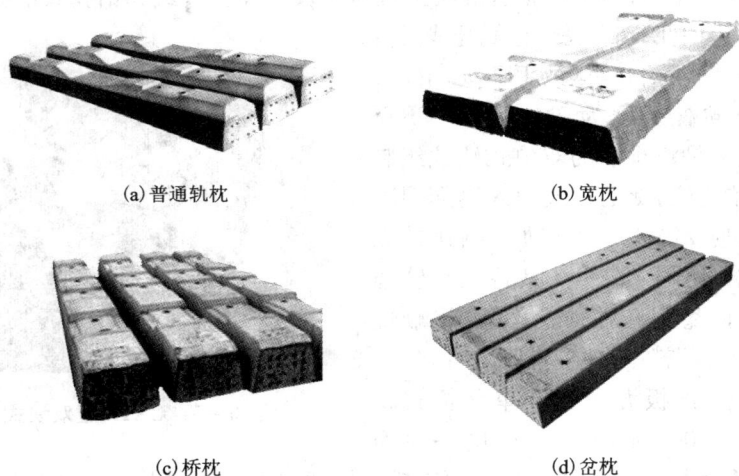

(a)普通轨枕　　　　　　　　(b)宽枕

(c)桥枕　　　　　　　　(d)岔枕

图 10 – 2　有砟轨道用混凝土轨枕

宽枕又称轨道板,其宽度一般是普通轨枕的 2 倍,优点在于增强轨道横向稳定性。

岔枕是专用于道岔处,长度以 240 cm 起始,每 10 cm 为递增长度,最长为 490 cm。

桥枕主要用在道砟桥面,桥枕顶面预留供钉设护轨的孔洞。

混凝土枕按负载能力由低到高分为Ⅰ型、Ⅱ型和Ⅲ型轨枕。其中Ⅰ型轨枕现以淘汰;Ⅱ型轨枕主要用于旅客列车设计速度≤120 km/h、货物列车设计速度≤80 km/h 客货共线的Ⅱ级铁路;Ⅲ型轨枕适用于旅客列车设计速度≥250 km/h 的高速铁路及设计速度为 120 ~ 200 km/h 的城际铁路,旅客列车设计速度为 160 ~ 200 km/h、货物列车设计速度≤120 km/h 客货共线的Ⅰ级铁路。Ⅰ型、Ⅱ型轨枕长度为 250 cm,Ⅲ型轨枕长度为 260 cm。轨枕断面为上小下大的梯形,有利于增加轨枕的支承面和轨下截面配置较多的钢筋以抵抗正弯矩,枕底面有凹槽式花纹，以提高摩阻力。

2. 技术要求

混凝土轨枕的混凝土强度等级应≥C60；混凝土 28 d 弹性模量应≥3.60×10^4 MPa；混凝土的抗冻等级应≥F250，用于最冷月平均气温低于 -3℃区域时，轨枕抗冻等级应≥F300；混凝土电通量应<1200C；氯盐环境下，轨枕混凝土 56 d 氯离子扩散系数（D_{RCM}）应≤8×10^{-12} m²/s；预埋铁座抗拔力应≥60 kN，试验后预埋铁座周围没有可见的裂纹，允许有少量的砂浆剥离；轨枕在设计抗裂强度荷载作用下，受检截面不应出现裂纹；轨枕的疲劳强度和破坏强度应符合设计要求；轨枕不应有缺丝，表面不应有收缩及受力产生的裂纹。轨枕用原材料、各部位的尺寸极限偏差和外观质量应符合现行行业标准《混凝土枕》TB/T 2190—2013 的有关规定。

10.3.2　无砟轨道用轨枕与轨道板

1. 类型

无砟轨道用轨枕和轨道板主要有 CRTS 双块式混凝土轨枕、CRTS Ⅰ 型、CRTS Ⅱ 型和 CRTS Ⅲ 型混凝土轨道板及预埋套管式和钻孔式混凝土道岔板。

CRTS 双块式混凝土轨枕：该轨枕源自德国的 Rheda（雷达）2000 无砟轨道，轨枕长度为 2.244 m。CRTS 型双块式无砟轨道是将预制的双块式轨枕组装成轨排，以现场浇筑混凝土方式埋入钢筋混凝土道床内，并适应 ZPW - 2000 轨道电路的无砟轨道结构形式，见图 10 - 3。其特点是轨道结构整体性及横向稳定性强、精度高、平顺性较好、施工质量容易控制，适应性强。

图 10 - 3　CRTS 型双块式无砟轨道

CRTS Ⅰ 型板：该板源自日本单元板式轨道，板的长度为 4900 mm 左右，厚度一般为 190 mm。CRTS Ⅰ 型板式无砟轨道是将预制轨道板通过板下充填层（水泥沥青砂浆，简称 CA 砂浆），铺设在现场浇筑的具有凸形挡台的钢筋混凝土底座（道床）上，并适应 ZPW - 2000 轨道电路的无砟轨道结构型式，见图 10 - 4(a)。其特点是节省建筑材料，线路稳定性、刚度均匀性好，线路平顺性、耐久性高，并且可显著减少线路的维修工作量。

CRTS Ⅱ 型板：该板源自德国的博格板式无砟轨道，板的长度为 6500 mm 左右，厚度为 200 mm。CRTS Ⅱ 型板式无砟轨道是将预制轨道板通过板下充填层（水泥沥青砂浆，简称 CA 砂浆），铺设在现场浇筑的钢筋混凝土底座上，通过板的纵向连接钢筋连成一体，并适应 ZPW - 2000 轨道电路的无砟轨道结构型式，见图 10 - 4(b)。与 CRTS Ⅰ 型板相比，他带有挡肩的承轨台，承轨台的精度用机械打磨并由计算机控制，现场安装时不需要对每个轨道支撑点进行调节，使现场测量工作大大减少，其纵向采用精轧螺纹钢筋把每块板连接起来，使得板端不易变形，行车舒适度得到了提高。缺点是制造工艺复杂，成本相对较高。

CRTS Ⅲ 型轨道板：该板是我国 2010 年 12 月自主研制的新型轨道板，他是在 CRTS Ⅰ 型

(a)CRTS Ⅰ型单元轨道板

(b)CRTS Ⅱ型纵连轨道板

(c)CRTS Ⅲ型单元轨道板

(d)预埋套管式道岔板

图 10 － 4　无砟轨道用混凝土轨道板

板和 CRTS Ⅱ型板的基础上进行改进的新形单元轨道板，板与板之间无纵向连接钢筋，板的长度有 5600 mm、4925 mm、4856 mm 三种规格，宽度为 2500 mm，厚度为 200 mm，见图 10 － 4(c)。CRTS Ⅲ型板式无砟轨道是在现浇的钢筋混凝土底座上铺装预制轨道板，采用自密实混凝土进行调整，通过底座凹槽进行限位的结构型式，增强了轨道结构的整体性，而且底座板上设置了土工布隔离层，有利于日后的养护维修。Ⅲ型板取消了Ⅰ型板的凸台、Ⅱ型板的端刺限位方式。

道岔板是专用于无砟轨道道岔部位的钢轨与道岔的支承和固定的构件，见图 10 － 4(d)。

2. 技术要求

无砟轨道用轨枕和轨道板的混凝土强度等级应 ≥C60；混凝土 28d 弹性模量应 ≥3.65 × 10^4 MPa；混凝土的抗冻等级应 ≥F300；混凝土电通量应 <1000C；氯盐环境下，轨枕混凝土 56 d 氯离子扩散系数(D_{RCM})应 ≤5 × 10^{-12} m^2/s；无挡肩枕预埋套管的抗拔力应 ≥100 kN，有挡肩枕预埋套管的抗拔力应 ≥60 kN，试验后其周围应无可见的裂纹，但允许有少量的砂浆剥离。轨枕和轨道板用原材料、外形尺寸极限偏差和外观质量等技术要求应符合《CRTS 双块式无砟轨道混凝土轨枕》TB/T 3397—2015、《CRTS Ⅰ型板式无砟轨道混凝土轨道板》TB/T 3398—2015、《CRTS Ⅱ型板式无砟轨道混凝土轨道板》TB/T 3399—2015、《高速铁路 CRTS Ⅲ型板式无砟轨道先张法预应力混凝土轨道板》Q/CR 567—2017、《高速铁路无砟轨道混凝土道岔板 第 1 部分：预埋套管式》TB/T 3400.1—2015、《高速铁路无砟轨道混凝土道岔板 第 2 部分：钻孔式》TB/T 3400.2—2015 的有关规定。

10.4 钢轨

钢轨是铁路轨道的主要组成部件,其断面形状采用具有最佳抗弯性能的工字形断面,由轨头、轨腰和轨底三部分组成。其作用是引导机车车辆的车轮前进,承受车轮的巨大压力,并传递到轨枕上。

钢轨按断面形状分为对称断面钢轨和道岔用非对称断面钢轨,见图 10-5。

(a)对称断面钢轨断面示意图　　(b)对称断面钢轨实物图　　(c)非对称断面钢轨断面示意图

图 10-5　钢轨断面图

钢轨按每 1 m 长的重量分为 75、75N、60、60N、50、43 和 38(kg/m)等几种,目前,我国铁路所使用的钢轨主要是 60 kg/m,38 kg/m 钢轨已停止生产。

钢轨按适用列车运行时速分为时速 160 km/h 及以下普通铁路用钢轨和时速 200 km/h 及以上高速铁路用钢轨。

1. 普通铁路用钢轨

普通铁路用钢轨按生产用钢种分为 U74、U71Mn、U70MnSi、U71MnSiCu、U75V 和 U76NbRE 七种牌号。钢轨的标准长度有 12.5m、25m、50m 和 100 m,短轨的长度有 9 m、9.5 m、11 m、11.5 m、12 m、21 m、22 m、23 m、24 m 和 24.5 m,用于曲线的短轨长度有 12.38 m、12.42 m、12.46 m、24.48 m、24.92 m 和 24.96 m。

普通铁路用钢轨的化学成分、重量、尺寸允许偏差、平直度、扭曲允许偏差、表面质量、非金属夹杂物及力学性能等技术要求应符合现行国家标准《铁路用热轧钢轨》GB 2585—2007 的有关规定。

2. 高速铁路用钢轨

高速铁路用钢轨按生产用钢种分为 U71MnG 和 U75VG 两种牌号;按钢中非金属夹杂物含量分为 A 级和 B 级两个等级。钢轨的标准长度为 100 m,短轨长度有 95 m、96 m、97 m 和 99 m,其他长度可由供需双方协商确定。

高速铁路用钢轨的化学成分、重量、尺寸允许偏差、平直度、扭曲允许偏差、表面质量、非金属夹杂物及力学性能等技术要求应符合现行行业标准《高速铁路用钢轨》TB/T 3276—2011 的有关规定。

3. 道岔用非对称断面钢轨

铁路道岔用非对称断面钢轨按生产用钢种分为 U71Mn、U75V、U71MnG、U75VG、U78CrV 和 R350HT 六个牌号;按断面尺寸不同分为 50AT1(与 50 kg/m 钢轨连接的矮型特种断面钢轨)、60AT1(与60 kg/m或75 kg/m钢轨连接的矮型特种断面钢轨)、60AT2(具有1∶40轨顶坡,与60 kg/m钢轨连接的矮型特种断面钢轨)、60AT3(与60 kg/m钢轨连接的未置轨顶坡的矮型特种断面钢轨)和60AY1(与60 kg/m或75 kg/m钢轨连接的矮型特种断面翼轨)五种。50AT1型的标准长度有12.5 m、25 m、25.2 m和50 m;60AT1型的标准长度有14.5 m、25 m、25.2 m和50 m;60AT2、60AT3、60TY1型的标准长度有22.5 m、25.2 m和50 m。12.5 m短轨的长度有11 m、11.5 m和12 m;25 m短轨的长度有22 m、23 m和24 m;50 m短轨的长度有45 m、47 m和49 m。其他长度可由供需双方协商确定。

铁路道岔用非对称断面钢轨的化学成分、表面质量、尺寸允许偏差、非金属夹杂物及力学性能等技术要求应符合现行行业标准《铁路道岔用非对称断面钢轨》TB/T 3109—2013的有关规定。

4. 钢轨的选用

铁路轨道用钢轨应根据铁路的设计等级、年通过总质量、时速等要求来合理选用,并应符合《铁路轨道设计规范》TB 10082—2017、《高速铁路设计规范》TB 10621—2014及有关施工验收标准的规定。

1)型号选用

高速、城际和客货共线Ⅰ级铁路正线应采用60 kg/m的钢轨;客货共线Ⅱ级铁路正线可采用60 kg/m或50 kg/m钢轨;重载铁路正线应采用60 kg/m及以上钢轨;正线钢轨及道岔基本轨为60 kg/m及以上钢轨时,宜采用60N、75N钢轨。

2)材质选用

高速铁路、城际铁路用钢轨:时速在250 km/h以上的高速铁路及时速在200~250 km/h的高速客运铁路应选用强度等级为880 MPa的U71MnG在线热处理钢轨。在曲线半径≤2800 m的正线以及曲线半径≤1200 m的动车组走行线、联络线、站线区段应选用同材质的在线热处理钢轨。时速在250 km/h以上的高速铁路用钢轨非金属夹杂物应为A级;时速在200~250 km/h的高速铁路用钢轨非金属夹杂物应为B级。

客货共线铁路用钢轨:在年通过总质量≥50 Mt的直线及半径>1200 m曲线地段应选用强度等级为980 MPa的热轧钢轨;在半径≤1200 m的曲线地段应选用强度等级≥1180 MPa的在线热处理钢轨。在年通过总质量<50 Mt的直线及半径>1200 m曲线地段应选用强度等级为880 MPa的热轧钢轨,山区路段应选用强度等级为980 MPa的热轧钢轨,在半径≤1200 m的曲线地段应选用强度等级≥1080 MPa的在线热处理钢轨。时速在200~250 km/h的高速客货混运铁路应选用U75VG钢轨。

重载铁路用钢轨:在直线及半径>1600 m的曲线地段应选用强度等级≥980 MPa的热轧钢轨;半径≤1600 m的曲线地段应选用强度等级≥1180 MPa的在线热处理钢轨。

道岔、钢轨伸缩调节器及胶接绝缘接头用钢轨:高速铁路、城际铁路道岔用基本轨、尖轨、心轨、翼轨(特种断面翼轨TY1除外)和导轨应选用强度等级为1080 MPa的U71MnG在线热处理对称及非对称断面钢轨;客货共线铁路、重载铁路道岔用钢轨应选用强度等级为1180 MPa及以上在线热处理对称及非对称断面钢轨。伸缩调节器用钢轨应选用在线热处理对称及非对称断面钢轨。厂制胶接绝缘接头应选用与相邻钢轨相同材质的在线热处理钢轨。

10.5 道岔

道岔是一种使机车车辆从一股道转入另一股道的线路连接设备，通常在车站、编组站大量铺设。有了道岔，可以充分发挥线路的通过能力，即使是单线铁路，只需铺设道岔和修筑一段大于列车长度的叉线，就可以实现列车的交汇。

1.道岔的组成

道岔是由辙叉、护轨、连接部分及转辙器等组成。

1)辙叉

辙叉是使车轮由一股轨道越过另一股轨道的设备，设置在道岔侧线钢轨与道岔主线钢轨相交处。辙叉是由心轨(叉心)、翼轨和连接零件组成。

叉心由长、短心轨组成，心轨两个工作边之间的夹角叫辙叉角(α)，见图10-6(a)。

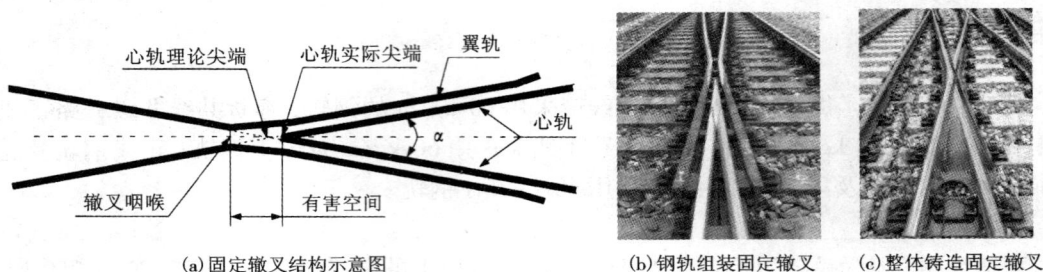

(a)固定辙叉结构示意图　　　(b)钢轨组装固定辙叉　　　(c)整体铸造固定辙叉

图10-6　固定心轨辙叉

心轨两个工作边的延长线的交点称为辙叉理论中心(心轨理论尖端)。由于制造工艺的原因，实际上的叉心尖端有6~7 mm的宽度，故心轨的实际尖端与理论尖端是有一定距离的。

翼轨是叉心旁边两根弯折的钢轨，是车轮进出叉心的过渡装置。两翼轨工作边之间的最窄处称为辙叉咽喉。从辙叉咽喉至心轨实际尖端之间的轨线中断的距离称为有害空间。车轮通过有害空间时，叉心容易受到撞击，为了保证车轮安全通过有害空间，在辙叉两侧相对位置的基本轨内侧设置了护轨，以引导车轮的行驶方向。

辙叉按其构造类型分为固定心轨辙叉、可动心轨辙叉和可动翼轨辙叉三大类。

固定心轨辙叉的心轨是固定不动的。其按制造方式不同分为组装型[由钢轨和连接零件拼装而成，见图10-6(b)]和整体铸造型[由高锰钢或合金钢整体铸造而成，见图10-6(c)]；按辙叉角的大小又分为锐角辙叉(辙叉角较小)和钝角辙叉(辙叉角较大)。由于固定型辙叉的两翼轨最窄处到叉心尖端之间存在一个轨线中断的空隙，如果车辆运行速度过快，车轮轮缘有可能走错辙叉槽而引起脱轨，因此，固定型撤叉仅适应列车低速通行，在列车运行时速≤160 km/h的普通铁路的道岔中应用较多。

可动心轨辙叉的心轨可以左右移动，而翼轨是固定的，见图10-7。装有可动心轨辙叉的道岔，当尖轨开通某一方向时，辙叉的心轨就与开通方向一致的辙叉翼轨密贴形成连续轨线，而与另一翼轨分开，使列车安全通过道岔。可动心轨辙叉可适应列车高速通行的要求，在高速铁路的道岔中被广泛使用，也适用于普通铁路的道岔。

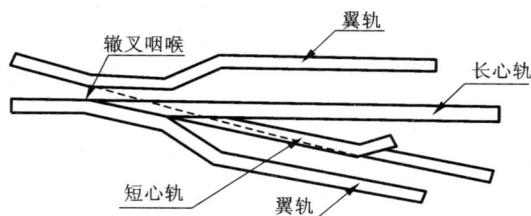

(a)可动心轨辙叉结构示意图　　　　　(b)可动心轨辙叉

图 10 - 7　可动心轨辙叉

可动翼轨辙叉的翼轨可以左右移动,而心轨是固定不动的。装有可动翼轨辙叉的道岔,当尖轨开通某一方向时,辙叉的翼轨就与开通方向一致的辙叉心轨密贴,而与另一心轨分开,使列车安全通过道岔。可动翼轨辙叉适用高速铁路和普通铁路的道岔。

2)护轨

护轨是安装在辙叉左右两侧的基本钢轨内侧的平行钢轨,用来帮助卡住轮缘内侧,使车轮轮对横向游动被限制在基本轨和护轨的槽内,引导车辆按预定的方向运行,防止车轮与叉心碰撞而掉道。护轨的防护范围应包括辙叉咽喉至叉心顶宽 50mm 处的一段长度,并要求有适当的富余。在平面图中,其两端为开口段和缓冲段,中部为平直段。

3)连接部分

连接部分是由两根直钢轨和两根曲线钢轨组成。他是连接转辙器和辙叉的部件,使之成为一组完成的道岔。

4)转辙器

转辙器由两根尖轨和转辙机械组成。操作转辙机械即可改变尖轨的位置,从而改变道岔的开通方向。

2.道岔分类

1)按辙叉角分

道岔按辙叉角的大小分为 6、9、12、18、30、42 和 62 号。道岔号码(N)代表了道岔各个部分的主要尺寸,通常用辙叉角的余切值($N = ctg\alpha$)来表示,辙叉角越小,N 值就越大,导曲线半径也越大,列车侧线通过道岔时就越平稳,允许的过岔速度也就越高。所以采用大号道岔对于列车运行是有利的。不过,道岔号数越大,道岔越长,造价自然就高,占地也要多得多。因此,采用什么号数的道岔要因地制宜,因线而异,不可一概而论。

《铁路道岔的容许通过速度》TB/T 2477—2006 规定:时速 200 km/h 及以下客货共线铁路用 6、9、12、18 和 30 号道岔直向和侧向容许通过速度见表 10 - 6。

《高速铁路道岔技术条件》TB/T 3301—2013 规定:时速 250 ~ 350 km/h、轴重≤170 kN、60 kg/m 钢轨的高速铁路用 18、42 和 62 号可动心轨道岔的侧向容许通过速度分别为 80、160、220(km/h)。其中,18 号道岔侧线采用单圆曲线线型,42 号和 62 号道岔侧线采用单圆曲线与缓和曲线组合线型。

表 10 - 6　道岔的容许通过速度（TB/T 2477—2006）

道岔类型	道岔号数	导曲线半径/m	侧向通过速度/(km·h⁻¹)		直向通过速度/(km·h⁻¹)	
			客车	货车	50轨	60轨
单开道岔	30	2700	140	90	—	可动心轨辙叉：200（客车）、120（货车）
	18	≥860	80		120（客车）70（货车）	
		800	75			
	12	350	50（75 kg/m 钢轨为45）		120（客车）70（货车）	可动心轨辙叉：200（客车）、120（货车）固定辙叉，1:40轨底坡：160（客车）、120（货车）AT尖轨、固定辙叉、无轨底坡：120（客车、货车）
		330	45		100（客车）70（货车）	
	9	180～190	30			1:40轨底坡：160（客车）、90（货车）无轨底坡：160（客车）、90（货车）
对称道岔	9	355	50		—	—
	6	180	30		—	—
交分道岔	12	380	45		80（客车）70（货车）	心轨腿端弹性可弯：120（客车）、90（货车）尖轨、心轨活接头：90（客车）、80（货车）
	9	220	30		70（客、货车）	尖轨、心轨活接头：80（客、货车）

2）按平面形状分

道岔按平面形状分为单开道岔、对称道岔、三开道岔、交分道岔和菱形交叉。

单开道岔由辙叉、护轨、转辙器及连接部分组成。他是在原来的直线单股道的一侧再分岔开通一股道，在平面上呈"r"形。见图10-8(a)。

(a)单开道岔　　　　　　　　　　　　　(b)菱形交叉

图 10 - 8　道岔实物图

对称道岔是单开道岔的一种。他是将直线单股道岔分成左右对称的两股道，在平面上呈"Y"字形。主要用于煤矿窄轨铁路道岔。

三开道岔可同时衔接三股轨道。他由一股直线轨道、两股曲线轨道、两对尖轨、三副辙叉、两组转辙器组成，中间辙叉心轨的理论尖端在中线上。当地形条件限制，不可能有足够的长度来排列两组单开道岔时，才采用三开道岔。通常在编组站、货场、机务段内铺设。

交分道岔的长度略长于单开道岔，而其作用相当于两组对向单开道岔，因此可以缩短站

302

场长度,特别在复线及多线区间的到达场、编组场和出发场等衔接的咽喉区,采用交分道岔配合菱形交叉更为明显。

菱形交叉由四副单开道岔和四个交叉设备(钝角辙叉)组成。交叉设备只有辙叉而无转辙器,车辆通过交叉设备时,只能沿原来的线路继续运行而不能转线,见图 10 - 8(b)。

铁路轨道用道岔的技术要求应分别符合现行行业标准《标准轨距铁路道岔技术条件》TB/T 412—2014 和《高速铁路道岔技术条件》TB/T 3301—2013 的有关规定。

10.6　钢轨扣件

钢轨扣件就是轨道上用以联结钢轨和轨枕的零件,作用是将钢轨固定在轨枕上,保持轨距和阻止钢轨相对于轨枕的纵横向移动。包括道钉、轨距挡板、绝缘挡板座、轨下橡胶垫板、轨下调高垫板以及弹条或刚性的扣压件等。

扣件应能长期、有效地保持钢轨与轨枕的可靠联结,并能在动力作用下充分发挥其缓冲减震性能,延缓轨道残余变形积累。因此要求其应具有足够的强度、耐久性和一定的弹性,还应构造简单,便于安装及拆卸。

目前,我国铁路轨道混凝土枕和轨道板用弹性扣件主要有弹条Ⅰ型、弹条Ⅱ型、弹条Ⅲ型、弹条Ⅳ型、弹条Ⅴ型、WJ - 7 型和 WJ - 8 型扣件。其中,弹条Ⅰ型扣件、弹条Ⅱ型和弹条Ⅲ型扣件主要用于普通有砟轨道;弹条Ⅳ型、弹条Ⅴ型、WJ - 7 型和 WJ - 8 型扣件主要用于高速无砟轨道。

1.弹条Ⅰ型、弹条Ⅱ型扣件

弹条Ⅰ型和弹条Ⅱ型扣件均由螺旋道钉(含配套螺母、平垫圈)、弹条、轨距挡板、绝缘挡板座、橡胶垫板及调高垫板组成。见图 10 - 9。

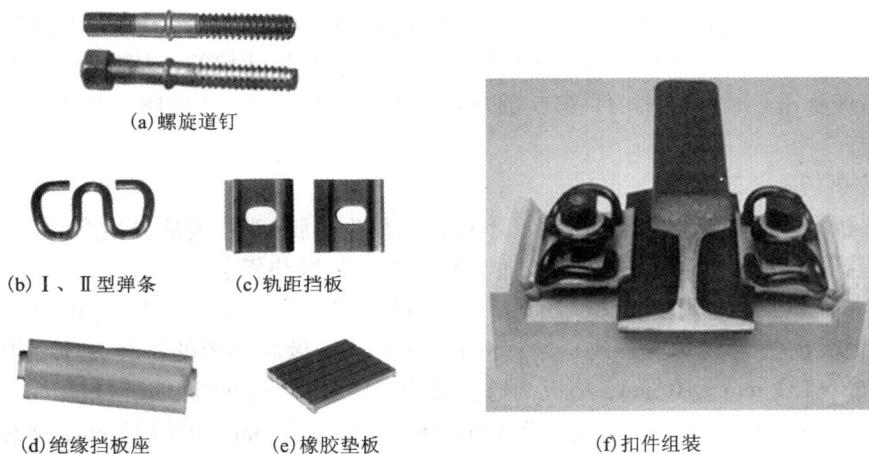

(a)螺旋道钉

(b)Ⅰ、Ⅱ型弹条　　(c)轨距挡板

(d)绝缘挡板座　　(e)橡胶垫板　　(f)扣件组装

图 10 - 9　Ⅰ、Ⅱ型弹条扣件

1)螺旋道钉

由 Q235A 钢加工制造而成,其上部螺纹为 M24,下部螺纹为 M25.6 × 6,总长度为(195

±5)mm，使用前用专用的锚固砂浆进行锚固，其锚固抗拔力应≥60 kN。螺旋道钉在130 kN的拉力荷载作用下不得拉断、其尺寸偏差、表面质量等技术要求应符合现行行业标准《螺旋道钉》TB/T 564—1992的有关规定。

2）弹条

Ⅰ型弹条由60Si2Mn或不低于其性能的ϕ13 mm热轧弹簧钢制作而成，分为A、B两种类型。A型弹条单个弹条初始扣压力>8 kN、弹程为9 mm；B型弹条单个弹条初始扣压力为9 kN、弹程为8 mm。

Ⅱ型弹条扣件的弹条由60Si2CrA或不低于其性能的ϕ13 mm热轧弹簧钢制作而成，其单个弹条初始扣压力≥10 kN、弹程为10 mm。

混凝土轨枕用Ⅰ型和Ⅱ型弹条的表面均应进行防锈处理，其尺寸偏差、表面质量、硬度、残余变形等技术要求应分别符合现行行业标准《弹条Ⅰ型扣件 弹条》TB/T 1495.2—1992（2018修改版）和《弹条Ⅱ型扣件 第2部分 弹条》TB/T 3065.2—2002（2018修改版）的有关规定。

3）轨距挡板

轨距挡板由铁路用热轧轨距挡板型钢制造而成。挡板按中心孔的形状（长圆孔、大圆孔、方孔）和大小、挡板的长度和重量不同分为6、10、14和20四个型号，其中6号和10号长圆孔挡板适于60 kg/m钢轨，14号和20号适应于50 kg/m钢轨。轨距挡板的尺寸偏差、一角翘起高度、挡板与钢轨接触面的平面度、孔的对称度及外观等技术要求应符合现行行业标准《弹条Ⅰ型扣件 轨距挡板》TB/T 1495.3—1992（2018修改版）的有关规定。

4）挡板座

挡板座由聚酸胺6或尼龙加工制作而成。挡板座与轨枕挡肩接触面应平整，与轨距板接触的圆弧应圆顺。挡板座产品在（20±5）℃条件下，经80 kN静载压缩，其残余变形量应≤0.40 mm；经挠曲试验应不破裂，挠曲量应为（8±0.1）mm；经6次冲击试验应不破裂，也可根据用户要求，在（−50±1）℃条件下，经1次冲击试验应不破裂。挡板座产品在100℃水中煮2 h后，其绝缘电阻值应≥10^8Ω，吸水率应≤1.5%。其尺寸偏差、表面质量等技术要求应符合现行行业标准《弹条Ⅰ型扣件 第5部分：弹条Ⅰ、Ⅱ型扣件挡板座》TB/T 1495.5—2003的有关规定。

5）橡胶垫板

橡胶垫板是以天然橡胶或合成橡胶（不得使用再生橡胶）为主要成分生产的，用于钢轨和混凝土枕（含宽枕和整体道床）之间起缓冲作用的弹性橡胶垫板。

43 kg/m钢轨用橡胶垫板的型号有43 − 7、43 − 10，尺寸为185（190）mm×113 mm×7（10）mm，垫板沟槽总数为7条或9条；50 kg/m钢轨用橡胶垫板的型号为50 − 10，尺寸为185（190）mm×131 mm×10 mm，垫板沟槽总数为7条或9条；60 kg/m钢轨用橡胶垫板的型号有60 − 10、60 − 10R、60 − 12，尺寸为185（190）mm×149 mm×10（12）mm，垫板沟槽总数为11条或17条。按使用环境温度分为普通垫板（−20～70℃环境）和耐寒垫板（低于−20℃环境）。

垫板表面应光滑平整、修边整齐，垫板的外观（缺角、缺胶、海绵、毛边）、物理机械性能（邵尔硬度、拉伸性能、压缩性能、工作电阻、热空气老化、脆性温度等）和静刚度等技术要求应符合《铁道混凝土枕轨下用橡胶垫板 技术条件》TB/T 2626—1995（2018修改版）的有关规定。

6）调高垫板

调高垫板由竹胶合板或木胶合板加工制作而成，置于混凝土轨枕的钢轨底下，用来调节轨顶标高的配件。垫板的长度为（185±1）mm、厚度有 2、3、4、7、10 和 15（mm），43 kg/m 钢轨用垫板的宽度为（112±1）mm、50 kg/m 钢轨用垫板的宽度为（130±1）mm、60 kg/m 和 75 kg/m 钢轨用垫板的宽度为（148±1）mm。

调高垫板的尺寸偏差、外观质量、密度、含水率、胶合强度、耐水性及变形量等技术要求应符合现行行业标准《混凝土枕用轨下调高垫板技术条件》TB/T 1781—2004 的有关规定。

7）应用

弹条I型扣件抗横向水平力为 60 kN（动态）；弹条II型扣件抗横向水平力为 70 kN（动态）。

弹条Ⅰ型扣件和弹条Ⅱ型扣件适用于标准轨距铁路直线及曲线半径不小于 300 m、60 kg/m 钢轨、有挡肩的混凝土枕或轨道板、列车运行时速≤160 km/h 的普通铁路。其中，弹条Ⅰ型扣件适用于调高量≤20 mm 的线路；弹条Ⅱ型扣件适用于调高量≤10 mm 的线路。

2.弹条Ⅲ型扣件

弹条Ⅲ型扣件是无螺栓、无挡肩扣件。扣件由弹条、铁垫板、螺旋道钉、预埋螺纹套管、绝缘轨距块、橡胶垫板和调高垫板组成，见图 10-10。

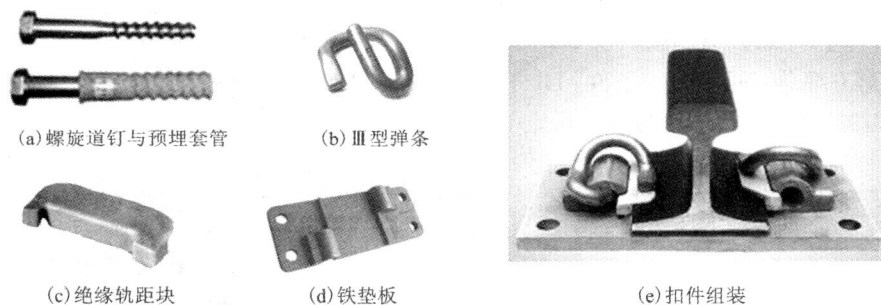

(a)螺旋道钉与预埋套管　(b)Ⅲ型弹条

(c)绝缘轨距块　(d)铁垫板　(e)扣件组装

图 10-10　弹条Ⅲ型扣件

弹条Ⅲ型扣件的单个弹条扣压力≥11 kN、弹程为 13 mm；抗横向水平力为 70 kN（动态）。轨距的调整采用不同号码的绝缘轨距块进行调整，轨距块根据轨距调整量不同分为 7、9、11、13 号四个号码。

弹条Ⅲ型扣件具有扣压力大、弹性好等优点，特别是取消了混凝土枕挡肩，从而消除了轨底在横向应力作用下发生横移导致轨距扩大的可能性，因此保持轨距的能力很强，又由于取消了螺栓连接的方式，大大减少了扣件养护工作量。弹条Ⅲ型扣件特别适用于重载、大运量、高密度的铁路运输线。

3.弹条Ⅳ型扣件

弹条Ⅳ型扣件与弹条Ⅲ型扣件相似，也是无螺栓、无挡肩扣件。扣件由 C4 型弹条、预埋铁座、绝缘轨距块和橡胶垫板组成。见图 10-11。弹条Ⅳ型扣件适用于时速≤350 km/h、60 kg/m 钢轨、无挡肩的混凝土轨枕或轨道板的高速铁路。

C4 型弹条为 60Si2 MnA 或不低于其性能的 Φ20mm 的热轧弹簧钢制作而成，其硬度为 44~48 HRC（洛氏硬度），弹程≥12 mm，扣压力≥11.0 kN，残余变形≤1.0 mm。

预埋铁座的材质为 QT450 – 10 的球墨铸铁，并在混凝土枕生产过程中预埋好，其在混凝土枕中的锚固抗拔力应≥60 kN。

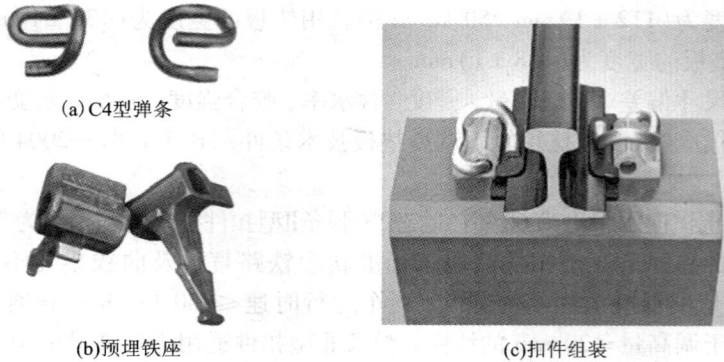

(a)C4型弹条

(b)预埋铁座

(c)扣件组装

图 10 – 11　弹条Ⅳ型扣件

绝缘轨距块由玻璃纤维增强聚酰胺 66 或不低于其性能的其他材料加工制作而成，其硬度应≥105HRR（洛氏硬度），两端边耳经 4.5 kN 力剪切后不应破损，绝缘电阻应 >5×10⁶Ω。

弹条Ⅳ型扣件的抗纵向阻力应≥9 kN，绝缘电阻应≥5 kΩ。其他技术要求应符合《高速铁路扣件 第 1 部分：通用技术条件》TB/T 3395.1—2015 和《高速铁路扣件 第 2 部分：弹条Ⅳ型扣件》TB/T 3395.2—2015 的有关规定。

4. 弹条 V 型扣件

弹条 V 型扣件由螺旋道钉、平垫圈、弹条（W2型或 X 型）、轨距挡板、轨下垫板[分为橡胶垫板（A 类,适用于客货共线高速铁路）和复合垫板（B类,适用于客运专线高速铁路）。以下同]和预埋螺纹套管组成，轨顶标高可采用调高垫板进行调整，其使用组装见图 10 – 12。适用于时速≤350 km/h、60 kg/m 钢轨、有挡肩的混凝土轨枕或轨道板的高速铁路。

螺旋道钉为优质碳素结构钢、合金结构钢或冷镦钢加工制作而成。其实物最小拉力应≥190 kN，断后伸长率应≥12%，硬度应 >34HRC。

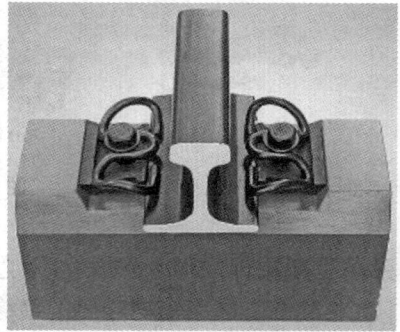

图 10 – 12　弹条 V 型扣件组装图

弹条 V 型扣件用弹条由 60Si2 MnA 或不低于其性能的 ϕ14 mm（W2 型）或 ϕ13 mm（X 型）的热轧弹簧钢制作而成。其硬度为 42 ~ 47 HRC，弹程≥12 mm，扣压力≥11.0 kN，残余变形≤1.0 mm。

弹条 V 型扣件用轨距挡板的外形同弹条 I 型和 II 型扣件用轨距挡板，但材质为玻璃纤维增强聚酰胺 66 或不低于其性能的其他材料，其硬度应≥105HRR，拉伸强度应≥150 MPa，弯曲强度应≥200 MPa，绝缘电阻应 >5×10⁶Ω。

预埋螺纹套管由增强聚酰胺 66 或不低于其性能的其他材料加工制作而成，套管产品经

100 kN 拉力试验后不应损坏。螺纹套管应在浇筑有挡肩的混凝土轨枕或轨道板的过程中预埋进去，其锚固抗拔力应 >60 kN，绝缘电阻应 >5×10⁶Ω。

弹条 V 型扣件采用 W2 型弹条和橡胶垫板时，钢轨的抗纵向阻力应 ≥9 kN；采用 X 型弹条和橡胶垫板时，钢轨的抗纵向阻力应为(4.0±1.0)kN。扣件的绝缘电阻应 ≥5 kΩ，其他技术要求应符合《高速铁路扣件 第 1 部分：通用技术条件》TB/T 3395.1—2015 和《高速铁路扣件 第 3 部分：弹条 V 型扣件》TB/T 3395.3—2015 的有关规定。

5. WJ-7 型扣件

WJ-7 型扣件由 T 型螺栓、螺母、平垫圈、弹条(W1 型或 X 型)、绝缘块、铁垫板、轨下垫板(橡胶垫板或复合垫板)、绝缘缓冲垫板、重型弹簧垫圈、平垫块、锚固螺栓和预埋螺纹套管组成，轨顶标高可采用轨下调高垫板(或充填式垫块)和铁垫板下调高垫板进行调整，见图 10-13。适用于时速 ≤350 km/h、60 kg/m 钢轨、不设轨顶坡无挡肩的混凝土轨枕或轨道板的高速铁路、城际铁路。

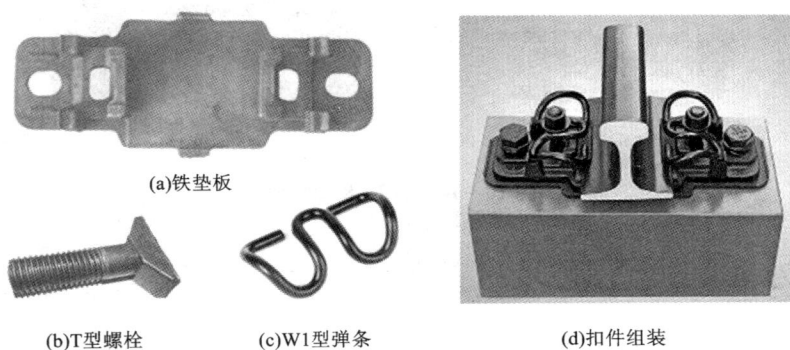

(a)铁垫板

(b)T型螺栓　(c)W1型弹条　(d)扣件组装

图 10-13　WJ-7 型扣件

T 型螺栓和锚固螺栓均由 Q235A 或不低于其性能的其他材料加工制作而成，其表面应进行防锈处理。

WJ-7 型扣件用 W1 型或 X 型弹条的材质同弹条 V 型扣件用 W2 型弹条。弹条的硬度为 42~47HRC，扣压力 >9 kN，弹程为 14 mm。

铁垫板和平垫块的材质均为 QT450-10 的球墨铸铁。铁垫板的承轨面应无分型面和翘曲，中部不应凸出，平整度应 <1 mm；底面四角应平稳，其中一角翘起高度应 ≤1 mm。平垫块的上下工作面应平整，且应有清晰下凹的安装标记线。

预埋螺纹套管的材质同弹条 V 型扣件用预埋套管，套管产品经 150 kN 拉力试验后不应损坏，其锚固抗拔力应 >100 kN，绝缘电阻应 >5×10⁶Ω。

WJ-7 型扣件的其他技术要求应符合现行行业标准《高速铁路扣件 第 1 部分：通用技术条件》TB/T 3395.1—2015 和《高速铁路扣件 第 4 部分：WJ-7 型扣件》TB/T 3395.4—2015 的有关规定。

6. WJ-8 型扣件

WJ-8 型扣件由螺旋道钉、平垫圈、弹条(W1 型或 X2 型)、绝缘轨距块、轨距挡板、铁垫板、轨下垫板(橡胶垫板或复合垫板)、铁垫板下弹性垫板和预埋螺纹套管组成，轨顶标高可采用轨下微调垫板和铁垫板下调高垫板进行调整，见图 10 - 14。适用于时速≤350 km/h、60 kg/m 钢轨、设有 1∶40 轨顶坡有挡肩的混凝土轨枕或轨道板的高速铁路、城际铁路。

预埋螺纹套管的材质同弹条Ⅴ型扣件用预埋套管，套管产品经 100 kN 拉力试验后不应损坏，其锚固抗拔力应≥60 kN，绝缘电阻应 >5×10⁶ Ω。

WJ - 8 型扣件的其他技术要求应符合现行行业标准《高速铁路扣件 第 1 部分：通用技术条件》TB/T 3395.1—2015 和《高速铁路扣件 第 5 部分：WJ - 8 型扣件》TB/T 3395.5—2015 的有关规定。

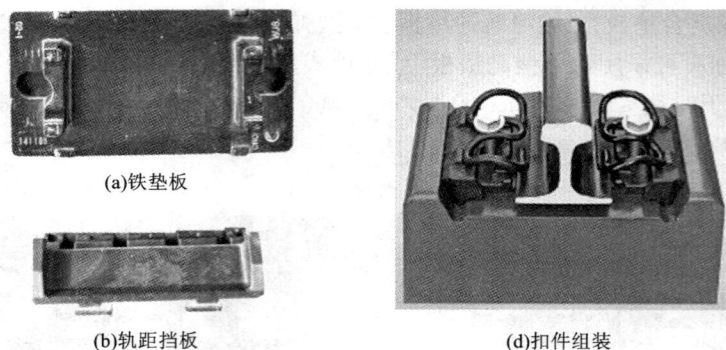

(a)铁垫板

(b)轨距挡板

(d)扣件组装

图 10 - 14　WJ - 8 型扣件

10.7　水泥乳化沥青砂浆

高速铁路 CRTS Ⅰ 型、CRTS Ⅱ 型板式无砟轨道用水泥乳化沥青砂浆是由水泥、乳化沥青、细骨料、水和外加剂经特定工艺搅拌制得的具有特定性能的砂浆，简称 CA 砂浆。其特点在于刚柔并济，以柔性为主，兼具刚性。水泥沥青砂浆填充于厚度约为 50mm 的轨道板与混凝土道床之间(称为板下填充层)，其作用是支承轨道板、缓冲高速列车荷载与减震等，其性能的好坏对板式无砟轨道结构的平顺性、耐久性和列车运行的舒适性与安全性以及运营维护成本等有着重大影响。

1. 材料要求

水泥：可采用强度等级不低于42.5级的硅酸盐水泥或快硬硫铝酸盐水泥，其技术要求应分别符合《通用硅酸盐水泥》GB 175—2007 和《快硬硫铝酸盐水泥》JC 933—2003 的有关规定。

乳化沥青：可采用重交通道路石油沥青、SBS 改性沥青或 SBR 改性沥青进行生产。

SBS 改性沥青是以苯乙烯 - 丁二烯 - 苯乙烯嵌段共聚物(塑料)为改性剂的改性沥青，他是与橡胶性能最为相似的一种热塑性弹性体，主要是改善沥青的软化点，降低其温度敏感性。

SBR 改性沥青是以丁苯橡胶为改性剂的改性沥青，主要是改善沥青在低温下的耐老化和抗疲劳性能。

细骨料(砂)：可采用河砂、山砂或机制砂，不得使用海砂，不得含有软质岩、风化岩的颗粒。砂的表观密度应≥2550 kg/m³、吸水率应 <3.0% 、泥块含量应 <1.0% 、含泥量应 <

1.0%、氯离子含量应 <0.01%。CRTS Ⅰ型板式无砟轨道用砂的最大粒径应 <2.50 mm，细度模数为 1.4~1.8；CRTS Ⅱ型板式无砟轨道用砂的最大粒径应 <1.18 mm。

石油沥青、改性沥青、乳化沥青和细骨料的技术要求应分别符合《客运专线铁路 CRTSI 型板式无砟轨道水泥乳化沥青砂浆暂行技术条件 科技基（2008）74 号》和《客运专线铁路 CRTS Ⅱ型板式无砟轨道水泥乳化沥青砂浆暂行技术条件 科技基（2008）74 号》的有关规定。

外加剂：可掺用适量的减水剂、引气剂、膨胀剂。引气剂宜采用松香类引气剂，膨胀剂宜采用硫铝酸钙类膨胀剂，膨胀剂的初凝时间应 >60 min。外加剂的技术要求应分别符合《混凝土外加剂》GB 8076—2008 和《混凝土膨胀剂》GB 23439—2017 的有关规定。

水：拌合用水的技术要求应符合《混凝土用水标准》JGJ 63—2006 的有关规定。

其他：铝粉、消泡剂。铝粉宜采用鳞片状铝粉，其技术要求应符合《铝粉 第 1 部分：空气雾化铝粉》GB/T 2085.1—2007 的有关规定。消泡剂宜选用有机硅类消泡剂。

2. 砂浆的技术要求

CRTS Ⅰ型和 CRTS Ⅱ型板式无砟轨道板下填充层用 CA 砂浆的技术要求见表 10-7。

表 10-7 CA 砂浆的技术要求

项目		CRTS Ⅰ型板式无砟轨道	CRTS Ⅱ型板式无砟轨道
砂浆温度/℃		5~40	5~35
流动度/s		18~26	80~120
可工作时间/min		≥30	—
扩展度/mm	出机	—	≥280，且扩展度达到 280 mm 时的时间应 ≤16 s
	30 min	—	≥280，且扩展度达到 280 mm 时的时间应 ≤22 s
含气量/%		8~12	≤10.0
表观密度/（kg·m⁻³）		>1300	≥1800
抗折强度/MPa	1 d	—	≥1.0
	7 d	—	≥2.0
	28 d	—	≥3.0
抗压强度/MPa	1 d	>0.10	≥2.0
	7 d	>0.70	≥10.0
	28 d	>1.80	≥15.0
弹性模量（28 d）/MPa		100~300	7000~10000
材料分离度/%		<1.0	<3.0
膨胀率/%		1.0~3.0	0~2.0
泛浆率/%		0	0
抗冻性（28 d）		经 300 次冻融循环后，相对动弹模量应 ≥60%，质量损失率应 ≤5%	经 56 次冻融循环后，外观无异常，剥落量应 ≤2000 g/m²，相对动弹模量应 ≥60%
耐候性		无剥落、无开裂、相对抗压强度应 ≥70%	—
抗疲劳性（28 d）		—	10000 次不断裂

3. 砂浆的配合比设计

1）基本要求

CA 砂浆的配合比应根据设计要求适当选取原材料，通过计算、试配、调整等步骤选定。CRTS Ⅰ 型板式无砟轨道用砂浆的水泥用量宜在 250～300 kg/m³ 之间，水灰比（拌合用水与水泥的比值）宜≤0.90，乳化沥青（含聚合物乳液）与水泥的比值应≥1.40。CRTS Ⅱ 型板式无砟轨道用砂浆的水泥用量宜≥400 kg/m³，水灰比宜≤0.58，乳化沥青（含聚合物乳液）与水泥的比值宜≥0.35。砂的用量可取干砂的堆积密度值；膨胀剂的用量应根据砂浆膨胀率的设计要求经试验确定。

2）配合比的确定

首先根据上述基本要求初步确定 1 m³ 砂浆中水泥、乳化沥青、砂、膨胀剂、水的用量，减水剂、引气剂、铝粉、消泡剂可采用外掺法，具体掺量需经砂浆性能试验确定。然后进行试拌、调整，使砂浆的工作性满足表 10-7 的有关规定后，测定砂浆的表观密度，并根据实测表观密度值对初步配合比进行修正，经修正后的配合比即确定为试拌配合比，再用试拌配合比进行力学性能和耐久性能试验，试验结果若能满足表 10-7 的有关规定，则可确定为试验室配合比，如不满足，则需要重新调整试拌配合比，直到砂浆的工作性、力学性能和耐久性能满足要求为止。另外，配合比设计时应考虑施工环境温度条件变化对砂浆拌合性能的影响。

10.8　自密实混凝土

自密实混凝土是指具有大流动度、不离析、均匀性和稳定性好，浇筑时依靠其自重流动，无需振捣而达到密实的混凝土。也称自流平混凝土。

高速铁路 CRTS Ⅲ 型板式无砟轨道用自密实混凝土由水泥、矿物掺合料、细骨料、粗骨料、外加剂、膨胀剂、水组成。自密实混凝土通过轨道板上预留的灌浆孔进行灌注，形成 90 mm 混凝土结构层，并通过轨道板底部门式钢筋和自密实混凝土结构层内防裂钢筋网片及底座限位凹槽内的钢筋相连接将轨道板与底座板连接固定。

1. 原材料要求

1）水泥

水泥宜选用硅酸盐水泥或普通硅酸盐水泥，不宜使用早强水泥。水泥的技术要求应满足《通用硅酸盐水泥》GB175—2007 和《铁路混凝土》TB/T 3275—2018 的有关规定。

2）矿物掺合料

矿物掺合料可选用 Ⅰ 级粉煤灰、矿渣粉、硅灰等，其技术要求应满足《铁路混凝土》TB/T 3275—2018 的有关规定。掺合料的掺量应经试验确定。

3）骨料

细骨料：宜优先选用 Ⅱ 区、级配良好、质地均匀坚固、吸水率低、空隙率小的洁净天然河砂，细度模数宜在 2.3～2.7 范围内。

粗骨料：应采用连续级配、粒形良好、质地均匀坚固、线膨胀系数小的洁净碎石，最大公称粒径不宜 >10 mm；用于生产碎石的岩石抗压强度应不低于混凝土强度等级的 1.5 倍。

骨料的碱活性采用砂浆棒法进行检验，砂浆棒 14 d 膨胀率应 <0.10%；当 14 d 膨胀率在

0.10~0.30% 时，应采取抑制碱 - 骨料反应的技术措施，并经试验验证抑制有效；当 14 d 膨胀率 >0.30% 时，应更换材料。不得使用具有碱 - 碳酸盐反应的活性骨料。

骨料的其他技术要求应符合现行行业标准《铁路混凝土》TB/T 3275—2018 的有关规定。

4）外加剂

应采用减水率高、坍落度损失小、适量引气、能明显提高混凝土耐久性且质量稳定的产品。宜选用聚羧酸系高性能减水剂。根据需要也可掺入适量的膨胀剂、引气剂等外加剂。外加剂的技术要求应分别符合《混凝土外加剂》GB 8076—2008、《聚羧酸系高性能减水剂》JG/T 223—2017、《混凝土膨胀剂》GB 23439—2017 及《铁路混凝土》TB/T 3275—2018 的有关规定。

5）拌合用水

拌合用水可采用饮用水。当采用其他水源时，水质应符合《混凝土用水标准》JGJ 63—2006 及《铁路混凝土》TB/T 3275—2018 的有关规定。养护用水除不溶物、可溶物不作要求外，其他技术要求同拌合用水。

2. 自密实混凝土的技术要求

自密实混凝土拌合物的性能包括流动性、填充性、间隙通过性及抗离析性等。具体要求见表 10 - 8。

表 10 - 8　拌合物的技术要求

项目	性能要求	项目	性能要求
扩展度/mm	700 ± 50	L 型仪，H_2/H_1	≥0.9
T_{50}/s	2~6	T_{700L}/s	10~18
B_J/mm	<18	含气量/%	2~5
泌水率/%	0	塑性膨胀率/%	0~1

注：① T_{50}——测定坍落度时，自提起坍落度筒开始至坍落扩展度达到 500 mm 时所经历的时间；② B_J——采用 J 环测定混凝土拌合物抗离析时，混凝土扩展终止后，扩展面中心混凝土距 J 环顶面高度与直径 300 mm 处混凝土距 J 环顶面高度的差值；③ T_{700L}——采用 L 型仪测定混凝土拌合物间隙通过时，自提起活动门开始，混凝土拌合物流过 L 型仪水平部分，混凝土的外缘初始达到 L 型仪后槽端部时所用时间；④ H_2/H_1——混凝土拌合物停止流动时，L 型仪水平部分端部混凝土的高度与垂直部分混凝土的高度比。

自密实混凝土硬化后的抗压强度与弹性模量应满足设计要求；56 d 的电通量应 ≤1000 C，56 d 的抗冻等级应 ≥F300，56 d 的干燥收缩值应 ≤450×10^{-6}。

3. 配合比设计

配合比设计宜采用绝对体积法。具体可参照《普通混凝土配合比设计规程》JGJ 55—2011 的有关规定进行计算、试配、调整确定，并同时应满足下列规定：

（1）单位体积胶凝材料用量宜 ≤600 kg/m^3；

（2）用水量宜 ≤190 kg/m^3；

（3）单位体积浆体量宜为 0.35~0.42 m^3；

（4）单位体积粗骨料的绝对体积宜为 0.26~0.32 m^3；

（5）砂率宜为 45%~50%；

（6）混凝土中氯离子总含量应不大于胶凝材料总量的 0.10%；总碱量应 ≤3.0 kg/m^3。

复习思考题

1. 铁路轨道由那些单元组成？
2. 轨道类型是根据什么来划分的？
3. 有砟轨道和无砟轨道有什么区别？
4. 有砟轨道用轨枕有那些类型？
5. 无砟轨道用轨道板有那些类型？
6. 钢轨的型号主要根据什么来划分？常用的钢轨有那些？
7. 辙叉有何作用？由什么构成？主要类型有那些？
8. 道岔由那些单元组成？常用类型有那些？
9. 什么是道岔号数？与列车通行速度有何关系？
10. 常用钢轨扣件有那些类型？如何选用？
11. 什么是 CA 砂浆？有何特性？其作用是什么？
12. 什么是自密实混凝土？其主要组成材料有那些？拌合物的性能主要包括那些？

参考文献[*]

[1] 黄家骏主编.建筑材料与检测技术[M].武汉：武汉理工大学出版社，2010.

[2] 付刚斌主编.土木工程材料[M].北京：高等教育出版社，2014.

[3] 康忠寿主编.道路建筑材料[M].大连：大连理工大学出版社，2011.

[4] 夏文杰、田海燕、张丽丽主编.建筑材料与检测技术[M].南京：南京大学出版社，2012.

[5] 高亮主编.轨道工程[M].北京：中国铁道出版社，2010.

[6] 李昌宁主编.CRTS Ⅲ型板式无砟轨道轨道板预制与铺设技术[M].北京：中国铁道出版社，2015.

[7] 通用硅酸盐水泥 GB175—2007[S].北京：中国标准出版社，2018.

[8] 公路桥涵施工技术规范 JTG/T F50—2011[S].北京：人民交通出版社，2011.

[9] 建筑给水金属管道工程技术规程 CJJ/T 154—2011[S].北京：中国标准出版社，2011.

[10] 混凝土枕 TB/T 2190—2013[S].北京：中国铁道出版社，2013.

---

[*] 由于本教材涉及的中国标准出版社、中国建筑工业出版社、中国建材工业出版社、中国计划出版社、中国铁道出版社和人民交通出版社所出版的各种建筑材料及其制品、建筑工程的设计、施工、验收等技术标准、规范、规程较多，在此未予一一列出，编者在此表示抱歉和感谢。

图书在版编目（CIP）数据

建设工程材料／王四清主编. —长沙：中南大学出版社，2017.8
ISBN 978－7－5487－2972－3

Ⅰ.①建… Ⅱ.①王… Ⅲ.①建筑材料－高等职业教育－教材
Ⅳ.①TU5

中国版本图书馆 CIP 数据核字（2017）第 210081 号

建设工程材料

王四清　主编

□责任编辑	周兴武
□责任印制	易建国
□出版发行	中南大学出版社
	社址：长沙市麓山南路　　　邮编：410083
	发行科电话：0731－88876770　　传真：0731－88710482
□印　　装	长沙印通印务有限公司

□开　　本	787 mm×1092 mm 1/16	□印张 20.5	□字数 518 千字
□版　　次	2017 年 8 月第 1 版	□印次	2019 年 12 月第 2 次印刷
□书　　号	ISBN 978－7－5487－2972－3
□定　　价	45.00 元